Elektrische Stoßfestigkeit

Von

Dr.-Ing. R. Strigel

Mit 291 Textabbildungen

Berlin
Verlag von Julius Springer
1939

ISBN-13: 978-3-642-90448-6 e-ISBN-13: 978-3-642-92305-0
DOI: 10.1007/978-3-642-92305-0

Vorwort.

Betriebssicherheit unserer elektrischen Anlagen auch gegen auftretende Überspannungen ist eine der Forderungen, die in immer steigendem Maße von Erzeugern und Verbrauchern elektrischer Energie erhoben werden. Mit dieser Forderung ist eng verknüpft die Frage der elektrischen Stoßfestigkeit unserer Isolierstoffe. Untersuchungen in dieser Hinsicht wurden daher in den letzten Jahren in fast allen Stoßspannungsforschungsstellen durchgeführt. Eine völlig neue Meßtechnik entstand. Gänzlich neue Gesichtspunkte für konstruktive und isoliertechnische Gestaltung unseres Hochspannungsmaterials wurden herausgearbeitet. Diese Entwicklung ist noch nicht abgeschlossen, sie steht teilweise vielleicht erst in ihren Anfängen; aber immerhin läßt sich jetzt schon deutlich die Richtung abzeichnen, die sie weiterhin einschlagen wird.

Eine Darstellung des physikalischen Kernes dieser Entwicklungsrichtung soll das vorliegende Buch geben. Es will damit nicht allein den im Betrieb stehenden Ingenieur an die Fragen der elektrischen Stoßfestigkeit heranführen, sondern auch dem forschenden Ingenieur als Hilfsmittel dienen, die von ihm behandelte Einzelfrage im Zusammenhang mit dem gesamten Fragenkomplex zu sehen. Man könnte gegen das Buch einwenden, daß der Zeitpunkt, zu dem es erscheint, noch zu verfrüht gewählt sei. Man möge aber dabei bedenken, daß gerade in der heutigen Zeit, die infolge der Fülle der Probleme, die sie an den Ingenieur heranträgt, sich die Arbeit des einzelnen oft sehr zersplittert und daher um so mehr einer einheitlichen Ausrichtung bedarf.

Im ersten Teil werden die physikalischen Grundlagen der elektrischen Stoßfestigkeit behandelt. Es wird der Stoßdurchschlag in atmosphärischer Luft, in flüssigen und in festen Isolierstoffen besprochen. Verzichtet wird auf eine Darstellung des Stoßdurchschlages in geschichteten Isolierstoffen, weil auf diesem Gebiet die Forschung noch zu sehr in den Anfängen steckt. Der zweite Teil bringt eine Darstellung der Stoßspannungsmeßtechnik. Der dritte Teil gibt Gesichtspunkte für die Stoßfestigkeit elektrischer Anlagen und Apparate. Insbesondere in diesem Teil erwies es sich als notwendig, sich auf das Wichtigste und namentlich auf den physikalischen Inhalt zu beschränken, wenn man nicht Gefahr laufen will, eine verwirrende Fülle von Einzelheiten zu geben, die vielleicht morgen schon überholt sind.

Den Siemens-Schuckertwerken und in erster Linie der Werksleitung des Dynamowerkes bin ich zu Dank verpflichtet, daß sie mir die Möglichkeit gaben, dieses Buch zu schreiben. Ferner danke ich den Herren Dr.-Ing. W. Estorff, Dipl.-Ing. H. Neuhaus, Dr. phil. K. Pohlhausen, Dr.-Ing. J. Rebhan und vielen meiner engeren Fachkollegen für manche Ratschläge, die sie mir bei Abfassung dieses Buches gegeben haben. Die Verlagsbuchhandlung hat mich in jeder Weise unterstützt, wofür ich auch ihr meinen besonderen Dank aussprechen möchte.

Berlin, im September 1938.

R. Strigel.

Inhaltsverzeichnis.

Erster Teil.

Die Physik des Stoßdurchschlages.

Zweiter Teil.

Hochspannungsmeßtechnik.

Dritter Teil.

Die Stoßfestigkeit elektrischer Anlagen und Apparate.

Erster Teil.

Die Physik des Stoßdurchschlages.

I. Der Stoßdurchschlag in Luft von Atmosphärendruck.

A. Der statische Durchschlag.

1. Natürliche Ionisierung.

Reine Gase und Dämpfe, also auch die Luft, sind vollkommene Isolatoren: sie bestehen aus einer großen Anzahl elektrisch neutraler Molekel, die sich in steter, ungeordneter Bewegung befinden. Ein Stromdurchgang kann nur zustande kommen, wenn durch irgendwelche Ursachen im Gasraum Ladungsträger in Gestalt von Elektronen oder positiven Ionen gebildet werden. Man spricht dann von Raumionisierung. Die Bildung der Ladungsträger kann aber auch an den Elektrodenflächen erfolgen: in diesem Fall spricht man von Oberflächen- oder Grenzflächenionisierung[1].

Die Erzeugung solcher Ladungsträger in Gasen oder Dämpfen wird dadurch bewirkt, daß ein einzelnes Elektron aus dem Atom- oder Molekelverband durch Licht- oder Korpuskelstrahlung unter Erhaltung der Energie- und Impulsgesetze abgespalten wird.

In der freien Atmosphäre ist stets kurzwellige Einstrahlung von der Sonne, radioaktive Erdstrahlung und Höhenstrahlung vorhanden. Unter deren Einwirkung wird ständig eine natürliche Ionisierung aufrechterhalten durch Bildung von freien Elektronen und positiven Ionen. Diese zunächst freien Elektronen lagern sich innerhalb kürzester Zeit an neutrale Molekel an und bilden so negative Ionen. Die Beweglichkeit b solcher negativen und positiven Ionen beträgt etwa $1\,\frac{\text{cm/s}}{\text{V/cm}}$. Ferner befinden sich auch Fremdkörper, wie Staub, Wasserdampf, im Luftraum, die ebenfalls Ladungen annehmen können. Denn bei der vorhandenen, ungeordneten Bewegung der Molekel, die die Eigenbewegung der Fremdkörper wesentlich überwiegt, besteht eine gewisse Wahrscheinlichkeit, daß Molekelionen mit den Fremdteilchen zusammenstoßen und

---

[1] Gesamtdarstellungen des Gebietes der Gasentladungen z. B. bei A. v. Engel und M. Steenbeck: Elektrische Gasentladungen, ihre Physik und Technik, Bd. 1. Berlin 1932; Bd. 2. Berlin 1934 und R. Seeliger: Einführung in die Physik der Gasentladungen, 2. Aufl. Berlin 1934. Angewandte Atomphysik. Berlin 1938.

an sie ihre Ladung abgeben. Solche geladenen Teilchen besitzen jedoch sehr viel geringere Beweglichkeit. Die nachstehende Zahlentafel[1] gibt eine Übersicht über die Verteilung der Ladungsträger in den unteren Luftschichten der norddeutschen Tiefebene.

Zahlentafel 1. Verteilung der Ladungsträger in atmosphärischer Luft.

Sichtweite	Gesamtzahl der geladenen Teilchen im cm^3	Anzahl der		
		leichten Teilchen $b > 1 \cdot \frac{cm/s}{V/cm}$	mittleren Teilchen $b > 0{,}02 \cdot \frac{cm/s}{V/cm}$	schweren Teilchen $b < 0{,}02 \cdot \frac{cm/s}{V/cm}$
km		%	%	%
0—10	$13{,}8 \cdot 10^3$	1,9	5,8	92,3
11—20	$11{,}3 \cdot 10^3$	2,5	7,6	89,9
21—30	$11{,}9 \cdot 10^3$	2,6	10,2	87,2
31—40	$12{,}8 \cdot 10^3$	2,5	12,7	84,8
> 40	$10{,}8 \cdot 10^3$	4,8	13,6	81,6

Man ersieht daraus, wie mit dem Sichtigerwerden der Luft, also mit steigender Reinheit, der Anteil der leichten Ionen von 2 auf 5% ansteigt, daß ebenso dabei der Anteil der geladenen Fremdkörper mittlerer Beweglichkeit von 6 auf 14% wächst, aber dagegen der Anteil der geladenen Fremdkörper geringerer Beweglichkeit von 92 auf 82% fällt.

Aus Neuerzeugung von leichten Ionen und Anzahl der in der Raumeinheit im Mittel vorhandenen kann man auf ihre mittlere Lebensdauer schließen: sie beträgt 17,5 s. Der Höchstwert der Lebensdauer wurde bei einem Ferngewitter in sehr klarer Luft zu 48 s gemessen, der Niederstwert bei dichtem Nebel zu 2,2 s.

Ebenso wie in Luft ist an Grenzflächen eine natürliche Ionisierung vorhanden, die von den gleichen Ursachen herrührt: es treten bei atomaren Stoßprozessen an Grenzflächen Elektronen aus diesen aus, die sich an neutrale Molekel anlagern und dadurch negative Ionen bilden: so entsteht ein Überschuß negativer Ionen in unmittelbarer Nähe der Grenzflächen, der sich jedoch durch Diffusion sehr rasch ausgleicht.

2. Ionisierung durch Elektronen- und Ionenstoß.

Legt man an eine Entladungsstrecke, z. B. eine Plattenfunkenstrecke, wie in Abb. 1, mit dem Plattenabstand d, Gleichspannung an, so wird zunächst bei sehr niedrigen Werten der Gleichspannung der durch die Entladungsstrecke hindurchgehende Strom geradlinig mit der Spannung ansteigen, bis sämtliche im Entladungsraum entstehenden Ladungsträger durch das zwischen den Platten herrschende elektrische Feld an die Elektroden gezogen werden. Es fließt dann ein Strom — Vorstrom genannt — von der Dichte $j_0 = e n_0$, wenn e die elektrische Elementarladung

[1] Kähler, K.: Naturwiss. Bd. 24 (1936) S. 246.

(1,59 · 10^{-19} C) und n_0, die je Zeit und Flächeneinheit an den Elektroden oder im Entladungsraum erzeugten Ladungsträger sind. Die Größe dieses Vorstromes beträgt bei Bestrahlung mit einem elektrischen Funken etwa 10^{-10} A/cm², bei Quarzlampenbestrahlung 10^{-12} A/cm², im verdunkelten Raum 10^{-15} A/cm². Bei weiterer Spannungssteigerung bleibt der Strom zunächst konstant und erst bei sehr viel höheren Spannungswerten wächst er weiter an. Dieses Anwachsen über den Vorstrom hinaus tritt ein, wenn die Geschwindigkeiten, welche die im Entladungsraum entstandenen Elektronen im herrschenden elektrischen Feld erreichen können, so hoch geworden sind, daß diese Elektronen beim Zusammenstoß mit einem neutralen Molekel ein Elektron aus dessen Molekelverband herausschlagen können. Sie bilden auf diese Weise ein neues Ladungsträgerpaar, das aus einem weiteren Elektron und einem positiven Ion besteht: man sagt dann, das Elektron habe das Gasmolekel ionisiert. Das neugebildete Elektron kann nun seinerseits weitere Molekel ionisieren und diese können wieder zu neuen Ionisierungsprozessen Anlaß geben. Ist also einmal die Geschwindigkeit der Elektronen so weit gesteigert, daß solche Ionisierungsvorgänge durch Elektronen möglich sind, so ist mit einem lawinenartigen Anwachsen der Ladungsträger zu rechnen. Dieses Anwachsen wird um so stärker, je höher die Feldstärke im Entladungsraum, also je höher die Geschwindigkeit wird, auf die ein Elektron im Mittel zwischen zwei Zusammenstößen gebracht werden kann. Bezeichnet man die Zahl der ionisierenden Zusammenstöße, die ein Elektron im Mittel während des Durchlaufens der Längeneinheit in Richtung der Feldlinien ausführt, mit α, den Gasdruck in Tor mit p und die Feldstärke im Entladungsraum mit $\mathfrak{E}$, so gilt

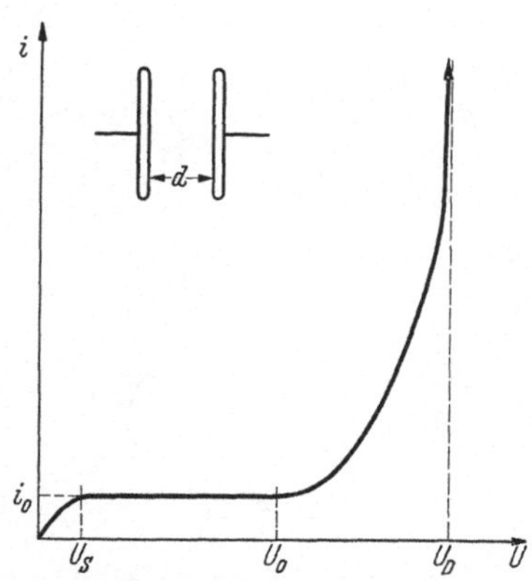

Abb. 1. Strom-Spannungskennlinie einer Entladungsstrecke. U_S: Sättigungsspannung, U_0: Einsatzspannung der Stoßionisierung, U_D: Durchbruchsspannung.

$$\frac{\alpha}{p} = f\left(\frac{\mathfrak{E}}{p}\right). \tag{1}$$

Die Abhängigkeit α/p von $p/\mathfrak{E}$ ist für die einzelnen Gase verschieden, wie Abb. 2 erkennen läßt[1].

[1] Paavola, M.: Arch. Elektrotechn. Bd. 22 (1929) S. 22. — Masch, K.: Arch. Elektrotechn. Bd. 26 (1932) S. 587. — Z. Phys. Bd. 79 (1932) S. 672. — Hellmann, R.: Z. Phys. Bd. 91 (1934) S. 556. — Sanders, S. H.: Phys. Rev. Bd. 41 (1932) S. 667; Bd. 44 (1934) S. 1020.

Auch die positiven Ionen können, wenn die Feldstärken im Entladungsraum noch höher getrieben werden, so hohe Geschwindigkeiten erhalten, daß sie neutrale Gasmolekel ionisieren. Die Zahl der Zusammenstöße β, bei denen ein solches positives Ion im Mittel während des Durchlaufens der Längeneinheit in Richtung der Feldlinien gebildet wird, ist im allgemeinen sehr klein gegen α, so daß β in der Mehrzahl aller Fälle vernachlässigt werden kann. Über die Größe von β in Luft von Atmosphärendruck liegen kaum Messungen vor; die wenigen vorhandenen sind vielleicht sogar größenordnungsmäßig unsicher[1].

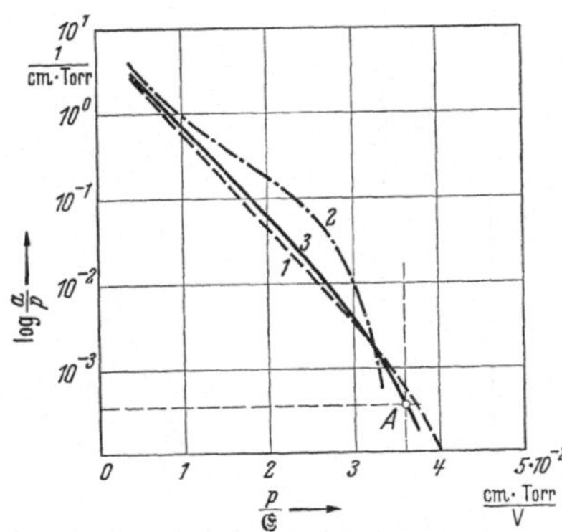

Abb. 2. Die relative Elektronenionisierungszahl α/p für Stickstoff (1), Sauerstoff (2) und Luft (3) abhängig von der relativen Feldstärke $\frac{\mathfrak{E}}{p}$. (A ist der α/p-Wert, der die Durchbruchsfeldstärke der Luft bei 760 Torr entspricht.)

Die positiven Ionen wandern unter ständigen Stößen mit neutralen Molekeln im elektrischen Feld auf die Kathode zu, prallen dort auf deren Oberfläche auf und können, wenn ihre Energie ausreicht, die sie auf ihrer letzten freien Weglänge erhalten haben, Elektronen aus der Kathodenoberfläche herausschlagen. Die Anzahl Elektronen, die ein positives Ion im Mittel bei seinem Stoß auf die Kathode auslöst und die mit γ bezeichnet werden soll, nimmt mit steigender Stoßenergie rasch zu; außerdem ist sie abhängig von der Elektronenaustrittsarbeit des betreffenden Kathodenmetalles: je niedriger diese ist, desto geringer muß auch die Stoßenergie der Ionen sein, um ein Elektron an der Kathode auszusprengen. In der nachstehenden Zahlentafel sind γ-Werte für Luft der Austrittsarbeit für verschiedene Metalle gegenübergestellt: Austrittsarbeit und Stoßenergie sind in Volt $\times$ Elementarladung (V-El) gemessen, d. h. 1 V-El entspricht derjenigen kinetischen Energie, die ein Ladungsträger mit der Einheitsladung $e = 1{,}59 \cdot 10^{-19}$ C beim Durchfallen einer Spannungsdifferenz von 1 V annimmt, also einer Energie von $1{,}59 \cdot 10^{-12}$ Erg oder $1{,}59 \cdot 10^{-19}$ Ws.

Zahlentafel 2. Zusammenhang zwischen Elektronenaustrittsarbeit und dem Ionisierungskoeffizienten der positiven Ionen.

Metall	K	Cu	Mg	Al	Fe	Ni	Pt
γ für Ionen[2] von 10 V-El . .	0,077	0,025	0,038	0,035	0,020	0,036	0,017
Austrittsarbeit[3] in V-El . .	2,02	4,82	3,74	3,95	4,79	4,57	6,50

[1] Paavola, M.: a. a. O.

[2] Klemperer, O.: Z. Phys. Bd. 52 (1928) S. 560.

[3] Simon, H. u. R. Suhrmann: Lichtelektrische Zellen. Berlin 1932.

3. Bedingungen für den statischen Durchschlag[1].

Wenn Stoßionisation zwischen den Elektroden einer Plattenfunkenstrecke (s. Abb. 1) unter der Einwirkung eines elektrischen Feldes einsetzt, so steigt die Stromdichte j auf das $\varepsilon^{\alpha d}$ fache der Stromdichte des Vorstromes j_0

$$j = j_0 \varepsilon^{\alpha d}. \tag{2}$$

Wird die Spannung an den Plattenelektroden noch weiter gesteigert, so bilden auch die positiven Ionen ihrerseits Ladungsträger an der Kathode und im Gasraum. Ein Elektron des Vorstromes erzeugt $(\varepsilon^{\alpha d} - 1)$ neue Elektronen und ebensoviel positive Ionen; diese positiven Ionen prallen auf die Kathode auf und lösen dort $\gamma (\varepsilon^{\alpha d} - 1)$ neue Elektronen aus; diese so neu gebildeten Elektronen sind wieder auf je $\varepsilon^{\alpha d}$-Elektronen angewachsen, bis sie zur Anode gelangen, und die durch sie neugebildeten positiven Ionen prallen wiederum auf die Kathode. Damit wird die Gesamtstromdichte an der Anode

$$j = j_0 [\varepsilon^{\alpha d} + \gamma (\varepsilon^{\alpha d} - 1) \varepsilon^{\alpha d} + \gamma^2 (\varepsilon^{\alpha d} - 1)^2 \varepsilon^{\alpha d} + \ldots]. \tag{3}$$

Für den praktisch wichtigen Fall $\gamma (\varepsilon^{\alpha d} - 1) < 1$ konvergiert diese Reihe:

$$j = j_0 \frac{\varepsilon^{\alpha d}}{1 - \gamma (\varepsilon^{\alpha d} - 1)}. \tag{3a}$$

Außerdem ionisieren die positiven Ionen auch im Entladungsraum gemäß der Ionisierungszahl β, dadurch wird die Gesamtionisierung angenähert im Verhältnis β/α vergrößert; dies wirkt sich so aus, als ob an der Kathode γ um den Betrag β/α erhöht wäre:

$$j = j_0 \frac{\varepsilon^{\alpha d}}{1 - \left[\gamma + \frac{\beta}{\alpha}\right] (\varepsilon^{\alpha d} - 1)}. \tag{3b}$$

Man kann sich also die β-Ionisierung der Ionen immer durch eine zusätzliche γ-Ionisierung ersetzt denken, so daß man der weiteren Betrachtung Gl. (3a) zugrunde legen kann.

Damit eine solche Plattenfunkenstrecke durchschlagen werden kann, muß die Feldstärke zwischen den Elektroden so hoch getrieben werden, daß die durch einen Ladungsträger des dunklen Vorstromes gebildeten Ladungsträger mindestens für ihre Nachlieferung sorgen, d. h. daß jedes aus der Kathode austretende Elektron während seines Durchgangs durch den Entladungsraum im Mittel so viele positive Ionen bilden muß, daß diese — ebenfalls wieder im Mittel — gerade ein neues Elektron aus der Kathode befreien können. Dann nämlich kann der Strom so stark anwachsen, daß die Spannung an den Elektroden zusammenbricht und sich zwischen ihnen ein Lichtbogen ausbildet. Es muß also die Beziehung

$$\gamma (\varepsilon^{\alpha d} - 1) \geq 1 \tag{4}$$

erfüllt sein, wenn der Durchbruch einer Entladungsstrecke erfolgen soll.

---

[1] Townsend, J. J.: Handbuch der Radiologie, Bd. 1 (1920) S. 283.

4. Die Durchbruchskennlinien in Luft von Atmosphärendruck.

Im gleichförmigen Feld ist die Durchbruchsspannung U_d in Volt gegeben durch die Beziehung

$$U_d = \mathfrak{E}_0 \cdot d, \tag{5}$$

wenn d den Elektrodenabstand in cm und $\mathfrak{E}_0$ in V/cm die Anfangsfeldstärke in Luft bedeuten, d. h. diejenige Feldstärke, bei der die Stoßionisation so stark angewachsen ist, daß Beziehung 4 zumindest für einen Teil der Entladungsstrecke erfüllt ist. Im gleichförmigen Feld fallen

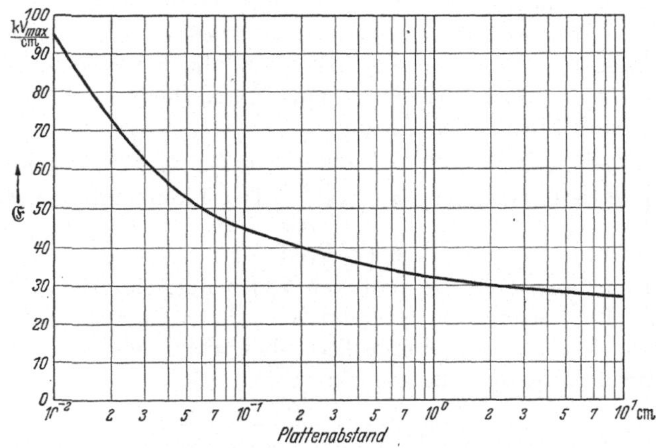

Abb. 3. Abhängigkeit der Anfangsfeldstärke in Luft zwischen ebenen Platten vom Plattenabstand.

Anfangs- und Durchbruchsfeldstärke zusammen, d. h. nichts anderes, als daß Beziehung 5 sofort für den ganzen Entladungsraum erfüllt ist. Die Anfangsfeldstärke ist abhängig von der Elektrodenentfernung und von der Dichte des Gases im Entladungsraum. Ihre Abhängigkeit vom Elektrodenabstand für Luft von Atmosphärendruck ist in Abb. 3 wiedergegeben[1]. Die Luftdruckabhängigkeit zeigt Abb. 4[2]: als Abszisse ist das Produkt aus Schlagweite und Luftdruck, beide in mm, angegeben, da die Durchbruchspannung in weiten Grenzen nur von den Werten

[1] Die Werte der Abb. 3 sind der Zahlentafel auf S. 26 von W. O. Schumann: Elektrische Durchbruchsfeldstärke in Gasen, Berlin 1923 entnommen. Weitere Messungen von A. Klemm: Arch. Elektrotechn. Bd. 12 (1923) S. 555; W. Spath: Arch. Elektrotechn. Bd. 12 (1923) S. 231; F. Müller: Arch. Elektrotechn. Bd. 13 (1924) S. 481; H. Loeber: Arch. Elektrotechn. Bd. 14 (1925) S. 516 und H. Rengnier: Arch. Elektrotechn. Bd. 16 (1926) S. 76 zeigen Abweichungen, die innerhalb der Grenzen 1,3% und — 0,5% liegen. Siehe auch G. Mierdel: Handbuch der Experimentalphysik 1929, S. 169f.

[2] Schumann, W. O.: Elektrische Durchbruchsfeldstärke in Gasen, S. 57. Berlin 1923.

dieses Produktes abhängig gefunden wurde[1]. Eine Abhängigkeit von Elektrodenmaterial ist in der Nähe des Atmosphärendruckes nicht festgestellt: dies ist darauf zurückzuführen, daß bei diesem Druck die Änderung der Anfangsspannung durch die unterschiedlichen γ-Werte des Elektrodenmetalls so gering geworden ist, daß sie unterhalb der Meßgenauigkeit liegen dürfte. Hingegen setzt sehr starke Vorionisierung (Vorstromdichte $j_0 = 10^{-10}$ A/cm²) die Durchschlagsspannung bis zu 20% herab[2].

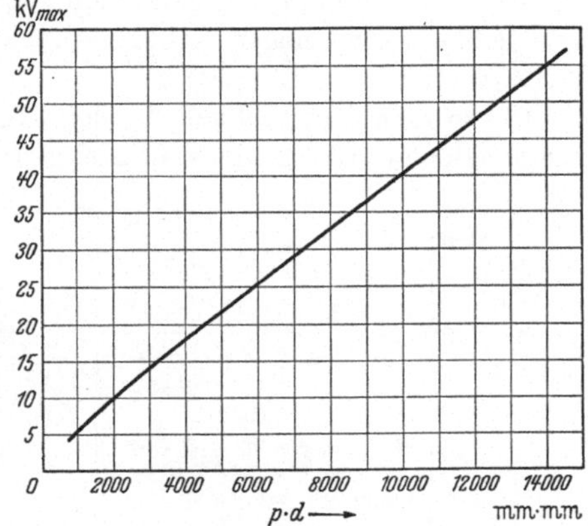

Abb. 4. Abhängigkeit der Anfangsfeldstärke zwischen ebenen Platten vom Produkt aus Luftdruck p in Torr (mmHg) und dem Plattenabstand d in mm.

Im **ungleichförmigen Feld** wird die statische Durchbruchsspannung in ausschlaggebendem Maße abhängig von der Elektrodenform: man muß sich daher bei Untersuchungen allgemeiner Art auf wenige richtunggebende Grundformen beschränken; solche sind

1. ungleichförmiges Feld an der Anode, gleichförmiges Feld an der Kathode,
2. gleichförmiges Feld an der Anode, ungleichförmiges Feld an der Kathode,
3. ungleichförmiges Feld an beiden Elektroden.

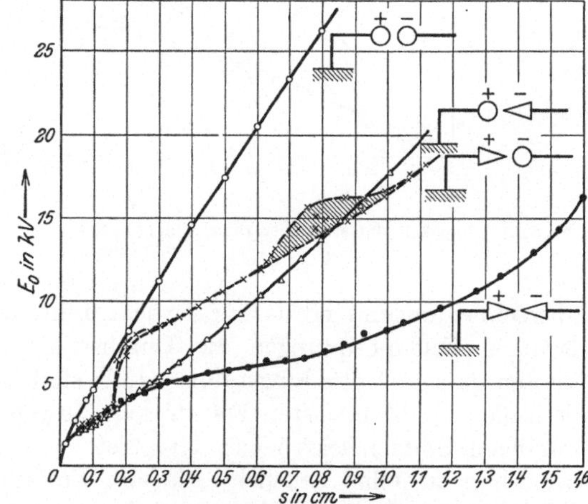

Abb. 5. Abhängigkeit der statischen Durchschlagsspannung im ungleichförmigen Feld bei kleinen Schlagweiten. (Spitzenwinkel 15°.)

Als Elektroden für derartige ungleichförmige Feldanordnungen verwendet man Spitzenelektroden mit gegebenem Spitzenwinkel α (s.

[1] Mierdel, G.: Handbuch der Experimentalphysik, S. 123f. Leipzig 1929.

[2] Engel, A. v. u. M. Steenbeck: Elektrische Gasentladungen, Bd. 2, S. 53. Berlin 1934. — Fucks, W.: Z. Phys. Bd. 92 (1934) S. 467. — Rogowski, W. u. W. Fucks: Arch. Elektrotechn. Bd. 29 (1935) S. 326. — White, H. J.: Phys. Rev. Bd. 48 (1935) S. 113. — Rogowski, W. u. A. Wallraff: Z. Phys. Bd. 97

Abb. 196), als gleichförmige Feldanordnungen Platten mit abgerundeten Rändern oder Kugeln mit gegenüber ihrer Schlagweite großem Durchmesser. Die Durchbruchskennlinien dieser Grundformen, abhängig von der Schlagweite, zeigen Abb. 5[1] für kleine und Abb. 6[2] für große Schlagweiten.

Die großen Unterschiede in den Kennlinien, die sich zwischen den verschiedenen Elektrodenanordnungen ergeben, und deren teilweise

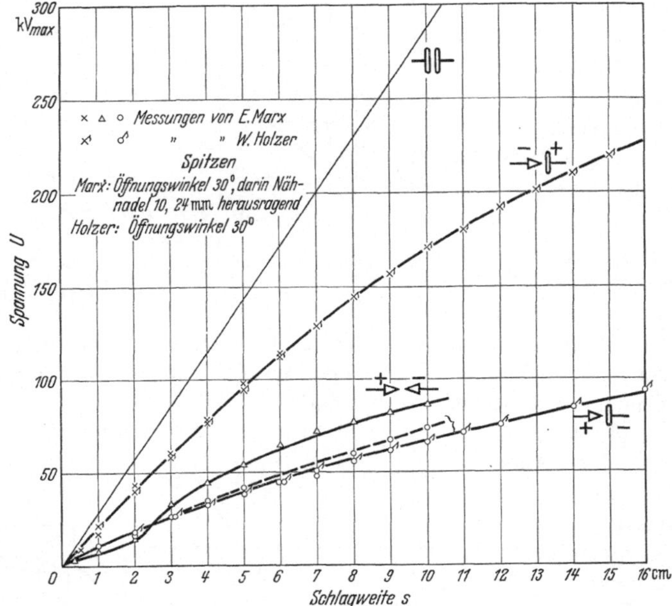

Abb. 6. Abhängigkeit der statischen Durchschlagsspannung im ungleichförmigen Feld bei größeren Schlagweiten.

Überschneidungen sind darauf zurückzuführen, daß bei diesen ungleichförmigen Feldanordnungen die Durchschlagsbedingungen nicht sofort für den ganzen Entladungsraum erfüllt sind, sondern zunächst nur für die Teile, die die höchsten Feldstärken aufweisen, also für die Nähe der jeweiligen Spitzenelektroden: dort treten bei allmählicher Spannungssteigerung zunächst deutlich sichtbare Entladungen auf, ohne daß die Elektrodenstrecke durchschlagen wird. Bei weiterer Spannungssteigerung

(1935) S. 97. — Seitz, W. u. W. Fucks: Naturwiss. Bd. 24 (1936) S. 346; Z. techn. Phys. Bd. 17 (1936) S. 387; Phys. Z. Bd. 37 (1936) S. 813; Z. Phys. Bd. 103 (1936) S. 1. — Schade, R.: Z. Phys. Bd. 105 (1937) S. 595.

[1] Strigel, R.: Arch. Elektrotechn. Bd. 27 (1933) S. 377.

[2] Marx, E.: Arch. Elektrotechn. Bd. 20 (1928) S. 589. — Holzer, W.: Z. Phys. Bd. 77 (1932) S. 676.

wachsen diese Entladungen immer mehr in den Entladungsraum hinein, bis schließlich beim Überschreiten eines noch höheren Spannungswertes der Durchschlag der ganzen Entladungsstrecke erfolgt[1].

Bei der Elektrodenanordnung: positive Spitze gegenüber negativer Platte fällt zunächst bei kleinen Schlagweiten die Anfangsspannung noch mit der Durchschlagsspannung zusammen, z. B. in Abb. 5 bis zu einer Schlagweite s von 0,17 mm. Oberhalb dieser Schlagweite jedoch setzt in der Nähe der Spitze Stoßionisierung in solchem Ausmaß ein, daß sie sich durch ständiges Glimmen bemerkbar macht. Die im Ionisierungsgebiet entstandenen Elektronen wandern infolge ihrer hohen Beweglichkeit sehr rasch zur anodischen Spitze ab, während die positiven Ionen sich nur langsam der Kathode zu bewegen. Im ganzen Entladungsraum werden demnach die positiven Ionen überwiegen, so daß durch ihre Raumladung ein gewisser Ausgleich der Ungleichförmigkeit des Feldes erfolgt. Die Kurve *0* in Abb. 7 zeigt den Spannungsverlauf zwischen den Elektroden vor Beginn einer selbständigen Entladung an der Anodenspitze. Nach dem Einsetzen einer solchen Entladung wird das Spannungsgefälle durch die gebildete Raumladung an positiven Ionen gleichmäßiger. Bei nicht zu großen Schlagweiten, bei denen die Durchschlagsspannung noch nicht sehr viel über der Anfangsspannung liegt, kann nun der Vorgang instabil werden: durch das Gleichmäßigerwerden des Feldes an der Anode erlischt die selbständige Entladung an der Anode, da die Feldstärke an der Anodenspitze dann so weit abgesunken ist, daß dort wieder die Anfangsspannung unterschritten ist: das Erlöschen der Entladung hat einen Raumladungsabbau zur Folge, die Feldstärke an der Anodenspitze steigt wieder über die Anfangsspannung, die Entladung setzt von neuem ein. So erklären sich auch die labilen Stellen in den Durchschlagskennlinien dieser Feldanordnung, die schematisch Abb. 8 zeigt. Wird die Schlagweite weiter gesteigert, so schiebt sich das Stoßionisationsgebiet aus der Umgebung der Anode immer weiter in den Entladungsraum hinein. Es entsteht eine

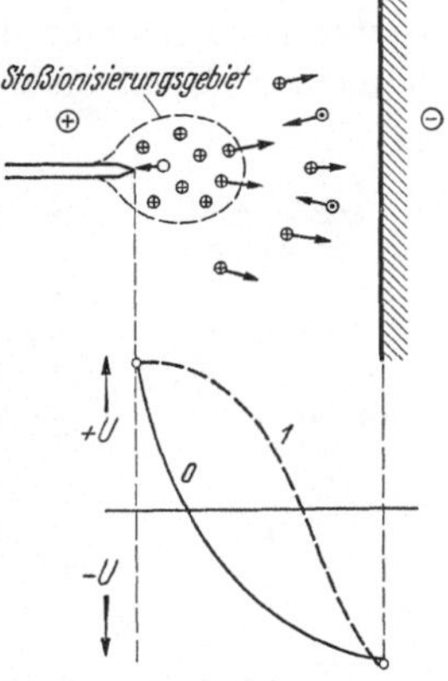

Abb. 7. Schematische Darstellung des Ionisierungsvorganges bei positiver Spitze gegenüber negativer Platte.

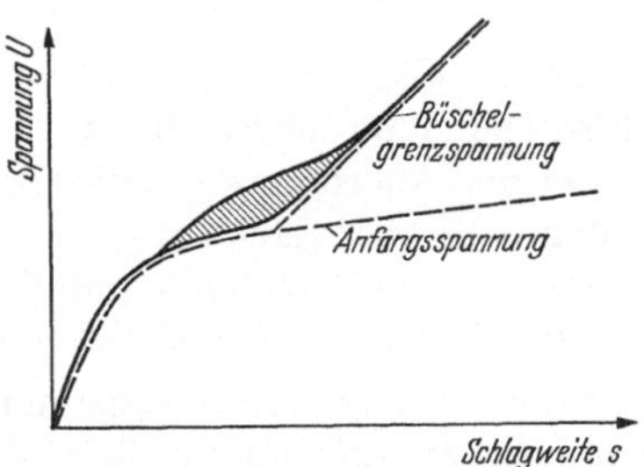

Abb. 8. Schematische Darstellung der Durchschlagskennlinien bei positiver Spitze gegenüber negativer Platte.

[1] Marx, E.: Arch. Elektrotechn. Bd. 24 (1930) S. 60.

Spannungsverteilung, wie sie Kurve *1* in Abb. 7 zeigt. Das Feld in der Nähe der Kathode ist nun so steil geworden, daß trotz der verhältnismäßig niederen Elektrodenspannung die positiven Ionen eine ausreichende Geschwindigkeit annehmen, um weitere Elektronen aus der Kathode zu befreien und so den Durchschlag einzuleiten.

Bei der Elektrodenanordnung positive Platte gegenüber negativer Spitze gelangen nur die zufällig in der Nähe der Kathodenspitze vorhandenen Elektronen zur Stoßionisierung. Die dadurch gebildeten positiven Ionen rufen durch ihre Raumladung eine Verzerrung der Spannungsverteilung zwischen Anode und Kathode hervor in dem Sinne, daß das Spannungsgefälle an der Kathode weiter erhöht, im übrigen Raum dagegen erniedrigt wird, wie die Abb. 9 andeutet. Der Durchschlag tritt ein, wenn durch diese Erhöhung des kathodischen Spannungsgefälles der Elektronenstrom so stark angewachsen ist, daß durch Ionenstoß genügend Elektronen aus der Kathode nachgeliefert werden können. Dies wird namentlich bei größeren Schlagweiten infolge der kleinen kathodischen Fläche erst bei höherer Spannung der Fall sein als bei der Elektrodenanordnung positive Spitze gegenüber negativer Platte.

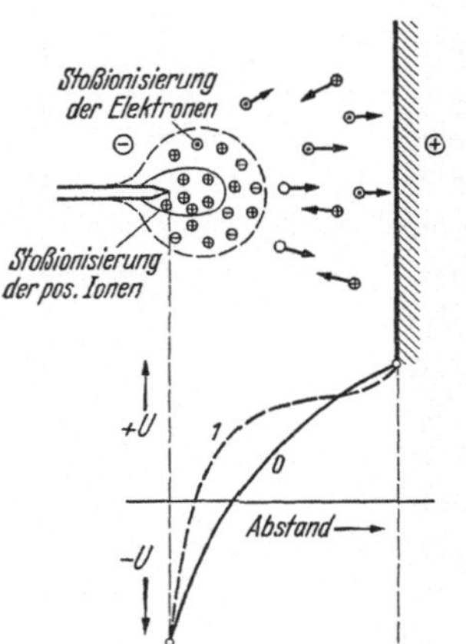

Abb. 9. Schematische Darstellung des Ionisierungsvorganges bei negativer Spitze gegenüber positiver Platte.

Der Durchschlagsvorgang bei der Elektrodenanordnung Spitze—Spitze läßt sich aus den beiden anderen Anordnungen ableiten: die Werte der Durchschlagsspannung liegen bis zu Schlagweiten unterhalb 2 cm niedriger als bei der Anordnung positive Spitze, negative Platte, oberhalb dieser Schlagweite aber darüber.

Aus den Durchschlagskennlinien ergeben sich somit für das ungleichförmige Feld die nachstehenden Gesichtspunkte:

1. Solange die Anfangsspannung annähernd mit der Durchschlagsspannung zusammenfällt, liegt die Durchschlagsspannung der Anordnung niedriger, deren Kathode stärker gekrümmt ist als die Anode[1].

2. Wenn die Anfangsspannung von der Durchschlagsspannung stark abweicht, so liegt die Durchschlagsspannung der Anordnung niedriger, deren Anode stärker gekrümmt ist als die Kathode[2].

3. Bei gegebenem Abstand hängt die Durchschlagsspannung stärker von der Krümmung der Anode ab als von derjenigen der Kathode.

---

[1] Uhlmann, E.: Arch. Elektrotechn. Bd. 23 (1929) S. 324.
[2] Marx, E.: Anm. 1, S. 9.

4. Labile Bereiche in den Durchschlagskennlinien treten auf in der Nähe der Schlagweiten, bei denen die Durchschlagsspannung sich von der Anfangsspannung ablöst, an Elektrodenanordnungen, bei denen das Feld in der Nähe der Anode ungleichförmig ist.

B. Der Stoßdurchschlag.

Der statische Durchschlag ist so definiert, daß beim Erreichen einer bestimmten Spannung die Entladungsstrecke durchschlagen wird. Dabei wird über die Zeitspanne, die zwischen dem Anlegen der Spannung an die Elektroden und ihrem Zusammenbruch liegt, keine Aussage gemacht: der Durchschlag kann auch erst nach beliebig langer Zeit erfolgen. Anders jedoch beim Stoßdurchschlag, bei der Art des Durchschlages, bei der die an die Elektroden angelegte Spannung höher als die statische Durchschlagsspannung ist. Hierbei kommt als wesentliches Kennzeichen der Zeitbegriff hinzu: es wird jedem Stoßspannungswert ein Entladeverzugswert zugeordnet, also ein Zeitwert, der darüber eine Angabe macht, wie lange die Stoßspannung an den Elektroden angelegt war, bis der Spannungszusammenbruch erfolgt ist. Die Entladeverzugszeit kann man in zwei Abschnitte einteilen: in die Aufbauzeit, das ist diejenige Zeit, die bei der angelegten Spannungshöhe nötig ist, um aus einzelnen vorhandenen Ladungsträgern die Entladung aufzubauen, und in die Streuzeit, also diejenige Zeit, in der diese Ladungsträger erst irgendwie entstehen müssen, die deshalb auch statistischen Gesetzen unterworfen ist.

Die Behandlung des Stoßdurchschlages in Luft soll sich zunächst nur auf den Stoßdurchschlag bei kleinen Schlagweiten erstrecken und erst dann auf größere Schlagweiten ausgedehnt werden, da bei diesen kleinen Schlagweiten die statistische Natur der Streuzeit des Stoßdurchschlages und die damit zusammenhängenden Fragen des Auftretens der Anfangselektronen klar herausgearbeitet werden können.

1. Die Statistik des Entladeverzuges[1].

a) Die Statistik des Entladeverzuges in Luft im gleichförmigen Feld bei kleinen Schlagweiten.

1. Die Verteilungskurve. Legt man an eine Entladungsstrecke mit gleichförmiger Feldanordnung und nur wenigen mm Schlagweite plötzlich eine Spannung, die höher als die statische Durchbruchsspannung ist, so kann sich eine selbständige Entladung entwickeln: Dazu müssen aber zunächst irgendwelche Ladungsträger im Entladungsraum vorhanden sein oder durch äußere Ursachen in ihm entstehen und diese Ladungsträger müssen sich dann im Elektrodenfeld durch Stoßionisation

[1] Siehe auch R. Strigel: ETZ Bd. 59 (1938) S. 31.

so weit vermehren, daß sie die Entladung einzuleiten vermögen. Solche Ladungsträger sind in der Luft infolge deren natürlichen Ionisation immer vorhanden, auch werden sie ständig an Grenzflächen, wie z. B. den Elektroden, neu gebildet. Eine durch solch einen Ladungsträger hervorgerufene Stoßlawine braucht noch nicht unbedingt zum Durchschlag zu führen; in der Mehrzahl aller Fälle wird bis zur Zündung der Entladung eine ganze Reihe von Elektronenlawinen abgelaufen sein.

Das Vorhandensein solcher Ladungsträger im Entladungsraum ist rein zufällig, ebenso wie ihre Neubildung an Grenzflächen. Ferner wird auch die Anzahl der bis zum Spannungszusammenbruch abgelaufenen Lawinen jeweils verschieden sein, da sie je nach ihrem ebenfalls zufälligen Entstehungsort sich entweder gegenseitig verstärken oder völlig unabhängig voneinander ablaufen können. Wiederholt man daher unter gleichen Bedingungen einen Stoßdurchschlagsversuch, so wird man für jeden Versuch eine andere Entladeverzugsdauer messen.

Bezeichnet man mit n_0 die Anzahl der ausgeführten Entladeverzugseinzelmessungen und nimmt man an, daß zur Zeit t nach dem Anlegen der Stoßspannung an die Entladungsstrecke bei der Anzahl n_t aller n_0-Versuche noch kein Durchschlag erfolgt war, so wird die Anzahl der Versuche, bei denen die Zündung im darauffolgenden Zeitabschnitt dt erfolgt, da ja das Zünden rein zufällig ist, zunächst proportional zu dt selbst, dann aber auch zur Anzahl aller Einzelversuche n_0. Berücksichtigt man noch, daß durch jeden neuen Durchschlag die Anzahl n_t verkleinert wird, so erhält man[1]

$$dn_t = -k n_0 \, dt. \tag{6}$$

k ist ein Proportionalitätsfaktor von der Dimension einer reziproken Zeit und läßt sich als das Produkt zweier Wahrscheinlichkeitsfaktoren darstellen

$$k = p \cdot \beta = \frac{1}{\sigma}. \tag{7}$$

In dieser Beziehung ist β die Wahrscheinlichkeit dafür, daß sich im Entladungsraum ein Elektron befindet bzw. dort gebildet wird oder aber hineindiffundiert; p gibt die Wahrscheinlichkeit dafür an, daß ein solches Anfangselektron durch Stoßionisation sich genügend stark vermehrt, um durch seine Lawine den Überschlag einzuleiten. Setzt man noch $k = 1/\sigma$ und bildet die Integralform von Gl. (6)

$$n_t = n_0 \, \varepsilon^{-\frac{1}{\sigma} t}, \tag{8}$$

so erkennt man, daß dem Wert σ eine ähnliche Bedeutung zukommt, wie der Zeitkonstanten einer ε-Funktion: durch σ ist die Verteilungskurve der Entladeverzugszeiten bei Vornahme von sehr vielen Ver-

[1] Laue, M. v.: Ann. Phys., Lpz. Bd. 76 (1925) S. 261.

suchen eindeutig bestimmt. Außerdem aber wird, wenn $\sum \tau$ die Summe aller dieser einzelnen Versuchszeiten ist

$$\sigma = \frac{\Sigma \tau}{n_0}. \tag{9}$$

σ ist also auch der Mittelwert aller dieser Verzugszeiten und wird deshalb als die mittlere statistische Streuzeit der Entladeverzugsverteilung bezeichnet. In der Tat läßt sich eine solche Verteilungskurve nach Gl. (8) nachweisen in allen Gasarten bis zu Verzögerungszeiten von 0,1 bis 0,01 μs herab[1]. Abb. 10[2] zeigt z. B. die Verteilungskurve der Entladeverzugszeit, die unter bestimmten Verhältnissen aus 130 Einzelversuchen an einer Neon-Gasentladungsröhre von etwa 5 bis 10 Torr Innendruck gewonnen wurde. Als Ordinate ist jeweils diejenige Anzahl der Versuche n_t aufgetragen, die einen größeren Entladeverzug ergeben haben, als dem dazugehörigen Abszissenwert t entspricht. Der Ordinatenmaßstab ist logarithmisch. Die Meßkurve läßt sich angenähert durch eine Gerade mitteln: die Häufigkeitsverteilung läßt sich also durch die Gl. (8) darstellen.

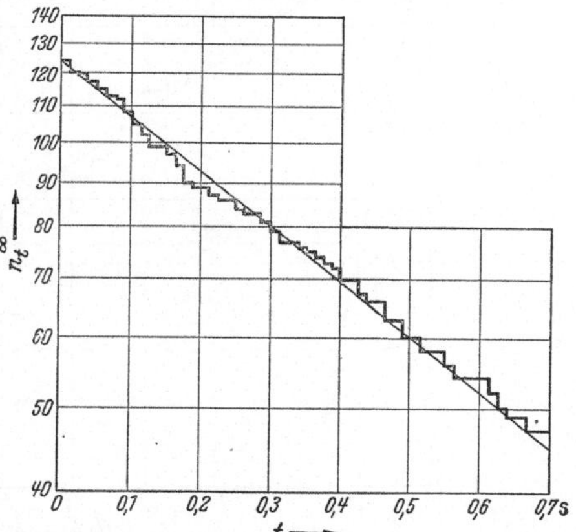

Abb. 10. Häufigkeitsverteilung des Entladeverzuges einer Neon-Glimmröhre.

Solche Verteilungskurven sind aber nicht ohne weiteres nachzumessen, namentlich wenn es sich um Versuche in atmosphärischer Luft handelt. Einwandfreie, wiederholt meßbare Verteilungskurven kann man nur erhalten, wenn man peinlichst dieselbe Oberflächenbeschaffenheit der Elektroden aufrechterhält[3]: so können Fettschichten auf der Elektrodenoberfläche die Verteilungskurve gänzlich verändern. Auch allmählich sich ausbildende Oxydation des Elektrodenmetalls macht sich in einer Verschiebung der Verteilungskurve bemerkbar. Ebenso ist Quarzlampenbestrahlung von großem Einfluß. In Abb. 11[4] sind 4 Verteilungskurven wiedergegeben, die an Kupferelektroden von 5 cm

[1] Mauz, E. u. R. Seeliger: Phys. Z. Bd. 26 (1925) S. 47. — Zuber, K.: Ann. Phys., Lpz. Bd. 76 (1925) S. 231. — Braunbeck, W.: Z. Phys. Bd. 36 (1926) S. 582; Bd. 39 (1926) S. 6. — Büge, M.: Arch. Elektrotechn. Bd. 19 (1928) S. 480. — Strigel, R.: Naturw. Bd. 20 (1932), S. 205; Wiss. Veröff. Siemens-Konz. XI, Bd. 1 (1932) S. 52.

[2] Steenbeck, M. u. R. Strigel: Arch. Elektrotechn. Bd. 26 (1932) S. 831.

[3] Pedersen, P. O.: Ann. Phys., Lpz. Bd. 71 (1923) S. 317.

[4] Strigel, R.: Anm. 1, S. 13. — Arch. Elektrotechn. Bd. 27 (1933) S. 131.

Durchmesser bei 1,1 mm Schlagweite, also einer statischen Durchbruchsspannung von 5 kV, unter verschiedenen Oberflächenbedingungen gewonnen worden sind: Oxydierte, schwach bestrahlte Elektroden haben etwa dieselbe Verteilungskurve, wie blanke nicht bestrahlte Elektroden ergeben. Hingegen hat sich die mittlere statistische Streuzeit bei schwacher Bestrahlung von 0,2 μs bei blanken, entfetteten Elektroden

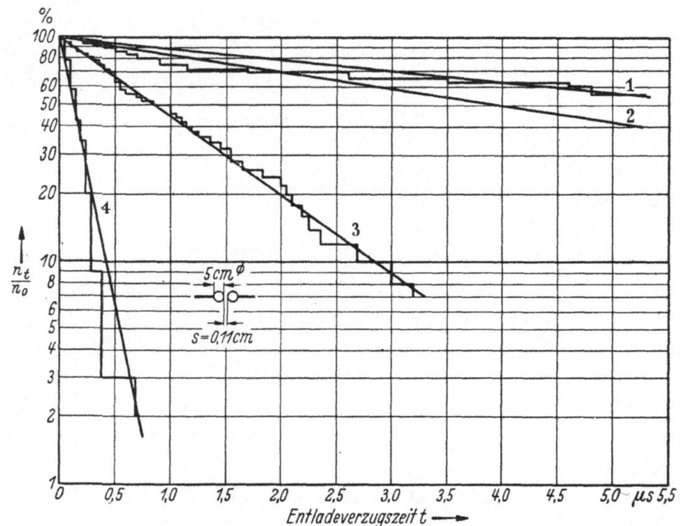

Abb. 11. Einfluß des Oberflächenzustandes auf die Verteilungskurve des Entladeverzuges, statische Durchschlagsspannung 5 kV, Stoßspannung 6,5 kV. *1* Kupferelektroden, oxydiert, schwach bestrahlt, mit Alkohol von Fett gereinigt; *2* Kupferelektroden, blank, nicht bestrahlt, mit Alkohol von Fett gereinigt (Meßwerte der Übersichtlichkeit halber weggelassen); *3* Kupferelektroden, blank, schwach bestrahlt, aber nicht von Fett befreit; *4* Kupferelektroden, blank, schwach bestrahlt, mit Alkohol von Fett gereinigt.

auf 15,6 μs bei oxydierten, aber ebenfalls entfetteten Elektroden, also fast um 2 Zehnerordnungen erhöht. Außerdem geht aus Abb. 11 hervor, daß leichte Fettschichten die mittlere Streuzeit etwa um $^1/_2$ bis 1 Größenordnung heraufsetzen können.

2. Die Spannungsabhängigkeit der mittleren, statistischen Streuzeit. Mit zunehmender Höhe der Stoßspannung wird auch die zwischen den Elektroden liegende Feldstärke immer höher. Die im Entladungsraum vorhandenen Elektronen werden also beim Durchlaufen der freien Wegstrecke zwischen den Stößen mit neutralen Molekeln eine höhere kinetische Energie aufnehmen können und so auch häufiger neutrale Molekel so günstig treffen, daß sie aus deren Molekelverbande ein Elektron heraussprengen können. Die erhöhte Feldstärke erhöht also auch die Ionisierungsmöglichkeit und diese wiederum die Anzahl der Ionisierungsvorgänge im Ablauf einer Lawine. Dadurch steigt auch die Raumladung der Einzellawine und mit dieser die Wahrscheinlichkeit, daß schon die einzelne Lawine allein zum Durchschlag führt. Die mittlere, statistische Streuzeit σ, in die ja auch diese Wahrscheinlichkeit eingeht, wird also mit zunehmender Stoßspannung abnehmen. In Abb. 12 ist die aus Verteilungskurven, wie sie Abb. 11 zeigt, entnommene, mittlere statistische Streuzeit abhängig vom Stoßverhältnis aufgetragen. Die Streuzeit nimmt mit zunehmendem Stoßverhältnis zunächst stark ab und scheint sich dann oberhalb eines Stoßverhältnisses von 1,8 einem Endwert zu nähern.

3. Der Einfluß der Ionisation auf die Statistik des Entladeverzuges. Ionisation kann einmal als Ionisation im Entladungsraum, dann aber auch als Grenzflächenionisation, also als Ionisation an den Elektrodenflächen auf den Entladeverzug von Einfluß sein. In der norddeutschen Tiefebene entstehen etwa 10 bis 20 Elektronen sekundlich im cm^3 Luft[1]: sie lagern sich sofort an neutrale Molekel, Molekelkomplexe, Staubteilchen oder Tröpfchen an. Die Beweglichkeit der leichteren dieser Teilchen liegt bei 1 $\frac{cm/s}{V/cm}$; sie ist demnach so gering, daß die Zeiten des Entladeverzuges gar nicht ausreichen, um die Mehrzahl dieser Teilchen überhaupt an die Elektroden heranzuführen. Immerhin wäre es denkbar, daß unter der Einwirkung der im Entladungsraum herrschenden hohen Feldstärke an solche Teilchen angelagerte Elektronen losgerissen werden. Jedoch schließen Versuche diese Möglichkeit aus[2]: Legt man einer Funkenstrecke ein Gleichfeld von solcher Höhe an, daß im Entladungsraum noch keine Stoßionisation einsetzen kann, so bewirkt man dadurch, daß der Entladungsraum an Luftionen verarmt. Wäre nun ein Einfluß der Luftionen vorhanden, so müßte die statistische Streuzeit des Entladeverzuges im Mittel ansteigen; diese Folgerung entspricht aber nicht den Versuchsergebnissen: auch bei Vorhandensein des Gleichfeldes ändert sich die mittlere statistische Streuzeit nicht.

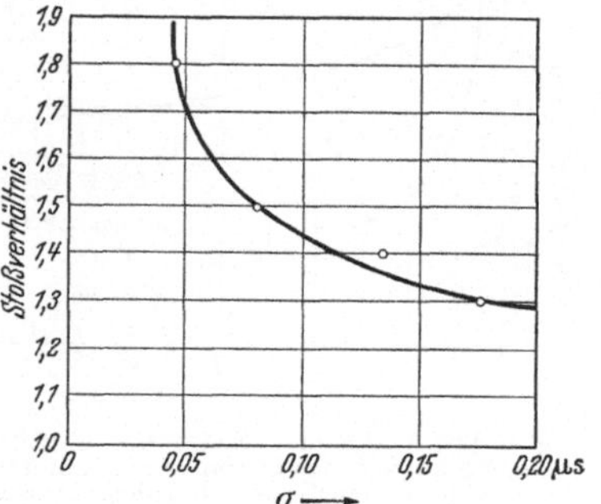

Abb. 12. Abhängigkeit der mittleren statistischen Streuzeit von der Stoßspannung.

Auch die Zahl der in der freien Atmosphäre entstehenden freien Ionen ist so gering, daß bei kleinen Schlagweiten und kleinen Elektrodenflächen nur wenige Elektronen in der Sekunde im Entladungsraum entstehen, während die gemessenen Entladeverzugszeiten zumindest 10^6 bis 10^8 Elektronen in der Sekunde erfordern. Man kommt damit zu dem Schluß, daß die Ionisation im Entladungsraum bei kleinen Schlagweiten keine wesentliche Rolle spielen kann.

[1] Siehe S. 2.

[2] Pedersen, P. O.: Anm. 3, S. 13. — Strigel, R.: Anm. 1, S. 13.

Die Oberflächenionisation an den Elektrodenflächen kann aus einer Messung des dunklen Vorstromes i_0 der Entladungsstrecke (siehe Abb. 1) bestimmt werden. Eine Ermittlung dieses Vorstromwertes i_0 kann nicht aus Strom-Feldstärke-Messungen erfolgen, da schon bei den niedrigsten meßbaren Stromwerten noch Stoßionisation vorhanden ist. Mißt man jedoch für bestimmte Feldstärkenwerte die Abhängigkeit des Vorstromes vom Elektrodenabstand und trägt den gemessenen Stromwert in logarithmischem Maßstab auf, so erhält man entsprechend Gl. (2)

$$i = i_0 \varepsilon^{\alpha d}$$

für die Abhängigkeit des Vorstromes i vom Elektrodenabstand eine Gerade. Der Stromwert, der sich aus solchen Geraden für den Elektrodenabstand Null ergibt, ist dann der gesuchte Sättigungswert i_0 des Vorstromes[1].

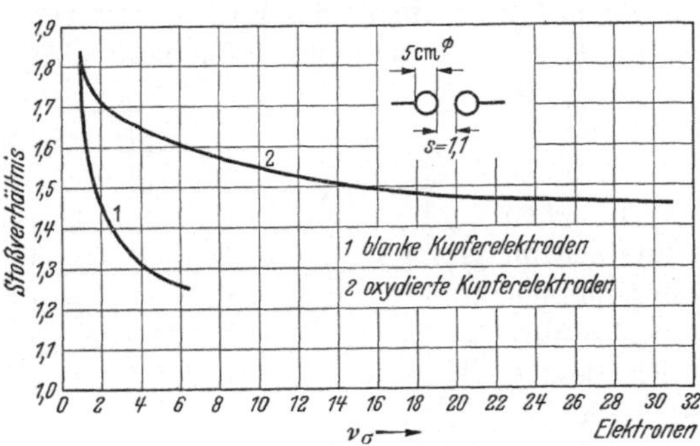

Abb. 13. Anzahl der Elektronen ν_σ, die durch Fremdionisierung im Mittel während der Entladeverzugszeit aus der Kathode austreten, abhängig vom Stoßverhältnis.

Aus dem Werte des Vorstromes i_0 läßt sich die Anzahl der Elektronen ν_0 bestimmen, die sekundlich aus der Kathode austreten: sie ist gegeben durch

$$i_0 = \nu_0 \cdot e, \tag{10}$$

worin $e = 1{,}59 \cdot 10^{-19}$ C die Ladung eines Elektrons darstellt. Damit ist aber auch die Anzahl der Elektronen ν_σ bestimmbar, die in der mittleren, statistischen Streuzeit aus der Kathode austreten, sie wird

$$\nu_\sigma = \nu_0 \cdot \sigma. \tag{10a}$$

In Abb. 13 ist diese Abhängigkeit von ν_σ vom Stoßverhältnis für blanke und für oxydierte Kupferelektroden aufgetragen. ν_σ nähert sich mit steigendem Stoßverhältnis immer mehr dem Werte ein Elektron, d. h. mit anderen Worten, daß bei genügend hohem Stoßverhältnis jedes einzelne aus der Kathode austretende Elektron den Überschlag einzuleiten vermag. Die nachstehende Zahlentafel 3 zeigt die Ergebnisse einer Reihe von Messungen, für die diese Aussage nachgeprüft wurde: die Messungen sind unter verschiedenen Bestrahlungsverhältnissen bei einem Stoßfaktor von 1,8 an Kupferelektroden von 5 cm Durchmesser bei einer Schlagweite von 1,1 mm ausgeführt worden.

Die Einzelwerte schwanken also um den Wert „ein Elektron" innerhalb der Grenzen +22% und —15%, während der Mittelwert aus den

[1] Paavola, M.: Arch. Elektrotechn. Bd. 22 (1929) S. 443.

Zahlentafel 3. Zusammenhang zwischen Streuzeit und Anfangselektron beim Stoßverhältnis 1,8.

Material	Streuzeit σ des Entladeverzugs bei dem Stoßverhältnis 1,8 µs	Mittelwert i_0 des dunklen Vorstromes in der Mitte der Entladungsbahn A	Mittlere Anzahl der Elektronen ν_0 innerhalb der Entladungsbahn
Cu . . .	0,04	$3{,}7 \cdot 10^{-12}$	1,05 Elektronen
CuO . . .	0,06	$3{,}24 \cdot 10^{-12}$	1,22 „
CuO . . .	0,12	$1{,}13 \cdot 10^{-12}$	0,85 „
CuO . . .	0,19	$0{,}80 \cdot 10^{-12}$	0,96 „
CuO . . .	1,53	$0{,}10 \cdot 10^{-12}$	0,96 „
		im Mittel	1,01 Elektronen

5 Messungen diesem „Sollwert" auf $+1\%$ nahekommt. Diese Übereinstimmung ist sehr weitgehend, wenn man bedenkt, daß die benutzten Methoden statistischer Natur sind und der mittlere, statistische Fehler in der Bestimmung der Streuzeit des Entladeverzuges, für deren Ermittlung 50 bis 60 Oszillogramme zur Verfügung gestanden haben, noch etwa $\pm 15\%$ beträgt.

Abb. 13 zeigt ferner, daß bei niedrigem Stoßverhältnis bei oxydierten Elektroden eine viel größere Anzahl von Elektronenlawinen nötig ist, um den Überschlag an der Entladungsstrecke einzuleiten als bei blanken Kupferelektroden. So sind z. B. bei einem Stoßverhältnis von 1,4 bei Verwendung oxydierter Elektroden im Mittel 39, bei blanken Elektroden dagegen nur 2,5 Elektronenlawinen in der Entladungsbahn während der Verzögerungszeit übergegangen. Die Breite der Elektronenlawinen ist nicht genau bekannt: nimmt man an, daß sie gleich der Breite der Leuchtfäden ist, dann wäre mit einem Öffnungswinkel der Lawine von 1 : 50 zu rechnen[1]. Man kann aber auch die Kanalbreite aus statistischen Betrachtungen über die Zusammenstöße von Elektronen mit Gasmolekeln abschätzen. Nimmt man dabei die Temperatur im Entladungskanal in Übereinstimmung mit Beobachtungen[1] zu 4000^0 C an, so erhält man etwa dieselben Werte[2]. Auch bei Versuchen in einer elektrodenlosen Entladung werden Werte gleicher Größenordnung für die Kanalbreite geschätzt[3]. Es ist somit sehr unwahrscheinlich, daß bei 39 Lawinen, das sind 2,2 Lawinen je mm^2, sich 2 solcher Lawinen überdecken: es scheint also auch in diesem Falle, daß nicht eine Mehrzahl von Elektronenlawinen für die Entstehung der selbständigen Entladung notwendig sind, sondern daß auch dann noch die einzelne Elektronenlawine den Überschlag einzuleiten vermag, wenn auch nicht mehr jede Lawine die für den

[1] Toepler, M.: Ann. Phys., Lpz. Bd. 53 (1927) S. 232.

[2] Ollendorff, F.: Arch. Elektrotechn. Bd. 26 (1932) S. 193. — Slepian, J.: Electr. Wld., N. Y. Bd. 91 (1928) S. 768.

[3] Buss, K.: Arch. Elektrotechn. Bd. 26 (1932) S. 261.

Durchschlag günstigen Bedingungen zu schaffen vermag. Versuche, die in einer Nebelkammer allerdings bei einem Druck von $^1/_3$ atm und 2 cm Schlagweite angestellt worden sind, bestätigen diese Ansicht[1]. In der Nebelkammer befindet sich mit Feuchtigkeit gesättigtes Gas. Wird nun kurz vor oder kurz nach der Entladung im Verhältnis 1,1 bis 1,3 expandiert, so ist die Luft in der Kammer mit Wasserdampf übersättigt und die geladenen Teilchen im Entladungsraum wirken als Konzentrationskerne für Wassertröpfchen. Auf diese Weise gelingt es, die Kanäle durch Nebelspuren sichtbar zu machen. Photographische Aufnahmen zeigen, daß sich die Kanäle nicht überdecken, sondern völlig unabhängig voneinander bestehen. Eine weitere Bestätigung dafür, daß der Durchschlag von der einzelnen Lawine ausgeht, geben auch Versuche[2], bei denen die Entladungsstrecke in einem 7 cm dicken Bleipanzer eingebaut war und als Füllgas dieser Entladungskammer vollkommen emanationsfreie Luft aus Stahlbomben verwendet wurde. Mit einer solchen Anordnung, bei der ja äußere Ionisation weitgehend abgeschirmt ist, wurden bei einer statisch angelegten Spannung, die 32% über der Durchschlagsspannung lag, statistische Verzögerungszeiten von 20 min erreicht. Die größten gemessenen Verzögerungszeiten betrugen bis zu 2 h. Es ist in diesen Fällen kaum anzunehmen, daß eine Überlagerung mehrerer Lawinen stattgefunden hat, da sämtliche Ladungsträger einer Lawine schon in Bruchteilen von Sekunden an die Elektroden abgeführt sind.

4. Entladeverzug und Kathodenmaterial. Aus den bisher beschriebenen Gesetzmäßigkeiten geht weiter hervor, daß die Dauer des Entladeverzuges bei verschiedenen Materialien unter sonst gleichen Bedingungen allein durch die Austrittsarbeit der Elektronen der auf negativer Spannung befindlichen Elektroden bestimmt sein muß und damit völlig unabhängig vom Material der auf positiver Spannung befindlichen Elektrode[3] wird. Denn je geringer die Elektronenaustrittsarbeit an der kathodischen Elektrode ist, desto mehr Elektronen werden durch äußere Einwirkung, wie kurzwelliges Licht, radioaktive oder Höhenstrahlung, in der Zeiteinheit im Mittel austreten: damit ist dann auch die Möglichkeit häufiger gegeben, daß eine Elektronenlawine den Durchschlag einzuleiten vermag. Ein Beweis für diese Folgerung ist der nachstehend beschriebene Versuch: Wählt man 2 Materialien sehr unterschiedlicher Austrittsarbeit als Elektroden, so müssen sie einmal sehr unterschiedliche Werte für die statistische Streuzeit des Entladeverzuges ergeben und außerdem darf stets nur das kathodische Material für die Dauer des Entladeverzuges maßgebend sein; 2 solche Materialien sind Elektronmetall, das unter Berücksichtigung von auf seiner Oberfläche adsorbierten

[1] Flegler, E. u. H. Raether: Z. Phys. Bd. 99 (1936) S. 635. Siehe auch S. 32.

[2] Bath, F. u. W. Kaufmann: Naturwiss. Bd. 20 (1932) S. 87. — Bath, F.: Z. Phys. Bd. 86 (1932) S. 275.

[3] Strigel, R.: Arch. Elektrotechn. Bd. 26 (1932) S. 803.

Gasen etwa eine Austrittsarbeit von 1,8 V-El aufweist, und Kupferoxyd mit einer solchen von 5,3 V-El[1]. Wenn man diese Elektrodenmaterialien als Kugeln von 5 cm Durchmesser miteinander kombiniert, so erhält man bei einer Schlagweite von 1,1 mm, entsprechend einer statischen Durchbruchsspannung von 5 kV und einem Stoßverhältnis von 1,3 die Werte der Zahlentafel 4 für die mittlere, statistische Streuzeit.

Zahlentafel 4. Kathodenmaterial und Entladeverzug.

Elektrodenmaterial		Mittlere Streuzeit in
Anode	Kathode	μs
Elektron	Elektron	0,165
Kupferoxyd	Elektron	0,160
Kupferoxyd	Kupferoxyd	550
Elektron	Kupferoxyd	570

Die mittlere, statistische Streuzeit σ ist abhängig vom Stoßverhältnis für verschiedene Elektrodenmaterialien in Abb. 14 aufgetragen[2]. Zeichnet

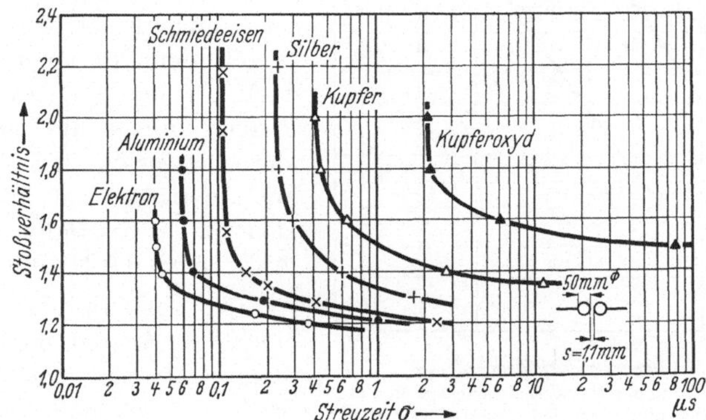

Abb. 14. Abhängigkeit der mittleren, statistischen Streuzeit σ vom Stoßverhältnis für verschiedene Elektrodenmetalle.

man ferner abhängig von der Elektronenaustrittsarbeit dieser Metalle[1] in V-El die Endwerte σ_0, denen die gemessenen Streuzeitkennlinien zustreben, in logarithmischem Maßstabe auf, so lassen sich die einzelnen Werte durch eine Gerade verbinden (Abb. 15). Dabei sind als Werte für die Austrittsarbeit wieder die Werte eingesetzt, die diesen Metallen unter Berücksichtigung der adsorbierten Gasschichten auf der Oberfläche zukommen. Der Punkt für Schmiedeeisen ist der einzige, der außerhalb dieser Geraden liegt: da aber nur die Austrittsarbeit von reinem Eisen bekannt ist, die von derjenigen von Schmiedeeisen sehr verschieden sein kann, so ist diesem Punkt keine große Genauigkeit zuzuordnen.

[1] Engel, A. v. u. M. Steenbeck: Elektrische Gasentladung, Bd. 1 (1932) Taf. 120.

[2] Strigel, R.: Arch. Elektrotechn. Bd. 27 (1933) S. 137.

Außerdem sind in Abb. 15 noch zwei weitere Meßpunkte für σ_0 eingetragen, die im vorigen Abschnitt beschriebenen Messungen entnommen sind und die einer stärkeren Quarzlampenbestrahlung entsprechen. Verbindet man diese beiden Punkte, so erhält man eine parallele Gerade zur Verbindungslinie der σ_0-Werte aus obiger Zahlentafel. Man kann also sagen, daß der Endwert σ_0 des Entladeverzuges nach einer ε-Funktion abnimmt. Verschiedene Einstrahlung ändert diese ε-Funktion nicht. σ_0 läßt sich demnach darstellen durch

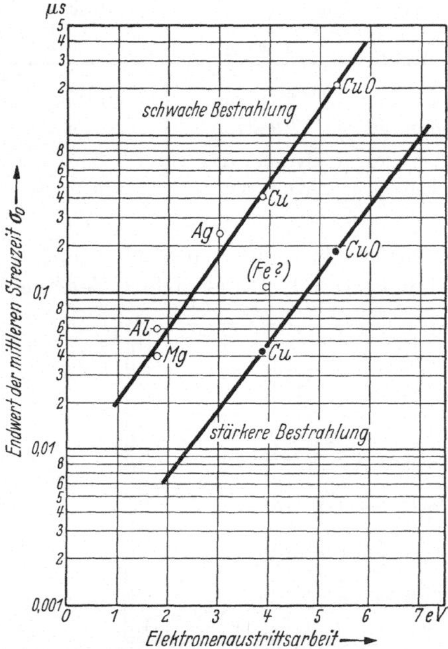

Abb. 15. Abhängigkeit des Endwertes σ_0 der statistischen Streuzeit von der Austrittsarbeit des Elektrodenmetalls, 1. bei schwacher Bestrahlung, 2. bei stärkerer Bestrahlung.

$$\sigma_0 = \sigma_{00} \cdot f \cdot \varepsilon^{kA}, \tag{11}$$

wobei σ_{00} den fiktiven Endwert des Entladeverzuges in Sekunden für die Austrittsarbeit Null und eine Elektrode von der Größe der Flächeneinheit darstellt, f die Elektrodenfläche, k eine universelle Größe von der Dimension 1/V-El und A die Austrittsarbeit in V-El bedeuten. k bestimmt sich aus Abb. 15 zu 0,9 1/V.El.

In Abb. 16 ist weiterhin noch die Anzahl der von Anfangselektronen herrührenden Elektronenlawinen abhängig vom Stoßverhältnis aufgetragen, die im Mittel der Verzögerungszeit zwischen den Elektroden übergegangen sind: bei geringerer Austrittsarbeit ist auch im Mittel eine geringere Anzahl von Elektronenlawinen erforderlich, um den Durchschlag einzuleiten. Dieser experimentelle Befund kann durch die nachstehende Betrachtung erklärt werden.

Die Wahrscheinlichkeit dafür, daß ein Anfangselektron durch Stoßionisation sich so stark vermehrt, daß es den Spannungszusammenbruch in der Entladungsstrecke einzuleiten vermag, sei mit p bezeichnet. Diese Wahrscheinlichkeit setzt sich aus verschiedenen Teilbeträgen zusammen. Einmal kann die vom Anfangselektron herrührende Elektronenlawine eine so starke positive Raumladung hervorrufen, daß diese schon allein ausreicht, die Entladung instabil zu machen und so den Überschlag einzuleiten; die Wahrscheinlichkeit hierfür werde mit p_0 bezeichnet und ist unabhängig von der Elektrodenfläche, da sie lediglich Stoßvorgänge im Luftraum umfaßt. Dann aber kann auch die bei den Stoßprozessen der Elektronenlawine freiwerdende Strahlung q weitere Elektronen auf der negativen Elektrode lichtelektrisch auslösen: der Teil dieser Strahlung q, der auf diese fällt, sei mit $\mu \cdot q$ bezeichnet. Die Strahlung q ist eine reine Gaseigenschaft, sie ist also ebenfalls unabhängig vom Elektrodenmetall.

Hingegen wird die lichtelektrische Auslösung weiterer Elektronen aus der kathodischen Elektrode durch diese Strahlung umgekehrt proportional zu deren Austrittsarbeit. Bezeichnet man mit φ den Koeffizienten der lichtelektrischen Auslösung, so werden durch $\mu \cdot q$ im Mittel

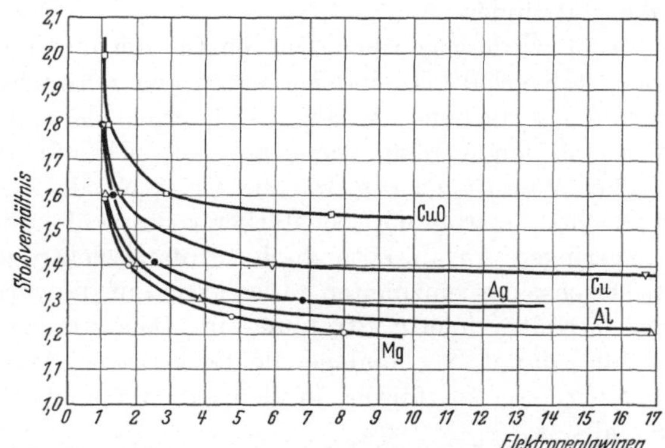

Abb. 16. Anzahl der Elektronenlawinen, die durch Fremdionisierung ausgelöst während der Entladeverzugszeit ablaufen, berechnet aus den Messungen der Abb. 14. (Schwächere Bestrahlung als Abb. 13.)

$\varphi \cdot \mu \cdot q$ Elektronen ausgelöst und die Wahrscheinlichkeit dafür, daß so ein lichtelektrisches ausgelöstes Elektron durch seine nachfolgenden Elektronenlawine den Überschlag herbeiführt, wird dann $p_0(\varphi\mu q)$. Diese Elektronenlawine kann durch die ihr eigene Strahlung wieder lichtelektrische Elektronen aus der negativen Elektrode befreien: die Wahrscheinlichkeit, daß durch diese Lawinen dann der Überschlag eintritt, wird $p_0(\varphi \mu q)^2$ usw. Damit ergibt sich

$$(12) \quad p = p_0 + p_0(\varphi \mu q) + p_0(\varphi \mu q)^2 + p_0(\varphi \mu q)^3 + \cdots = \frac{p_0}{1 - \varphi \mu q}$$

und die mittlere Anzahl n der in der Verzögerungszeit aus der negativen Elektrode austretenden Elektronen zu

$$(13) \qquad n = \frac{1}{p} = \frac{1}{p_0}(1 - \varphi \mu q).$$

p_0 und μq sind materialunabhängig. Es geht in Gl. (13) allein der Koeffizient φ der lichtelektrischen Auslösung als materialabhängige Größe ein. Er ist umgekehrt proportional der Austrittsarbeit und damit wird auch die Anzahl der lichtelektrisch ausgelösten Tochterlawinen einer Ursprungslawine um so größer werden, je niedriger die Austrittsarbeit des Kathodenmaterials ist.

Auf Grund der bereits erwähnten Versuche in der Nebelkammer[1], die zeigen, daß sämtliche Lawinen unabhängig voneinander verlaufen, muß man annehmen, daß diese lichtelektrisch ausgelösten Tochterlawinen größtenteils in unmittelbarer Nähe des Fußpunktes der Ursprungslawine ausgelöst werden und in deren Bahn verlaufen. Diese Annahme hat insofern auch große Wahrscheinlichkeit für sich, als die von Ionisierungsprozessen ausgehende Strahlung durch Luftschichten stark absorbiert werden dürfte, also auf der Kathodenoberfläche am wirksamsten ist, wenn sie von Ionisierungsprozessen ausgeht, die in Kathodennähe stattfinden.

Die in Abb. 14 wiedergegebenen Kurven für die mittlere Streuzeit, abhängig vom Stoßverhältnis, sind bei wesentlich schwächerer Quarzlampenbestrahlung aufgenommen als die Kurven der Abb. 13. Ein Vergleich dieser beiden Abbildungen zeigt, daß sich stärkere Bestrahlung in ähnlicher Weise auswirkt, wie die Unterschiede im Kathodenmaterial bei gleicher Bestrahlung: bei stärkerer Bestrahlung ist ebenfalls im Mittel eine geringere Anzahl kathodischer Anfangselektronen erforderlich, um den Durchschlag einzuleiten. Dies kann auf die vermehrte Anregung durch die ultraviolette Strahlung im Gasraum zurückgeführt werden und die damit verbundene lichtelektrische Atomstrahlung. Deren Einfluß wird um so stärker, je niedriger die Austrittsarbeit des Elektrodenmetalls ist.

5. Alterung der Elektroden[2]. Schon mehrfach wurde auf die Tatsache hingewiesen, daß die statistische Verteilung des Entladeverzuges sehr stark von den Oberflächeneinflüssen der Elektroden abhängig ist: so können Fettschichten, Oberflächenhäute von elektronegativen Gasen, sowie Oxyd- bzw. Sulfidverbindungen auf der Oberfläche des Elektrodenmetalls den Entladeverzug um eine Größenordnung und mehr heraufsetzen.

Läßt man zwischen 2 Kupferkugeln von 5 cm Durchmesser bei 1,1 mm Schlagweite, also einer statischen Durchbruchsspannung von 5 kV eine große Anzahl von Durchschlägen hintereinander übergehen, so setzt langsame Oxydation der Elektrodenoberfläche ein und die Entladeverzugsverteilung nähert sich allmählich derjenigen von oxydierten Kupferkugeln. Dabei treten allerdings noch eine Reihe von Durchschlägen auf, die sich weder in die eine noch in die andere Verteilung einordnen lassen. Derartige Versuchsergebnisse zeigt Abb. 17: an blanken und oxydierten Kugeln sind bei einem Stoßverhältnis von 1,4 die statistischen Streuzeiten des Entladeverzuges von je 250 im Abstand von 1 bis

[1] Flegler, E. u. R. Raether: Anm. 1 S. 18.

[2] Strigel, R.: Anm. 2, S. 19 — Siehe auch K. Buss u. W. March: Arch. Elektrotechn. Bd. 25 (1932) S. 787 und K. Buss: Arch. Elektrotechn. Bd. 26 (1932) S. 261. Ferner E. Flegler u. H. Raether: Z. Phys. Bd. 99 (1936) S. 653, Bd. 103 (1936) S. 315 und M. Suzuki, T. Nakamura u. T. Mikami: Elektrotechn. J., Tokio Bd. 1 (1937) S. 134.

2 min aufeinanderfolgenden Durchschlägen aufgezeichnet worden. Diese gemessenen Streuzeiten wurden in Gruppen von je 50 zusammengefaßt, innerhalb dieser Gruppen nach der Dauer des Entladeverzuges geordnet und in Zeitabschnitte von 0,1 ms eingruppiert. Die Streuzeit an den blanken, fettfreien Kupferelektroden ändert sich von Versuchsgruppe zu Versuchsgruppe, die Entladeverzugszeiten längerer Dauer nehmen

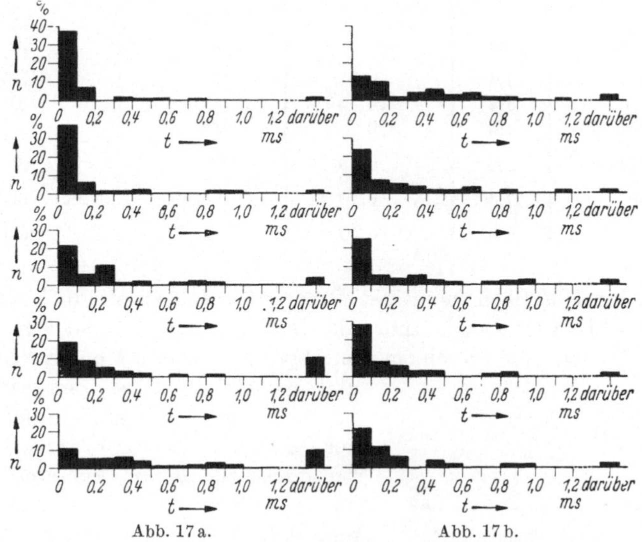

Abb. 17a. Alterung von blanken Kupferelektroden während 250 aufeinanderfolgender Stoßdurchschläge.

Abb. 17b. Alterung von oxydierten Kupferelektroden während 250 aufeinanderfolgender Stoßdurchschläge.

Die Versuche sind in je fünf aufeinanderfolgende Gruppen zu je 50 Versuchen zusammengefaßt, die Versuche einer Gruppe nach der Dauer der statistischen Streuzeit geordnet und in Zeitabschnitte von 0,1 ms eingruppiert. Die aufeinanderfolgenden Versuchsgruppen sind in der Zeichnung untereinander angeordnet; in Prozent der Gesamtzahl einer Versuchsgruppe ist angegeben, wieviel Versuche einer Versuchsgruppe innerhalb dieser Zeitabschnitte von 0,1 ms zum Durchschlag geführt haben.

ständig zu und nähern sich allmählich derjenigen der oxydierten Elektroden. In beiden Fällen treten im Laufe der Versuche immer mehr Streuzeiten kürzerer Dauer auf. Nach etwa 200 Versuchen ist ein gewisser Gleichgewichtszustand erreicht, der für beide Versuchsreihen ungefähr derselbe ist.

Ähnliche Erscheinungen findet man auch bei anderen Elektrodenmetallen: so sind in der nachstehenden Zahlentafel 5 Versuchsergebnisse an verschiedenen Materialien zusammengestellt.

Die Streuzeit der Entladeverzugszeiten längerer Dauer läßt sich wieder auf Oberflächenalterung und die damit verbundene Erhöhung der Austrittsarbeit zurückführen. Die statistische Streuzeit ändert sich bei Kupfer, Aluminium und Elektron etwa um 2 Größenordnungen, bei Silber dagegen um nur eine Größenordnung. Wie aber gerade Silber

Zahlentafel 5. Einfluß der Elektrodenalterung auf die statistische Streuzeit des Entladeverzuges.

Metall	Stoß-verhältnis	Mittlere Streuzeit der gereinigten Elektroden in µs	Mittlere Streuzeit nach 250 Überschlägen	
			bei Versuchen mit längerer Verzugsdauer µs	bei Versuchen mit kürzerer Verzugsdauer µs
Kupfer	1,4	2,6	480	0,8
Kupferoxyd . .	1,4	380	310	2,0
Silber	1,4	0,6	900	1,25
Silberoxyd . . .	1,4	10	910	1,0
Silbersulfid . .	1,4	970	970	1,0
Schmiedeeisen .	1,4	0,15	530	1,6
Aluminium . . .	1,4	0,10	4,4	Nicht vorhanden
Elektron . . .	1,3	0,10	5,6	Nicht vorhanden

für Oberflächeneinflüsse außerordentlich empfindlich ist, zeigt Abb. 18: wieder sind als Ordinate die Überschläge aufgetragen, die in einem Zeitabschnitt von 0,1 ms erfolgt sind und als Abszisse diese Zeitabschnitte.

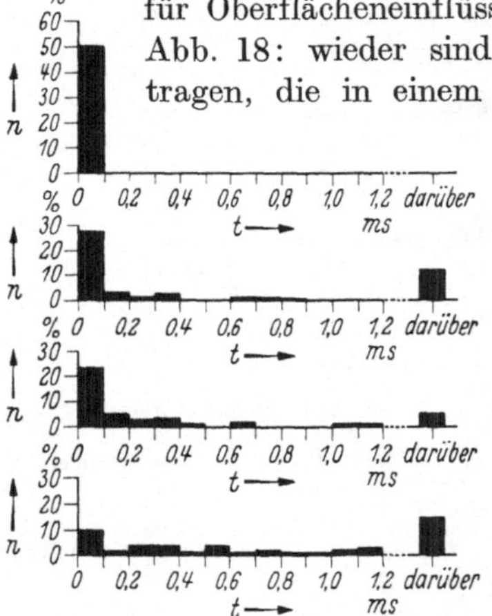

Abb. 18. Einfluß der Oberflächenbehandlung auf die statistische Streuzeit des Entladeverzugs an Silberelektroden.
1. Versuchsgruppe: Reine Silberelektroden, mit Alkohol gereinigt und danach mit Karborundpapier abgerieben.
2. Versuchsgruppe: Wie Gruppe 1, jedoch zum Schluß nochmals mit Alkohol abgerieben.
3. Versuchsgruppe: Silberelektroden mit Oxyd bedeckt.
4. Versuchsgruppe: Silberelektroden mit Sulfid bedeckt.

Weiter geht aus Zahlentafel 5 hervor, daß die mittlere Streuzeit der Entladeverzugszeiten kürzerer Dauer zwischen 0,8 und 2,0 µs schwankt, und daß solche Entladeverzugszeiten nur bei solchen Elektrodenmetallen auftreten, deren Streuzeit in gealtertem Zustand erheblich größer als dieser Wert ist. Bei der verhältnismäßig geringen Anzahl dieser Überschläge mit kurzer Streuzeit ist infolge der geringen Anzahl der durchgeführten Versuche mit einem statistischen Fehler von 50% zu rechnen, so daß man sagen kann, daß die mittlere Streuzeit dieser kurzen Entladeverzugszeiten für alle Materialien ungefähr dieselbe ist. Dies bedingt einen Mechanismus der Elektronenauslösung aus der Kathode, der zwar ebenfalls statistischen Gesetzen unterworfen ist, aber dabei unabhängig vom Elektrodenmaterial wird. Weiter führt dann die folgende Beobachtung: Die Anzahl der auftretenden Überschläge mit kürzerer Entladeverzugsdauer nimmt mit der Wartezeit zwischen zwei aufeinanderfolgenden Versuchen ab. Man kann daher annehmen, daß unter den Gasmolekeln, die nach dem Überschlag eine neue Oberflächenschicht auf den Abbrandstellen bilden, naturgemäß sich auch solche befinden, die ein Elektron angelagert haben, da sie ja aus der Funkenbahn stammen werden. Während der Wiedervereinigungszeit eines solchen negativen Ions, die innerhalb der Oberflächenschicht wesentlich länger sein kann als in atmosphärischer Luft, wäre es möglich, daß bei einem neuen Versuch diese angelagerten Elektronen unter der Feldstärkeneinwirkung losgerissen werden und so dann den neuen Überschlag einleiten. Eine solche Elektronenauslösung wäre statistischen Gesetzen unterworfen und unabhängig vom Elektrodenmetall. Versuche mit dem Geigerschen Spitzenzähler[1] ergaben, daß zu einem solchen Abreißen von Elektronen je nach Oberflächenbeschaffenheit der Elektroden schon 4 bis 10 kV/cm genügen, während man beim elektrischen Stoßdurchschlag Feldstärken von 60 bis 80 kV/cm hat. Die Annahme eines solchen Auslösemechanismus hat also eine hohe Wahrscheinlichkeit für sich.

Eine weitere Frage ist, welche Bedeutung dem Auftreten von Klebeelektronen beim Ansprechen von Funkenstrecken zukommt, die in elektrischen Anlagen eingebaut sind[2]. Sie werden überall dort für das Einleiten des Überschlages von Bedeutung sein, wo auf den Elektrodenoberflächen der Funkenstrecke sich Wasser- oder Ölhäute bilden können. Der Einfluß einer Fremdionisierung, wie kurzwelliges Licht, besteht darin, daß reichlich Ionen und Elektronen gebildet werden, die sich als Klebeelektronen an den Elektrodenoberflächen anlagern können. Durch mehrfache aufeinanderfolgende Beanspruchung wird der an den Elektroden haftende Wasser- bzw. Ölfilm allmählich zerstört und vorhandene Klebeelektronen werden aufgebraucht. Man kann dieses Verhalten der Kathoden sehr schön sichtbar machen, wenn man eine Plattenfunkenstrecke mit mehreren Zentimetern Plattendurchmesser und einer Schlagweite von 1 cm bei Atmosphärendruck mit kurzzeitigen Spannungsstößen in der Nähe der Durchschlagsspannung beansprucht und dabei auf die untere Plattenelektrode, die Anode, eine dünne Ebonitplatte legt. Die von der Kathode ausgehenden Anfangselektronen bringen durch ihre Folgelawine Ladung auf die Ebonitplatte. Durch nachträgliches Aufstreuen von Lykopodiumsamen kann man die Ladungsansammlungen sichtbar machen und so die übergegangenen Anfangslawinen abzählen.

Die bisher beschriebene Art der Alterung durch ständig aufeinanderfolgende Überschläge darf nicht verwechselt werden mit der Alterung, die eintritt, wenn man Elektroden an atmosphärischer

[1] Hornbostel, J.: Ann. Phys., Lpz. Bd. 5 (1930) S. 991. — Bauer, H.: Z. Phys. Bd. 71 (1931) S. 532.

[2] Flegler, E. u. H. Raether: Anm. 2, S. 22. — Suzuki, M., T. Nakamura u. T. Mikami: Anm. 2, S. 22.

Luft liegen läßt. Für Kupfer sind beide Arten der Alterung von gleicher Wirkung, für Aluminium ergeben sich jedoch in beiden Fällen erhebliche Unterschiede, wie die nebenstehende Zahlentafel 6 zeigt.

Zahlentafel 6. Einfluß der Alterung von Aluminiumelektroden auf die Streuzeit des Entladeverzuges.

Aluminium	Mittlere Streuzeit in µs bei einem Stoßverhältnis 1,3
Durch Überschläge gealtert . .	4,4
Durch Liegen an Luft gealtert	20

Diese Unterschiede in der Art der Alterung können dadurch erklärt werden, daß Kupferoxyd als Halbleiter, Aluminiumoxyd dagegen als vollkommener Nichtleiter anzusprechen ist. Beim Liegen an Luft bildet sich bei letzterem eine vollkommen zusammenhängende Oxydschicht. Beim Altern durch Überschläge dagegen dürften zwischen isolierenden Oberflächenteilen leitende eingestreut sein, von denen dann der weitere Überschlag ausgehen wird. Diese leitenden Oberflächengebiete müssen nicht unbedingt blankes Aluminium sein, sie können auch aus Aluminiumnitrit oder -nitrat bestehen.

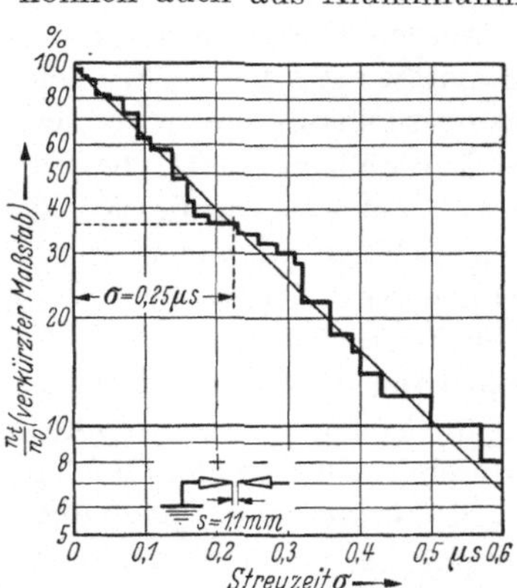

Abb. 19. Verteilungskurve der statistischen Streuzeit des Entladeverzugs bei der Elektrodenanordnung Spitze—Spitze. (Stoßverhältnis 1,85, Spitzenwinkel α = 15°.)

b) Die statistische Streuzeit in Luft im ungleichförmigen Feld bei kleinen Schlagweiten[1].

1. Die Verteilungskurve. Auch im ungleichförmigen Feld ist für alle drei Grundanordnungen (Spitze—Spitze, Anodenspitze—Kathodenkugel, Anodenkugel—Kathodenspitze) die Verteilungskurve durch die Beziehung 8

$$n_t = n_0\, \varepsilon^{-\frac{1}{\sigma} t}$$

gegeben. In Abb. 19 ist eine solche Verteilungskurve in der nämlichen Darstellung wie in den Abb. 10 und 11 der Anordnung Spitze—Spitze bei einem Spitzenöffnungswinkel von 15° und einem Elektrodenabstand von 1,1 mm, entsprechend einer statischen Durchbruchsspannung von 2,9 kV wiedergegeben.

2. Die Spannungs- und Polaritätsabhängigkeit des Entladeverzuges. Abb. 20 zeigt die Abhängigkeit der mittleren statistischen Streuzeit σ für die Elektrodenanordnungen Kugel—Kugel, Spitze—Spitze, Anodenspitze—Kathodenkugel und Anodenkugel—Kathodenspitze vom Stoßverhältnis. Aus den Meßkurven lassen sich die folgenden Gesichtspunkte ableiten:

[1] Strigel, R.: Arch. Elektrotechn. Bd. 27 (1933) S. 377.

a) Hinsichtlich der räumlichen Gestalt der Kathode gilt: Elektrodenanordnungen, deren Kathode aus einer Spitze besteht, besitzen bei höheren Stoßverhältnissen eine geringere statistische Streuzeit des Entladeverzuges als Anordnungen, bei denen die Kathode durch eine schwächer gekrümmte Elektrode gebildet wird.

b) Hinsichtlich der räumlichen Gestalt der Anode gilt: namentlich bei niedrigeren Stoßverhältnissen besitzt diejenige Entladungsstrecke eine größere Streuzeit des Entladeverzuges, bei der die Anodenkrümmung stärker ausgeprägt ist.

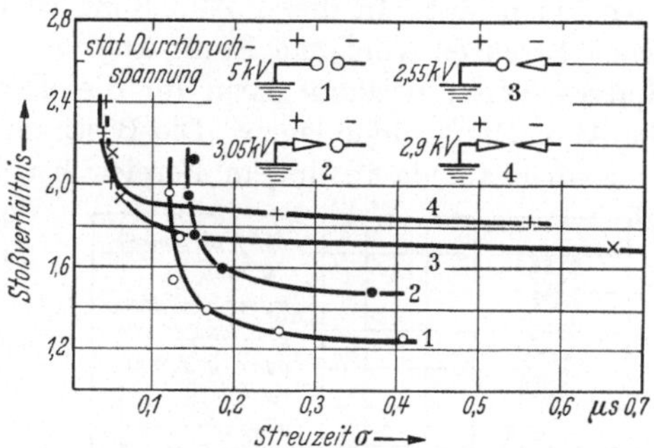

Abb. 20. Abhängigkeit der mittleren statistischen Streuzeit σ des Entladeverzugs vom Stoßverhältnis im ungleichförmigen Felde bei einer Schlagweite von 1,1 mm.

Besteht die Kathode aus einer Kugelelektrode, so strebt die mittlere statistische Streuzeit σ einem Entwert σ_0 zu. Nach Betrachtungen über den Entladeverzug im gleichförmigen Feld wird ein solcher Endwert σ_0 erreicht, wenn jedes aus der Kathode austretende Elektron den Überschlag einleitet: dabei erfolgt die Auslösung dieser Anfangselektronen durch kurzwelliges Licht, radioaktive oder Höhenstrahlung. Diese Betrachtungen können auf das ungleichförmige Feld mit gleichförmigem Feld in der Kathodennähe übertragen werden, wie in Abb. 21 wiedergegebene Versuchsergebnisse erkennen lassen. Dieses Bild zeigt die Abhängigkeit der mittleren statistischen Streuzeit σ vom Stoßverhältnis in der Elektrodenanordnung Anodenspitze—Kathodenkugel bei verschieden starker Bestrahlung der Kathodenkugel. Der Endwert der Streuzeit ändert sich von 0,4 μs bei starker, über 1,5 μs bei schwacher Quarzlampenbestrahlung auf 7 μs bei einer mit Pappe abgeschirmten Entladungsstrecke. Auch diese Versuche stehen im Einklang mit den entsprechenden Versuchen im gleichförmigen Feld, und man kann daher sagen, daß im Falle eines gleichförmigen Feldes

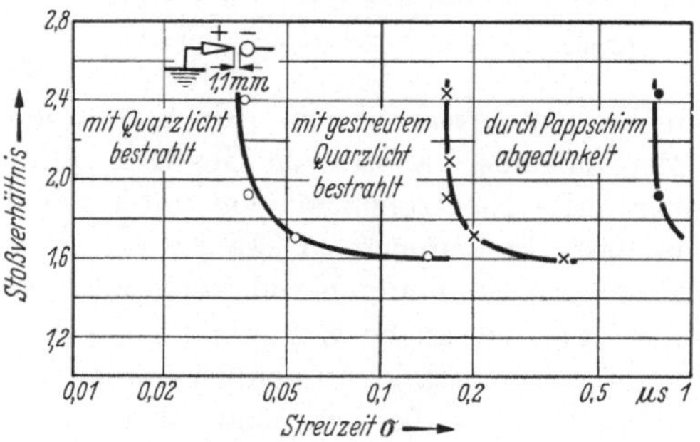

Abb. 21. Abhängigkeit der mittleren statistischen Streuzeit σ des Entladeverzugs vom Stoßverhältnis für die Elektrodenanordnung Anodenspitze—Kathodenkugel bei verschiedcnen Bestrahlungsverhältnissen.

in Kathodennähe der Auslösemechanismus der Anfangselektronen für gleichförmiges und ungleichförmiges Feld derselbe ist.

Jedoch ist den Anordnungen mit einer Kathodenspitze ein ganz anderer Elektronenauslösemechanismus zuzuordnen, wie sich aus Abb. 22 entnehmen läßt. In dieser Abbildung ist die Abhängigkeit der statistischen Streuzeit von dem Stoßverhältnis für die Elektrodenanordnung Spitze—Spitze wiedergegeben für dieselben 3 Beleuchtungsverhältnisse, die Abb. 21 zugrunde lagen. Die Bestimmung von σ ist unterhalb 50 ns sehr ungenau, da in diesem Bereich bei der gewählten Meßanordnung der wahrscheinliche Fehler der Einzelmessung schon 20 ns beträgt; es sind daher in Abb. 22 diese Fehlergrenzen gestrichelt eingetragen. Unter Berücksichtigung dieser Fehlermöglichkeit kann man sagen, daß die statistische Streuzeit unabhängig von der Bestrahlung ist[1]. Auch tritt in diesem Fall kein Endwert der Streuzeit auf, sondern diese nimmt mit höheren Werten des Stoßverhältnisses immer noch kleinere Werte an.

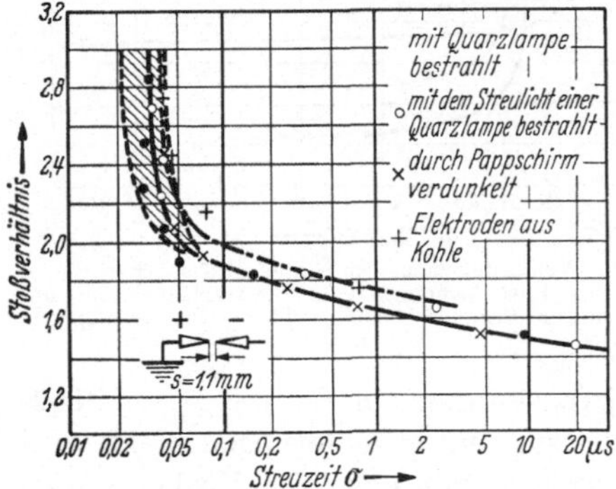

Abb. 22. Abhängigkeit der mittleren statistischen Streuzeit σ des Entladeverzuges vom Stoßverhältnis für die Elektrodenanordnung Spitze—Spitze bei verschiedener Quarzlampenbestrahlung. (Elektrodenmaterial: Kupfer bzw. Kohle.)

Die Elektronenauslösung aus der Kathodenspitze kann also nicht lichtelektrisch sein, jedoch muß auch der ihr zugrunde liegende Mechanismus statistischen Gesetzen unterworfen sein. Als solche kann nur kalte Elektronenemission unter der Einwirkung hoher Feldstärke in Betracht kommen. Diese ist proportional mit der Wurzel aus der Feldstärke und annähernd auch mit der Austrittsarbeit[2]. Außerdem nimmt sie merkliche Werte erst bei Feldstärken von 10^6 V/cm an. Man kann die Feldstärke an den verwendeten Spitzen auf etwa $0{,}8 \cdot 10^6$ V/cm abschätzen[3], außerdem sind aber noch submikroskopische Unregelmäßigkeiten an der Spitze vorhanden, die den Höchstwert der Feldstärke nochmals um eine Größenordnung heraufsetzen können, so daß auch vom Gesichtspunkt der Feldstärke die Voraussetzungen für kalte Elektronenemission aus der Kathode gegeben sind.

Die Versuche, die in Abb. 22 wiedergegeben sind, zeigen auch eine gewisse Abhängigkeit von der Austrittsarbeit des Elektrodenmaterials.

---

[1] Siehe auch R. Tamm: Arch. Elektrotechn. Bd. 19 (1928) S. 248.

[2] Schottky, W.: Z. Phys. Bd. 14 (1923) S. 63. Ferner J. W. Flowers: Phys. Rev. Bd. 48 (1935) S. 954.

[3] Auf Grund von Messungen von A. P. Chattock u. A. M. Tyndall: Phil. Mag. VI, Bd. 20 (1910) S. 266.

Bei Verwendung von Kohle als Elektrodenmaterial liegen die erhaltenen Meßpunkte durchweg etwas höher als die Meßpunkte der Kupferspitzen. Die Austrittsarbeit von Kohle beträgt unter der Annahme einer Gasbeladung auf ihrer Oberfläche etwa 4,3 V-El gegenüber 3,8 V-El bei Kupfer. Daß trotzdem dabei die Abhängigkeit so gering erscheint, ist auf die wohl viel häufiger auftretenden submikroskopischen Unregelmäßigkeiten an der Kohlekathode zurückzuführen, die den Unterschied in der Austrittsarbeit wieder teilweise aufheben.

2. Die Aufbauzeit des Entladeverzuges.

Die Aufbauzeit[1] umfaßt den Zeitabschnitt zwischen dem Beginn der Elektronenlawine, aus der sich schließlich der Durchschlag entwickelt, bis zum Zusammenbruch der Elektrodenspannung. Dabei geht die anfänglich unselbständige Entladung in eine selbständige Entladung über.

a) Die Aufbauzeit im gleichförmigen Feld.

Kathodenstrahloszillogramme haben zunächst gezeigt, daß der elektrische Durchschlag in 0,1 bis 0,01 μs möglich ist; diese gemessenen Zeiten enthalten statistische Streuzeit und Aufbauzeit; sie erlauben außerdem nicht, daß der Durchschlag durch gegenseitiges Aufschaukeln mehrerer Elektronen- und Ionengenerationen erfolgt sein kann; d. h. also, daß weitere Elektronenlawinen nicht durch positiven Ionenstoß auf der Kathode ausgelöst sein können. Denn die Mehrzahl dieser positiven Ionen entsteht ja in unmittelbarer Anodennähe, sie müßten fast die ganze Entladungsstrecke durchlaufen, um an der Kathode Elektronen befreien zu können. Nun beträgt aber ihre Wanderungsgeschwindigkeit v_t im Stoßfeld $\mathfrak{E}$ von annähernd 10^5 V/cm bei ihrer mittleren Beweglichkeit von $1 \frac{\text{cm/s}}{\text{V/cm}}$

$$v_t = b \cdot \mathfrak{E} \sim 10^5 \text{ cm/s},$$

d. h. aber, daß diese Ionen in 0,1 bis 0,01 μs nur 10^{-2} bis 10^{-3} cm zurücklegen, also während der Aufbauzeit der Entladung praktisch stillstehen[2].

Es liegt demnach eine wesentliche Wirkung dieser positiven Ionen auf den Durchschlag nur darin, daß sie durch ihr Vorhandensein Feldverzerrungen hervorrufen[3] und dadurch die Ionisierungsbedingungen der nachfolgenden Elektronen ändern[4].

---

[1] Zusammenfassende Darstellungen: Seeliger, R.: Gasentladungen, 2. Aufl., 1934. — Engel, A. v. u. M. Steenbeck: Elektrische Gasentladungen, Bd. 2. 1934. — Hippel, A. v.: Ergebn. exakt. Naturw. Bd. 14 (1935) S. 79. — Rogowski, W.: Z. Phys. Bd. 100 (1936) S. 1. — Strigel, R.: Elektrotechn. Z. Bd. 59 (1938) S. 1.

[2] Rogowski, W.: Arch. Elektrotechn. Bd. 16 (1926) S. 496.

[3] Slepian, J.: Electr. Wld., N. Y. (1) Bd. 91 (1928) S. 761. — Loeb, L. B.: Sience, N. Y. Bd. 58 (1929) S. 509. — Hippel, A. v. u. J. Frank: Z. Phys. Bd. 57 (1929) S. 696.

[4] Rogowski, W.: Arch. Elektrotechn. Bd. 24 (1930) S. 679.

1. Der Einfluß der Raumladung auf die Elektronenionisierung[1]. Ist zwischen zwei ebenen Elektroden eine Elektronenlawine übergegangen, so findet eine nachfolgende Lawine, die von demselben Fußpunkt ausgeht, eine positive Raumladung vor, die von den positiven Ionen der ersten Lawine gebildet wird. Diese Raumladung ändert das ursprüngliche Feld $\mathfrak{E}_0$ in jedem Punkte längs der Lawinenbahn s um einen Betrag $\Delta\,\mathfrak{E}_x$. Eine solche Feldänderung kann sich nun einmal so auswirken, daß das Anfangselektron einer nachfolgenden Lawine günstigere Ionisierungsbedingungen vorfindet und dadurch mehr positive Ionen bildet, als dies beim Ablauf der ursprünglichen Lawine geschehen ist. Das Anfangselektron einer dritten Lawine findet dann noch bessere Ionisierungsbedingungen vor, als dasjenige der zweiten: so nimmt die Trägererzeugung von Lawine zu Lawine zu und ebenso wächst auch der in der Elektronenbahn übergehende Strom von Lawine zu Lawine an. Wird aber das durch die vorhandene Raumladung geschaffene Feldbild nach Ablauf der ersten Lawine für die weitere Ionisierung ungünstiger, so erzeugen die nachfolgenden Lawinen immer weniger Ladungsträger, der Strom in der Entladungsbahn nimmt ständig ab, die Entladung kann schließlich zum Erlöschen kommen.

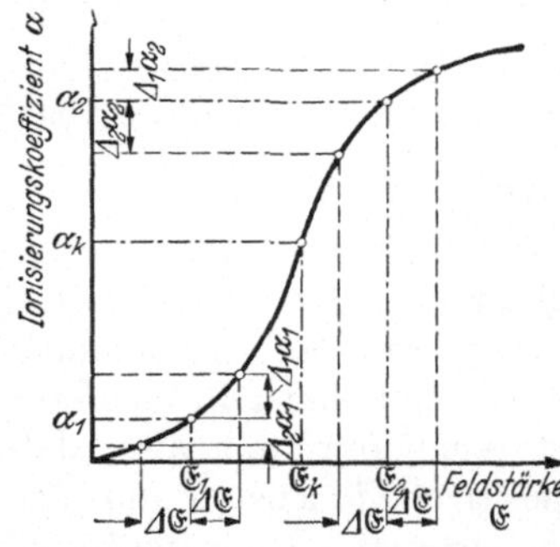

Abb. 23. Einfluß von Feldstärkenänderung auf die Ionisierung durch Elektronen.

Zur Beurteilung, ob die durch eine Raumladung hervorgerufenen Feldänderungen sich günstig oder aber nachteilig für die weitere Ionisierung durch Elektronen auswirken, muß man feststellen, ob die Gesamtzahl aller ionisierenden Zusammenstöße eines kathodischen Anfangselektrons bei gleichbleibender Elektrodenspannung mit zunehmender Raumladung zu- oder abnimmt. In Abb. 23 ist der Verlauf des Ionisierungskoeffizienten α abhängig von der Feldstärke $\mathfrak{E}$ grundsätzlich dargestellt (s. auch Abb. 2). Nun sei z. B. $\mathfrak{E}_1$ die Feldstärke des unverzerrten Feldes, die dann durch Raumladung an irgendeiner Stelle des Feldes um den Betrag $\Delta\,\mathfrak{E}$ erhöht werden soll; damit steigt dann an dieser Stelle auch der Ionisierungskoeffizient α_1, der ihr bei unverzerrtem Felde zukommt, um den Wert $\Delta_1\alpha_1$ an. Da aber voraussetzungsgemäß die Gesamtspannung an den Elektroden festgehalten sein soll, so hat diese Erhöhung der Feldstärke um den Wert $\Delta\,\mathfrak{E}_1$ an einer Stelle des Feldes notwendig eine Erniedrigung um denselben Betrag an einer anderen Stelle zur Folge: an dieser zweiten Stelle sinkt aber dann der Ionisierungskoeffizient um den Wert $\Delta_2\alpha_1$. Da aber infolge der Linkskrümmung der

[1] Rogowski, W.: Anm. 4, S. 29. — Engel, A. v. u. M. Steenbeck: Elektrische Gasentladungen, Bd. 2 (1934) S. 52.

Ionisierungskurve $\Delta_1\alpha_1 > \Delta_2\alpha_1$ ist, so wird durch die angenommene Feldstärkenänderung die Zahl der Ionisierungsakte im Entladungsraum beim Durchgang einer Nachfolgelawine ansteigen. In ähnlicher Weise läßt sich leicht nachweisen, daß im oberen, rechtsgekrümmten Teil der Ionisierungskurve eine Feldänderung die Ionisierungsvorgänge nachteilig beeinflußt. Dem Wendepunkt der Kurve, der durch das Wertepaar $\mathfrak{E}_k$ und α_k ausgezeichnet ist, kommt dabei die Bedeutung eines kritischen Wertes zu: bei Feldstärkenänderungen, die unterhalb $\mathfrak{E}_k$ liegen, tritt Verstärkung, bei Feldstärkenänderungen, die oberhalb $\mathfrak{E}_k$ liegen, dagegen Abschwächung der nachfolgenden Ionisierungswirkung ein; in der Umgebung des Wertes $\mathfrak{E}_k$ werden diese Änderungen geringfügig sein, da hier die Ionisierungskurve fast linear verläuft: außerdem werden die Änderungen um so stärker, je größer die Krümmung der Ionisierungskurve, also je größer $d^2\alpha/d\mathfrak{E}^2$ wird. Der Wert $\mathfrak{E}_k$ beträgt für Luft von Atmosphärendruck 138 kV/cm.

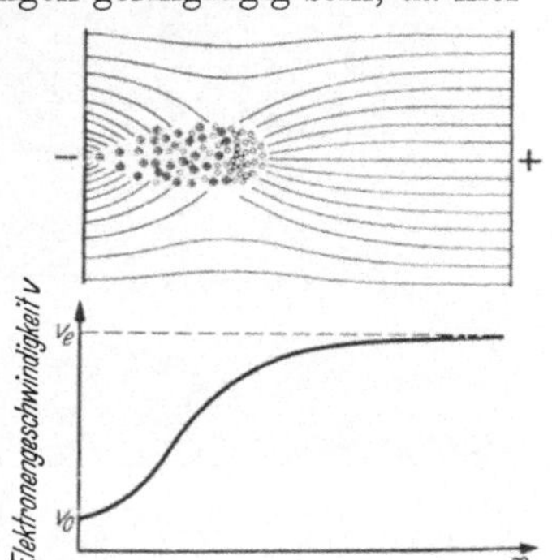

Abb. 24. Lawinenaufbau und Elektronengeschwindigkeit.

2. Kanalbildung. Das Anfangselektron der ersten Lawine überstreicht mit seiner Lawinenbahn einen keilförmigen Raumbereich, der etwa einen Öffnungswinkel von 1 : 50 bis 1 : 10 aufweist, und auf einen größten Durchmesser von etwa 0,1 mm anwächst[1]. Es ergeben sich dann für den Lawinenkopf Verhältnisse, wie sie in Abb. 24 grundsätzlich wiedergegeben sind[2]. In den der Kathode näher liegenden Teilen wird die Kanalbahn vorwiegend von positiven Ionen erfüllt sein, während bei zunehmender Annäherung an die Lawinenspitze immer mehr die freien Elektronen überwiegen werden, ja die Spitze selbst wird ausschließlich durch eine dichte Elektronenwolke gebildet. In dieser Elektronenwolke wirken nun starke abstoßende Kräfte in Richtung des Feldes auf die Elektronen, die am weitesten gegen die Anode vorgeschoben sind. So ruft z. B. eine Elektronenwolke an der Kanalspitze von 10^8 Elektronen auf ihre vordersten Elektronen eine abstoßende Wirkung hervor, die einer Feldstärke von 10^6 V/cm gleichkommen würde. Solche Elektronenballungen haben aber Feldzusammenschnürungen an der Kanalspitze zur Folge, die für das weitere Vorwachsen des Kanals eine außerordentlich gute Führung bedeuten und so eine allmähliche, seitliche Verbreiterung des Kanals verhindern. Auch werden diese äußeren Feldkräfte um so

[1] Siehe S. 17. Ferner H. Raether: Z. Phys. Bd. 107 (1937) S. 91.

[2] Strigel, R.: Wiss. Veröff. Siemens-Werk Bd. 15, 3 (1936) S. 1. — Siehe auch W. Rogowski: Arch. Elektrotechn. Bd. 25 (1931) S. 587. — Sämer, J.: Z. Phys. Bd. 81 (1933) S. 440. — Holm, R.: Z. Phys. Bd. 102 (1936) S. 38.

stärker und damit auch die Führung um so besser, je näher sich die Kanalspitze gegen die Anode vorarbeitet. Daraus folgt aber weiter eine über die Entladungsbahn veränderliche Lawinengeschwindigkeit.

Die Geschwindigkeit freier Elektronen ist durch die Beziehung bestimmt[1]

$$v = \sqrt{\mathfrak{E} \cdot \frac{e}{m} \cdot \lambda} \cdot \sqrt[4]{\frac{k}{2}}, \tag{14}$$

wenn $\mathfrak{E}$ die Feldstärke zwischen den Elektroden in elektrostatischen Einheiten, e/m das Verhältnis aus der Ladung und der Masse, ebenfalls in elektrostatischen Einheiten ausgedrückt, und λ die mittlere freie Weglänge in cm bei den der Untersuchung zugrunde liegenden Druckverhältnissen bedeuten. k ist eine Konstante, die berücksichtigt, daß die Elektronen beim Stoß ihre kinetische Energie nicht völlig verlieren; sie ist für Luft nicht bekannt, beträgt aber für Stickstoff 0,35. Ein Anfangselektron, das aus der Kathode bei einem Stoßverhältnis von 1,6 austritt, wird etwa in einem Felde von 45 kV/cm, das sind 150 elektrostatische Einheiten, loslaufen, also eine Geschwindigkeit v_0 von $5 \cdot 10^7$ cm/s annehmen.

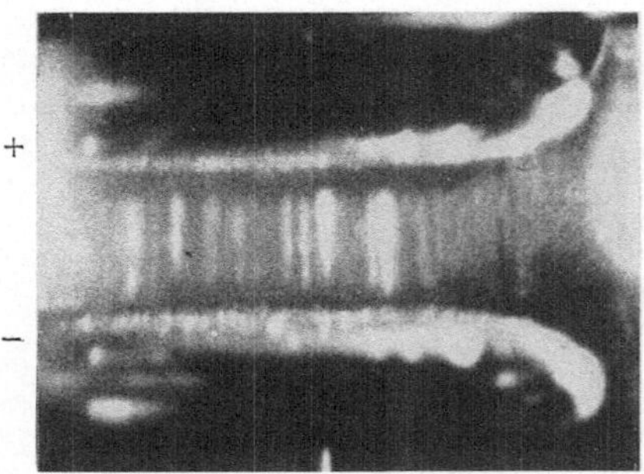

Abb. 25. Elektronenlawinenspuren in der Nebelkammer (Druck 255 Torr, Füllgas Stickstoff. Stoßspannung 28 kV von 50 ns Dauer).

Diese Laufgeschwindigkeit wird zunächst verhältnismäßig rasch ansteigen bis zu einem Vielfachen der Anfangsgeschwindigkeit und sich dann allmählich einer Art Sättigungszustand nähern, wie dies ebenfalls in Abb. 24 angedeutet ist; so wird z. B., wenn die Elektronenwolke an der Kanalspitze auf 10^8 Elektronen angewachsen ist, wie schon vorstehend erwähnt, auf das vorderste Elektron eine abstoßende Wirkung ausgeübt, die 10^6 V/cm, also 3300 elektrostatische Einheiten beträgt; damit wäre aber seine Laufgeschwindigkeit schon auf $2 \cdot 10^8$ cm/s angewachsen, wobei aber nicht gesagt sein soll, daß dieser Wert schon einen Endwert darstellt. Diese Geschwindigkeiten erklären zwanglos die außerordentlich kurzen Ausbildungszeiten der Kanäle, wie sie auf Grund von Nebelkammeraufnahmen gefunden wurden[2]. An Abb. 25 ist eine solche Aufnahme wiedergegeben, die bei annähernd rechteckiger Stoßspannung von 27 kV und 50 ns Dauer bei einem Druck von 255 Torr in Luft erhalten wurde. Man erkennt deutlich zunächst einen keilförmigen Lawinenteil von etwa 4 bis 5 mm Länge, auf den ein schlauchartiger Teil

---

[1] Hertz, G.: Verh. dtsch. phys. Ges. Bd. 19 (1917) S. 268.

[2] Flegler, E. u. H. Raether: Anm. 1, S. 18.

folgt, der sich kaum mehr verbreitert: nachdem die Lawine 4 bis 5 mm zurückgelegt hat, ist der Elektronenkopf gebildet und damit einer weiteren Verbreitung ein Ziel gesetzt. Aus der Tatsache, daß man auf der Aufnahme nur ganze und keine abgeschnittenen Lawinen erkennen kann, muß man folgern, daß die Kanäle in spätestens 10 bis 20 ns gebildet sind. Diese kurzen Ausbildungszeiten sind auch durchaus verträglich mit der Grenzgeschwindigkeit von $7 \cdot 10$ cm/s, die sich auf Grund der Maxwellschen Beziehungen für den Lawinenkopf errechnen läßt[1].

Eine solche Elektronenwolke von 10^8 Elektronen in der Kanalspitze entspricht einer Elektronenballung von 10^{14} Elektronen/cm^3 also einer so hohen Ansammlung, daß es ohne weiteres verständlich erscheint, daß so ausgeprägte Kanäle nur bei Drucken über 100 Torr auftreten können, also einem Druck, bei dem noch die dafür nötige Menge neutraler Molekel in cm^3 vorhanden ist[2].

3. Meßergebnisse. In Abb. 26 sind die bisher im Schrifttum vorliegenden Messungen über die Aufbauzeit zusammengestellt[3]. Die eine Gruppe der Messungen, die an einer Kugelfunkenstrecke von 1 cm Durchmesser und bei Schlagweiten zwischen 0,1 und 0,5 cm aufgenommen sind, läßt eine deutliche Abhängigkeit der Aufbauzeit von der Bestrahlung erkennen, die, wie die anderen Messungen zeigen, bei größeren Schlagweiten nicht mehr vorhanden ist. Außerdem nimmt die Aufbauzeit etwa bis zu Schlagweiten von 0,5 cm ab, um dann unverändert bis zu Schlagweiten etwa 6 cm zu bleiben. Die Elektrodenform, ob Plattenfunkenstrecke oder Kugelfunkenstrecke, ist namentlich, wenn Kugeln nicht zu kleinen Durchmessers verwendet werden, ohne wesentlichen Einfluß. Die Übereinstimmung der Meßkurven ist als sehr gut zu bezeichnen, wenn man bedenkt, daß sie mit gänzlich verschiedenen Meßverfahren, wie visueller Beobachtung mit einem elektrooptischen Momentverschluß, Kathodenstrahloszillographen bzw. selbsttätiger Aufzeichnung mit dem Zeittransformator gewonnen wurden.

4. Der Umschlag in der selbständigen Entladung. Auch für diese Meßergebnisse gibt die Vorstellung vom Vorwachsen des Lawinenkanals eine Erklärung. Die Ausbildungszeit des Lawinenkanals nimmt mit zunehmender Schlagweite ebenfalls zu; sie beträgt aber nur einen Bruchteil der Aufbauzeit. Der weitaus größere Teil der Aufbauzeit wird ausgefüllt durch den Umschlag der unselbständigen in die selbständige Entladung. Dieser Umschlag findet bei größeren Schlagweiten erheblich günstigere Bedingungen vor und erklärt so die anfängliche Abnahme der

---

1 Rüdenberg, R.: Wiss. Veröff. Siemens-Konz. Bd. 9, 1 (1930) S. 1.

2 Nach mündlichen Mitteilungen von E. Flegler.

3 Strigel, R.: Anm. 2, S. 31. — Withe, H. J.: Phys. Rev. Bd. 49 (1936) S. 507. — Messmer, M.: Arch. Elektrotechn. Bd. 30 (1936) S. 133. — Förster, W.: Diss. Dresden 1932. — Wilson, R. R.: Phys. Rev. Bd. 50 (1936) S. 1082. — Newmann, M.: Phys. Rev. Bd. 52 (1937) S. 652.

Aufbauzeit mit der Schlagweite. Denn bei größeren Schlagweiten wird nur der untere Teil des Kanals, der noch rein lawinenmäßig erfolgt, in

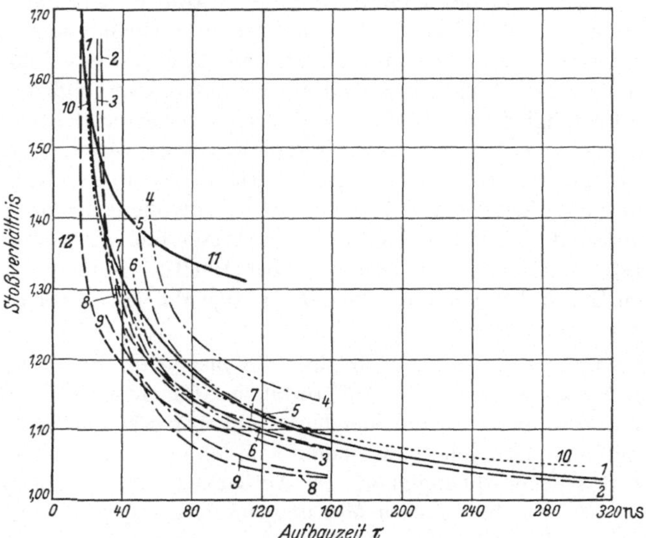

Kurve	Beobachter	Art der Funkenstrecke	Elektroden-durchmesser mm	Elektroden-abstand mm
1	Meßmer	Plattenfunkenstrecke nicht bestrahlt	100	20
2	Strigel	Kugelfunkenstrecke nicht bestrahlt	100	30
3		Plattenfunkenstrecke bestrahlt und nicht bestrahlt	150 und 50	30
4	White	Kugelfunkenstrecke nicht bestrahlt	10	1
5				3
6				5
7		Kugelfunkenstrecke bestrahlt		1
8				3
9				5
10	Förster	Kugelfunkenstrecke bestrahlt	50	10 bis 50
11	Wilson	Kugelfunkenstrecke nicht bestrahlt	10	1
12	Newmann	Kugelfunkenstrecke bestrahlt	10	3

Abb. 26. Zusammenstellung der Messungen über die Abhängigkeit der Aufbauzeit τ im gleichförmigen Leitfeld von der Höhe der Stoßspannung.

dem sich also die Anzahl der Elektronen mit $\varepsilon^{\alpha x}$ vermehrt, wenn x die durchlaufene Entladungsstrecke ist[1], eine rein positive Raumladung durch die bei den einzelnen Ionisierungsprozessen zurückgelassenen

[1] Siehe S. 5.

Ionen erhalten. Der übrige Teil dagegen wird neben diesen Ionen in zunehmendem Maße auch Elektronen enthalten: man spricht dann von einem Entladungsplasma[1]. Denn lediglich die vordersten Elektronen der in der Kanalspitze befindlichen Elektronenwolke werden in der beschriebenen Weise vorwärtsgetrieben, während die weiter zurückliegenden durch die vordersten abgebremst werden, sich also langsamer vorwärts bewegen müssen und schließlich dann auch mehr oder weniger durch die positiven Ionen, die von den Spitzenelektronen auf ihrem Weg zur Anode durch Stoß erzeugt werden, in ihrer schon an sich langsameren Vorwärtsbewegung weiter abgebremst werden. So wird, wenn der Lawinenkopf die Anode erreicht hat, ein plasmaartiger Schlauch weit in den Entladungsraum von der Anode bis fast vor die Kathode hineinragen. Ein solcher Plasmaschlauch hat in der Längeneinheit einen sehr geringen Spannungsabfall: es wird also eine ganz erhebliche Aufsteilung des Feldes über dem Lawinenteil, an dem ja der Plasmaschlauch ansetzt, vor der Kathode die Folge dieser plasmaartigen Schlauchgebilde sein.

Die Länge des Fußstückes wird ziemlich unabhängig von der Schlagweite, da jedes Anfangselektron, das aus der Kathode austritt, zunächst die gleichen Ionisierungsbedingungen vorfindet. So wurde bei den Nebelkammeraufnahmen dieses Fußstück zu 4 bis 5 mm Länge bestimmt[2]. Es ist auffallend, daß diese Länge ungefähr mit der Schlagweite übereinstimmt, bei der die Aufbauzeit mit zunehmender Schlagweite nicht mehr abnimmt. Unterhalb dieser kritischen Schlagweite hat man also mit reiner Lawinenbildung zu rechnen; die Anzahl der Ionisierungsvorgänge im Fußstück läßt sich zu $e^{\alpha x}$ bestimmen, wenn s die Länge des Fußstückes bedeutet. In diesem Gebiet der reinen Lawinenbildung wächst trotz der Abnahme von α mit der Schlagweite s jedoch $e^{\alpha s}$ mit zunehmender Schlagweite an. Die durch die Anfangslawine gebildete positive Raumladung nimmt demnach ebenfalls mit der Schlagweite zu und begünstigt so eine weitere Ionisierung, da in dem hierbei in Frage kommenden Feldstärkenbereich die Krümmung der Ionisierungskurve, also $d^2\alpha/d\mathfrak{E}^2$ immer noch positiv ist[3]. Anders liegen jedoch die Verhältnisse bei Schlagweiten $s > 0{,}5$ cm, bei denen ja schon ein Teil des Lawinenkanals als Plasmaschlauch sich ausbildet: hierbei steigen die Feldstärkenwerte im Fußstück des Kanals über 138 kV/cm an, es herrscht dort eine Feldstärke, bei der $d^2\alpha/d\mathfrak{E}^2$ negativ wird; die weitere Ionisierung wird somit durch die vorhandene Raumladung nicht mehr begünstigt.

Diese Ionisierungsverhältnisse geben weiterhin auch eine Erklärung, warum trotz höherer Feldstärkenwerte im Fußstück des Kanals die Entladung bei größeren Schlagweiten immer noch ebenso lange braucht,

[1] Über die Eigenschaften des Plasmas siehe A. v. Engel u. M. Steenbeck: Elektrische Gasentladungen, Bd. 2, S. 17. Berlin 1934.

[2] Flegler, E. u. H. Raether: Anm. 1, S. 18.

[3] Siehe S. 30.

um dieses letzte Kanalstück zu überbrücken, wie bei den Schlagweiten unter 0,5 cm. Ferner wird auch verständlich, warum bei kleineren Werten der Schlagweite Fremdionisierung durch Quarzlampenbestrahlung von Einfluß ist, während sie bei Schlagweiten über 1 cm die Aufbauzeit nicht mehr verändert. Solange $d^2\alpha/d\mathfrak{E}^2$ positiv ist, wird schon eine geringe Anzahl von Folgelawinen im Lawinenkanal, die durch die von den Ionisierungsprozessen der Ursprungslawine ausgesandte lichtelektrische Strahlung ausgelöst sein können, die Entladung instabil machen, während bei negativem $d^2\alpha/d\mathfrak{E}^2$, also bei größeren Schlagweiten, eine viel größere Anzahl von Folgelawinen nötig ist, um Instabilität im Kanalfußstück zu erreichen. Diese größere Anzahl kann dabei schon durch die über dem Fußstück liegende Feldstärke rein feldmäßig ausgelöst werden, während die lichtelektrisch ausgelösten hinter diesen Feldelektronen an Anzahl zurücktreten.

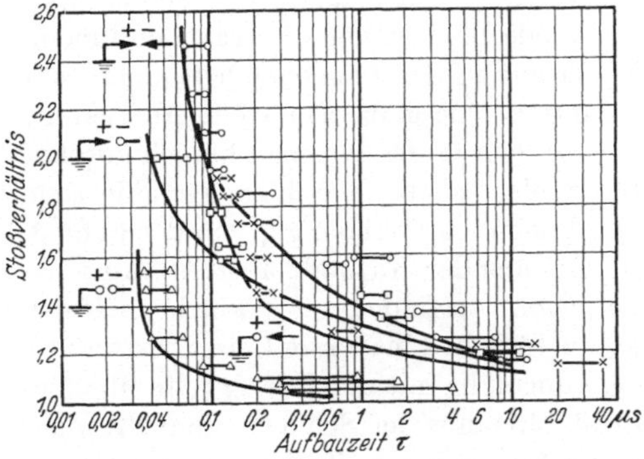

Abb. 27. Die Abhängigkeit der Aufbauzeit von der Höhe des Stoßverhältnisses bei einer Schlagweite von 3 cm.

b) Die Aufbauzeit im ungleichförmigen Feld[1].

1. Meßergebnisse. In Abbildung 27 sind Messungen über die Aufbauzeit im ungleichförmigen Feld abhängig vom Stoßverhältnis bei einer Schlagweite von 3 cm wiedergegeben für die Elektrodenanordnungen: Anodenspitze—Kathodenspitze, Anodenkugel—Kathodenspitze und Anodenspitze—Kathodenkugel. Zum Vergleich sind auch Messungen für das Kugelfeld eingetragen.

Die Abhängigkeit der Aufbauzeit von der räumlichen Ausbildung der Elektroden ist sehr ausgeprägt: zunächst haben einmal alle drei Grundanordnungen des ungleichförmigen Feldes erheblich höhere Aufbauzeiten, als den Kennlinien des gleichförmigen Feldes entsprechen würde. Ferner lassen sich aus den Meßkurven noch folgende Gesetzmäßigkeiten ableiten:

1. Hinsichtlich der räumlichen Gestalt der Kathode gilt: Die Kennlinien von Anordnungen, die die gleiche räumliche Ausbildung der Kathode haben, laufen bei höheren Werten des Stoßverhältnisses zusammen; so streben die Anordnungen des gleichförmigen Feldes (Kugel—Kugel) und die Anordnung: Kathodenkugel—Anodenspitze demselben Endwert der Aufbauzeit zu, ebenso die beiden anderen Anordnungen, bei denen die Kathode aus einer Spitze besteht. Die absoluten End-

[1] Strigel, R.: Wiss. Veröff. Siemens-Werk Bd. 15, 3 (1936) S. 13.

werte der Aufbauzeit liegen jedoch bei Spitzenfeld an der Kathode mehr als doppelt so hoch als bei kathodischem Kugelfeld.

2. Hinsichtlich der räumlichen Gestalt der Anode gilt: es weisen diejenigen Elektrodenanordnungen eine längere Aufbauzeit auf, bei denen bei gleicher Kathodenanordnung die Anode aus einer Spitze gebildet wird.

Diese Gesetzmäßigkeiten sind sehr ähnlich denjenigen, die für die statistische Streuzeit im ungleichförmigen Feld gefunden wurden [1]. Auch dort wurde festgestellt, daß bei höheren Werten des Stoßverhältnisses die Kurven der statistischen Streuzeit für Elektrodenanordnungen, die gleiches Feldbild an der Kathode haben, zusammenstreben. Während aber die Aufbauzeit ein Maß für die tatsächliche Mindestausbildungszeit der Entladung abgibt, ist die statistische Streuzeit ein Maß für die in der Entladeverzugszeit im Mittel aus der Kathode austretenden Elektronen. Bei Kathoden, die aus einer Spitze bestehen, werden die von der Kathode austretenden Elektronen durch die an dieser angreifenden, hohen Feldstärken ausgelöst; bei ebener Kathode dagegen erfolgt die Elektronenauslösung im allgemeinen lichtelektrisch. Es ist nun lediglich eine Frage der Schärfe der Spitze bzw. der Flächengröße und der Bestrahlung der ebenen Elektroden, ob die Anzahl der Feldelektronen im Spitzenfeld die lichtelektrisch ausgelösten an der zum Vergleich herangezogenen ebenen Feldanordnung überwiegen. So kann es durchaus vorkommen, daß Kathodenspitzen eine geringere statistische Streuzeit aufweisen als Anordnungen mit ebener Kathode; jedoch ist die Aufbauzeit bei der ersteren eindeutig größer als bei der letzteren.

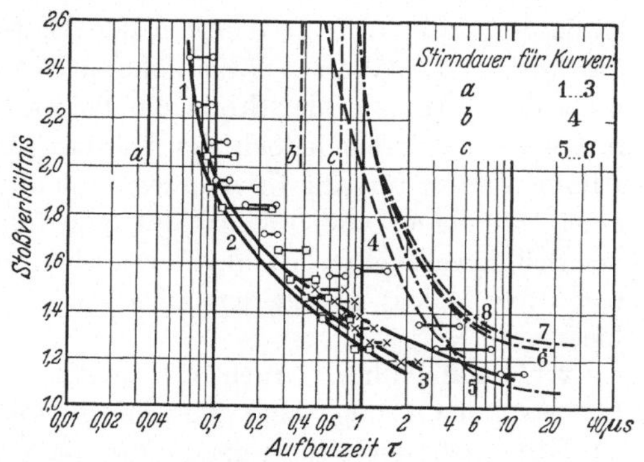

Kurve	Beobachter	Stirndauer der Versuchswelle μs	Schlagweite der Spitzenfunkenstrecke cm	Statische Durchschlagsspannung kV
1	Strigel	0,035	3	33
2			6	43,5
3			12	72
4	Matthias	≈ 0,38	12,6	80
5	Torok	≈ 0,7	25,4	170
6			50,8	290
7			102,5	530
8			152,0	790

Abb. 28. Einfluß der Schlagweite und Stirndauer auf die Aufbauzeit.

Abb. 28 gibt außerdem noch die Abhängigkeit der Aufbauzeit von der Schlagweite für die Elektrodenanordnung Spitze—Spitze für verschiedene

[1] Siehe S. 26.

Stirndauern der Versuchswelle wieder[1]. Die Kennlinien 1 bis 3, die bei einer Stirndauer von 35 ns und bei Schlagweiten von 3, 6 und 12 cm aufgenommen sind, lassen erkennen, daß ein Gang der Aufbauzeit mit der Schlagweite vorhanden ist, und zwar scheint die Aufbauzeit zunächst mit der Schlagweite ab und dann wieder zuzunehmen. Der niedrigste Wert der Aufbauzeit wird etwa bei einer Schlagweite von 6 cm erreicht. Außerdem läßt Abb. 28 deutlich den Einfluß der Stirnsteilheit ersehen, die Aufbauzeit nähert sich bei höheren Werten der Stoßspannung immer mehr der Stirndauer der Stoßwelle, bei niederen Werten des Stoßverhältnisses verschwindet jedoch der Einfluß der Stirndauer, die Kennlinien stimmen dann für alle Stirndauern gut überein. Aus den Versuchen bei einer Stirndauer von 0,7 μs kann man folgern, daß die Aufbauzeit mit der Schlagweite etwa bis zu einer solchen von 50 cm ansteigt, dann aber fast unverändert bis zu den höchsten gemessenen Werten von 150 cm bleibt.

2. Kanalbildung. Auch im ungleichförmigen Feld muß man die für das gleichförmige Feld gemachten Annahmen über die Kanalbildung zu Hilfe nehmen, die reinen Raumladevorstellungen[2] reichen allein nicht aus. Es ergibt sich dann für die Grundanordnungen, ebene Kathode — Spitzenfeld an der Anode, ebene Anode — Spitzenfeld an der Kathode und Anodenspitze — Kathodenspitze das folgende Bild für den Durchschlagsvorgang:

1. Fall. **Ebene Kathode — Spitzenfeld an der Anode.** Das noch nicht durch irgendwelche Raumladungen verzerrte Feld ist an der Kathode und bis weit in den Entladungsraum hinein noch sehr niedrig und steigt erst gegen die anodische Spitzenelektrode sehr rasch zu hohen Werten an. Ein aus der Kathode austretendes Elektron wird zunächst nur schwach ionisieren und eine sehr dünne Lawine bilden, bis es schließlich in den stark anwachsenden Feldbereich eintritt; hier wird dann die Elektronenballung innerhalb einer sehr kurzen Wegstrecke so stark in der Lawinenspitze zunehmen, daß sich wieder plasmaartige Kanalschläuche ausbilden. Wenn mehrere solcher Lawinen abgelaufen sind, die sich aus voneinander unabhängigen Anfangselektronen gebildet haben, so ergibt sich ein Entladungsbild, wie das der Bilderreihe der Abb. 29[3]. Diese Ionisierungsbilder sind an nicht voll zur Entwicklung gekommenen Funken gewonnen, da die den Funken speisende Entladungsquelle einem bestimmten Zeitpunkt kurzgeschlossen bzw. „abgeschnitten" wurde. Man spricht deshalb bei diesen Bildern von „abgeschnittenen Funken". Ähnliche Bilder findet man auch bei Nebelkammeraufnahmen

---

[1] Strigel, R.: Anm. 1, S. 36. — Matthias, A.: Elektrizitätswirtsch. Bd. 35 (1936) S. 103. — Torok, J. J.: J. Amer. Inst. electr. Engng. Bd. 49 (1936) S. 276.

[2] Marx, E.: Arch. Elektrotechn. Bd. 24 (1930) S. 61. — Hippel, A. v.: Z. Phys. Bd. 80 (1933) S. 19.

[3] Holzer, W.: Z. Phys. Bd. 77 (1932) S. 676.

der Vorentladungen[1]. Bei niedrigeren Stoßspannungen läßt dann, wie die folgenden Bilder der Abb. 29 zeigen, erst eine große Folge von Lawinen, die in ihrem Ablauf in die bereits vorhandene Lawinenbahn münden, den Plasmaschlauch so weit in den Entladungsraum hineinwachsen, daß die Entladung instabil wird. Mit höherer Stoßspannung reicht der Plasmaschlauch der ersten Lawine immer weiter in den Entladungsraum hinein, es werden zur Erreichung der Instabilität immer weniger Lawinen nötig, bis endlich bei sehr hohen Stoßspannungen

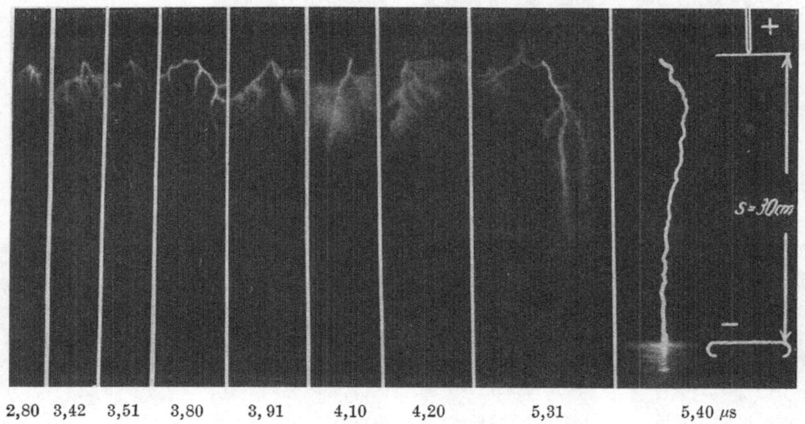

Abb. 29. Funkenbildung beim Spannungsstoß in der Elektrodenanordnung Anodenspitze — Kathodenebene.

Aufbauzeiten von 30 bis 40 ns erreicht werden, also Aufbauzeiten derselben Größe wie im gleichförmigen Feld.

2. Fall. **Ebene Anode — Spitzenfeld an der Kathode.** Bei Fall 1, also der Elektrodenanordnung Anodenspitze — Kathodenebene, läuft der Plasmaschlauch in ein Feld hinein, das sich mit zunehmender Annäherung an die Anode verstärkt. Infolgedessen wird die Elektronenkonzentration an der Spitze der Lawine sich immer mehr verstärken und so wird sich, nach den Überlegungen, die für das gleichförmige Feld angestellt wurden, auch die Fortpflanzungsgeschwindigkeit des Schlauches langsam aber stetig erhöhen. Anders jedoch im Falle der Elektrodenanordnung Anodenebene gegenüber einer Kathodenspitze. Hierbei findet ein starker Abfall der Feldstärke in Kathodennähe statt. Dementsprechend wird auch schon in sehr kurzer Entfernung die nötige Elektronenballung am Lawinenkopf gebildet sein, um das weitere Vorwachsen der Lawine in Gestalt eines Plasmaschlauches zu ermöglichen. Die Trägerkonzentration innerhalb des Plasmaschlauches wird jedoch in zunehmender Annäherung an die Anode infolge der ständigen Abnahme

[1] Kroemer, H.: Arch. Elektrotechn. Bd. 28 (1934) S. 703. — Flegler, E. u. H. Raether: Z. techn. Phys. Bd. 16 (1935) S. 435.

der Feldstärke abnehmen und erst, nachdem das Feld in der unmittelbaren Anodennähe praktisch gleichförmig geworden ist, wieder ansteigen. Diese Vorgänge zeigen sehr schön Aufnahmen an „abgeschnittenen Funken", wie sie in Abb. 30 wiedergegeben sind[1]. Zunächst erkennt man an der Kathodenspitze eine Dunkelstelle: sie entspricht dem reinen Lawinenteil der Kanäle. Dann folgt ein Gebiet mit starken Leuchtfäden,

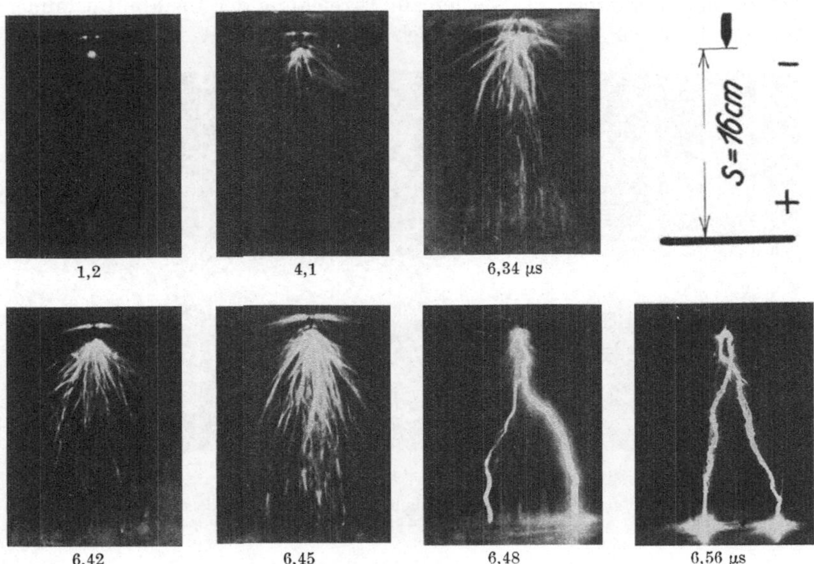

Abb. 30. Funkenbildung beim Spannungsstoß in der Elektrodenanordnung Kathodenspitze—Anodenebene.

die allmählich dünner werden: es sind dies die Plasmaschläuche mit ihrer abnehmenden Trägerkonzentration. Durch weitere Lawinen, die in bereits vorhandene Bahnen münden, erhöht sich die Trägerkonzentration der Schläuche; sie wachsen gegen die Anode vor. Schließlich zeigen die Aufnahmen auch fadenförmige Leuchtgebilde vor der Anode: die Trägerkonzentration der Schläuche steigt wieder an. Bei der Elektrodenanordnung Anodenebene — Kathodenspitze muß nach erfolgter Kanalbildung, also nicht allein die Entladung im Lawinenstück instabil werden, sondern es muß außerdem noch die Trägerkonzentration im Mittelstück des Plasmaschlauches aufgefüllt werden. Dadurch erklärt sich das Zustandekommen längerer Aufbauzeiten auch bei höheren Stoßspannungen gegenüber Fall 1. Bei niedrigeren Stoßspannungen dagegen überwiegt die Schwierigkeit der Überbrückung des Lawinenstückes den anderen Einfluß, so daß in diesem Falle die Aufbauzeiten gegenüber Fall 1 kürzer werden.

[1] Holzer, W.: Anm. 3, S. 38.

3. Fall. **Anodenspitze—Kathodenspitze.** Aus dem bisher Ausgeführten läßt sich ohne weiteres der Verlauf der Stoßkennlinie für diesen Fall ableiten: Bei niedrigen Stoßspannungen wird das eigentliche Lawinenstück länger werden, da ja auch die Feldstärke an der Kathodenspitze infolge der zusätzlichen Ungleichförmigkeit des Anodenfeldes an der Kathode niedriger wird. Auch wird die Trägerkonzentration im Mittelstück absinken, da dort die Feldstärke niedriger sein wird. In Anodennähe aber wird die Trägerbildung wieder höher sein. Diese Einflüsse haben eine längere Aufbauzeit zur Folge als in den beiden anderen Fällen. Bei hohen Werten der Stoßspannung jedoch verschwindet der Einfluß des ungleichförmigen Anodenfeldes, wie aus der Betrachtung von Fall 1 hervorgeht, und die Kennlinie nähert sich der des Falles 2, also der Elektrodenanordnung Anodenebene — Kathodenspitze.

3. Die Umschlagsgeschwindigkeit von der Kanalentladung in die selbständige Entladung. Auf Grund des bisher Ausgeführten kann man nur wenig über den Umschlag der Kanalentladung in die selbständige Entladung aussagen. Näheren Aufschluß geben jedoch Versuche[1] mit der rotierenden Kamera[2]. Mit ihrer Hilfe wird der Entladungsvorgang durch eine in einer Umfangsgeschwindigkeit von 155 m/s rotierenden photographischen Schicht auseinandergezogen, so daß die einzelnen Entwicklungsabschnitte nebeneinander erkennbar werden. Dabei ist die Kamera mit doppelter Optik versehen, so daß man aus den auf dem Film enthaltenen Doppelbildern nach Art stereoskopischer Bilder die einzelnen Entladungsabschnitte entzerren kann. Im folgenden sind nun Ergebnisse von solchen Stereoaufnahmen angeführt, die an einer Stoßanlage für 3000 kV bei Schlagweiten von 4 bis 5 m im Spitzen-Plattenfelde gewonnen wurden.

a) Die Umschlagsgeschwindigkeit bei positiver Spitzenelektrode gegenüber negativer geerdeter Platte. Bei positiver Spitzenelektrode gegenüber einer geerdeten Platte im Abstand von 5 m erhielt man Aufnahmen, wie sie Abb. 31 wiedergibt. Je zwei gegenüberliegende Entladungsbahnen gehören zusammen, die oberen Enden der Entladung gehen von der positiven Spitze aus, die unteren fußen auf der geerdeten Platte. Der eine Entladungsvorgang teilt sich im unteren Drittel seiner Bahn in 2 getrennte Äste, eine Erscheinung, die bei etwa 20% aller aufgenommenen Entladungen beobachtet wurde. Eine dritte auf dem Film festgehaltene Entladung führte nicht zum völligen Durchbruch, sie endigte,

[1] Strigel, R.: Anm. 1, S. 36.

[2] Schonland, B. F. J. u. H. Collens: Proc. roy. Soc., Lond. A Bd. 143 (1933) S. 654; Nature, London Bd. 141 (1938) S. 115. — Collens, H.: Trans. S. Afric. Inst. electr. Engrs. Bd. 28 (1937) S. 214. — Boys, Ch.: Nature, Lond. Bd. 118 (1926) S. 749. — Siehe auch H. Walter: Ann. Phys., Lpz. Bd. 10 (1903) S. 393.

von der Spitze ausgehend, etwa auf der Hälfte des Entladungsweges. In Abb. 32 sind die beiden Entladungsvorgänge der einen der beiden Entladungen, die zum völligen Durchbruch geführt haben, vergrößert wiedergegeben. Es liegt in der Natur der Aufnahmekamera mit bewegtem

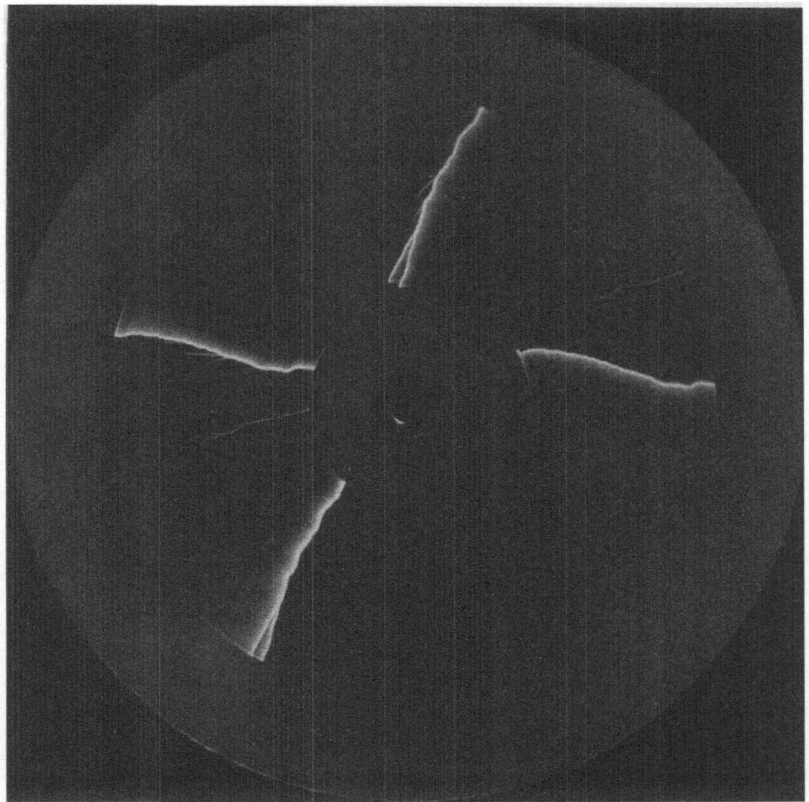

Abb. 31. Aufnahme dreier Entladungsvorgänge mit der rotierenden Kamera. Die oberen Enden der Entladungen gehen von einer positiven Spitze aus, die unteren endigen an einer Plattenelektrode Die eine der drei Entladungen führt nicht zum völligen Durchbruch. Elektrodenabstand 5 m; Stoßspannung 2700 kV.

Film, daß in dem einen der beiden Stereobilder der von der Spitzenelektrode ausgehende Teil der Entladungsbahn mehr auseinandergezogen wird, während beim anderen Stereobild der Fußpunkt der Bahn an der geerdeten Platte entsprechend der jeweils höheren Umfangsgeschwindigkeit mehr auseinandergezogen ist. Über das Entstehen der Entladung kann man sich also nur eine Vorstellung machen, wenn man beide Aufnahmen nebeneinander betrachtet. Die auf dem Film festgehaltenen Lichteindrücke stellen einen ziemlich späten Zeitabschnitt

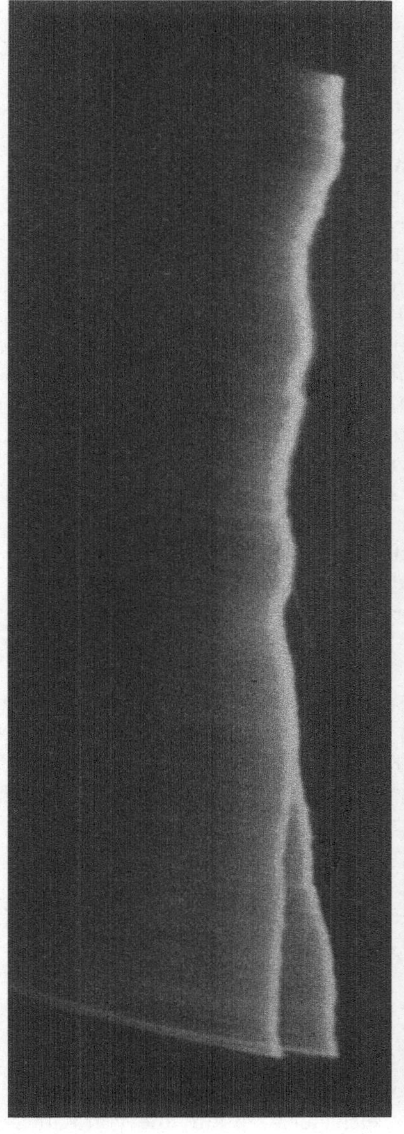

a
Drehrichtung →
Oberes Ende der Entladungsspur liegt dem Mittelpunkt der Filmscheibe näher.

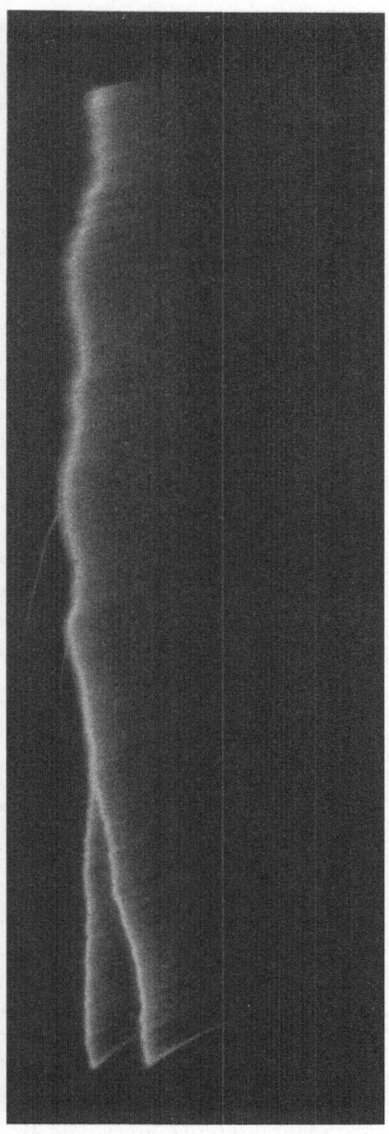

b
← Drehrichtung
Unteres Ende der Entladungsspur liegt dem Mittelpunkt der Filmscheibe näher.

Oberes Ende der Entladungsspur . . . . . Positive Spitzenelektrode,
Unteres Ende der Entladungsspur . . . . Negative, geerdete Platte,
Länge der Entladungsspur . . . . 5 m,
Höhe der Stoßspannung . . . . 2700 kV.

Abb. 32 a u. b. Vergrößertes Entladungsbild, dem Film entnommen, der in Abb. 31 wiedergegeben ist.

des Durchschlagsvorganges dar, da die Büschelentladungen zu Beginn des Stoßvorganges, dem Auge noch gut wahrnehmbar, noch zu lichtschwach waren, um auf dem schnell bewegten Film Schwärzung hervorzurufen. Man muß also annehmen, daß die Lichteindrücke auf dem Film erst einsetzen, nachdem sich bereits ein Entladungskanal gebildet hat. Sie beziehen sich demnach lediglich auf den Umschlag der Kanalentladung in die selbständige Entladung.

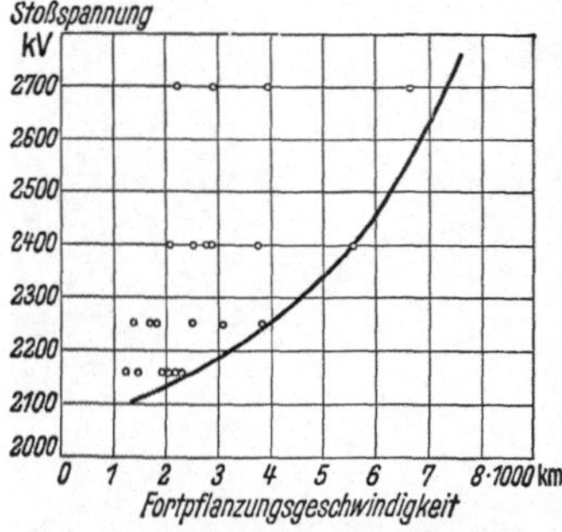

Abb. 33. Fortpflanzungsgeschwindigkeit der Vorentladung bei der Elektrodenanordnung: positive Spitze—negative Platte.

In Abb. 32b erkennt man vor dem Auftreten der sehr kräftigen Hauptentladung, von der Spitzenelektrode ausgehend, ein schmales Gebiet schwächeren Lichteindruckes, das sich gegen die geerdete Platte immer mehr verjüngt und in deren Nähe nicht mehr wahrnehmbar ist. Diese allmähliche Abnahme kann nicht allein auf das verjüngte Auflösevermögen bei der geringeren Umlaufgeschwindigkeit am Fußpunkt der Entladungsbahn zurückgeführt werden; denn sonst müßte in Stereo-Abb. 32a, bei dem ja gerade dieser Fußpunkt die größere Umlaufsgeschwindigkeit besitzt, an ihm ein ausgeprägter Streifen schwächeren Lichteindruckes wahrzunehmen sein. Ein solcher aber ist dort nicht zu erkennen. Hingegen zeigt sich ein derartiger Streifen in der Mitte der Entladungsbahn, der wieder mit Annäherung an die Spitzenelektrode an Breite abnimmt. Aus dem Verlauf des Streifens in beiden Bildern kann man schließen, daß es sich dabei um eine Art Vorentladung handelt, die von der Anodenspitze zur Kathodenplatte vorwächst.

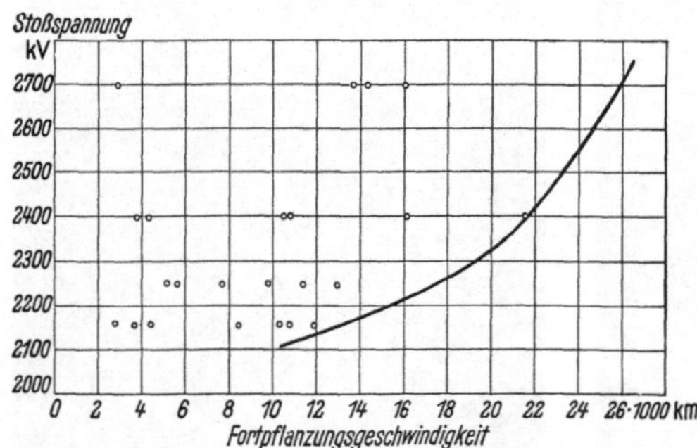

Abb. 34. Fortpflanzungsgeschwindigkeit der Hauptentladung bei der Elektrodenanordnung: positive Spitze—negative Platte.

Diese Vorentladung weist eine Reihe seitlicher Äste auf, die von Knickpunkten der Entladungsbahn ausgehen und sich nach einer Laufbahn von etwa 1 m totlaufen. Erreichen jedoch solche Äste im unteren Ende der Entladungsbahn die geerdete Platte, so verhalten sie sich hinsichtlich der Entwicklung der Hauptentladung gleichwertig: in beiden Ästen wächst die Hauptentladung von der Plattenelektrode zur Spitzenelektrode vor.

Abb. 33 gibt die Abhängigkeit der Vorwachsgeschwindigkeit der Vorentladung, Abb. 34 diejenige der Hauptentladung von der Höhe der Stoßspannung wieder. Die einzelnen Meßwerte streuen sehr stark, jedoch lassen ihre Grenzwerte eindeutig auf eine Zunahme der Vorwachsgeschwindigkeit mit der Höhe der Stoßspannung schließen. Die

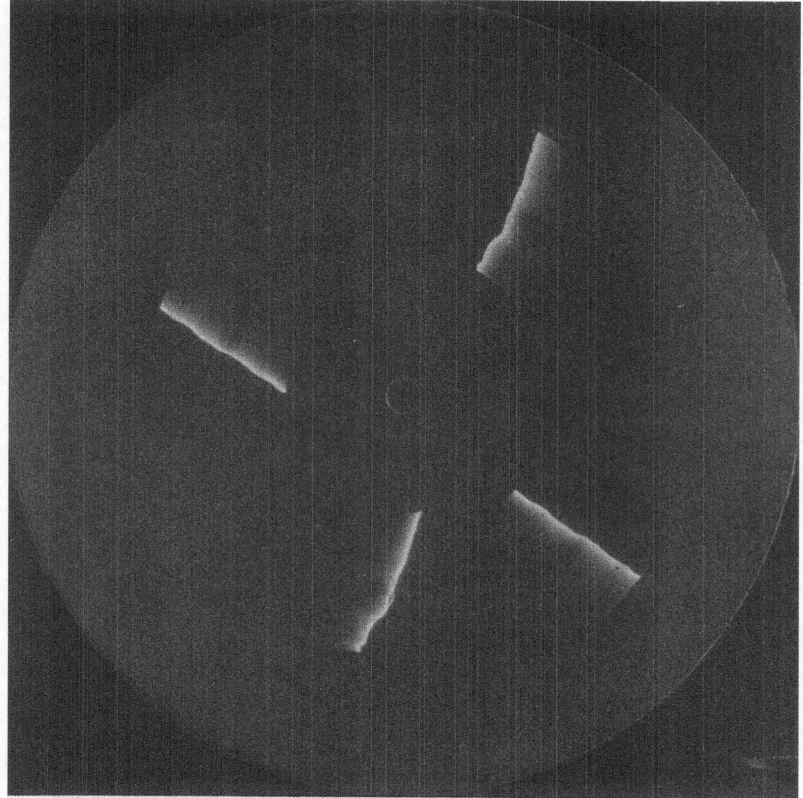

Abb. 35. Aufnahme zweier Entladungsvorgänge mit der rotierenden Kamera. Die oberen Enden der Entladung gehen von einer negativen Spitze aus, die unteren endigen an einer Plattenelektrode. Elektrodenabstand 3,8 m; Stoßspannung 2850 kV.

Vorwachsgeschwindigkeit der Hauptentladung ist, auf die Grenzwerte bezogen, um eine halbe bis ganze Größenordnung höher als die der Vorentladung.

b) Die Umschlagsgeschwindigkeit bei negativer Spitzenelektrode gegenüber positiver Platte. In Abb. 35 ist eine Aufnahme wiedergegeben, die bei positiver Platte gegenüber negativer Spitze bei einem Elektrodenabstand von 3,8 m erhalten wurde. In Abb. 36 sind die Stereobilder einer der beiden Entladungen vergrößert nebeneinander gestellt. Im Gegensatz zu den Aufnahmen bei positiver Spitzenelektrode ist eine Vorentladung nicht eindeutig zu erkennen, eine solche müßte auf jeden Fall weniger breit sein als der Lichthof,

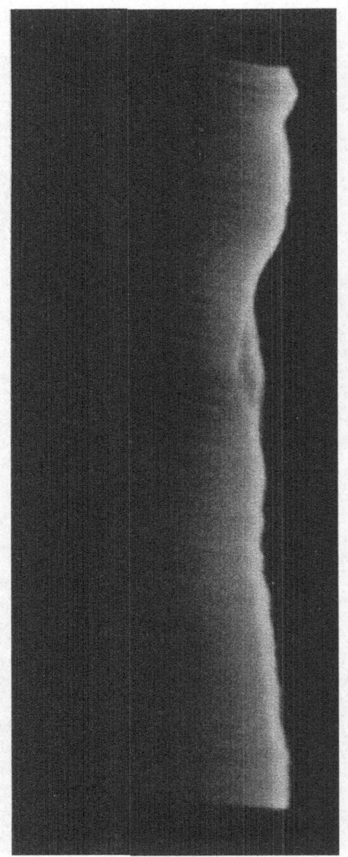

a
Drehrichtung →
Oberes Ende der Entladungsspur liegt dem Mittelpunkt der Filmscheibe näher.

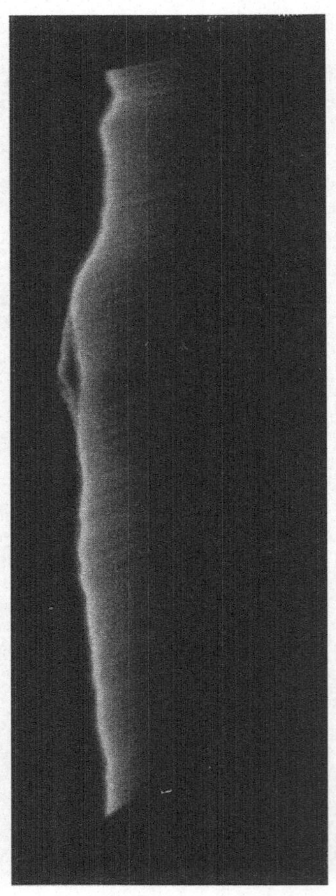

b
← Drehrichtung
Unteres Ende der Entladungsspur liegt dem Mittelpunkt der Filmscheibe näher.

Oberes Ende der Entladungsspur . . . . . Negative Spitzenelektrode,
Unteres Ende der Entladungsspur . . . . Positive, geerdete Platte,
Länge der Entladungsspur . . . . 3,8 m,
Höhe der Stoßspannung . . . . 2850 kV.

Abb. 36 a u. b. Vergrößertes Entladungsbild, dem Film entnommen, der in Abb. 35 wiedergegeben ist.

der in Abb. 36b zu bemerken ist. Abb. 36a zeigt aber deutlich, daß die Schwärzung zunächst noch etwas zunimmt, also nicht sofort in voller Stärke einsetzt, sondern ihren Höchstwert erst nach 0,3 bis 0,4 μs erreicht. Außerdem ist für die Entladungsbilder dieser Elektrodenanordnung kennzeichnend, daß im mittleren Drittel der Entladungsbahn sich ein Gebiet befindet, in dem sich die Bahn mehr oder minder stark verzweigt. Es rührt dies daher, daß bei dieser Elektrodenanordnung die Entladung sowohl von der Spitze als auch von der geerdeten Platte vorwächst. Haben sie sich bis auf kurze Entfernung genähert, so kann der Ausgleich auf verschiedenen Wegen erfolgen. In diesem Gebiet verzweigter Entladungsbahnen sind auch deutlich ähnliche Vorentladungen wie bei positiver Spitze gegenüber geerdeter Platte zu erkennen, so in Abb. 36a unterhalb der Verzweigungsstelle, in Abb. 36b unterhalb der oberen Gabelung im rechten Entladungsast. Die Vorwachsgeschwindigkeit des anodischen Teils, der auf der Plattenelektrode fußt, erreicht Werte bis zu 30000 km/s, während der kathodische Teil, der von der Spitze ausgeht, nur Vorwachsgeschwindigkeiten von 20000 km/s aufweist.

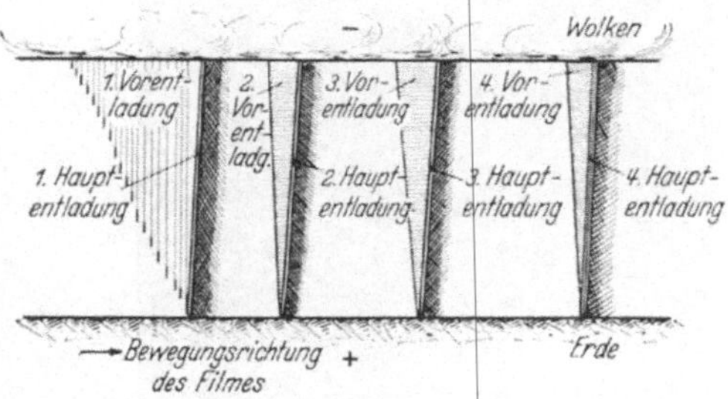

Abb. 37. Entzerrung der Blitzentladung mit Hilfe eines bewegten Filmes (schematisch).

4. Die Aufbauzeit der Blitzentladung[1]. Es ist von Interesse, die Kanalbildung bei größeren Schlagweiten mit den Vorgängen beim Entstehen einer Blitzentladung, also einer Entladung mit extrem weiten Schlagweiten, zu vergleichen. Nach den Untersuchungen mit der rotierenden Kamera geht der Blitzentladung eine Vorentladung voraus, wie sie grundsätzlich in Abb. 37 angedeutet ist. Die Vorentladung nimmt ihren Ausgang von der negativen Wolke und wächst in Unterbrechungen ruckartig gegen den Erdboden vor, der die positive Elektrode bildet. Dieses ruckartige Vorwachsen geht dabei so vor sich, daß eine verhältnismäßig lichtstarke Entladung im allgemeinen etwa 15 bis 80 m weit vorschießt, aber dann so weit abklingt, daß auf der photographischen Platte kein Lichteindruck mehr wahrnehmbar ist. Nach einer Pause, die bis zu 60 bis 70 μs betragen kann, schießt wieder so ein leuchtender Pfeil etwa von der Stelle aus vor, an welcher der vorhergehende erloschen ist. Dabei leuchtet auch die alte, durch die vorhergehenden Pfeilentladungen zurückgelegte Bahn schwach auf. Die gesamte Vorentladung kann aus über 100 solchen Teilentladungen bestehen, im Durchschnitt ist mit 10 bis 12 je km Blitzlänge zu rechnen.

[1] Schonland, B. F. J. u. H. Collens: Proc. roy. Soc., Lond. A Bd. 143 (1934) S. 654. — Schonland, B. F. J., D. M. Malan u. H. Collens: Proc. roy. Soc. Lond. A Bd. 152 (1935) S. 595. — McEachron, K. B.: Electr. J. Bd. 31 (1934) S. 251. — Albright, J. G.: J. appl. Phys. Bd. 8 (1937) S. 313. — Schonland, B. F. J.: Tans. S. Afric. electr. Engrs. Bd. 28 (1927) S. 204. — Goodlet, B. L.: J. Inst. electr. Engrs. Bd. 81 (1937) S. 1 u. Bd. 82 (1938) S. 209. — Siehe auch R. Strigel: Wiss. Veröff. Siemens-Werk. Anm. 2, S. 31.

Hat die Vorentladung den Erdboden erreicht, so schlägt die Hauptentladung von dort gegen die Wolke zurück. Ein beträchtlicher Teil der Blitze weist mehrere aufeinanderfolgende Einzelentladungen auf, in einem beobachteten Fall sogar 27, die im allgemeinen völlig in derselben Entladungsbahn verlaufen wie die erste Entladung. Diese nachfolgenden

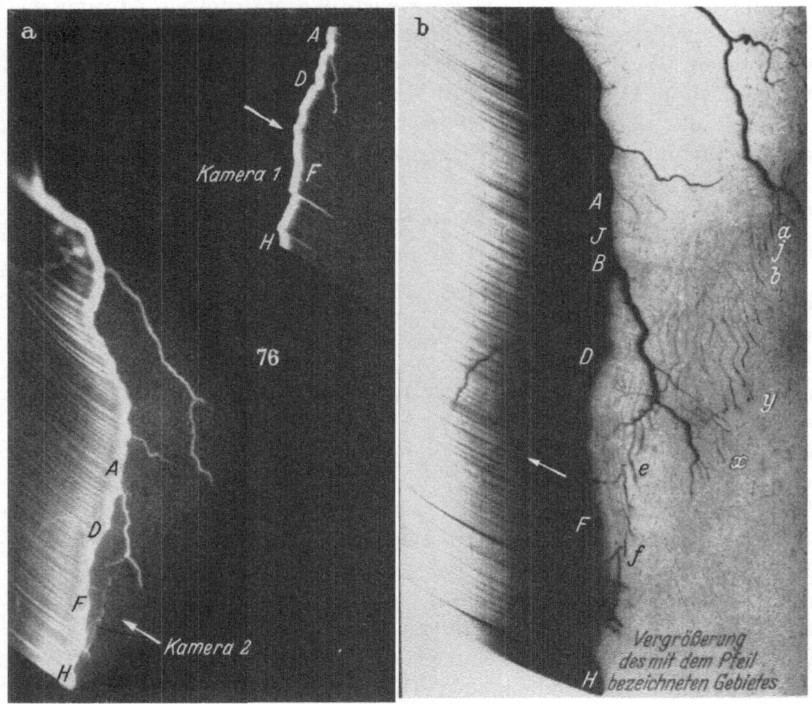

Abb. 38. Blitzaufnahme mit der rotierenden Kamera.

Entladungen haben gänzlich andere Vorentladungen; sie wachsen stetig von der Wolke zur Erde vor und bleiben dauernd schwach leuchtend, bis die Hauptentladung von der Erde aus zurückschlägt.

In Abb. 38 ist eine Aufnahme[1] eines solchen Blitzes mit unterbrochener Vorentladung wiedergegeben. Abb. 38a zeigt die beiden Stereobilder der rotierenden Kamera, Abb. 38b eine Vergrößerung der in Abb. 38a durch einen Pfeil bezeichneten Plattengegend. In der Vergrößerung ist sehr schön die unterbrochene Vorentladung zu erkennen. Des besseren Verständnisses halber ist in Abb. 39 diese Vergrößerung mit allen Einzelheiten, aber von störender Überstrahlung befreit, nochmals herausgezeichnet und außerdem Zeit- und Längenmaßstab angegeben. Die

[1] Schonland, B. F. J., D. M. Mallan u. H. Collens: Anm. 1, S. 41.

Vorentladung verläuft längs der Punkte *a b c d e f g*, die den Punkten *A B C D E F G* der Hauptentladung entsprechen. Seitenäste, in denen sich ebenfalls späterhin kräftige Entladungen ausbilden, zweigen in den Punkten *j* bzw. *J* und *b* bzs. *B* ab; Ast *b* hat wieder selbst Verzweigungen an den Stellen *x* und *y*. Man ist leicht geneigt, diese Vorgänge mit der Kanalbildung im gleichförmigen Feld zu vergleichen: die Vorentladung des Blitzes scheint der Kanalbildung vor dem Durchschlag zu entsprechen. Sie ist daher wohl zu unterscheiden von der Vorentladung, die im vorhergehenden Abschnitt über die Umschlagsgeschwindigkeit von der Kanalentladung in die selbständige Entladung beschrieben worden ist. Die leuchtenden, vorschießenden Entladungspfeile entsprechen den Elektronenballungen im Kopf der Plasmaschläuche, die während des Vorschießens der Entladungspfeile schwach leuchtenden, rückwärtigen Entladungsteile den Plasmaschläuchen selbst. Interessant ist, daß sich diese Entladungspfeile nach einer Lauflänge von 15 bis 80 m, in Ausnahmefällen nach 200 m Weglänge totlaufen; es spricht für die Annahme, daß diese Entladungspfeile den Elektronenballungen bei kleineren Schlagweiten gleichzusetzen sind, daß ihre mittlere Geschwindigkeit um so größer wird, je länger ihr Laufweg ist. Die Wechselbeziehung zwischen diesen beiden Größen ist aus Abb. 40 ersichtlich[1]: je länger der Laufweg eines solchen Entladungspfeiles ist, desto stärker dürfte auch seine Elektronenballung, und je stärker diese ist, desto größer muß auch seine mittlere Geschwindigkeit sein,

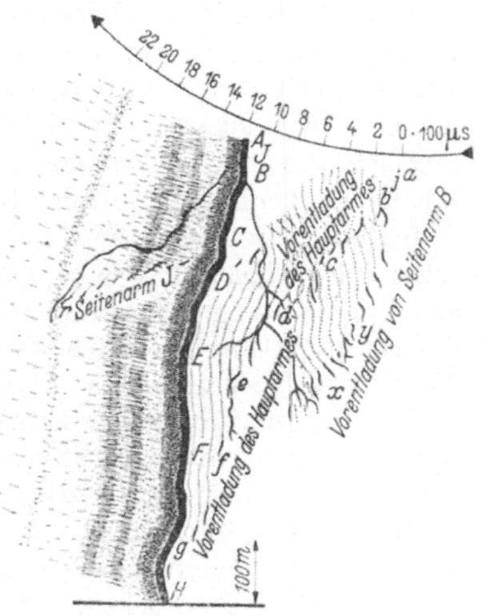

Abb. 39. Blitzbild, entworfen nach der in Abb. 38 wiedergegebenen Aufnahme.

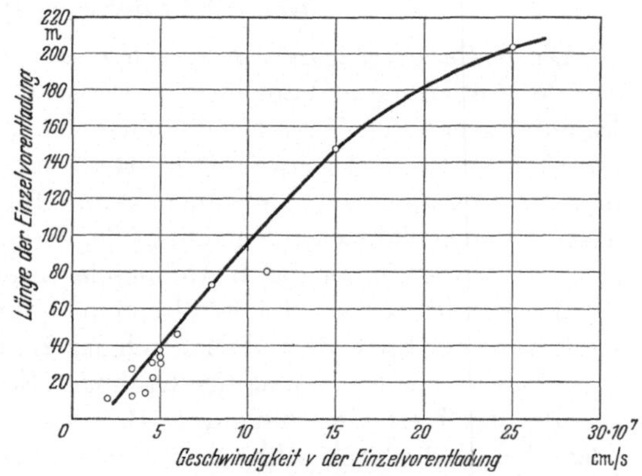

Abb. 40. Zusammenhang zwischen Länge und Vorwachsgeschwindigkeit der Einzelvorentladungen eines Blitzes.

[1] Schonland, B. F. J., D. M. Mallan u. H. Collens: Anm. 1, S. 41.

wie ja bei der Besprechung der Kanalbildung im gleichförmigen Feld näher ausgeführt wurde. Nach den dort angestellten Überlegungen kann man auf Vorwachsgeschwindigkeiten von $2 \cdot 10^8$ cm/s schließen, also Geschwindigkeiten, die in derselben Größenordnung liegen, wie die bei der Blitzentladung beobachteten. Die Hauptentladung wächst mit einer Geschwindigkeit von 1 bis $2 \cdot 10^9$ cm/s vor, das sind 10 bis 20000 km/s, also mit Geschwindigkeiten, die dem Vorwachsen der Hauptentladung im ungleichförmigen Feld entsprechen. Diese Annahmen über die Parallelität der Funkenbildung mit der Blitzentladung werden unterstützt durch Aufnahmen an langen Funken mit einer mit Quarzlinse versehenen rotierenden Kamera. Wie bei der Blitzentladung kann hier sehr schön eine Vorentladung in Form eines „Leitstrahles" beobachtet werden, dem die Hauptentladung nach etwa 6 bis 7 μs bei Atmosphärendruck, nach 24 μs bei 42 Torr und nach 108 μs bei 6 Torr nachfolgt[1].

Bei den nachfolgenden Entladungen eines Blitzes, die sich in der bereits vorgezeichneten Blitzbahn abspielen, findet die neue Vorentladung eine immer noch stark ionisierte Bahn vor; sie läuft sich daher nicht mehr tot, sondern gelangt in einem Zuge von der Wolke zur Erde. Ihre mittlere Geschwindigkeit beträgt dabei $5{,}5 \cdot 10^8$ cm/s, kann aber auch $2 \cdot 10^9$ cm/s erreichen. Die Vorwachsgeschwindigkeit der Hauptentladung unterscheidet dagegen nicht von derjenigen der ersten Entladung des Blitzes.

3. Der Einfluß der Statistik auf die Gesamtdauer des Entladeverzuges.

Die Entladeverzugszeit setzt sich zusammen aus der reinen Aufbauzeit der Entladung und aus ihrer statistischen Streuzeit. Die Aufbauzeit ist unter gegebenen Entladebedingungen eine feste Größe, die nur wenig um einen Mittelwert schwankt; sie stellt zugleich den Mindestwert dar, den der Entladeverzug annehmen kann. Die statistische Streuzeit dagegen ist eine Wahrscheinlichkeitsgröße, deren Zeitdauer von den Bedingungen abhängt, unter denen Anfangselektronen der Entladung zur Verfügung gestellt werden. Sie ist also einmal abhängig von der räumlichen Gestaltung der Kathode und auch von der Art und Intensität kurzwelliger Strahlung in der Umgebung der Kathode. So ist es z. B. möglich, durch großflächige Kathoden und starke Bestrahlung mit ultraviolettem Licht oder aber auch durch sehr scharfe, kathodische Spitzen, die eine hohe Elektronenemission unter Einwirkung des elektrischen Feldes zur Folge haben, die statistische Streuzeit unter 1 ns herabzudrücken, sie also gegenüber der Aufbauzeit verschwindend klein zu machen. Andererseits

[1] Allibone, T. E. u. J. M. Meek: Nature, Lond. Bd. 140 (1937) S. 804; Proc. roy. Soc., Lond. A 166 (1938) S. 97. — Allibone, T. E.: J. Inst. electr. Engrs. Bd. 82 (1938) S. 513. — Beljakow, A. P. u. J. S. Stetol'nikov: Elektritschestwo Bd. 59 (1938) H. 3, S. 25.

aber kann bei kleinflächiger Kathode und völliger Strahlungsfreiheit in der Kathodengegend die statistische Streuzeit Werte von Minuten bzw. sogar Stunden annehmen.

Abb. 41 zeigt Verteilungskurven des Entladeverzuges im gleichförmigen Feld, wie sie bei normalen Beleuchtungsverhältnissen bei einer Schlagweite von 3 cm an Kupferelektroden von 12 cm Durchmesser erhalten wurden[1]. Als Ordinatenwert ist die jeweilige Anzahl der Versuche n_t, bezogen auf die Gesamtzahl aller Versuche n_0, in logarithmischem Maßsystem aufgetragen, die eine größere Verzögerungszeit ergeben haben, als der dazu gehörigen Abszissenzeit t entspricht. Es ist dies dieselbe Darstellung der Entladeverzugsverteilung, wie sie bei der Behandlung der statistischen Streuzeit verwendet wurde. Man erkennt, daß die Durchschläge erst nach einem eindeutig bestimmten Zeitverzug auftreten und daß von diesem Zeitpunkt an die Anzahl der Versuche, die bei dem entsprechenden Abszissenzeitwert noch nicht zum Durchschlag geführt haben, treppenförmig abnimmt. Die Treppenkurve kann namentlich bei der niedrigen Überspannung sehr gut durch eine Gerade gemittelt werden, die sich in Erweiterung von Gl. (7) darstellen läßt durch die Beziehung

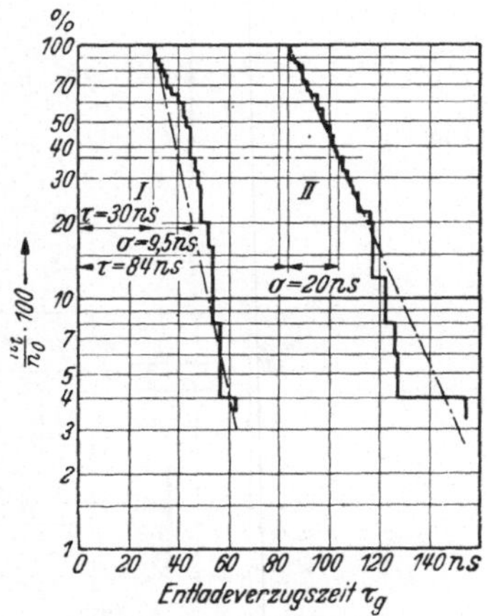

Abb. 41. Verteilungskurve des Entladeverzugs bei einer Schlagweite von 3 cm. *I* 25 Versuche bei 160% Überspannung. *II* 50 Versuche bei 115% Überspannung,

$$n_t = n_0\, \varepsilon^{-\frac{1}{\sigma}(t-\tau)}, \quad \text{wobei } t \geqq \sigma, \tag{15}$$

τ ist dabei die Zeit, während der noch keine Durchschläge möglich sind, also die kürzest mögliche Aufbauzeit; σ ist die statistische Streuzeit.

Die statistische Streuzeit beträgt oft nur einen Bruchteil der Aufbauzeit. Und trotzdem kommt ihr dann noch erhebliche Wichtigkeit zu, wenn es sich darum handelt, zwei Entladungsstrecken so einzustellen, daß nur die eine der beiden anspricht. Sind zwei solche Entladungsanordnungen gegeben mit der Aufbauzeit τ_1 bzw. τ_2 und der mittleren statistischen Streuzeit σ_1 bzw. σ_2, so kann leicht die Wahrscheinlichkeit W berechnet werden, mit der ein Überschlag in der mit größerer Schlagweite eingestellten Entladungsstrecke erfolgt. Es wird die Wahrscheinlichkeit dW dafür, daß ein Überschlag im Zeitraum $t + dt$ in

[1] Strigel, R.: Wiss. Veröff. Siemens-Werk. Bd. 17,1 (1938) S. 38 u. Elektrotechn. Z. Anm. 1, S. 29.

der zweiten Entladungsstrecke zuerst überschlägt, gleich

$$dW = \frac{1}{\sigma_2} \varepsilon^{-\frac{t-\tau_2}{\sigma_2} - \frac{t-\tau_1}{\sigma_1}} dt \tag{16}$$

und damit die Gesamtwahrscheinlichkeit dafür, daß irgendein Überschlag in der zweiten Entladungsanordnung früher erfolgt als in der ersten

$$\left\{ \begin{aligned} W &= \frac{1}{\sigma_2} \varepsilon^{\frac{\tau_1}{\sigma_1} + \frac{\tau_2}{\sigma_2}} \int_{\tau_2}^{\infty} \varepsilon^{-t\left(\frac{1}{\sigma_1} + \frac{1}{\sigma_2}\right)} dt \\ &= \frac{\frac{1}{\sigma_1}}{\frac{1}{\sigma_1} + \frac{1}{\sigma_2}} \varepsilon^{-\frac{\tau_2 - \tau_1}{\sigma_1}} \end{aligned} \right. \tag{17}$$

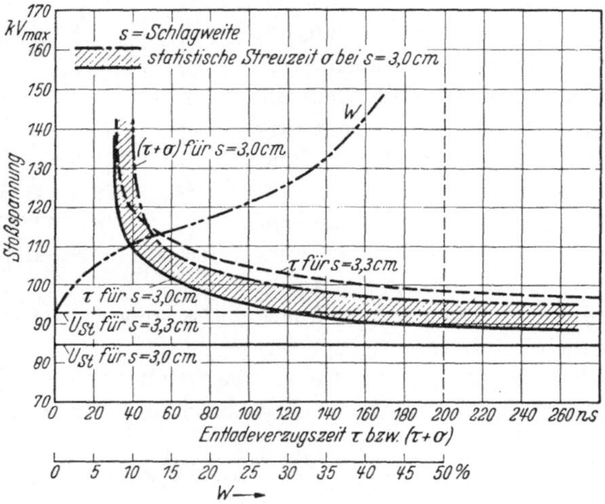

Abb. 42. Aufbauzeit τ bzw. Entladeverzug $(\tau + \sigma)$ und Wahrscheinlichkeit W des Ansprechens der weiter eingestellten von zwei Kugelfunkenstrecken, deren Schlagweite um 10% auseinanderliegt. (U_{St} = statische Durchschlagsspannung bei gegebener Schlagweite.)

In Abb. 42 ist die Aufbauzeit zweier Kugelfunkenstrecken mit den Schlagweiten $s = 3{,}0$ cm und $s = 3{,}3$ cm abhängig von der Höhe der Stoßspannung aufgetragen. Ferner ist für die Funkenstrecke mit $s = 3{,}0$ cm die statistische Streuzeit additiv zur Aufbauzeit eingezeichnet und der dadurch gegebene Streubereich durch Schraffierung hervorgehoben. Für diese beiden Funkenstrecken ist nach Gl. (17) die Wahrscheinlichkeit W berechnet, mit der die Funkenstrecke mit der größeren Schlagweite zuerst anspricht: W nimmt erst dann größere Werte an, wie auch entsprechende Versuche ergeben haben, wenn sich die Aufbauzeit ihrem Endwert nähert; dann allerdings wird etwa bei jedem 3. Stoßdurchschlag die weiter eingestellte Funkenstrecke zuerst ansprechen.

II. Der Stoßdurchschlag in Öl.

Dieses Kapitel soll sich lediglich mit den Durchschlagserscheinungen in Öl befassen und dabei Vorgänge in anderen isolierenden Flüssigkeiten nur insoweit berücksichtigen, als sie für das Verständnis der Vorgänge im Öl notwendig sind. Dabei sollen unter isolierenden Flüssigkeiten solche bezeichnet werden, bei denen der Gehalt an Fremdionen so klein ist, daß bei Gleichspannungsbeanspruchung unterhalb der Durchschlagsspannung keine wesentliche Erwärmung der Flüssigkeit auftritt. Bei Feldstärken von 100 kV/cm kommt man auf diese Weise für isolierende Flüssigkeiten zu einer Grenzionenzahl[1] von 10^{13} Ionen/cm^3 bzw. zu einer Grenzleitfähigkeit von $10^{-9}\,\Omega^{-1}$.

A. Der statische Durchschlag[2].

Während die Durchschlagsspannung einer Luftstrecke so gut und so eindeutig im gleichförmigen Feld bestimmbar ist, daß sie sogar zur Spannungsmessung benutzt werden kann, unterliegt die Durchschlagsspannung in Flüssigkeiten stets einer mehr oder minder starken Streuung und wird außerdem weitgehend beeinflußt durch Verunreinigungen in der Flüssigkeit selbst und auch durch solche an der Elektrodenoberfläche. Je nach Vorbehandlung und Reinheitsgrad von Flüssigkeit und Elektroden erhält man Durchschlagsfestigkeiten, die bis zu zwei Größenordnungen schwanken, nämlich zwischen 20 und 2000 kV/cm. Die meisten experimentellen Untersuchungen beziehen sich jedoch auf Durchschlagsfestigkeiten bis zu 1000 kV/cm. Über das Verhalten reinster Anordnungen ist fast nichts bekannt, als die Tatsache, daß bei geeigneter Vorbehandlung wesentlich höhere Werte als 1000 kV/cm zu erreichen sind, ohne daß man eine obere Grenze für die Durchschlagsfestigkeit angeben kann. So wurde bei Benzol[3] 1800 kV/cm, bei Hexan unter 70 at Druck[4] 1600 kV/cm und bei festem Paraffin, das ja in physikalischem Sinne ebenfalls noch als Flüssigkeit angesprochen werden muß[5], 5000 kV/cm.

1. Der Einfluß von Verunreinigungen auf die Durchschlagsspannung.

Nicht besonders gereinigte Flüssigkeiten enthalten immer Staub- und Faserteilchen. Durchschlagsuntersuchungen mit faserhaltigen Flüssigkeiten ergeben bei Elektrodenabständen von einigen mm eine starke

[1] Gemant, A.: Wiss. Veröff. Siemens-Konz. Bd. 5 (1927) H. 3 S. 87.

[2] Zusammenfassende Darstellungen: Nikuradse, A.: Das flüssige Dielektrikum. Berlin: Julius Springer 1934. — Koppelmann, F.: Z. techn. Phys. Bd. 17 (1935) S. 125.

[3] Bähre, W.: Mitt. Hannoversch. Hochschulgemeinsch. 1935, S. 3. — Arch. Elektrotechn. Bd. 31 (1937) S. 141.

[4] Ferrant, W.: Z. Phys. Bd. 89 (1934) S. 317.

[5] Weber, W.: Arch. Elektrotechn. Bd. 27 (1933) S. 511.

Abhängigkeit vom Wassergehalt[1], und zwar genügt schon ein Wasserzusatz von nur 0,01%, um die Durchschlagsfestigkeit eines Isolieröles von 300 kV/cm auf etwa 30 kV/cm herabzusetzen. Auch das offene Stehenlassen des Öles in feuchter Zimmerluft erniedrigt im Verlauf weniger Tage die Durchschlagsspannung in demselben Ausmaß. Unterwirft man solche faserhaltigen Flüssigkeiten einer Reihe von aufeinanderfolgenden Durchschlägen, so steigt die Durchschlagsspannung im Mittel mit der Zahl der Versuche langsam an. Außerdem wird die Durchschlagsspannung, die anfänglich vom Effektivwert der Spannung abhängig war, allmählich deutlich vom Scheitelwert abhängig: es findet offenbar eine Austrocknung der Flüssigkeit statt[2]. Dies zeigen deutlich die in Abb. 43 wiedergegebenen Messungen, bei denen eine große Anzahl

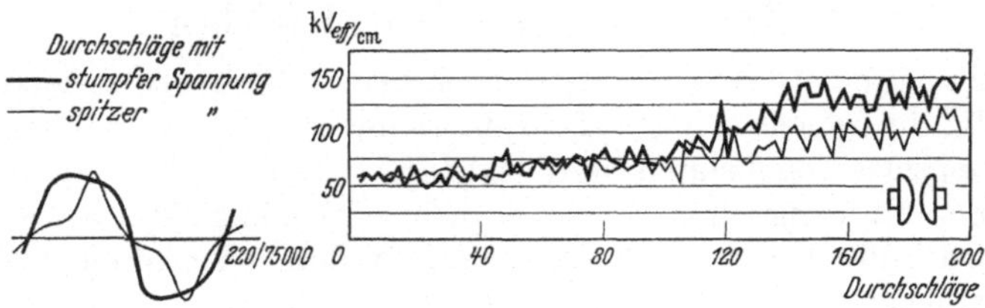

Abb. 43. Durchschlag von ungereinigtem Öl mit Wechselspannungen verschiedener Kurvenform Elektrodenabstand 3 mm, Ölmenge 250 cm³.

von Durchschlägen abwechselnd mit stumpfer und mit spitzer Spannungskurve aufgenommen wurden. Dabei war bei gleichem Scheitelwert der Unterschied der Effektivwerte dieser beiden Spannungskurven 30%. In Abb. 43 ist als Ordinate der Effektivwert der Spannung, als Abszisse die Ordnung der Durchschläge aufgetragen. Während anfänglich beide Spannungsformen dieselben Durchschlagswerte, bezogen auf ihren Effektivwert, ergaben, so benötigte man nach etwa 100 Durchschlägen wesentlich höhere Effektivwerte bei stumpfer Spannung als bei spitzer. Die Durchschlagsspannung war also nicht mehr abhängig vom Effektivwert, sondern vom Scheitelwert der Spannung.

Befreit man die Flüssigkeit durch sorgfältiges Filtrieren oder gar Destillieren von allen Faser- und Staubteilchen, so bleibt die Durchschlagsfestigkeit auch bei hohem Wassergehalt immer noch in der Größenordnung von einigen[3] 100 kV/cm.

Man kann in faserhaltigen Flüssigkeiten beobachten[3], daß besonders die langgestreckten Faserteilchen zwischen die Elektroden gezogen werden und diese richtig zu überbrücken vermögen[4]. Diese Brückenbildung

---

[1] Spath, W.: Arch. Elektrotechn. Bd. 12 (1923) S. 231.
[2] Koppelmann, F.: ETZ Bd. 51 (1930) S. 1457.
[3] Koppelmann, F.: Anm. 2, S. 53.
[4] Edler, H. u. C. A. Knorr: Naturwiss. Bd. 17 (1929) S. 894.

tritt in Öl bis zu Elektrodenabständen von 2,5 mm auf[1]; sie läßt sich unterdrücken, was namentlich auch für die Hochspannungstechnik wichtig ist, durch einen Überzug der Elektroden mit Schellack[2]. Man kann somit annehmen, daß die Faserteilchen Feuchtigkeit aus der Flüssigkeit aufnehmen; ist es dann zur Brückenbildung gekommen, bilden diese feuchten Faserteilchen einen Pfad erhöhter Leitfähigkeit, dieser erwärmt sich, das Wasser wird aus den Fasern verdampft und gibt so Veranlassung zu einem Dampfdurchschlag. Bei ständiger Wiederholung der Durchschlagsversuche werden allmählich durch diese Verdampfung immer mehr Faserteilchen ausgetrocknet und die Durchschlagsfestigkeit steigt dabei an.

2. Der Einfluß von gelösten Gasen auf die Durchschlagsfestigkeit[3].

In der Flüssigkeit gelöste Gase haben nur dann Einfluß auf die Durchschlagsspannung, wenn ihr Sättigungsdruck gleich oder aber größer ist, als der auf der Flüssigkeit lastende äußere Druck. So erhält man auch, wenn man sorgfältigst von Fasern gereinigtes Öl mehrere Tage hindurch an Luft stehen läßt, bei geeigneter Vorbehandlung der Elektroden immer noch Durchschlagsfestigkeitswerte bis 1000 kV/cm. Führt man aber die Durchschlagsprobe bei vermindertem Druck durch, so sinkt die Durchschlagsfestigkeit bis auf 100 kV/cm und darunter. Läßt man jedoch dann dieses Öl wieder längere Zeit unter dem verminderten Druck stehen, so steigt die Durchschlagsspannung nach Maßgabe der Luftausscheidung wieder an auf den alten hohen Wert.

3. Der Einfluß der Elektrodenbeschaffenheit auf die Durchschlagsfestigkeit.

Von entscheidendem Einfluß auf die Durchschlagsfestigkeit ist auch die Elektrodenbeschaffenheit, wie die nachstehend beschriebenen Versuche zeigen[4]: An einer Probe destillierten und sorgfältig getrockneten Hexans wurden 150 Durchschläge zwischen 2 Elektroden aus V2A-Stahl vorgenommen. Dabei war der Entladungsstrecke ein Schutzwiderstand von mehr als $2 \cdot 10^4\ \Omega$ vorgeschaltet, der allzustarkes Verbrennen von Flüssigkeit und Elektroden verhindern sollte. Die erhaltenen Durchschlagswerte sind als einzelne Meßpunkte und gemittelt in Abb. 44 wiedergegeben. Der erste Durchschlag erfolgte bei 8 kV, also entsprechend dem Elektrodenabstand von 0,275 cm bei einer Feldstärke von 220 kV/cm; bei der Vornahme der weiteren Durchschläge stieg die Durchschlags-

[1] Rebhan, J.: ETZ Bd. 54 (1933) S. 4.
[2] Kraeft, H.: Diss. Braunschweig 1931.
[3] Edler, H. u. C. A. Knorr: Forsch.-H. Studienges. Höchstspannungsanl. H. 2 (1931) S. 12. — Ferrant, W.: Anm. 4, S. 53.
[4] Ferrant, W.: Anm. 4, S. 53.

feldstärke zunächst rasch an, erreichte um den 40. Durchschlag Feldstärkenwerte um 700 kV/cm und sank darauf wieder langsam auf ungefähr 400 kV/cm. Nach Beendigung dieses Versuches wurde das Versuchsgefäß wieder mit Hexan gefüllt, das in gleicher Weise vorbehandelt war. Dabei wurden die Elektrodenoberflächen völlig unverändert belassen. Bei den nun an dieser Hexanprobe vorgenommenen Durchschlägen trat ein solcher Anstieg der Durchschlagsfeldstärke nicht mehr auf, die Feldstärke blieb vielmehr auf etwa 400 kV/cm stehen. Die Veränderungen der ersten Versuchsreihe müssen also von den Elektroden und nicht von

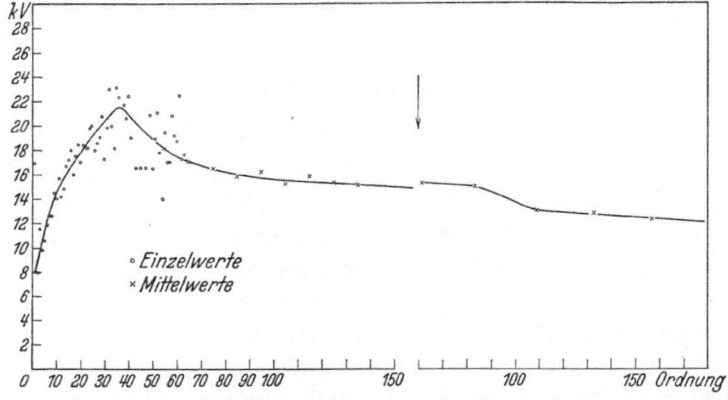

Abb. 44. Verlauf der Durchschlagsspannung bei wiederholten Durchschlägen in Hexan. Elektroden aus V2A-Stahl, Elektrodenabstand 0,275 mm, Krümmungshalbmesser der Elektroden 5 mm. Der Pfeil bedeutet Umfüllung mit frischem, entgastem Hexan.

der Flüssigkeitsprobe herrühren: sie können somit auf allmähliche Entgasung, Verdampfen von Wasserschichten und Verbrennungen auf der Elektrodenoberfläche zurückgeführt werden. Eine ähnliche Formierung der Elektroden kann man auch erreichen, wenn man bei vermindertem Druck an die Elektroden Spannung legt.

Auch die Art des Elektrodenmaterials ist auf die Durchschlagsfestigkeit von Einfluß: so zeigen Messungen über die Durchschlagsfestigkeit an drei verschiedenen Flüssigkeiten die in der nachstehenden Zahlentafel zusammengestellten Ergebnisse[1]:

Zahlentafel 7. Abhängigkeit der Durchschlagsfeldstärke in Flüssigkeiten von Elektrodenmetalle.

Flüssigkeit	Durchschlagsfeldstärke in kV/cm bei Elektroden aus							
	Eisen	Messing	Blei	Kupfer	Aluminium	Gold	Zink	Silber
Benzin .	400	420	435	455	450	—	490	—
Hexan .	355	370	380	435	440	430	475	480
Xylol . .	430	410	465	470	480	485	515	535

[1] Sorge, J.: Arch. Elektrotechn. Bd. 13 (1924) S. 189.

Der Gang mit dem Elektrodenmaterial ist in allen drei Versuchsreihen derselbe, die Durchschlagsfestigkeit ist bei Eisenelektroden am kleinsten, bei Silberelektroden am größten; die Unterschiede zwischen den Meßwerten der beiden Materialien betragen ungefähr 25%.

4. Der Einfluß von Elektrodenform und Elektrodenabstand auf die Durchschlagsfestigkeit.

Die Durchschlagsspannung nimmt mit wachsendem Elektrodenabstand im allgemeinen mit der Durchschlagsfestigkeit weniger als geradlinig zu[1], wie z. B. Abb. 45 für Transformatorenöl zeigt[2]. Je gleichförmiger

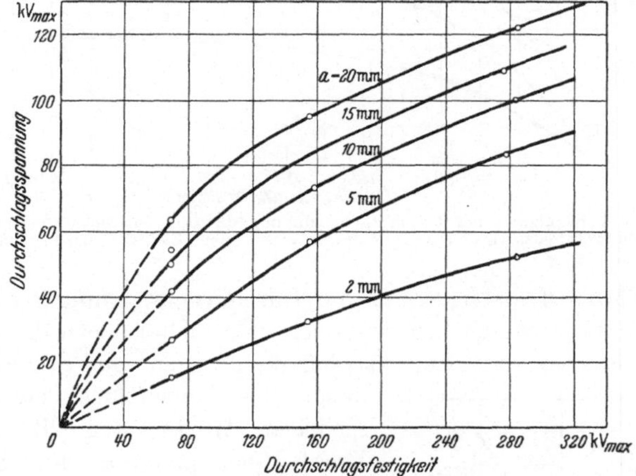

Abb. 45. Durchschlagsspannung zwischen Kugeln von 5 cm Durchmesser in Öl bei verschiedenen Kugelabständen a in Abhängigkeit von den statischen Durchschlagsfestigkeit bei Wechselspannung.

das Feld ist, desto mehr nähern sich auch die Kurven, welche die Abhängigkeit der Durchschlagsspannung von der Durchschlagsfeldstärke bei gegebenem Elektrodenabstand wiedergeben, einer Geraden.

Abb. 46[3] gibt die Abhängigkeit der Durchbruchsspannung im Spitzenfeld (Spitzenelektroden mit 15° Spitzenwinkel) für verschiedene

[1] Jone, E.: Atti Assoc. Electrotecn. Ital. 1907, H. 1. — Vogelsang, M.: ETZ Bd. 37 (1916) S. 135. — Spath, W.: Anm. 1, S. 54. — Dräger, K.: Arch. Elektrotechn. Bd. 13 (1924) S. 336. — Sorge, J.: Anm. 1, S. 56. — Peek, F. W.: ETZ Bd. 37 (1916) S. 246. — Marx, E.: Arch. Elektrotechn. Bd. 20 (1928) S. 589. — Nikuradse, A.: Arch. Elektrotechn. Bd. 22 (1929) S. 305. — Rebhan, J.: Anm. 1, S. 55. — Keine Abhängigkeit fanden: Schröter, J.: Arch. Elektrotechn. Bd. 12 (1923) S. 67. — Toriyama, Y.: Arch. Elektrotechn. Bd. 19 (1927) S. 31. — Shaw, P.: Proc. roy. Soc., Lond. Bd. 20 (1906) S. 289. — Heyden, J. L. R. u. C. P. Steinmetz: Proc. Amer. Inst. electr. Engr. 1910, S. 747. — Wedmore, E.: Electrician Bd. 87 (1921) S. 702. — Inge, L. u. A. Walther: Arch. Elektrotechn. Bd. 23 (1930) S. 279.

[2] Rebhan, J.: Anm. 1, S. 55.

[3] Strigel, R.: Wiss. Veröff. Siemens-Werk. Bd. 17, 1 (1938) S. 38.

Elektrodenentfernungen von der statischen Durchbruchsfeldstärke des Kugelfeldes wieder. Bei höheren Werten der statischen Durchbruchsfeldstärke tritt eine Art von Sättigungszustand ein: eine weitere Erhöhung

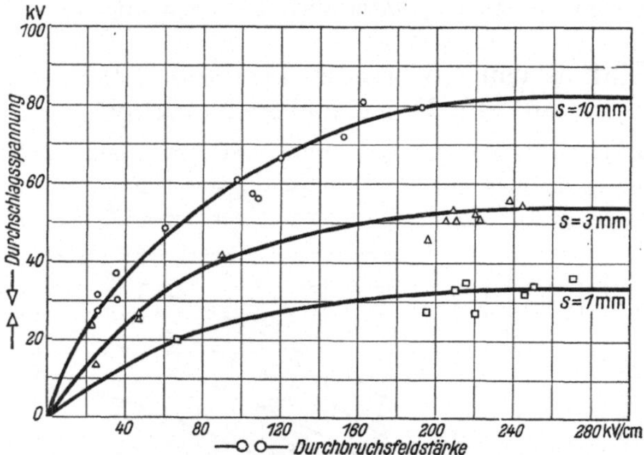

Abb. 46. Abhängigkeit der Durchbruchsspannung des Öles im Spitzenfelde von der Durchbruchsfeldstärke im Kugelfelde für verschiedene Elektrodenentfernungen *s*.

der Durchbruchsfeldstärke läßt die Durchbruchsspannung im Spitzenfelde nur noch unwesentlich ansteigen. Es sei noch erwähnt, daß eine Gegenüberstellung der Durchschlagsspannungen im Spitzenfeld mit denen des Kugelfeldes zeigt, daß bei niedrigen Werten der Ölfestigkeit die Durchschlagsspannung im Spitzenfeld höher liegen kann als im Kugelfelde: Verunreinigungen des Öles durch Wasser und Luft müssen also im ungleichförmigen Feld eine geringere Rolle spielen als im gleichförmigen Feld[1].

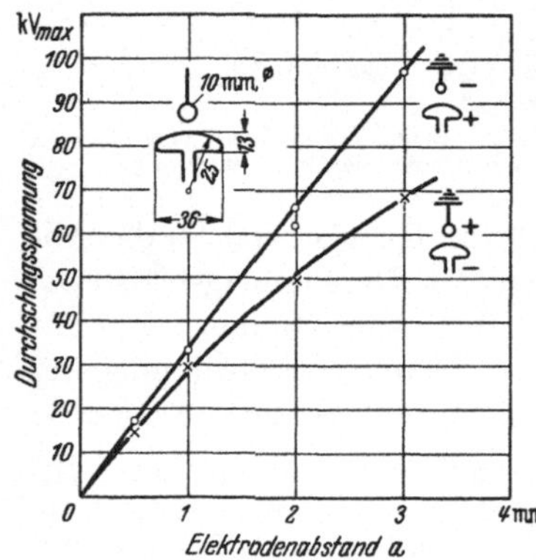

Abb. 47. Abhängigkeit der Durchschlagsspannung in Öl von der Elektrodenentfernung im ungleichförmigen Felde.

Auch ist, wie beim Luftdurchschlag, ein Polaritätsunterschied im ungleichförmigen Feld vorhanden: die Durchschlagsspannung der Anordnung liegt höher, bei der die stärker gekrümmte Elektrode an negativer Spannung liegt; dabei nimmt der Polaritätsunterschied mit zunehmender Schlagweite zu[2], wie aus Abb. 47 hervorgeht. Diese Polaritätsunterschiede scheinen sich aus noch nicht näher erforschten Gründen gelegentlich auch umkehren zu können.

[1] Heyden, J. L. R. u. C. Steinmetz: Wie Anm. 1, S. 57. — Wedmore, E.: Electrician wie Anm. 1, S. 57. — Wöhr, F.: Arch. Elektrotechn. Bd. 20 (1928) S. 445.

[2] Nikuradse, A.: Arch. Elektrotechn. Bd. 20 (1928) S. 403.

5. Der Einfluß des äußeren Druckes und der Temperatur.

Bei ungereinigten Flüssigkeiten kann man eine erhebliche Abhängigkeit der Durchschlagsfestigkeit vom äußeren Druck feststellen: so steigt sie bei faserhaltigem Öl von 50 kV/cm bei Atmosphärendruck auf einige 100 kV/cm bei 50 at Überdruck[1]. Näher untersucht ist die Druckabhängigkeit in reinen Flüssigkeiten[2]. In Abb. 48 sind solche Messungen an gereinigtem Transformatorenöl wiedergegeben, die bei Elektrodenabständen von 0,3 bis 0,4 mm gewonnen wurden. Die Messungen sind auf den Dampfdruck bezogen. Die Durchschlagsfestigkeit fällt bei Annäherung an den kritischen Druck stark, bei diesem selbst beträgt sie

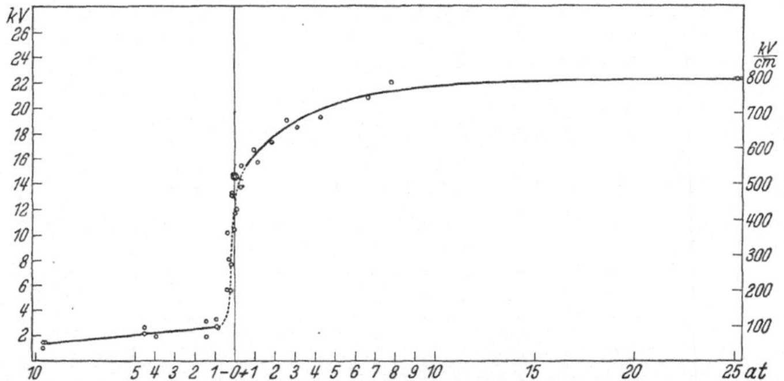

Abb. 48. Druckabhängigkeit der Durchschlagsspannung von Transformatorenöl im Endzustand, bezogen auf den Dampfdruck des Öles.

aber immerhin noch 450 kV/cm. Legt man jedoch bei negativen Dampfdrucken Spannung an die Elektrode, so setzt bereits bei Spannungswerten unter 100 kV/cm eine starke Bildung von Gasblasen ein, ohne daß ein eigentlicher Durchschlag erfolgt. Einen derartigen Verlauf der Druckabhängigkeit kann man als Endzustand nach Vornahme vieler Einzelversuche bei diesen Elektrodenentfernungen immer erhalten, wenn auch die ersten Versuche zunächst Druckunabhängigkeit ergeben[3].

Untersucht man in einem evakuierten Gefäß Flüssigkeitsproben auf die Temperaturabhängigkeit der Durchschlagsspannung, also in einer Anordnung, in der über der Flüssigkeit nur deren Dampfdruck lastet, so erhält man im Temperaturbereich 20 bis 250° C Unabhängigkeit der Durchschlagsspannung von der Temperatur[4]. Dagegen nimmt bei Annäherung an die Siedetemperatur und konstantem äußerem Druck die Durchschlagsfestigkeit rasch ab, wie Abb. 48 erkennen läßt[5].

---

[1] Nikuradse, A.: Arch. Elektrotechn. Bd. 22 (1929) S. 305.
[2] Ferrant, W.: Anm. 4, S. 53.
[3] Edler, H. u. C. A. Knorr: Anm. 3, S. 55. — Inge, L. u. A. Walther: Anm. 1, S. 57.
[4] Inge, L. u. A. Walther: Anm. 1, S. 57.
[5] Ferrant, W.: Anm. 4, S. 53.

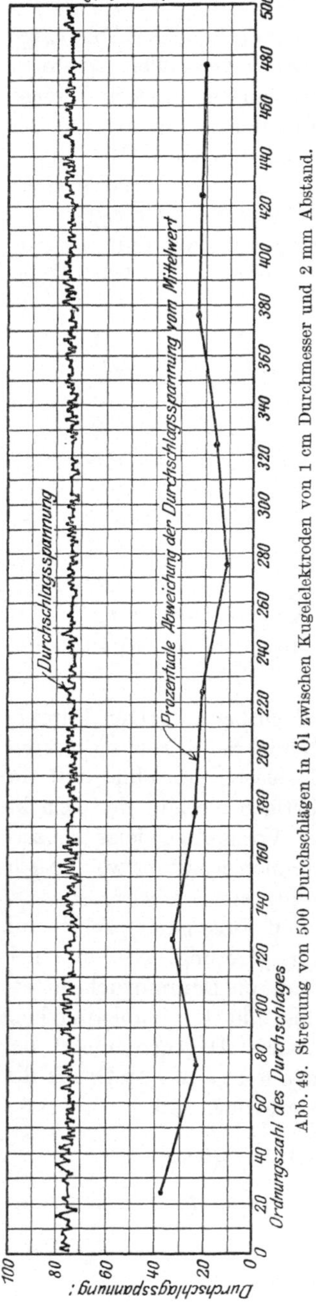

Abb. 49. Streuung von 500 Durchschlägen in Öl zwischen Kugelelektroden von 1 cm Durchmesser und 2 mm Abstand.

6. Die Streuung der Durchschlagswerte.

Auch bei größter Sorgfalt in der Auswahl der Versuchsbedingungen ist stets noch eine starke Streuung der Durchschlagswerte in Flüssigkeiten um einen

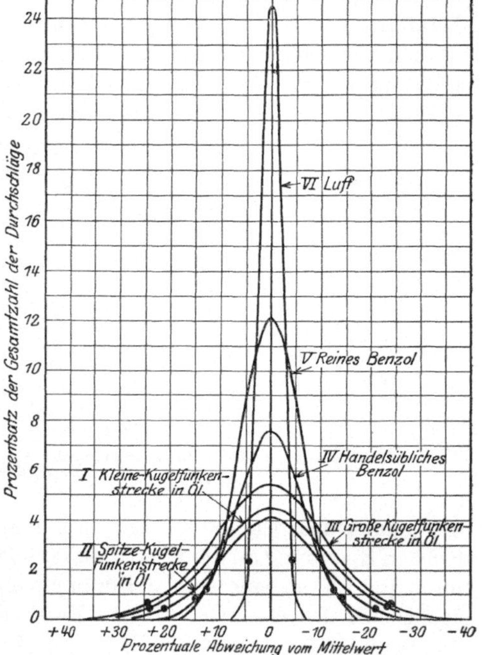

Abb. 50. Verteilungskurven der Durchschlagswerte, die aus Versuchsreihen von je 500 hintereinander erfolgten Durchschlägen in denselben Flüssigkeitsproben ermittelt wurden.

Mittelwert vorhanden. Man kann der Ansicht sein, daß diese Streuung von immer noch nicht beseitigten, geringen Verunreinigungen herrührt, jedoch lassen gewisse Versuche den Schluß zu, daß diese Streuung in der Natur der Flüssigkeiten selbst liegt[1]. So wurden z. B. bei einer Reihe von 500 Durchschlägen, die auf die denkbar sorgfältigste Weise vorgenommen wurden, die in Abb. 49 wiedergegebenen

[1] Heyden, J. L. R. u. W. N. Eddy: J. Amer. Inst. electr. Engng. Bd. 41 (1922) S. 138.

Streuwerte gefunden. Die einzelnen Streuwerte ordnen sich dabei nach einer Gaußschen Verteilung um den Mittelwert[1]. In Abb. 50 sind solche Streuwertverteilungen, die unter saubersten Bedingungen vorgenommen sind, für Luft, reines und handelsübliches Benzol und für Öl in 3 verschiedenen Elektrodenanordnungen einander gegenübergestellt: bei Öl ist die Streuung am stärksten ausgeprägt; sie beträgt $\pm$ 24%, bei handelsüblichem Benzol dagegen $\pm$ 14%, bei chemisch reinem Benzol $\pm$ 12% und bei Luft $\pm$ 4%, wenn man nur solche Abweichungen vom Mittelwert der Durchschläge betrachtet, bei denen die Häufigkeit mehr als 10% der maximalen beträgt.

7. Der Mechanismus des Durchschlages in Flüssigkeiten.

Aus der Fülle dieser Beobachtungen und Messungen lassen sich 3 Arten des Flüssigkeitsdurchschlages herausschälen: der Wärmedurchschlag, der mechanische Durchschlag und der elektrische Durchschlag.

a) Der Wärmedurchschlag.

Ein Wärmedurchschlag ist möglich in Flüssigkeiten mit Verunreinigungen von feuchten Staub- und Faserteilchen, wenn diese so zahlreich vorhanden sind, daß sie zur Brückenbildung zwischen den Elektroden führen. Die Faserteilchen haben infolge ihres Feuchtigkeitsgehaltes einen viel höheren Leitwert als die umgebende Flüssigkeit, sie werden durch den dadurch bedingten höheren Stromdurchgang erhitzt, verdampfen die in ihnen enthaltene Flüssigkeit, so daß Gas- bzw. Dampfblasen entstehen, die dann den Durchschlag einleiten, wie dies ja die schon beschriebenen Versuche über den Einfluß der Verunreinigungen auf die Durchschlagsspannung sehr deutlich zeigen.

Ebenso kann der Durchschlag bei Hochfrequenzbeanspruchung als Wärmevorgang angesprochen werden: so wurde z. B. in Hexan bei 10^6 Hz und einer Feldstärke von 80 kV/cm zwischen den Elektroden ein Verlustwinkel $\delta = 3 \cdot 10^{-3}$ gemessen[2]. Man erhält dadurch in der Entladungsstrecke eine Wärmeentwicklung von 20 cal/cm^{3}s, die bei einer spezifischen Wärme des Hexan von 0,5 cal/° C einen Temperaturanstieg von 40° C/s ergibt. Diese starke Erwärmung ist völlig ausreichend, um innerhalb kurzer Zeit die Flüssigkeit auf Siedetemperatur zu erhitzen und so den Durchschlag einzuleiten.

b) Der mechanische Durchschlag.

Die Theorie des mechanischen Durchschlages gibt eine Erklärung des Flüssigkeitsdurchschlages für den Fall, daß sich gelöste Gase in der

---

[1] Siehe auch J. Rebhan: ETZ Bd. 53 (1932) S. 558.

[2] Schlegelmilch, W.: Phys. Z. Bd. 34 (1933) S. 497.

Flüssigkeit befinden[1]. Solange die Elektroden spannungslos sind, wird die Flüssigkeit mit einem Druck gegen die Elektroden gepreßt, der gleich dem Unterschied aus dem äußeren Druck p_A und dem Dampfdruck p_D der Flüssigkeit ist. Außerdem haftet die Flüssigkeit noch mit der Adhäsionskraft P an den Elektroden. Erhalten die Elektroden nun Spannung, so werden bei genügend hohen Werten der Feldstärke im Entladungsraum Elektronen von der Kathode auf die Flüssigkeitsoberfläche übertreten und dort eine Ladungsschicht bilden, die unter der Voraussetzung, daß sie nicht durch die Flüssigkeit abwandert, im herrschenden Felde mit einer Kraft Δp auf die Flüssigkeit drückt und so diese von den Elektroden abzuheben sucht: für Δp erhält man

$$(1)\qquad \Delta p = \frac{\varepsilon}{8\pi}\left(\frac{\mathfrak{E}}{300}\right)^2 \text{Dyn/cm}^2 \sim \frac{\varepsilon}{\pi}\cdot 10^{-9}(\mathfrak{E})^2\ \text{Torr/cm}^2,$$

wenn ε die Dielektrizitätskonstante der Flüssigkeit und $\mathfrak{E}$ die Feldstärke in V/cm an der Elektrodenoberfläche ist. Damit sich die Flüssigkeit von der Elektrodenoberfläche abheben kann, muß

$$(2)\qquad \Delta p + p_D \geqq p_A + P$$

sein: dies ist der Fall bei einer Feldstärke

$$(3)\qquad \mathfrak{E}_D = 10^3\sqrt{\frac{P + p_A - p_D}{3{,}32}}.$$

Dem Wert $\mathfrak{E}_D$ kommt somit die Bedeutung der Durchschlagsfeldstärke zu. Diese Beziehung gibt die Druck- und Temperaturabhängigkeit wenigstens qualitativ wieder, wie der in Abb. 51 gegenübergestellte Vergleich gemessener[2] und gerechneter[3] Werte für Xylol zeigt.

Eine solche Ladungsschicht, die tatsächlich imstande ist, die Flüssigkeit von der Elektrode abzuheben, kann sich nur an besonderen Stellen ausbilden; denn normalerweise werden die aus den Elektroden austretenden Ladungsträger ungehindert in die Flüssigkeit abwandern können. Sitzt aber eine kleine Gasblase auf der Elektrodenoberfläche, so wird bei den hohen im Entladungsraum herrschenden Feldstärken in dieser Gasblase eine Entladung einsetzen, bis die gesamte Elektrodenladung auf der Oberfläche der Gasblase liegt und in ihrem Innern ein praktisch feldfreier Raum vorhanden ist. Bei der berechneten Feldstärke $\mathfrak{E}_D$, die jetzt als Höchstwert der Oberflächenfeldstärke an der Gasblase aufzufassen ist, beginnt infolge der Verringerung der an der

[1] Koppelmann, F.: Arch. Elektrotechn. Bd. 28 (1934) S. 519. — Siehe ferner H. Güntherschulze: Jb. Radiol. u. Elektronik. Bd. 3 (1924) S. 92. — Edler, H.: Arch. Elektrotechn. Bd. 24 (1930) S. 92. — Inge, L. u. A. Walther: Anm. 1, S. 57. — Koppelmann, F.: Arch. Elektrotechn. Bd. 27 (1933) S. 448 und A. Gemant: Elektrophysik der Isolierstoffe. Berlin: Julius Springer 1930.

[2] Inge, L. u. A. Walther: Anm. 1, S. 57.

[3] Koppelmann, F.: Anm. 2, S. 53.

Trennfläche zwischen Flüssigkeit und Gas herrschenden Drucke ein Verdampfungsvorgang aus der Flüssigkeit, der die Gasblase stetig anwachsen läßt. Ebenso aber kann auch ein auf der Oberfläche sitzendes Staubteilchen, das sich aufgeladen hat, bei dieser Feldstärke durch die Kraft Δp von der Elektrode abgehoben werden und hinter sich einen Gasraum

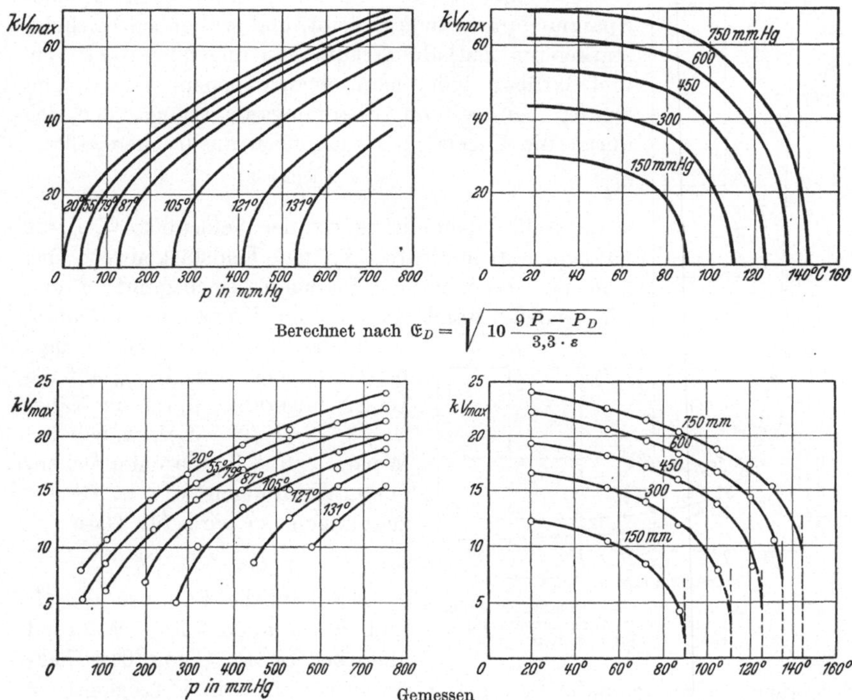

Abb. 51. Vergleich der nach der mechanischen Durchschlagstheorie berechneten Durchschlagsspannung für Xylol in Abhängigkeit vom Druck und von der Temperatur mit Werten nach ausgeführten Messungen (Gleichspannung, ebene Elektroden, Abstand 0,075 cm).

bilden. Ferner können sich bei dieser Feldstärke $\mathfrak{E}_D$ auch geladene Fremdschichten, wie Wasser- oder Fetthäute, von der Elektrodenoberfläche abheben. In allen diesen Fällen sind kleine Unregelmäßigkeiten oder Rippen auf der Elektrodenoberfläche vorhanden, die eine Feldstärkenerhöhung gegenüber der sauberen Elektrodenoberfläche bedingen, und damit erklärt sich auch zwanglos der Unterschied zwischen der Höhe der berechneten und gemessenen Werte in Abb. 51.

c) Der elektrische Durchschlag.

Legt man an eine Entladungsstrecke, die sich in einer Flüssigkeit befindet, Gleichspannung an, so erhält man, wenn Flüssigkeit und

Elektroden außerordentlich sorgfältig gereinigt sind, an den Elektroden einen sehr ähnlichen Strom-Spannungsverlauf wie bei Gasen: bei sehr niedrigen Werten der Gleichspannung steigt der durch die Entladungsstrecke fließende Strom geradlinig mit der Spannung an; die Stromspannungskennlinie hat also Ohmschen Charakter. Dann folgt ein Sättigungsgebiet, in dem der Strom bei steigender Spannung unverändert bleibt, und schließlich bei Feldstärken im Entladungsraum von ungefähr 100 kV/cm und darüber findet man einen exponentiellen Stromanstieg bei weiterer Spannungssteigerung[1], der sich durch die folgenden Beziehungen ausdrücken läßt:

$$(4) \qquad j = j_0 \cdot \varepsilon^{c \cdot d\,(\mathfrak{E} - \mathfrak{E}_0)},$$

wenn j die Stromdichte bei der Feldstärke $\mathfrak{E}$, j_0 die Sättigungsstromdichte, $\mathfrak{E}_0$ den Feldstärkenwert, bei dem der exponentielle Stromanstieg beginnt, d den Elektrodenabstand und c eine Konstante bedeuten.

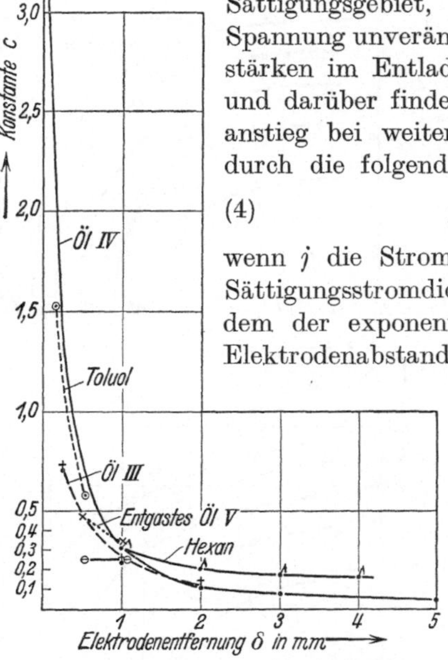

Abb. 52. Abhängigkeit der Konstanten c aus Gl. (4) von der Elektrodenentfernung für verschiedene Flüssigkeiten.

Ersetzt man in der Ionisierungsbeziehung der Gase $j = j_0 \cdot \varepsilon^{\alpha d}$ die Ionisierungszahl α durch die Näherung[2] $\alpha = c'\,(\mathfrak{E} - \mathfrak{E}_0)^2$, wobei den Werten $\mathfrak{E}$ und $\mathfrak{E}_0$ die entsprechenden Bedeutungen wie in Gl. (4) zukommen, so wird für Gase

$$(5) \qquad j = j_0\, \varepsilon^{c' d\,(\mathfrak{E} - \mathfrak{E}_0)^2}.$$

Der ähnliche Bau der Gl. (4) und (5) ist augenfällig. Während aber bei Gasen c' von der Elektrodenentfernung unabhängig gefunden wird, nimmt in Flüssigkeiten c mit wachsendem Abstand ab. In Abb. 52 ist diese Abhängigkeit für verschiedene Flüssigkeiten wiedergegeben: c erweist sich außerdem abhängig von der Natur der Flüssigkeit; jedoch ist diese Abhängigkeit nicht sehr groß und scheinbar um so geringer, je besser die Flüssigkeit entgast ist[3]. Die Sättigungsstromdichte j_0 hängt bei Gasen von der Bestrahlung ab, bei Flüssigkeiten von der Beschaffenheit der Elektrodenoberfläche; sie beträgt bei sauberen Elektroden und Mineralöl als Flüssigkeit etwa $4{,}5 \cdot 10$ A/cm² und nimmt ebenfalls mit der Elektrodenentfernung d ab: so beträgt sie in angeführtem Beispiel für $d = 12$ cm nur noch $3 \cdot 10^{-10}$ A/cm². Auch der Feldstärkewert $\mathfrak{E}_0$ ist von der Reinheit der Flüssigkeit abhängig: bei nicht gereinigten Flüssigkeiten ist er

[1] Nikuradse, A.: Anm. 2, S. 53.

[2] Schumann, W. O.: Elektrische Durchbruchsfeldstärke in Gasen. Berlin: Julius Springer 1923.

[3] Nikuradse, A.: Ann. Phys., Lpz. Bd. 13 (1932) S. 851.

überhaupt nicht meßbar und erreicht bei sorgfältiger Reinigung, wie bereits erwähnt, etwa 100 kV/cm.

Man kann den exponentiellen Anstieg in der Stromspannungskennlinie in ähnlicher Weise wie bei Gasen erklären, nämlich durch Stoßionisation der Elektronen in der Flüssigkeit[1]. Auch sprechen die im ungleichförmigen Feld vor dem Durchschlag beobachteten Vorentladungen für solche Stoßionisationsvorgänge[2]. So werden an einer Elektrodenanordnung[3], die aus einer Spitze gegenüber einer Elektrode mit erheblich größerem Krümmungshalbmesser bestand, zunächst bei kleinerer angelegter Spannung, wie bei Gasen ein elektrischer Wind, in der Flüssigkeit eine Strömung beobachtet. Bei allmählicher Spannungssteigerung erscheint unmittelbar an der Spitze ein schwaches Glimmen und späterhin wachsen Entladungsbüschel aus ihr hervor. Wird der Krümmungshalbmesser der Gegenelektrode nicht so groß gewählt, so treten knapp unterhalb der Durchschlagsspannung von Zeit zu Zeit keilförmige Funkenansätze aus dieser hervor, die ebenfalls wie bei Gasen, vielfach geknickte Bahnen aufweisen. Diese Entladungsstufen sind in Abb. 53 angedeutet. Die Ähnlichkeit dieser Entladungsvorgänge mit denen in Luft ist so groß, daß an dem Vorhandensein eines ähnlichen Entladungsmechanismus nicht gezweifelt werden kann.

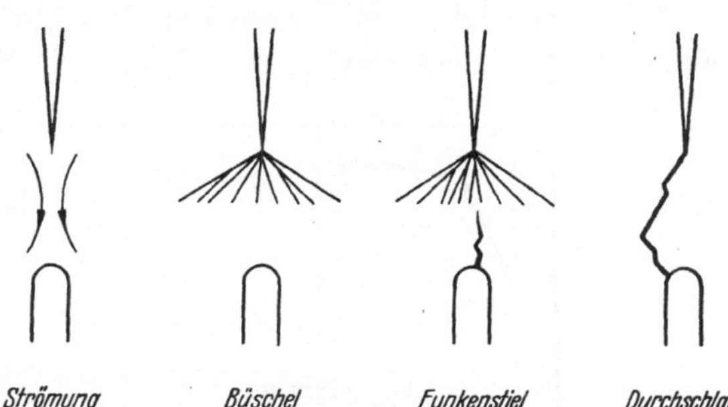

Abb. 53. Vorentladungen in Öl im ungleichförmigen Feld. Elektrodenabstand 20 mm, Krümmungsradius der unteren Elektrode 2,5 mm, statische Festigkeit des Öles bei Wechselspannung von 50 Hz: 60 kV.

B. Der Stoßdurchschlag in Öl.

Die Behandlung des Stoßdurchschlages in Öl soll in gleicher Weise wie diejenige des Stoßdurchschlages in Luft zunächst vom Stoßdurchschlag bei kleinen Schlagweiten ausgehen. Zuerst aber soll noch kurz auf eine Erscheinung eingegangen werden, die mit dem Stoßdurchschlag

[1] Joffé, A., T. Kuchatoff u. K. Sinjelnikoff: J. Math. Phys. Bd. 6 (1927) S. 3. — Rogowski, W.: Arch. Elektrotechn. Bd. 23 (1930) 569. — Nikuradse, A.: Z. Phys. Bd. 77 (1932) S. 216. — Nikuradse, A.: Anm. 2, S. 53. — Peek, F.: Dielectric Phenomena in High Voltage Engeneering. New York 1930. — Schumann, W. O.: Z. Phys. Bd. 76 (1932) S. 707.

[2] Kraefft, H.: Diss. Braunschweig 1931. — Marx, E.: Arch. Elektrotechn. Bd. 24 (1930) S. 61.

[3] Koppelmann, F.: Arch. Elektrotechn. Bd. 26 (1932) S. 135.

keinen engen Zusammenhang hat, deren experimenteller Befund aber demjenigen bei Stoß ähnelt, nämlich auf die Abhängigkeit der statischen Durchschlagsspannung von der Steigerung der an die Durchschlagsstrecke angelegten Spannung.

1. Die Abhängigkeit des statischen Durchschlages von der Spannungssteigerung.

Die Abhängigkeit der statischen Durchbruchsspannung von der minutlichen Spannungssteigerung ist in Abb. 54 wiedergegeben[1]. Die

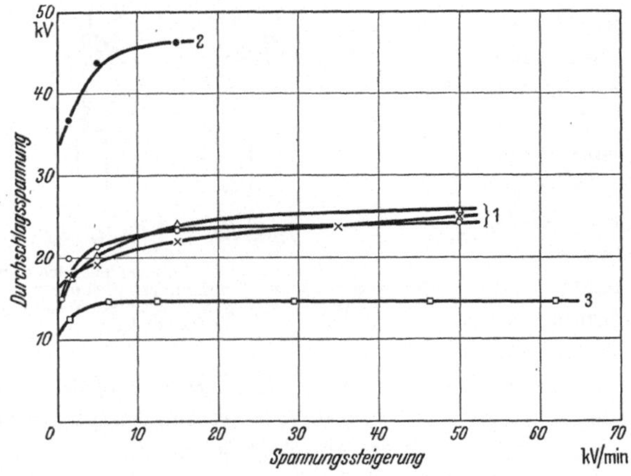

Abb. 54. Abhängigkeit der statischen Durchschlagsspannung von der minutlichen Spannungssteigerung. *1* Drei verschiedene Öle bei 0,5 mm Schlagweite, Kugelkalotten mit 40 mm Dmr.; *2* bei 1,9 mm Schlagweite, Kugelkalotten mit 40 mm Dmr.; *3* bei 0,5 mm Schlagweite mit leichtgekrümmter Oberfläche und 20 mm Dmr. *1* und *2* nach Torijama, *3* nach Sorge.

Unterschiede in den Mittelwerten der Durchbruchsspannung zwischen langsamer und rascher Spannungssteigerung können bis zu 30% betragen, der Anstieg der Durchbruchsspannung erfolgt mit zunehmender Spannungssteigerung anfangs sehr rasch, um sich bei einer solchen von 15 bis 20 kV/min allmählich einem Endwert zu nähern. Eine Erklärung für dieses Verhalten einer Ölentladungsstrecke läßt sich auf Grund der mechanischen Durchschlagstheorie geben: je länger die Spannungseinwirkung andauert, um so mehr ist die Möglichkeit von Veränderungen auf der Elektrodenoberfläche gegeben. Es können unter dem Einfluß einer etwa vorhandenen Eigenbewegung des Öles oder unter der Einwirkung der elektrischen Feldkraft an irgendeiner Stelle Gasbläschen oder

[1] Withehead, S.: Dielectric Phenomena, II. London 1928. — Nikuradse, A.: Arch. Elektrotechn. Bd. 20 (1928) S. 403. — Sorge, J.: Anm. 1, S. 56. — Toriyama, Y.: Anm. 1, S. 57.

Verunreinigungen an die Elektrodenoberfläche getrieben werden und dadurch an solchen Stellen, die Feldstärke höhere Werte annehmen als bisher. Dabei kann dann unter Umständen der kritische Feldstärkenwert überschritten werden, bei dem sich Gasbläschen bzw. Verunreinigungen von der Elektrode abzuheben vermögen, um so den Durchschlag einzuleiten. Faserbrückenbildung erfolgt hingegen schon nach wenigen Sekunden, wie später noch gezeigt werden soll, und kann daher für die statische Durchschlagsspannungserhöhung bei rascher Spannungssteigerung nicht zur Erklärung herangezogen werden[1].

2. Der Entladeverzug in Öl im gleichförmigen Feld[2].

a) Die Verteilungskurve des Entladeverzuges.

Legt man an eine Ölentladungsstrecke mehrmals hintereinander eine Stoßspannung bestimmter Höhe an, so findet man bei kleinen Schlagweiten eine ähnliche Verteilung der Entladeverzugszeiten, wie bei Luft, die sich darstellen läßt durch die Beziehung[3]

$$n_t = n_0 \varepsilon^{-\frac{1}{\sigma}(t-\tau)}, \quad \text{wobei } t \geqq \tau. \tag{6}$$

In dieser Beziehung stellt n_0 die Gesamtzahl aller Versuche dar; n_t ist die jeweilige Anzahl der Versuche, die eine größere Verzögerungszeit ergeben haben, als dem zugeordneten Zeitpunkt t entspricht. τ ist die Zeit, während der noch keine Durchschläge möglich sind, die also die unter den günstigsten Bedingungen kürzest mögliche Aufbauzeit der Entladung darstellt, σ hingegen ist wieder eine Wahrscheinlichkeitsfunktion von der Dimension der Zeit, die die Zufälligkeiten und die damit verbundenen Verzögerungen im Entladungsaufbau erfaßt und die deshalb wieder als mittlere statistische Streuzeit des Entladeverzuges bezeichnet sei; σ ist auch gegeben durch

$$\sigma = \frac{\Sigma \tau_g}{n_0} - \tau, \tag{7}$$

wenn $\Sigma \tau_g$ die Summe der einzelnen Entladeverzugszeiten aller n_0-Versuche bedeutet. In Abb. 55a ist die Verteilungskurve des Entladeverzuges wiedergegeben, wie sie aus einer Meßreihe von 50 Einzelversuchen gewonnen worden ist. Die Elektroden bestanden aus Kugeln von 5 cm Durchmesser, die statische Durchschlagsspannung betrug im Mittel 6,1 kV, die angelegte Stoßspannung 17,4 kV, das Stoßverhältnis also 2,9. Als Ordinatenwert ist n_t/n_0 im logarithmischen Maßstab aufgetragen, als Abszisse die Entladeverzugszeit. Eine merkliche Anzahl von Durchschlägen tritt erst nach einer Zeit von 7 µs auf; weiterhin nimmt die Anzahl n_t der Versuche, die bei der dazugehörigen Abszissenzeit noch

[1] Siehe auch E. Conradi: Arch. Elektrotechn. Bd. 31 (1937) S. 667.
[2] Strigel, R.: Arch. Elektrotechn. Bd. 28 (1934) S. 671.
[3] Laue, M. v.: Ann. Phys., Lpz. Bd. 76 (1925) S. 261.

nicht durchgeschlagen sind, treppenförmig ab. Die so erhaltene Treppenkurve kann sehr gut durch eine Gerade gemittelt werden, wie es Gl. (6) entspricht. Demnach beträgt im Beispiel der Abb. 55a die Aufbauzeit $\tau = 7$ μs und die mittlere, statistische Streuzeit $\sigma \doteq 9$ μs.

Eine solche, reine statistische Verteilung ergibt sich aber nur, wenigstens bei der Schlagweite von wenigen Zehntel eines mm, wenn das Öl frei von Fasern ist. Sind solche noch in größerer Anzahl im Öl vorhanden, so läßt sich die Treppenkurve, wie Abb. 55b zeigt, in 2 Äste unterteilen. Ölfestigkeit, Stoßspannung und Elektrodengeometrie sind dieselben wie in Abb. 55a. Der erste Ast hat auch dieselbe Neigung wie dort: es handelt sich bei den Durchschlägen des ersten Astes also offensichtlich um reine Öldurchschläge. Der zweite Ast dagegen hat eine Streuzeit von 10 ms. Da sich das Öl der beiden in den Bildern wiedergegebenen Versuche durch nichts anderes als das Vorhandensein von Fasern unterscheidet, so ist anzunehmen, daß dieser zweite Ast auf Faserbrückendurchschläge zurückzuführen ist. Diese Ansicht wird noch dadurch gestützt, daß sich das Verhältnis der Anzahl der Durchschläge, die den Gesetzen des ersten Astes folgen, zu denen, die sich dem zweiten Ast einordnen, mit zunehmender Stoßspannung zugunsten der ersteren verschiebt. Man kann demnach sagen, daß dem Faserbrückendurchschlag ein anderer Mechanismus des Durchschlages zugrunde liegen muß als dem normalen Stoßdurchschlag.

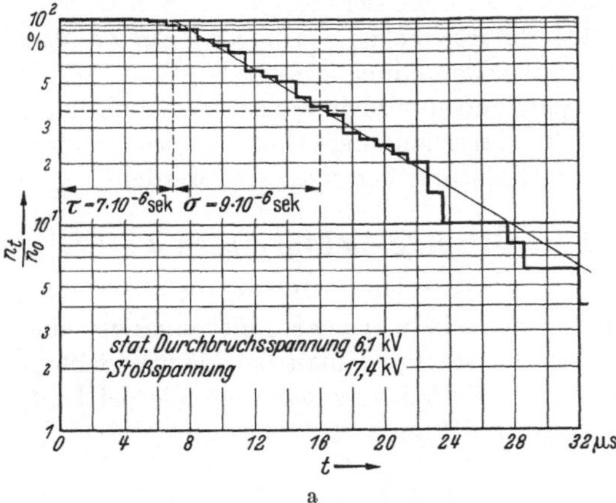

a

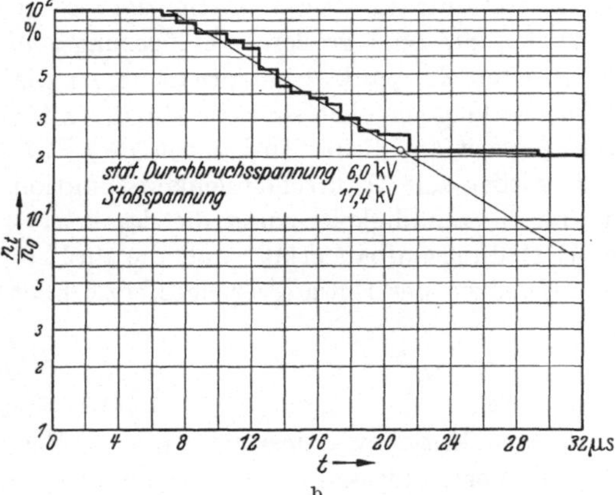

b

Abb. 55a u. b. Verteilungskurve des Entladeverzugs in Öl. a Bei faserfreiem Öl, b bei faserhaltigem Öl. Elektroden: Kupferhalbkugeln von 5 cm Dmr. Elektrodenabstand: 0,3 mm.

b) Die Abhängigkeit des Entladeverzuges von der Elektrodenvorbehandlung und von fremden Beimengungen im Öl.

Der Entladeverzug in Öl erweist sich stark abhängig von der Elektrodenvorbehandlung. So wurde z. B. bei einer Stoßspannung von 25 kV und einer Elektrodengeometrie, wie sie schon bei den Versuchen der Abb. 55 beschrieben wurde, für verschieden vorbehandelte Elektroden, abhängig von der Durchbruchsfeldstärke des Öles, die Aufbauzeit τ und die mittlere statistische Streuzeit σ des Entladeverzuges in Abb. 56 aufgetragen. Dabei waren folgende Vorbehandlungsarten gewählt:

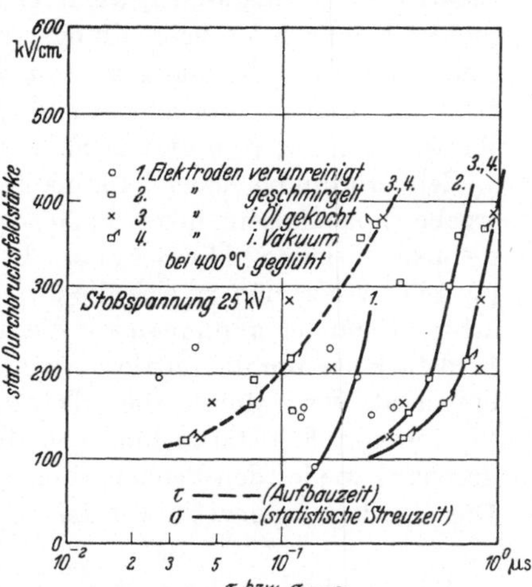

Abb. 56. Einfluß der Elektrodenvorbehandlung auf den Entladeverzug. Elektroden: Kupferhalbkugeln von 5 cm Dmr. Elektrodenabstand: 0,3 mm.

1. Elektroden, die in Luft erhitzt waren und dann längere Zeit in Wasser gelegen haben.
2. Elektroden, die geschmirgelt und mit Alkohol abgerieben waren.
3. Elektroden, die geschmirgelt, mit Alkohol abgerieben und in Öl gekocht waren.
4. Elektroden, die geschmirgelt, mit Alkohol abgerieben und im Vakuum auf 500° C erhitzt waren.

Für diese vier Vorbehandlungsarten ergaben sich die in der nachstehenden Zahlentafel 8 aufgeführten Streuwerte der statistischen Durchbruchsfeldstärke.

Entsprechend der Gaußschen Verteilung der einzelnen Durchschlagswerte[1], ist die mittlere Streuung s bestimmt aus

$$s = \sqrt{\frac{\Sigma \delta^2}{n-1}}, \tag{8}$$

wenn n die Gesamtzahl der vorgenommenen Einzeldurchschläge und δ die Abweichung der Einzelmessung vom

Zahlentafel 8. Einfluß der Elektrodenvorbehandlung auf die Streuung der Durchbruchsfeldstärke in Öl.

Vorbehandlung nach	Ölzustand	Durchbruchsfeldstärke	
		Mittelwert in kV/cm	Mittlere Streuung
1	trocken	233	± 34,3
	wasserhaltig	89	± 12,8
2	trocken	360	± 22,1
	wasserhaltig	159	± 17,4
3	trocken	390	± 17,9
	wasserhaltig	133	± 14,2
4	trocken	374	± 15,3
	wasserhaltig	123	± 12,4

[1] Siehe S. 60.

Mittelwert ist. Dabei ist offenbar bei hoher Öldurchschlagsfestigkeit die Streuung der Durchschlagswerte in der Hauptsache durch die Elektrodenbeschaffenheit bedingt, bei niederer dagegen durch die Ölbeschaffenheit[1].

Abb. 56 zeigt, daß die Aufbauzeit τ unabhängig ist von der Elektrodenvorbehandlung; lediglich ihre Streuwerte werden beeinflußt. Diese Beeinflussung läuft durchaus parallel zur Streuung der statischen Durchschlagswerte. Die mittlere statistische Streuzeit σ dagegen ist von der Elektrodenvorbehandlung abhängig. Während die σ-Werte der Versuchsreihen nach Vorbehandlung 1 noch kaum eine umrissene Abhängigkeit von der Durchschlagsspannung ergeben, läßt sich eine solche bei den Messungen nach Vorbehandlung 2 bereits deutlich feststellen: die Werte für σ liegen in diesem Falle gegenüber Vorbehandlung 1 etwa um $^1/_2$ Zehnerordnung höher. Die nach 3 und 4 vorbehandelten Elektroden ergeben nochmals um ungefähr 30% größere σ-Werte, untereinander zeigen sie jedoch keine Abweichung. Bei niederen Werten der Feldstärke ($>$ 160 kV/cm) nähern sich die σ-Kurven der einzelnen Vorbehandlungsarten. Demnach kann man aus diesen Versuchen folgern, daß bei höheren Feldstärkewerten die mittlere Streuzeit des Entladeverzuges wesentlich bestimmt wird durch die Elektrodenverunreinigungen, bei niederen Werten der Feldstärke hingegen durch den Ölzustand; dies entspricht durchaus wieder den Beobachtungen, die bei der Streuung des statischen Durchschlages gemacht wurden.

c) Die Abhängigkeit der mittleren statistischen Streuzeit von der Durchbruchsfeldstärke.

Die Abhängigkeit der mittleren statistischen Streuzeit des Entladeverzuges von der Durchbruchsfeldstärke ist in Abb. 57 wiedergegeben. Jeder Meßpunkt ist aus einer Meßreihe von 50 Einzelmessungen gewonnen. Als Abszisse ist die statische Durchbruchsfeldstärke, als Ordinate die Streuzeit gewählt. Parameter der einzelnen Kurven ist die angelegte Stoßspannung. In Abb. 58 sind diese Meßergebnisse umgezeichnet. Als Abszisse ist dabei wieder die mittlere statistische Streuzeit, als Ordinate diesmal aber die Stoßspannung aufgetragen; Parameter ist die statische Durchbruchsfeldstärke. Außerdem sind in diesem Bild zugleich die Ergebnisse für das Spitzenfeld eingetragen, auf die späterhin eingegangen wird. Die Kurvenscharen für das Kugelfeld zeigen, daß der Einfluß der statischen Durchbruchsfeldstärke auf die mittlere statistische Streuzeit σ mit der Höhe der angelegten Stoßspannung stark abnimmt, so daß bei etwa 30 kV Stoßspannung kein merklicher Unterschied zwischen 2 Ölproben verschiedener statischer Durchschlagsspannung mehr besteht. Die Abnahme von σ erfolgt bei zunehmender Höhe der

[1] Siehe auch F. Schröter: Anm. 1, S. 57. — Spath, W.: Anm. 1, S. 54. — Engelhardt, V.: Arch. Elektrotechn. Bd. 13 (1924) S. 181.

Stoßspannung zunächst verhältnismäßig rasch, bis σ etwa den Wert 0,2 μs erreicht hat; dann jedoch nimmt die mittlere Streuzeit nur noch sehr langsam bei weiterer Steigerung der Stoßspannung ab.

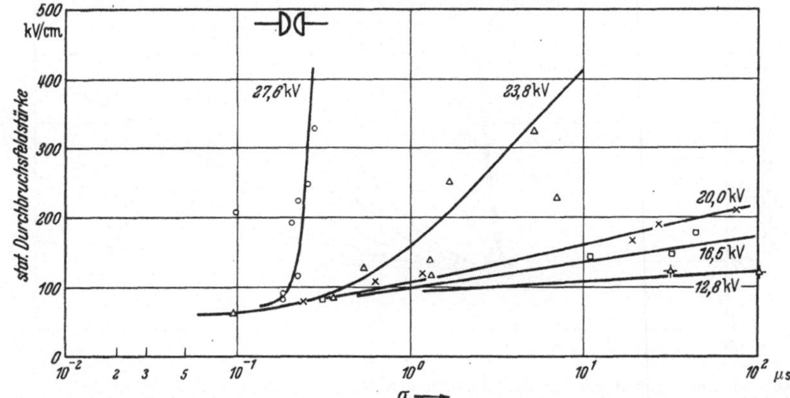

Abb. 57. Abhängigkeit der mittleren statistischen Streuzeit σ in Öl von der Höhe der statischen Durchbruchsfeldstärke für verschiedene Stoßspannungen. Elektroden: Kupferhalbkugeln von 5 cm Dmr., Elektrodenabstand: 0,3 mm.

Die statistische Streuzeit erweist sich in Öl vom Elektrodenmaterial abhängig, wie die in Abb. 59 wiedergegebenen Messungen erkennen

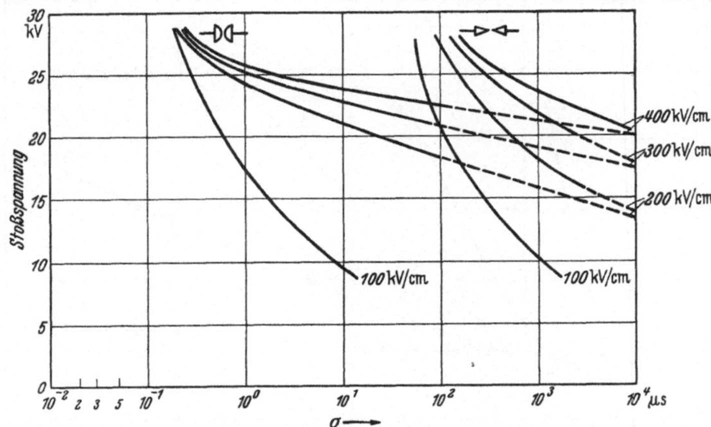

Abb. 58. Abhängigkeit der statistischen Streuzeit σ in Öl von der Höhe der Stoßspannung im gleichförmigen und im ungleichförmigen Feld für verschiedene Werte der statischen Durchbruchsfeldstärken der Ölprobe.

lassen: sie zeigen die Abhängigkeit von σ von der statischen Durchschlagsspannung bei den Stoßspannungen 27,6 kV, 23,8 kV und 20 kV für die Elektrodenmetalle: Elektronmetall, Kupfer und Kupferoxyd. Die niedrigsten σ-Werte sind dem Elektrodenmaterial niedrigster Austrittsarbeit, nämlich Elektron, zugeordnet, die höchsten σ-Werte demjenigen mit der höchsten Austrittsarbeit, nämlich Kupferoxyd. Der Einfluß des Elektrodenmaterials ist bei hoher statischer Durchbruchsfeldstärke des

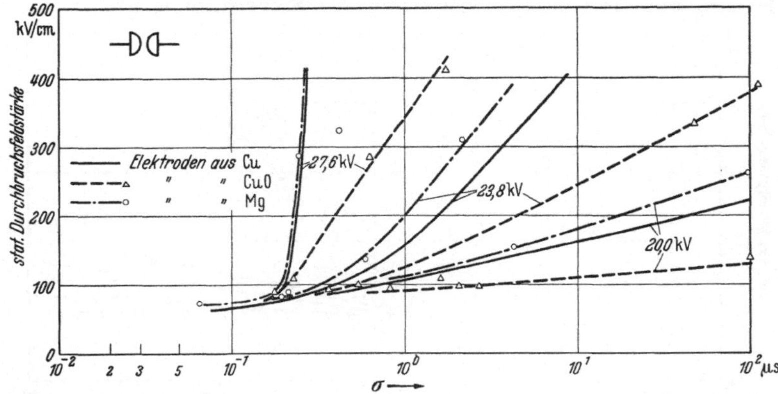

Abb. 59. Abhängigkeit der mittleren statistischen Streuzeit σ in Öl von der Höhe der statischen Durchbruchsfeldstärke bei verschiedenen Stoßspannungen für verschiedene Elektrodenmaterialien. Elektroden: Kupferhalbkugeln von 5 cm Dmr., Elektrodenabstand: 0,3 mm.

Öles sehr ausgeprägt, wird aber um so schwächer, je höher die Stoßspannung über der statischen Durchbruchsfeldstärke liegt und je niedriger die letztere wird.

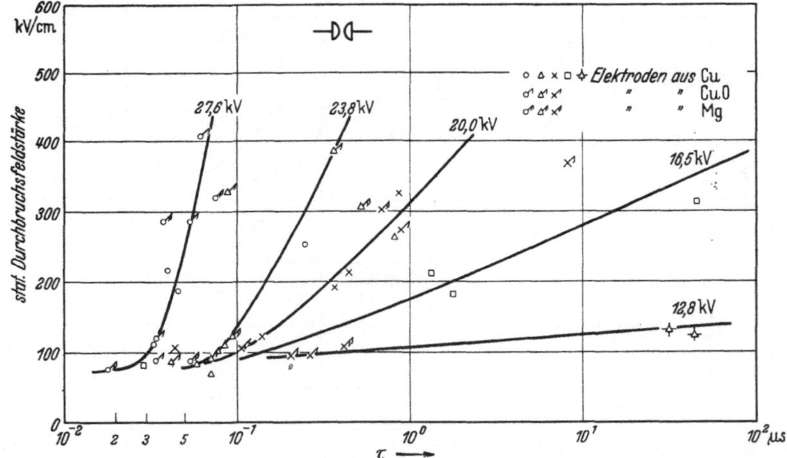

Abb. 60. Abhängigkeit der Aufbauzeit τ in Öl von der Höhe der statischen Durchbruchsfeldstärke für verschiedene Stoßspannungen. Elektroden: Kupferhalbkugeln von 5 cm Dmr., Elektrodenabstand: 0,3 mm.

d) Die Abhängigkeit der Aufbauzeit von der Durchbruchsfeldstärke.

Die Abhängigkeit der Aufbauzeit τ von der Durchbruchsfeldstärke ist in Abb. 60 dargestellt. Ein Einfluß des Elektrodenmaterials ist nicht zu erkennen: Elektroden aus einem Material hoher Austrittsarbeit, wie Kupferoxyd, ergeben dieselbe Aufbauzeit wie solche aus einem Material niederer Austrittsarbeit, wie Elektron. Dabei ist allerdings die Streuung der einzelnen Meßpunkte sehr groß: dies rührt daher, daß die Aufbauzeit oft um Größenordnungen kleiner ist als die statistische Streuzeit; da aber beide aus einer Versuchsreihe bestimmt werden müssen (s. Abb. 55), so ist die Bestimmung von τ mit viel geringerer Genauigkeit möglich. Auch ist gar nicht gesagt, daß bei der geringen Anzahl von 50 Einzelversuchen

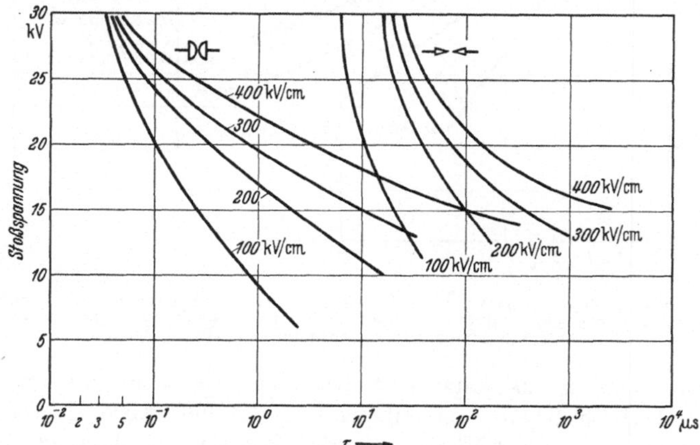

Abb. 61. Abhängigkeit der Aufbauzeit τ in Öl von der Höhe der Stoßspannung im gleichförmigen und im ungleichförmigen Feld für verschiedene Werte der statischen Durchbruchsfeldstärken der Ölproben.

tatsächlich schon der kleinstmögliche Entladeverzug aufzutreten braucht. Man wird also den Meßpunkten mehr Gewicht beilegen, die eine kleinere Aufbauzeit ergeben haben. In Abb. 61 sind die Ergebnisse wieder in der gleichen Weise umgezeichnet wie bei den Messungen der statistischen Streuzeit in Abb. 59: Abszisse ist die Aufbauzeit τ, Ordinate die Stoßspannung, Parameter die statische Durchbruchsfeldstärke. Die Kurven zeigen eine Abnahme des Entladeverzuges, der sich durch die Beziehung[1]

$$\mathfrak{E}_s = \mathfrak{E}_0 \tau^{-\eta} \tag{9}$$

ausdrücken läßt, wenn $\mathfrak{E}_0$ eine Konstante von der Dimension einer Feldstärke und $\mathfrak{E}_s$ die Stoßfeldstärke bedeuten. η ist ein Koeffizient, der die Zunahme der Durchschlagsfeldstärke bei abnehmender Einwirkungsdauer angibt. Diese Beziehung sagt nichts anderes aus, als daß der Logarithmus der Durchschlagsfeldstärke proportional ist dem Logarithmus der Aufbauzeit τ. Wie gut diese Beziehung für diese kleinen Schlagweiten erfüllt ist, geht aus Abb. 62 hervor[2]: die vier Kurven der

[1] Nikuradse, A.: Arch. Elektrotechn. Bd. 25 (1931) S. 826.

[2] Strigel, R.: Anm. 2, S. 67. — Naeher, R.: Arch. Elektrotechn. Bd. 21 (1929) S. 169.

Durchbruchsfeldstärke verlaufen nicht nur völlig linear, sondern sie schneiden sich noch fast genau in einem Punkte, der einer Aufbau-

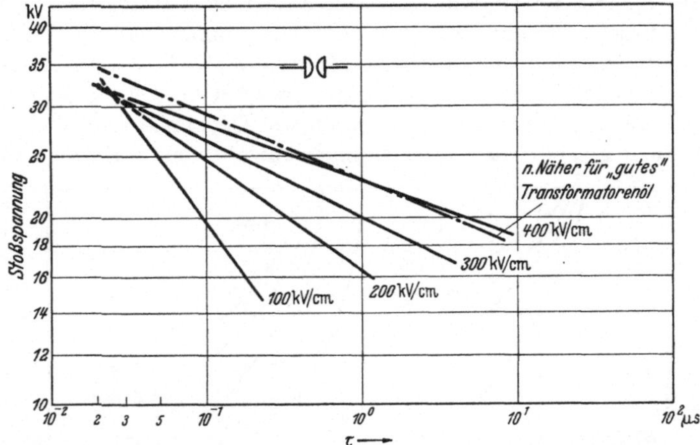

Abb. 62. Abhängigkeit der Aufbauzeit τ in Öl von der Höhe der Stoßspannung im gleichförmigen Feld für verschiedene Werte der statischen Durchbruchsfeldstärken der Ölproben. (Stoßspannung in logarithmischen Maßstabe.)

zeit von etwa 26 ns entspricht bei einer Stoßspannung von über 30 kV. Diese Stoßspannung entspricht einer Feldstärke zwischen den Elektroden von $> 10^6$ V/cm. Aus den Kurven der Abb. 62 läßt sich nun die Abhängigkeit von η von der Durchbruchsfeldstärke $\mathfrak{E}_d$ auf Grund der Beziehung

$$(10) \qquad \eta = \frac{\log\left(\frac{\mathfrak{E}_{d_1}}{\mathfrak{E}_{d_2}}\right)}{\log\left(\frac{\tau_2}{\tau_1}\right)}$$

ermitteln, wobei $\mathfrak{E}_{d_1}$ und τ_1, ferner $\mathfrak{E}_{d_2}$ und τ_2 je zwei zusammengehörige Werte von Stoßfeldstärke und Aufbauzeit bedeuten. Diese Abhängigkeit von η von der statischen Durchbruchsfeldstärke ist in Abb. 63 wiedergegeben: η wird um so kleiner, je reiner die Flüssigkeit wird.

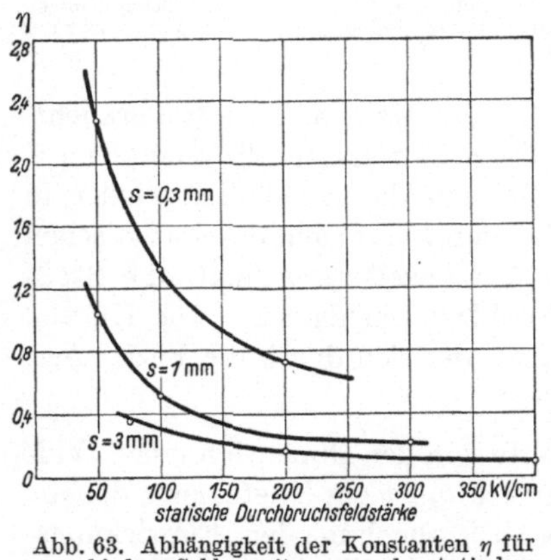

Abb. 63. Abhängigkeit der Konstanten η für verschiedene Schlagweiten s von der statischen Durchbruchsfeldstärke.

e) Die Abhängigkeit des Entladeverzuges von der Temperatur[1].

Der Entladeverzug in Öl ist zumindest in dem Temperaturintervall zwischen 0° und 80° C temperaturunabhängig. Abb. 64 zeigt Messungen

[1] Strigel, R.: Anm. 2, S. 67. — Toriyama, Y.: Anm. 1, S. 57. — Inge, L. u. A. Walther: Anm. 1, S. 57.

über die Temperaturabhängigkeit, die im Temperaturbereich von 20 bis 80° C an einem Öl mit einer Durchschlagsfestigkeit von 554 kV/cm bei 0,3 mm Elektrodenabstand ausgeführt wurden. Es wurde bei Stoßspannungen von 27,6, 23,8 und 20,0 kV sowohl die Aufbauzeit τ wie auch die statistische Streuzeit σ des Entladeverzuges bestimmt und völlig unabhängig von der Temperatur gefunden.

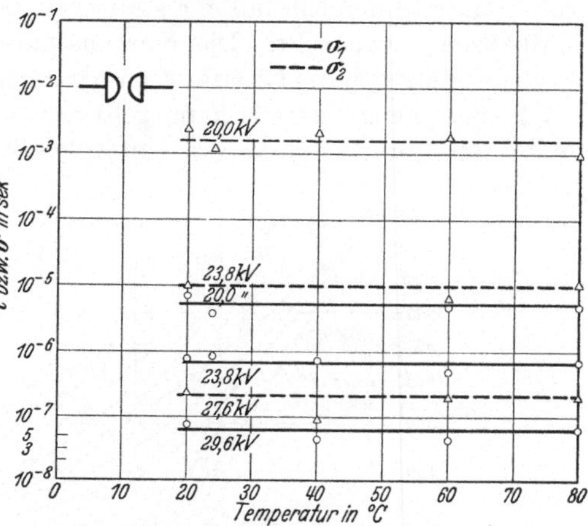

Abb. 64. Abhängigkeit der Aufbauzeit τ und der mittleren statischen Streuzeit σ im gleichförmigen Feld von der Öltemperatur für verschieden hohe Stoßspannungen. Elektroden: Kupferkugeln von 5 cm Dmr. Elektrodenabstand: 0,3 mm.

f) Die Abhängigkeit der Aufbauzeit und statistischen Streuzeit von der Schlagweite im gleichförmigen Feld[1].

Abb. 65 zeigt die Abhängigkeit der Aufbauzeit τ in Öl für die Schlagweiten 0,3, 1 und 3 mm für verschiedene Werte der statischen Durchbruchsfeldstärke von der angelegten Stoßfeldstärke. Bei einer Ver-

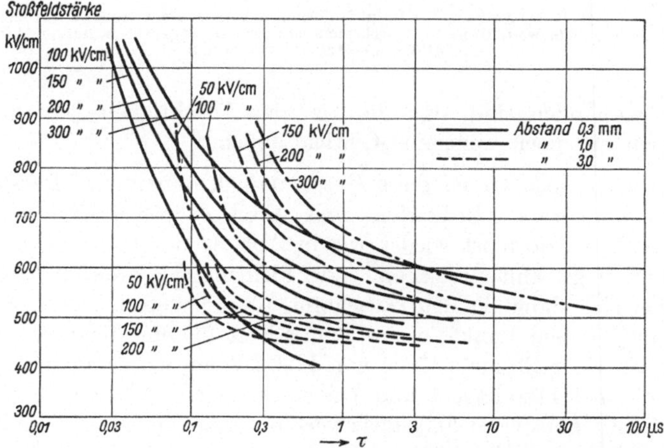

Abb. 65. Abhängigkeit der Aufbauzeit τ im gleichförmigen Feld von der Höhe der Stoßfeldstärke bei verschiedenen Schlagweiten und für verschiedene statische Durchbruchsfeldstärken der Ölprobe.

größerung der Schlagweite von 0,3 auf 1 mm nimmt auch die Aufbauzeit bei gleicher Ölfestigkeit und gleicher Stoßfeldstärke etwa

[1] Strigel, R.: Wiss. Veröff. Siemens-Werk. Bd. 16, 1 (1937) S. 38.

um das Dreifache zu, bei einer weiteren Vergrößerung nimmt sie dagegen wieder ab. Diese Abnahme ist in erster Linie darauf zurückzuführen, daß der Einfluß der statischen Durchbruchsfeldstärke auf die Aufbauzeit zurückgeht. Die Kurvenscharen rücken mit zunehmender Schlagweite gegen die Grenzkurven niedriger statischer Durchbruchsfeldstärke zusammen: daraus kann gefolgert werden, daß bei einer Schlagweite von 3 mm schon so viel Unregelmäßigkeiten in der Ölentladungs-

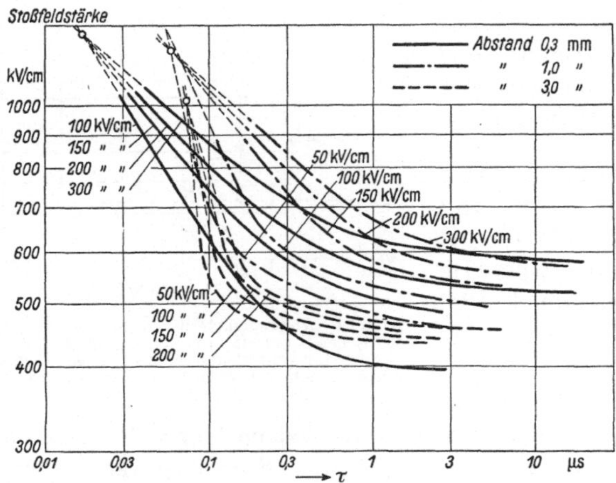

Abb. 66. Abhängigkeit der Aufbauzeit τ im gleichförmigen Feld von der Höhe der Stoßfeldstärke bei verschiedenen Schlagweiten und für verschiedene statische Durchbruchsfeldstärken der Ölprobe (Feldstärkemaßstab logarithmisch).

strecke vorhanden sind, daß die von der Feuchtigkeit herrührenden Störungen nur noch wenig ins Gewicht fallen.

Deutlicher noch treten diese Gesetzmäßigkeiten in der Darstellung der Abb. 66 hervor. Ordinaten- und Abszissengrößen sind dieselben wie in Abb. 65, doch ist wieder wie in Abb. 62 der Ordinatenmaßstab logarithmisch gewählt: wie schon bei der kleinen Schlagweite von 0,3 mm, schneiden sich dann die Kurvenscharen für die verschiedenen Schlagweiten in je einem Punkt; dieser Punkt liegt für eine Schlagweite von 0,3 mm bei einer Stoßfeldstärke von 1290 kV/cm, bei einer Schlagweite von 1 mm bei 1190 kV/cm und bei einer Schlagweite von 3 mm bei 1050 kV/cm. Bei diesen Feldstärkewerten verschwinden also die Unterschiede zwischen trockenem, entgastem und wasser- und gashaltigem Öl vollständig[1]. Die Abnahme dieser Grenzfeldstärke mit der Schlagweite erfolgt so allmählich, daß sie auch bei größeren Schlagweiten nicht wesentlich unter 1000 kV/cm absinken dürfte.

---

[1] Nikuradse, A.: Anm. 1, S. 73.

Außerdem aber zeigen die Kurvenscharen der Abb. 66, daß die Näherungsbeziehung 9 nur in engen Grenzen Gültigkeit hat; sie ist erfüllt bei der kleinsten Schlagweite von 0,3 mm bis herab zu Stoßfeldstärken von 500 bis 600 kV/cm, bei den beiden anderen Schlagweiten bis zu solchen von 600 bis 700 kV/cm. In Abb. 63 ist noch die Abhängigkeit der Konstanten η in Gl. (9) für die drei untersuchten Schlagweiten von der statischen Durchbruchsfeldstärke aufgetragen: η nimmt mit abnehmender Schlagweite immer höhere Werte an; auch ist ihre

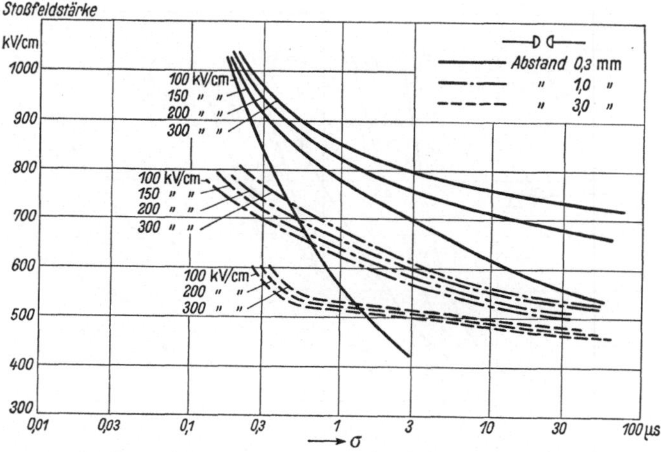

Abb. 67. Abhängigkeit der statistischen Streuzeit σ im gleichförmigen Feld von der Höhe der Stoßfeldstärke bei verschiedenen Schlagweiten und für verschiedene statische Durchbruchsfeldstärken der Ölprobe.

Abnahme mit Größerwerden der statischen Durchbruchsfeldstärke bei niedrigerer Schlagweite stärker ausgeprägt.

Es hat nach Lage der Kurvenscharen der Abb. 66 den Anschein, als ob die Aufbauzeit τ sich asymptotisch einem Stoßfeldstärkenwert nähert, der um 400 kV/cm liegen dürfte: dies deutet darauf hin, daß dieser Feldstärkenwert eine untere Grenze für den Stoßdurchschlag im gleichförmigen Feld darstellen würde.

In Abb. 67 ist die Abhängigkeit der statistischen Streuzeit von der Höhe der Stoßfeldstärke für verschiedene Werte der statischen Durchbruchsfeldstärke aufgetragen. Sie nimmt mit zunehmender Schlagweite erheblich ab; auch wird der Einfluß der Ölfestigkeit auf sie dabei immer geringer; während sie bei einer Steigerung der Ölfestigkeit von 100 auf 300 kV/cm bei einer Schlagweite von 0,3 mm noch um mehrere Größenordnungen ansteigen kann, wächst sie unter denselben Voraussetzungen bei 3 mm Schlagweite nur auf das Zwei- bis Dreifache an.

3. Der Entladeverzug in Öl im ungleichförmigen Feld.

Auch im ungleichförmigen elektrischen Feld ist die Verteilungskurve des Entladeverzuges statistischen Gesetzen unterworfen[1]: sie läßt sich ebenfalls durch Gl. (6) annähern, also

$$n_t = n_0\,\varepsilon^{-\frac{1}{\sigma}(t-\tau)}, \quad \text{wobei } t \geqq \sigma. \tag{11}$$

Dabei haben die einzelnen Buchstaben wieder dieselbe Bedeutung wie in Gl. (6), nur sinngemäß auf das ungleichförmige Feld übertragen.

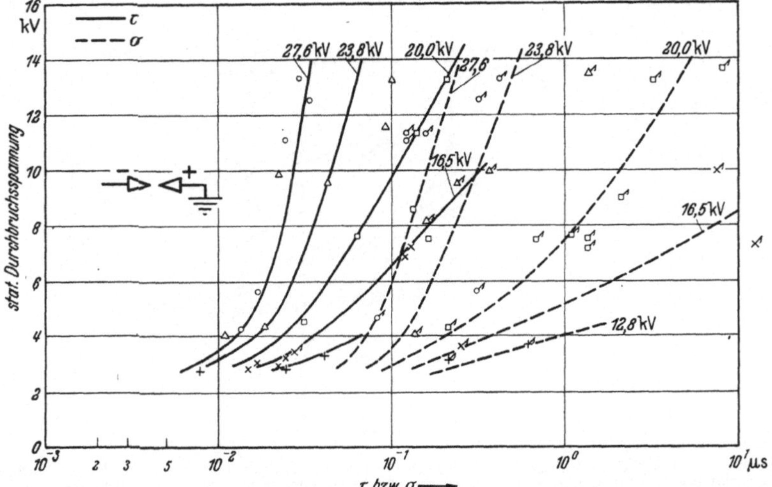

Abb. 68. Abhängigkeit der mittleren statistischen Streuzeit σ und der Aufbauzeit τ in Öl von der Höhe der statischen Durchbruchsspannung bei der Elektrodenanordnung: Spitze—Spitze. (Spitzen mit 15° Öffnungswinkel in 0,3 mm Abstand.)

Die Abhängigkeit der Aufbauzeit τ und der mittleren statistischen Streuzeit σ von der Durchschlagsspannung ist untersucht für die Elektrodenanordnungen Spitze — Spitze, negative Spitze — positive Kugel, positive Spitze — negative Kugel bei einer Schlagweite von 0,3 mm. Als Elektroden wurden dabei Kupferhalbkugeln von 5 cm Durchmesser bzw. Spitzen mit einem Öffnungswinkel[2] von 15° verwendet. Die Meßergebnisse zeigen die Abb. 68, 69 und 70. Als Abszisse ist die Aufbauzeit τ und die mittlere Streuzeit aufgetragen, als Ordinate die statische Durchschlagsspannung der entsprechenden Elektrodenanordnung. In den Abb. 58 und 61 sind die Meßergebnisse für die Elektrodenanordnung Spitze—Spitze umgezeichnet: als Abszisse ist die Aufbauzeit τ bzw. die mittlere statistische Streuzeit σ, als Parameter die Stoßspannung gewählt.

Die Kurven im ungleichförmigen Feld haben sowohl hinsichtlich der Aufbauzeit τ als auch der mittleren Streuzeit σ denselben Verlauf wie im

[1] Strigel, R.: Anm. 2, S. 67 und Wiss. Veröff. Siemens-Werk Bd. 17, 1 (1938) S. 38.

[2] Siehe Abb. 196.

gleichförmigen Feld. Mit steigender Stoßspannung nimmt der Einfluß der statischen Durchbruchsspannung auf die Aufbauzeit und auf die mittlere Streuzeit ab. Diese Abnahme erfolgt jedoch weniger stark als

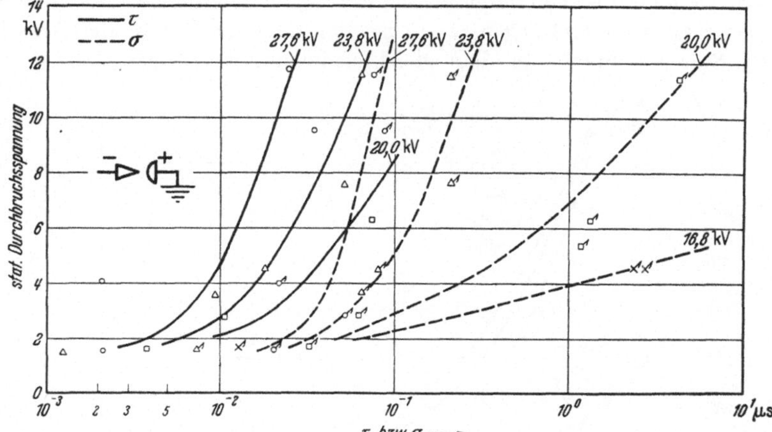

Abb. 69. Abhängigkeit der mittleren statistischen Streuzeit σ und der Aufbauzeit τ in Öl von der Höhe der statischen Durchbruchsspannung bei der Elektrodenanordnung: Positive Kugel von 5 cm Dmr. gegenüber geerdeter negativer Spitze mit 15° Öffnungswinkel in 0,3 mm Abstand.

im gleichförmigen Feld. Die Kurven der Aufbauzeit, lassen sich nicht mehr durch eine einfache Exponentialfunktion darstellen, wie dies im

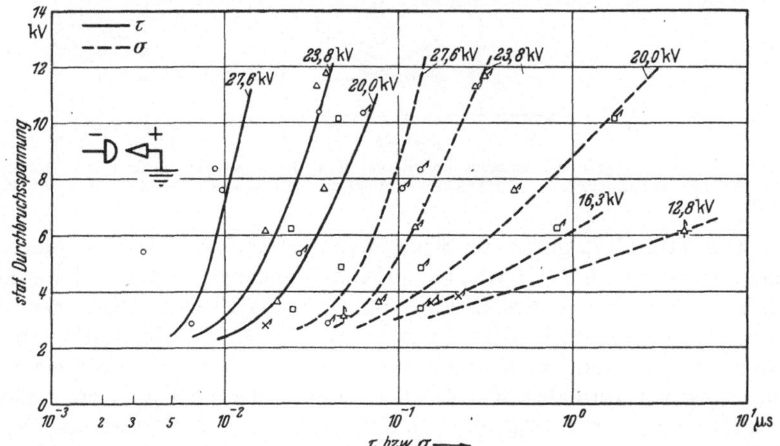

Abb. 70. Abhängigkeit der mittleren statistischen Streuzeit σ und der Aufbauzeit τ in Öl von der Höhe der statischen Durchbruchsspannung bei der Elektrodenanordnung: Negative Kugel mit 5 cm Dmr. gegenüber geerdeter positiver Spitze mit 15° Öffnungswinkel in 0,3 mm Abstand.

gleichförmigen Feld der Fall war. Bei Stoßspannungen unter 10 kV nähern sich die Kurven allmählich den Stoßkurven des gleichförmigen Feldes, bei 30 kV beträgt ihr Unterschied $2^1/_2$ bis 3 Zehnerordnungen.

Gleichförmiges und Spitzenfeld stellen die Extremwerte des Entladeverzuges dar. Das gleichförmige Feld hat den kürzesten, das Spitzenfeld den größten Entladeverzug. Die beiden anderen untersuchten Elektrodenanordnungen haben Entladeverzugszeiten, die zwischen diesen beiden Extremwerten liegen, wenn sie sich auch weit mehr der Anordnung Spitze — Spitze als dem gleichförmigen Feld nähern.

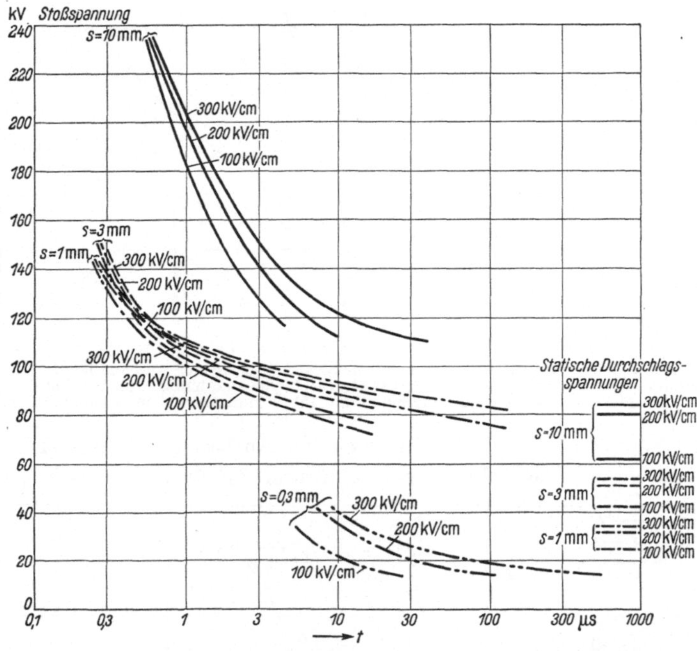

Abb. 71. Die Abhängigkeit der Aufbauzeit τ von der Höhe der Stoßspannung im Spitzenfelde bei verschiedenen Schlagweiten s für verschiedene statische Durchbruchsfeldstärken im Kugelfelde.

Abb. 71 und 72 geben die Schlagweitenabhängigkeit des Entladeverzuges wieder: in Abb. 71 ist die Aufbauzeit abhängig von der Höhe der Stoßspannung für die Schlagweiten 0,3, 1, 3 und 10 mm aufgetragen, in Abb. 72 für dieselben Schlagweitenwerte diejenige der statistischen Streuzeit. Die Kennlinien sind in beiden Abbildungen aufgezeichnet für die statischen Durchbruchsfeldstärken 100, 200 und 300 kV/cm. Eine Vergrößerung der Schlagweite von 0,3 auf 1 mm läßt auch die Aufbauzeit anwachsen; zwischen 1 und 3 mm dagegen bleibt sie annähernd unverändert und steigt erst bei größeren Schlagweiten wieder an. Auch geht der Einfluß der Ölfestigkeit auf die Aufbauzeit mit zunehmender Schlagweite zurück: bei größeren Elektrodenentfernungen sind offenbar schon soviel Unregelmäßigkeiten in Gestalt von Fasern im Elektrodenzwischenraum vorhanden, daß die von der Feuchtigkeit herrührenden Störungen beim Stoßdurchschlag nur mehr wenig ins Gewicht fallen. Auch auf die statistische Streuzeit hat die Ölfestigkeit nur noch geringen Einfluß: ihre Vergrößerung von 100 auf 300 kV/cm erhöht die statistische Streuzeit nur um das 1,2 bis 1,5fache. Außerdem beträgt sie — im Gegensatz zum gleichförmigen Feld — nur einen Bruchteil der Aufbauzeit: so ergibt sich z. B. bei einer Stoßspannung von

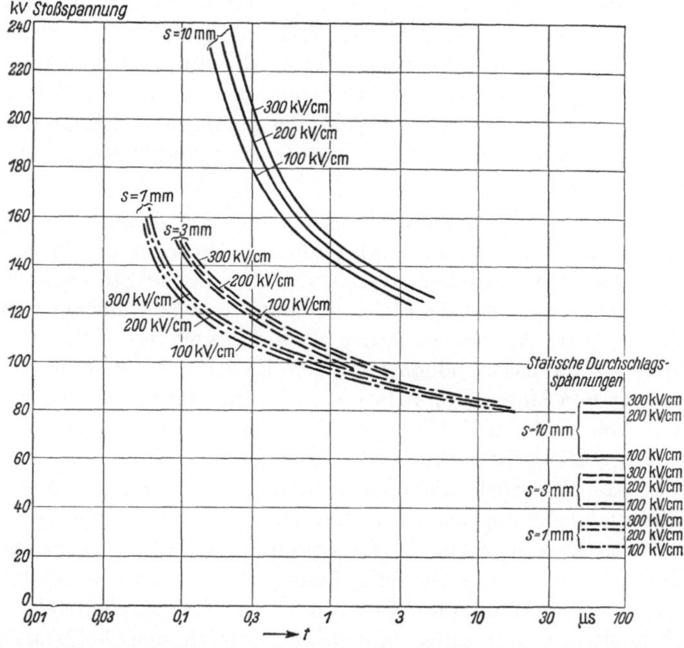

Abb. 72. Die Abhängigkeit der statistischen Streuzeit σ von der Höhe der Stoßspannung im Spitzenfelde bei verschiedenen Schlagweiten s für verschiedene statische Durchbruchsfeldstärken im Kugelfelde.

100 kV, einer Schlagweite von 1 mm und einer Ölfestigkeit von 300 kV/cm eine Aufbauzeit von 1,6 μs, während die Streuzeit nur 0,9 μs ausmacht. Dieser Tatsache entspricht bei größeren Schlagweiten die in atmosphärischer Luft gemachte Erfahrung: auch dort tritt bei größeren Schlagweiten im Spitzenfeld die Streuzeit nicht so ausgeprägt in Erscheinung wie im Kugelfeld.

4. Der Mechanismus des Stoßdurchschlages.

Bei Durchschlägen, die die Folge einer Spannungsbeanspruchung von weniger als 1 μs Dauer sind, scheiden mechanischer und Wärmedurchschlag wegen der mit ihrem Mechanismus verbundenen Trägheit aus: es kann sich in diesem Falle nur um einen elektrischen Durchschlag handeln. Dafür sprechen auch die Ergebnisse über den Stoßdurchschlag in Öl bei der kleinen Schlagweite von 0,3 mm. So kann die Statistik des Entladeverzuges in gleicher Weise gedeutet werden wie beim Luftdurchschlag: $1/\sigma$ ist die Wahrscheinlichkeit dafür, daß sich im Entladungsraum ein Elektron bzw. Ion bildet bzw. in ihn hineindiffundiert, aber auch dafür, daß sich ein solcher Ladungsträger durch Stoßionisation so stark vermehrt, daß ein Überschlag sich ausbilden kann. Die Aufbauzeit τ ist die Zeit, die die Ausbildung des Überschlages benötigt, wenn alle Anfangsbedingungen günstig liegen, wenn also zur Zeit des Auftreffens eines Spannungsstoßes an den Elektroden sich bereits ein Elektron im Elektrodenraum befindet und die Bahn der durch dieses Elektron hervorgerufenen Lawine so verläuft, wie es für die Ausbildung eines Überschlages am günstigsten ist.

Ferner wurde der Entladeverzug bei der Schlagweite von 0,3 mm abhängig vom Elektrodenmaterial gefunden. Zwar ist die Aufbauzeit τ unabhängig vom Elektrodenmaterial, die statistische Streuzeit dagegen um so kleiner, je geringer die Elektronenaustrittsarbeit aus der Kathode: Abb. 59 zeigt die Abhängigkeit der Streuzeit von der Höhe der Stoßspannung für die Elektrodenmaterialien Elektron (Austrittsarbeit[1] annähernd der von Magnesium 3,74 bis 1,77 V-El), Kupfer (Austrittsarbeit 4,82 bis 3,89 V-El) und Kupferoxyd (Austrittsarbeit 5,43 V-El); die Werte der statistischen Streuzeit dieser Metalle liegen so, daß der kleineren Austrittsarbeit die kleinere Streuzeit zukommt. Auch dieses Versuchsergebnis entspricht dem Einfluß, den die Austrittsarbeit der kathodischen Elektrode auf die statistische Streuzeit in Luft hat[2]. Für den Mechanismus des Stoßdurchschlages folgert, daß wenigstens bei der kleinen Schlagweite von 0,3 mm im Öl die Anfangselektroden durch Oberflächenionisierung unter Einwirkung der hohen Feldstärke von 10^5 bis 10^6 V entstehen. Eine Auslösung der Anfangselektronen aus der Kathodenoberfläche erfordert, daß die mittleren Elektronengeschwindigkeiten mindestens 10^6 cm/s erreichen müssen. Solche Werte scheinen durchaus möglich, nachdem derart rasche Elektronen in festen Körpern schon nachgewiesen sind[3] und andersartige theoretische Überlegungen Elektronengeschwindigkeiten dieser Größenordnung für feste und flüssige Körper voraussagten[4].

---

[1] Dieser und die folgenden Werte für die Austrittsarbeit aus einer Metalloberfläche ins Vakuum sind der Tabelle 20 auf S. 121 des Buches von A. v. Engel u. M. Steenbeck: Elektrische Gasentladungen, Bd. 1. Berlin: Julius Springer 1932 entnommen. Die erste der angegebenen Zahlen gilt für reine Metalle, während die zweite Zahl eine durch adsorbierte Oberflächeschichten verkleinerte Austrittsarbeit darstellt.

[2] Siehe S. 18.

[3] Güntherschulze, A.: Z. Phys. Bd. 89 (1933) S. 778.

[4] Hippel, A. v.: Z. Elektrochem. Bd. 39 (1933) S. 506.

Auch über den Einfluß von Verunreinigungen auf den Durchschlagsmechanismus lassen sich einige Aussagen machen: Zunächst sei nochmals daran erinnert, daß deren Einfluß im gleichförmigen Feld mit zunehmender Schlagweite zurückgeht. Ferner sei darauf hingewiesen, daß die im Öl enthaltene Feuchtigkeit von den darin schwebenden Faserteilchen aufgesogen wird[1]; diese erhalten dadurch eine gewisse Leitfähigkeit und bilden so beim Anlegen von Stoßspannungen mehr oder minder große Kurzschlußbrücken in Öl, die zu erheblichen Feldverzerrungen führen können. Die Feldverzerrungen sind nun bei der kleinen Schlagweite von 0,3 mm noch nicht sehr ausgeprägt, da bei dieser Schlagweite noch die Elektrodenbegrenzungsflächen eine vergleichmäßigende Wirkung ausüben. Diese Wirkung nimmt jedoch mit zunehmender Schlagweite rasch ab und ist bei einer Schlagweite von 3 mm nicht mehr spürbar. Die Verhältnisse sollen noch an Abb. 73 näher erläutert werden: dort ist ein schematisches Feldbild bei kleiner Schlagweite einem solchen bei größerer Schlagweite gegenübergestellt; durch die Elektrodenflächen wird bewirkt, daß große Teile des Ölraumes bei der kleinen Schlagweite noch ein ziemlich gleichförmiges Feld aufweisen; ebenso sind natürlich solche verhältnismäßig gleichförmigen Feldbereiche in der Nähe der Elektrodenflächen auch bei großen Schlagweiten vorhanden, jedoch spielen sie keine wesentliche Rolle mehr im Vergleich zur Gesamtschlagweite. Denselben Grad von Feldverzerrung wie bei kleinerer Schlagweite wird man bei größerer schon bei viel geringerer Leitfähigkeit der einzelnen Faserteilchen erhalten, also bei viel geringerem Feuchtigkeitsgehalt der Ölprobe; ist ein gewisser Ungleichförmigkeitsgrad erreicht, so ändert sich ja der Entladeverzug nicht mehr wesentlich, wenn das Feld noch ungleichförmiger gestaltet wird; d. h. also, weiterer Wasserzusatz wird die Aufbauzeit nur noch wenig beeinflussen. Die Anfangselektronen der Lawinen werden in einem solchen faserhaltigen Öl nicht allein an der Elektrodenoberfläche ausgelöst,

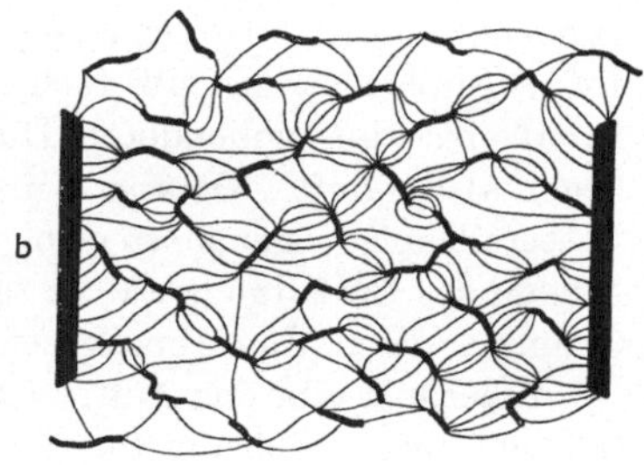

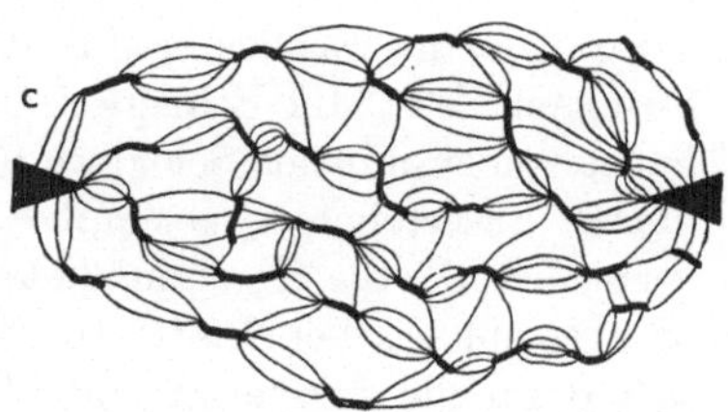

Abb. 73 a bis c. Schematische Darstellung der Feldverzerrung, hervorgerufen durch wasserhaltige Faserteilchen der Ölprobe. a bei kleiner Schlagweite im gleichförmigen Felde; b bei großer Schlagweite im gleichförmigen Felde; c im ungleichförmigen Felde.

[1] Siehe S. 54.

sondern auch an den Spitzen der leitenden Faserteilchen. Während bei den kleinen Elektrodenentfernungen noch die aus der kathodischen Elektrode ausgelösten Elektronen überwiegen werden, treten diese bei größeren Schlagweiten gegenüber den an den Spitzen der Faserteilchen ausgelösten in den Hintergrund: es ist also bei den größeren Schlagweiten eine weitgehende Unabhängigkeit der Streuzeit σ von der Oberflächenbeschaffenheit der Elektroden zu erwarten: Vergleichsversuche mit oxydierten und blanken Kupferelektroden bei einer Schlagweite von 3 mm ergeben auch tatsächlich in beiden Fällen dieselbe Streuzeit. Ferner wird durch diese Betrachtungen verständlich, daß bei den größeren Schlagweiten die Streuzeit nur noch wenig von der Ölfestigkeit abhängt. Auch die kurzen Aufbauzeiten von nur etwa 0,1 μs bei einer Schlagweite von 3 mm und einer Stoßfeldstärke von 600 kV/cm werden so erklärbar. Wie im Abschnitt über den statischen Durchschlag in Öl ausgeführt[1], erfolgt der exponentielle Anstieg der Stoßprozesse in Öl wesentlich langsamer als in Luft. Infolgedessen muß auch im Öl nach Bildung des ersten Lawinenkanals bis zum vollendeten Durchbruch eine viel größere Zeitspanne liegen als in Luft. Da aber Anfangselektronen auch von den Spitzen der Faserteilchen ausgehen, so erfolgt der Raumladungsaufbau von mehreren Stellen des Entladungsraumes zugleich. Aber auch dann ergeben sich im Öl immer noch Elektronengeschwindigkeiten von[2] 10^7 cm/s.

Außerdem gibt das Auftreten solcher Feldverzerrungen durch Faserteilchen eine Erklärung für die im Spitzenfeld gefundene Abhängigkeit der Aufbauzeit von der Schlagweite, die ganz ähnlich geführt werden kann, wie die Erklärung für die Schlagweitenabhängigkeit im gleichförmigen Feld. Im Schlagweitenbereich 0,3 bis 1 mm, in dem die Aufbauzeit noch mit der Schlagweite zunimmt, spielen die Feldverzerrungen durch Faserteilchen gegenüber dem Elektrodengrundfeld noch eine geringe Rolle: die Gesetzmäßigkeiten entsprechen in großen Zügen denen in atmosphärischer Luft. Im Schlagweitenbereich 1 bis 3 mm macht sich dann die feldverzerrende Wirkung der Faserteilchen geltend: sie unterteilt, wie Abb. 73 zeigt, den Elektrodenraum in eine ganze Reihe hintereinander geschalteter Spitzenfelder: die Anfangselektronen werden nicht mehr allein an den Spitzenelektroden, sondern auch an den Enden der Faserteilchen ausgelöst. Es setzt ebenfalls wieder an vielen Stellen gleichzeitig der Raumladungsaufbau ein, der somit rascher erfolgen kann.

5. Die elektrische Stoßfestigkeit des Öles.

Zur Beurteilung der elektrischen Stoßfestigkeit einer Isolierstrecke ist es notwendig zu wissen, bei welchem Vielfachen der statischen Durchbruchsspannung eine Entladungsstrecke eine Überspannung gegebener

---

[1] Siehe S. 64.

[2] Siehe Anm. 3 und 4, S. 82.

Zeitdauer mit Sicherheit noch aushält: dies ist der Fall, wenn die Zeitdauer der auftretenden Überspannung kleiner als die Aufbauzeit der Entladung in der Isolierstrecke ist. Die Aufbauzeit ist somit ein Maß für die Stoßfestigkeit. Man trägt sie zweckmäßig abhängig vom Stoßverhältnis auf, wie dies in Abb. 74 für das gleichförmige Feld geschehen ist.

Die Abbildung zeigt, daß Öl niederer Durchschlagsfestigkeit wesentlich stoßfester ist als gut gereinigtes und entgastes: so kann man z. B. bei einer Überspannung von etwa 6 μs Dauer, die der Dauer einer mittleren Blitzüberspannung entspricht[1], und einer statischen Ölfestigkeit

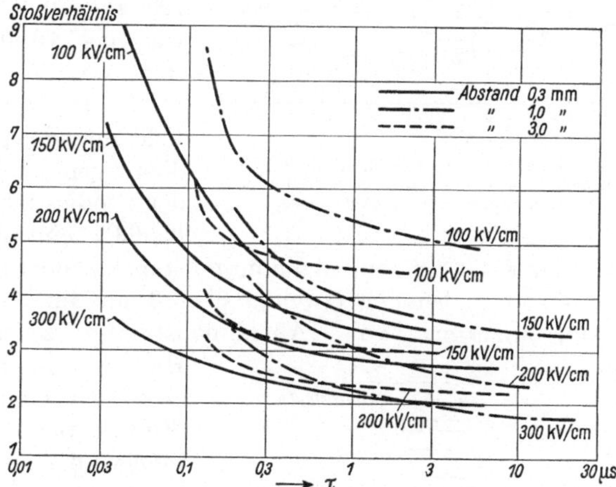

Abb. 74. Die Abhängigkeit der Aufbauzeit τ im gleichförmigen Felde für verschiedene Werte der statischen Durchbruchsfeldstärke vom Stoßverhältnis.

von 100 kV/cm mit einem Stoßfaktor rechnen, der bei 0,3 mm Schlagweite noch 3,6 beträgt, bei 1 mm dagegen 4,9 und bei 3 mm Schlagweite 4,4. Erhöht man die statische Ölfestigkeit auf 300 kV/cm, so betragen diese Werte bei 0,3 mm Schlagweite nur noch 2,0 und bei 1 mm Schlagweite 1,8. Diese Zahlen zeigen zugleich, daß der Einfluß der statischen Ölfestigkeit auf die Stoßfestigkeit mit der Vergrößerung der Schlagweite zunächst zu-, dann aber wieder abnimmt. Die Unterschiede in der Stoßfestigkeit werden um so deutlicher, zu je kürzer dauernden Überspannungen man übergeht.

Im Spitzenfeld ist diese Abhängigkeit der Stoßfestigkeit vom Reinigungszustand des Öles wesentlich weniger ausgeprägt, ja bei Ölfestigkeiten über 200 kV/cm und Schlagweiten über 3 mm fast völlig verschwunden, wie aus Abb. 75 zu ersehen ist. Nimmt man wieder eine Überspannung von 6 μs Dauer bei einer statischen Ölfestigkeit im Kugelfeld von 100 kV/cm an, so beträgt bei einer Schlagweite von 1 mm das

[1] Siehe S. 207.

Stoßverhältnis 3,4, bei einer solchen von 10 mm 1,8; erhöht man die Ölfestigkeit auf 200 kV/cm, so fallen die Werte der Stoßfestigkeit für dieselben Schlagweiten auf 2,9 bzw. 1,5 und bei einer weiteren Erhöhung der Ölfestigkeit auf 300 kV/cm schließlich auf 2,4 bzw. 1,4. Die Stoßfestigkeit fällt bei beiden Elektrodenentfernungen durch die Erhöhung der Ölfestigkeit von 100 auf 300 kV/cm, also auf das Dreifache, nur etwa um 25%, während z. B. im gleichförmigen Feld unter den gleichen Bedingungen eine Abnahme der Stoßfestigkeit von 45 bis 63% eintreten würde.

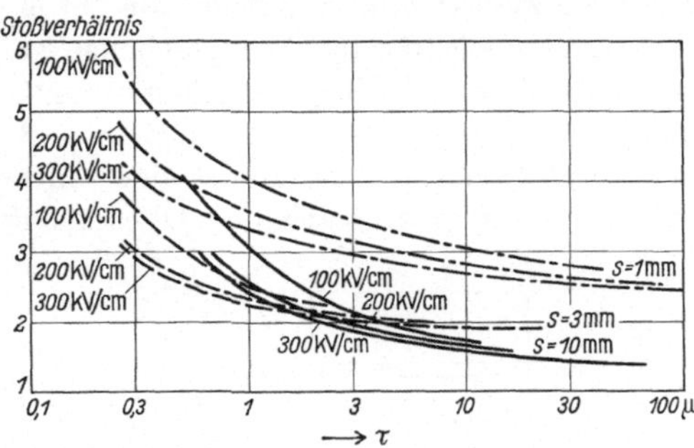

Abb. 75. Die Abhängigkeit der Aufbauzeit τ im Spitzenfelde für verschiedene Werte der statischen Durchbruchsfeldstärke im Kugelfelde vom Stoßverhältnis.

Die Stoßfestigkeit im Spitzenfeld nimmt mit zunehmender Schlagweite zunächst ab, um dann bei Schlagweiten über 3 mm für Aufbauzeiten unter 3 µs wieder anzusteigen: diese Abnahme ist auf die schon erwähnte Hintereinanderschaltung einer ganzen Reihe von Einzelentladungsstrecken infolge der im Öl vorhandenen wasserhaltigen und daher leitenden Faserteilchen zurückzuführen: so beginnt der Raumladungsaufbau an einer Vielzahl von Stellen innerhalb des Entladungsraumes und setzt die Stoßfestigkeit der Gesamtanordnung herab. Das neuerliche Ansteigen der Aufbauzeit unter 3 µs kann als ein Überwiegen des Einflusses der Schlagweite gegenüber demjenigen der Feldstörungen durch leitende Faserteilchen gedeutet werden.

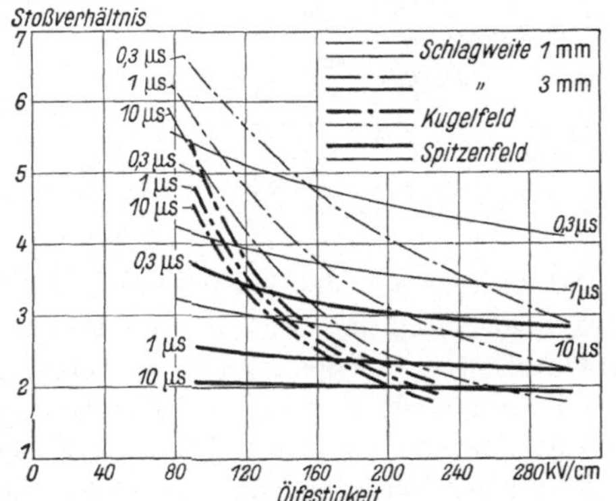

Abb. 76. Vergleich der Stoßfestigkeit des Öles abhängig von seiner statischen Durchschlagsfestigkeit im Kugel- und Spitzenfeld bei den Aufbauzeiten 0,3 µs, 1 µs und 10 µs.

Abb. 76 läßt sehr deutlich den Unterschied in der Stoßfestigkeit des gleichförmigen Feldes gegenüber derjenigen des Spitzenfeldes erkennen. Aufgetragen ist als Ordinate das Stoßverhältnis, als Abszisse die Ölfestigkeit des Kugelfeldes für die Schlagweiten 1 und 3 mm bei den Aufbauzeiten 0,3, 1 und 10 µs. Die Kennlinien für die Schlagweite von 1 mm sind dünn, die für 3 mm stark gezeichnet. Die ausgezogenen Kurven beziehen sich auf das Spitzenfeld, die strichpunktierten auf das Kugelfeld. Unterhalb einer Ölfestigkeit von 150 kV/cm liegt die Stoßfestigkeit des Kugelfeldes höher als diejenige des Spitzenfeldes, während oberhalb dieses Ölfestigkeitswertes die Stoßfestigkeit des Kugelfeldes unter der des Spitzenfeldes liegt[1].

Auch der mittleren statistischen Streuzeit σ kommt bei der Behandlung der Stoßfestigkeit erhebliche Wichtigkeit zu, wenn es sich um die Frage dreht, ob eine gegebene Entladeanordnung mit Sicherheit stoßfester ist

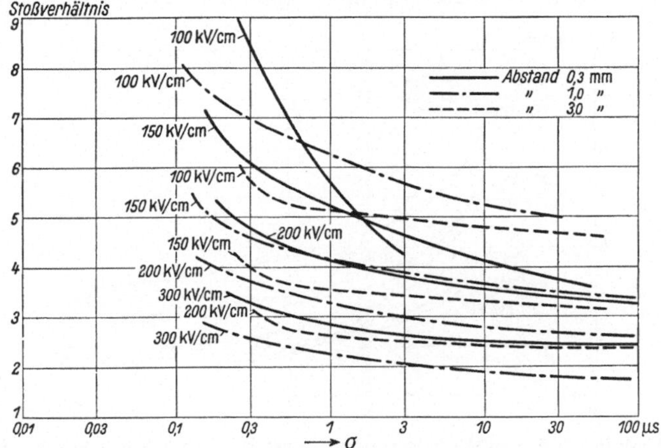

Abb. 77. Abhängigkeit der mittleren statistischen Streuzeit σ im gleichförmigen Felde für verschiedene Werte der statischen Durchbruchsfeldstärke von der Höhe des Stoßverhältnisses.

als eine andere. Hat man z. B. zwei Entladeanordnungen mit den Aufbauzeiten τ_1 bzw. τ_2 und den statischen Streuzeiten σ_1 bzw. σ_2, so wird die Wahrscheinlichkeit W dafür, daß Funkenstrecke 2 zuerst anspricht[2]:

$$W = \frac{\frac{1}{\sigma_2}}{\frac{1}{\sigma_1} + \frac{1}{\sigma_2}} \varepsilon^{-\frac{\tau_2 - \tau_1}{\sigma_1}} . \tag{12}$$

In Abb. 77 ist die statistische Streuzeit des gleichförmigen Feldes zwischen Kugeln von 5 cm Durchmesser abhängig vom Stoßverhältnis aufgetragen: man erkennt, daß die mittlere statistische Streuzeit (die bei Öl ja ebenso wie in Luft proportional mit der Elektrodenfläche abnimmt) kleiner wird mit zunehmender Schlagweite. In Abb. 78 ist dann noch die statistische Streuzeit im Spitzenfelde abhängig von der statischen Ölfestigkeit im Kugelfelde aufgezeichnet: sie ist erheblich geringer als im Kugelfelde.

[1] Siehe auch J. J. Torok: J. Amer. Inst. electr. Engng. Bd. 59 (1930) S. 276.
[2] Siehe S. 52.

Die Bedeutung der statistischen Streuzeit für den Entladeverzug sei noch an zwei Beispielen näher erläutert.

Im ersten Beispiel seien zwei Ölentladungsstrecken mit Kugelelektroden von 5 cm Durchmesser angenommen, die die gleiche Durchschlagsspannung von 30 kV besitzen. Die Schlagweite von Funkenstrecke 1 sei 1 mm, diejenige von Funkenstrecke 2 dagegen 3 mm. Dementsprechend beträgt die statische Durchbruchsfeldstärke in der Entladungsstrecke 1 300 kV/cm, in der Funkenstrecke 2 aber nur 100 kV/cm. Auf diese beiden Funkenstrecken, die parallel angeordnet sein sollen,

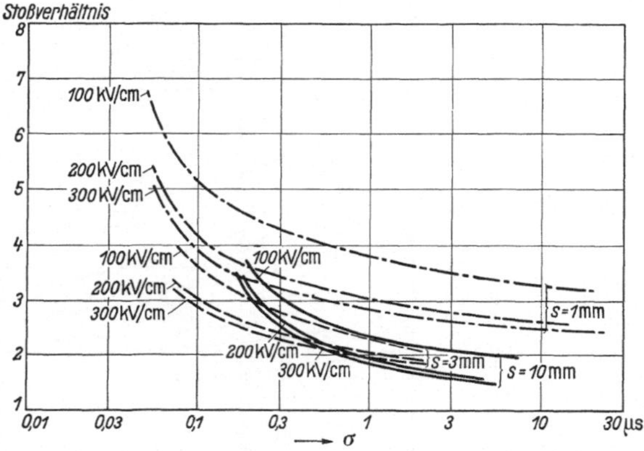

Abb. 78. Abhängigkeit der mittleren statistischen Streuzeit σ im Spitzenfelde für verschiedene Werte der statischen Durchbruchsfeldstärke im Kugelfelde von der Höhe des Stoßverhältnisses.

treffe eine Rechteckswelle von 120 kV: die Funkenstrecken werden also durch einen Rechtecksstoß mit dem Stoßverhältnis 4 beansprucht. Auf Grund der Abb. 74 und 77 ergeben sich die nachstehenden Werte, die teilweise durch Extrapolation der Kurven gewonnen wurden:

für Funkenstrecke 1: $\tau_1 = 0{,}15\ \mu s$ und $\sigma_1 = 0{,}06\ \mu s$,
,, ,, 2: $\tau_2 = 100\ \mu s$,, $\sigma_2 = 1000\ \mu s$.

In diesem Falle beträgt die Wahrscheinlichkeit W dafür, daß Funkenstrecke 1 zunächst anspricht, fast völlig 100%. Das Beispiel zeigt ferner, wie sehr die Stoßfestigkeit durch Vergrößerung der Elektrodenabstände und durch Verwendung von Öl niederer statischer Durchschlagsfestigkeit erhöht werden kann.

Im zweiten Beispiel werde angenommen, daß zwei Entladungsstrecken mit der gleichen Schlagweite von 1 mm parallel geschaltet seien; in Funkenstrecke 1 befinde sich Öl von der statischen Durchschlagsfestigkeit 200 kV/cm, in Funkenstrecke 2 solches von 150 kV/cm statischer Durchschlagsfestigkeit: die statische Durchschlagsspannung von Funkenstrecke 1 beträgt also 20 kV, die von Funkenstrecke 2 nur 15 kV. Auf beide Funkenstrecken werde ein Rechtecksstoß von 60 kV gegeben; durch ihn wird Funkenstrecke 1 mit dem Stoßverhältnis 3, Funkenstrecke 2 mit dem Stoßverhältnis 4 beansprucht. Auf Grund der Abb. 74 und 77 ergibt sich:

für Funkenstrecke 1: τ_1 1 μs und $\sigma_1 = 3$ μs,

„ „ 2: τ_2 1 μs „ $\sigma_2 = 2$ μs.

Demnach beträgt die Wahrscheinlichkeit W dafür, daß Funkenstrecke 2, die im Öl mit niederer statischer Ölfestigkeit eingebaut ist, zuerst anspricht, immer noch nur 60%. Dieses Beispiel zeigt, daß nachträgliches Absinken der statischen Ölfestigkeit in einem mit Öl gefüllten elektrischen Apparat zwar die statische Durchschlagsfestigkeit absinken läßt, seine Stoßfestigkeit aber nur wenig verändert.

III. Der Stoßdurchschlag fester Isolierstoffe.

Der Durchschlag fester Isolierstoffe ist sowohl für statische als auch für Stoßspannungen noch sehr wenig erforscht. Dies liegt einmal an den experimentellen Schwierigkeiten, die sich bei festen Isolierstoffen der Durchführung einer großen Reihe von Einzelversuchen unter einwandfrei gleichwertigen Bedingungen entgegenstellen. Auch konnten erst in jüngster Zeit auf Grund vielseitiger Untersuchungen und ergänzender wellenmechanischer Rechnungen brauchbare Hilfsvorstellungen über die Elektrizitätsleitung in festen Körpern entwickelt werden, die dann zu Vorstellungen über den Durchschlagsmechanismus führten.

A. Der statische Durchschlag[1].

Abb. 79 zeigt die Temperaturabhängigkeit der Durchschlagsspannung von Steinsalz[2]. Unterhalb einer Temperatur von 200° C erhält man einen konstanten Wert der Durchschlagsspannung, der etwa bei 21 kV liegt. Führt man jedoch den Durchschlagsversuch bei höheren Temperaturen durch, so sinkt die Durchschlagsspannung mit steigender Temperatur rasch ab: bei 300° C beträgt sie nur noch 10 kV, bei 500° C sogar nur noch etwa 1 kV. Diese Temperaturabhängigkeit der Durchschlagsspannung oberhalb eines kritischen Temperaturwertes ist typisch für Isolatoren. Auch ist die ganze Art des Durchschlages völlig verschieden, je nachdem der kritische Temperaturwert dabei

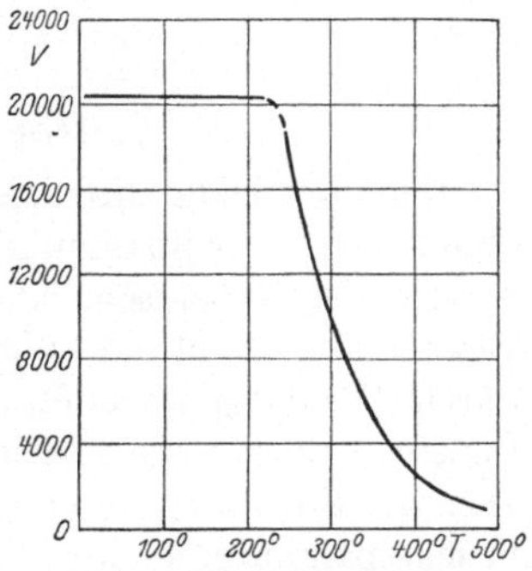

Abb. 79. Temperaturabhängigkeit der Durchschlagsspannung von Steinsalz.

[1] Zusammenfassende Berichte: Hippel, A. v.: Ergebn. exakt. Naturw. Bd. 14, S. 79. Berlin 1935 und J. appl. Phys. Bd. 8 (1937) S. 815.

[2] Semenoff, N. u. A. Walther: Die physikalischen Grundlagen der elektrischen Festigkeitslehre. Berlin 1928.

überschritten ist oder nicht. In dem Gebiete konstanter Durchbruchsspannung hängt diese nur wenig vom Widerstand des Isolators und der Beanspruchungsdauer ab; starken Einfluß haben jedoch Ungleichförmigkeiten des elektrischen Feldes. Im Gebiete der starken Temperaturabhängigkeit der Durchschlagsspannung findet man eine ausgeprägte Abhängigkeit vom Widerstand des Isolators und von der Dauer der Beanspruchung; wesentlich ist auch die Temperaturverteilung im Isolator selbst. Außerdem unterscheidet sich die Durchschlagsspur in beiden Fällen grundlegend. Während im temperaturunabhängigen Durchschlagsgebiet die Durchschlagsspur den Eindruck mechanischer Zertrümmerung macht, sind im temperaturabhängigen Gebiet deutlich Schmelzkanäle zu erkennen, wie dies

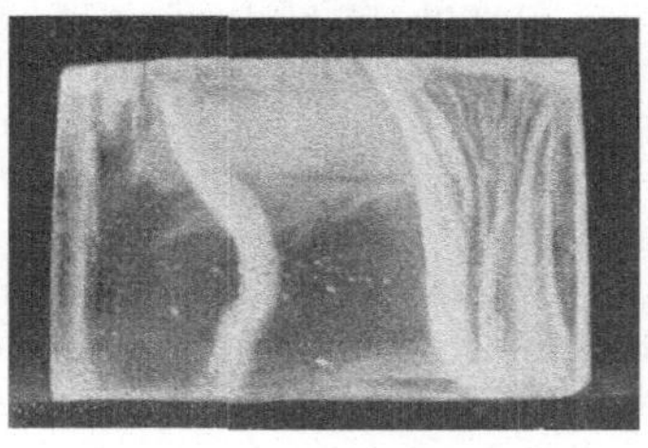

a

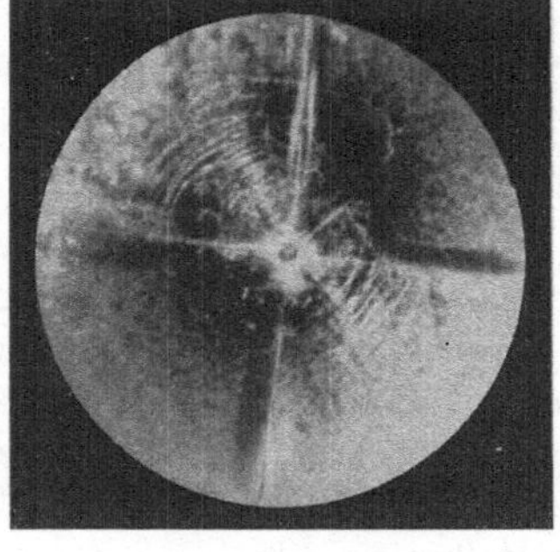

b

Abb. 80 a und b. Durchschlagsspuren beim Wärme- und beim elektrischen Durchschlag in Steinsalzkristallen. a Wärmedurchschlag (natürliche Größe). b Elektrischer Durchschlag (20fache Vergrößerung).

sehr schön für beide Fälle die Abb. 80 anschaulich macht[1]. Aus diesen Feststellungen kann man schließen, daß es sich im einen Fall um einen elektrischen, im anderen um einen Wärmedurchschlag handelt.

1. Der Wärmedurchschlag[2].

Den Wärmedurchschlag hat man sich so vorzustellen, daß der nach dem Anlegen der Spannung an die Elektroden durch den Isolator fließende Strom, der dabei sehr klein sein kann, den Isolator erwärmt. Diese Erwärmung bleibt nur so lange ungefährlich, als die entstandene Wärme durch Ableitung abgeführt werden kann und dadurch die Möglichkeit für einen thermischen Gleichgewichtszustand gegeben ist. Überschreitet aber die Spannung an den Elektroden einen gewissen Wert, die Durchbruchsspannung, so wird mehr Wärme durch diesen Vorstrom erzeugt,

[1] Elektrischer Durchschlag aus A. v. Hippel: Ergebn. exakt. Naturw., siehe Anm. 1, S. 89. — Wärmedurchschlag aus N. Semenoff u. A. Walther: Anm. 2, S. 89.

[2] Wagner, K. W.: J. Amer. Inst. electr. Engng. Bd. 41 (1922) S. 1034. — Semenoff, N. u. A. Walther: Anm. 2, S. 89. Siehe auch R. Seeliger: Angewandte Atomtheorie. Berlin 1938.

als abgeführt werden kann. Die lokale Erwärmung der Strombahn hat dann infolge der fallenden Temperaturwiderstandskennlinie ein weiteres Anwachsen des Stromes zur Folge, wodurch weitere Erwärmung einsetzt. Auf diese Weise schaukelt sich Erwärmung und Stromdurchgang gegenseitig auf, bis schließlich thermische Zerstörung des Isolators eintritt; der ganze Vorgang kann sich dabei über mehrere Minuten erstrecken.

2. Der elektrische Durchschlag.

a) Der elektrische Durchschlag als „Zerreißvorgang[1]".

Man könnte sich den elektrischen Durchschlag als mechanische „Zerreißung" des Isolatorgefüges unter Einwirkung der starken angreifenden elektrischen Felder vorstellen; denn Isolatoren bestehen ja aus einem Ionengefüge, das in der kristallinen Form wabenartig, aber räumlich ungeordnet und in der Kristallform völlig regelmäßig angeordnet ist. Wenn auf solche Körper elektrische Felder einwirken, so greifen an den einzelnen Ionen Kräfte an, die diese aus ihrer Gleichgewichtslage herauszuziehen suchen: es muß also eine Verbiegung des Gefüges einsetzen, die, wenn sie weit genug getrieben wird, schließlich zur „Zerreißung" führt.

Die Feldstärke, die hierzu notwendig ist, läßt sich rechnerisch abschätzen. Zwischen 2 Ionen verschiedenen Vorzeichens, z. B. dem positiven Na-Ion und dem negativen Cl-Ion des Steinsalzkristalles, wirkt zunächst einmal eine anziehende Coulombsche Kraft e^2/r^2, wenn r der Abstand der beiden Ionenmittelpunkte ist. Außerdem wirkt noch eine abstoßende Kraft, die erreicht, daß sich die beiden Ionen in einem Abstand r_0 stabil halten. Diese zweite Kraft wird vor allem durch die äußeren Elektronenhüllen aufgebracht und hängt, wie sich aus der Gittertheorie der Kristalle zeigen läßt, von der Entfernung der beiden Ionen mit $1/r^{10}$ ab. Damit kann man für die gesamte Kraft K ansetzen, wenn a eine Konstante ist:

$$K = e^2\left(\frac{1}{r^2} - a\,\frac{1}{r^{10}}\right). \tag{1}$$

K besitzt einen Höchstwert K_m. Wirkt nun ein äußeres Feld $\mathfrak{E}$ in Richtung r auf das Ionenpaar ein, so greift an jedem Ion noch eine weitere Kraft $e \cdot \mathfrak{E}$ an. Ein Zerreißen des Ionenpaares tritt dann ein, wenn $e \cdot \mathfrak{E} > K_m$, also größer als die Bindungskraft wird. Man findet nun für das Beispiel des Steinsalzions, daß dieser Zerreißwert bei $100 \cdot 10^6$ V/cm liegt. Seine Größenordnung ändert sich auch nicht, wenn man in der Betrachtung vom einzelnen Ionenpaar auf das Gesamtgefüge übergeht. Die experimentell gefundenen Feldstärkenwerte liegen in der Größenordnung von 10^6 V/cm, sind also etwa hundertmal kleiner, so daß der „Zerreißvorgang" als Ursache des elektrischen Durchschlages ausscheidet.

[1] Rogowski, W.: Sommerfeld-Festschr., S. 189f. Leipzig 1928.

b) Der Ionisierungsdurchschlag.

Verwendet man zur Begrenzung des Stromdurchganges Widerstandselektroden, so kann man die Durchschlagsbahnen im Einkristall verfolgen[1]. Bei geometrisch gleichförmigem Ausgangsfeld erscheinen im Kristallisolator scharfe Durchschlagsbahnen von etwa $^1/_{100}$ mm Breite, die entsprechend der Kristallstruktur und Polaritätsrichtung des Feldes orientiert sind. So laufen an Steinsalzkristallplättchen die Durchschlagsbahnen in Richtung der Flächendiagonale (110) unter 45° nach unten, obwohl das elektrische Feld in Richtung der Würfelkante (100) verläuft. In diesen Plättchen kann man dann in einiger Tiefe einen Richtungsumschlag bemerken: die zunächst flächendiagonal (110) verlaufenden Durchschlagsspuren springen plötzlich in die Raumdiagonale (111) über; dabei vergabeln sie sich häufig in zwei oder mehr der vier gleichberechtigten Diagonalen (111). Oft springt dann der Kristall an der die Kathode bildenden Würfelkante aus, so daß vierseitige Pyramiden mit den Raumdiagonalen als Kanten und der Kathodenebene als Basisfläche entstehen. Näher veranschaulicht diese Verhältnisse Abb. 81. Es zeigt einen Steinsalzwürfel, auf dessen oberer und unterer Seite die Elektroden zu denken sind und in den schematisch die Durchschlagsbahnen eingezeichnet sind. Abb. 82 gibt 2 photographische Aufnahmen solcher Bahnen in Steinsalzkristallen in etwa 100facher linearer Vergrößerung wieder mit Blickrichtung von der Anode zur Kathode hin, die außerordentlich schön die Pyramidenbildung erkennen lassen.

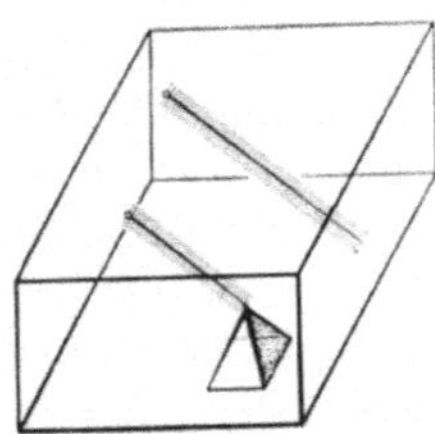

Abb. 81. Durchschlagsbahnen in einem Steinsalzwürfel, schematisch.

Potentialmäßig ergeben sich die in Abb. 83 aufgezeichneten Verhältnisse, die sich leicht aus dem ebenfalls in dieser Abbildung angegebenen schematischen ebenen Schnitt des Steinsalzgitters parallel zur Würfelebene ableiten lassen. Die Potentialschwellen in Richtung der Würfelkante (100) haben dieselbe Höhe wie diejenigen der Raumdiagonale (111), jedoch ist der Ionenabstand in der Raumdiagonale größer, daher auch die Potentialberge weniger steil. In Richtung der Würfeldiagonale (110) dagegen sind die Potentialschwellen nur etwa halb so hoch und erheben sich zwischen den einzelnen Ionen nur wenig über das Nullniveau. Vom Standpunkt der Gitterstruktur ergeben sich somit für den Durchschlag die nachstehenden Gesetzmäßigkeiten:

1. Die Richtung kleinster Durchbruchsfeldstärke ist diejenige, in der die niedrigsten Potentialschwellen zwischen benachbarten Gitterpunkten liegen, also für das Beispiel des Steinsalzgitters die Flächendiagonale (110).

---

[1] Hippel, A. v.: Z. Phys. Bd. 67 (1931) S. 707; Bd. 68 (1931) S. 309; Bd. 75 (1932) S. 145. — Siehe auch L. Inge u. A. Walther: Arch. Elektrotechn. Bd. 24 (1930) S. 259; Z. Phys. Bd. 64 (1930) S. 830 und J. Lass: Z. Phys. Bd. 69 (1931) S. 313.

2. Die nächste Verzweigungsrichtung ist jene, bei der die Potentialschwellen am wenigsten steil verlaufen, das ist normalerweise die Elementarrichtung geringster Besetzungsdichte, im Beispiel des Steinsalzgitters die Raumdiagonale.

Abb. 82. Zwei Durchschläge in Steinsalzplättchen, Blickrichtung von Anode zur Kathode, mit mehrfacher Pyramidenbildung (Vergrößerung etwa 100fach).

Diese experimentellen Ergebnisse legen die Vermutung nahe, daß der Durchschlag von Isolatoren durch Elektronenlawinen eingeleitet wird; es fragt sich zunächst aber, von welchen Elektronen die Lawine ihren Ausgang nimmt und wie überhaupt im Isolator Stoßionisation zustande kommt.

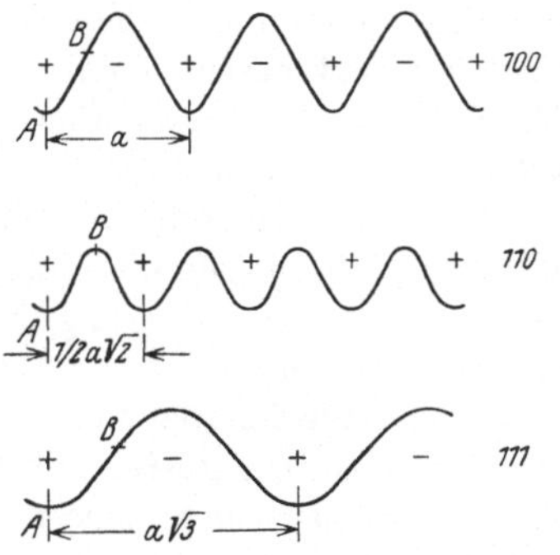

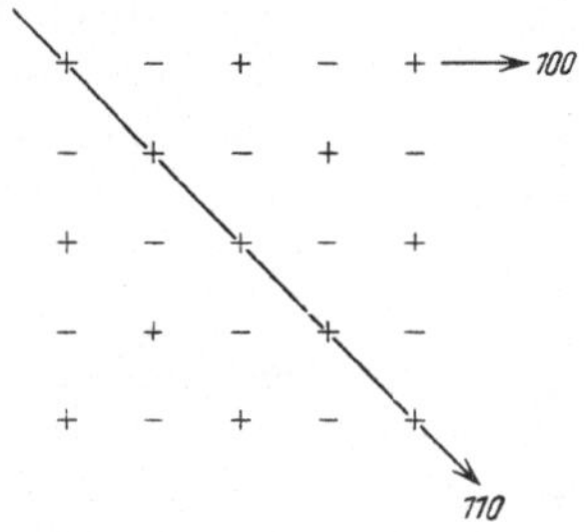

Abb. 83. Die Potentialschwellen im Steinsalzgitter.

Am nächstliegendsten ist die Annahme, daß der Durchschlag seinen Ausgang von überzähligen Elektronen im Gitter nimmt. Ein solches überzähliges Elektron, das in das Gitter hineingebracht ist, wird sich an ein negatives Ion anlagern. Jedes negative Ion im Gitter ist an sich für das überzählige Elektron als Aufenthaltsort gleichberechtigt. Da es aber ohne fixierte Ortslage dauernd durch seine Anwesenheit das Gitter örtlich stören würde, so ist es durch eine einmal eingetretene Störung mit den Massen des gerade beeinflußten Gitterbezirkes verknüpft und dort ortsfest gebunden; es kann nur durch einen Fremdeingriff aus seiner ortsfesten Lage befreit werden, also z. B. durch eine optische Absorption im kurzwelligen Ultraviolett[1]. Ein unter dem Einfluß elektrischer Feldstärke wanderndes Elektron ist daher in ständiger Kopplung mit den Gitterbausteinen und demnach Bremskräften unterworfen, die es zur Energieabgabe an die Gitterbausteine zwingen. Diese letztere Anschauung ist eine logische Folge der experimentellen Tatsache, daß Elektronen in schwächeren Feldern mit einer der Feldstärke proportionalen Geschwindigkeit wandern[2]. Maßgebend für die Größe der Bremsverluste ist die Anregungswahrscheinlichkeit von Gitterschwingungen in Abhängigkeit von der Elektronenenergie, denn die beim Bremsvorgang abgegebene Energie wird in Schwingungen des Kristallgitters umgesetzt. Diese Anregungswahrscheinlichkeit hat den in Abb. 84 wiedergegebenen schematischen Verlauf[3]; sie durchläuft einen Höchstwert, jenseits dessen sie wieder abfällt. Die Bremsverluste nehmen daher, wenn die Elektronen aus dem äußeren Feld erst einmal eine Energie aufgenommen haben, die größer ist, als diesem Höchstwert entspricht, ständig ab. Die Elektronen können dann in beschleunigter Bewegung immer mehr Energie aus dem äußeren Feld übernehmen und so schließlich auf die zur Stoßionisierung notwendige Geschwindigkeit kommen.

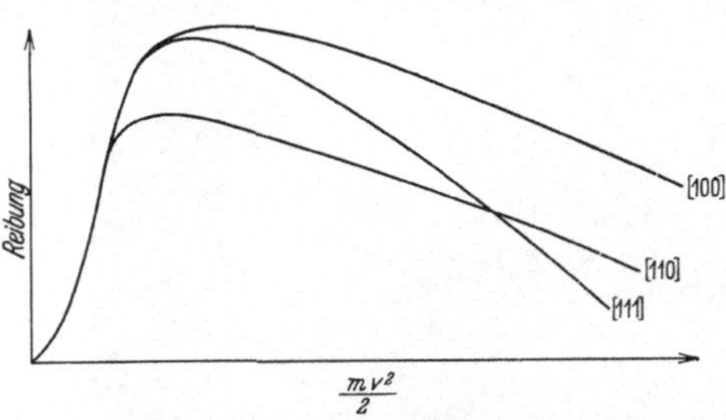

Abb. 84. Schematischer Verlauf der Bremsverluste eines Elektrons abhängig von seiner Energie in den drei Vorzugsrichtungen des Steinsalzkristalls.

Der unterschiedliche Verlauf in den Bremskurven für die einzelnen Elementarrichtungen des Kristalls erklärt auch den Richtungsdurchschlag. Zunächst liegt das Maximum des Bremsverlustes, wie in Abb. 84 angegeben, am niedrigsten für die Richtung der Flächendiagonale (110); die Elektronen werden also in dieser Richtung am leichtesten zur Ionisierung gelangen können. Der Abfall der Bremsverluste jenseits des Maximums ist jedoch in Richtung der Raumdiagonale (111) stärker als

[1] Hilsch, R. u. W. Pohl: Z. Phys. Bd. 59 (1930) S. 812.

[2] Stasiw, O.: Nachr. Ges. Wiss. Göttingen, Math.-phys. Kl. Bd. 1 (1934) Nr 4.

[3] Harries, W.: Z. Phys. Bd. 42 (1927) S. 26. — Ramien, H.: Z. Phys. Bd. 70 (1931) S. 356.

in Richtung der Flächendiagonale, so daß bei einer bestimmten Elektronenenergie sich diese beiden Kurven schneiden. Das bedeutet aber nichts anderes, als daß dann die Elektronen in der Raumdiagonale (111) leichter beschleunigt werden und die Elektronenspuren von nun ab in der Raumdiagonale verlaufen.

Der Durchschlag erfolgt im übrigen sehr ähnlich wie bei Gasen: die zurückgebliebene Raumladung nach Ablauf des Elektronenkopfes der Lawine wird entscheidend für die weiteren Ionisierungsvorgänge. Vor der Anode her schieben sich die Raumladungsfäden in der Flächendiagonale als positive Äste gegen die Kathode vor. Neue Elektronenlawinen münden in deren Spitze ein, so schreitet dann die Raumladungsbildung immer weiter gegen die Kathode fort, bis schließlich das Feld über dem restlichen Isolatorstück so aufgesteilt ist, daß die Elektronen in der Raumdiagonale günstigere Ionisierungsbedingungen vorfinden. Dann springt die Entladungsrichtung in diese Elementarrichtung um, das Feld steilt sich weiter auf, bis zuletzt der ganze Vorgang instabil wird.

Diese Durchschlagstheorie wurde an der Reihe der Alkalihalogenide nachgeprüft und bestätigt gefunden[1]. Dabei ergab sich die Folgerung, daß die elektrische Festigkeit der Alkalihalogenide um so größer ist, je geringer deren Ionenradien sind. Für den Isolierstofftechniker ergibt sich daraus die wichtige Folgerung[2]: Vertauscht man in einem Kristallgitter vom Steinsalztyp ein positives Ion oder aber auch ein negatives Ion gegen ein anderes von kleinerem Ionenradius, so steigt die elektrische Festigkeit des neuen Kristalles an. Außerdem ist eine Folgerung dieser Überlegungen, daß man durch Vertiefen der Potentialschwellen zwischen den einzelnen Gitterbausteinen die elektrische Festigkeit erhöhen kann. Praktisch läßt sich dies durch geeignete Fremdzusätze erreichen, z. B. durch Zusätze von 15% Silberchlorid zu Steinsalz; dadurch wurde die elektrische Festigkeit des Steinsalzes auf das Doppelte erhöht. Es liegt hierbei der erste Versuch vor, durch theoretische Überlegungen die elektrische Festigkeit unserer Isolierstoffe zu verbessern.

Es sei noch bemerkt, daß in kristallinen oder amorphen Isolatoren ebenfalls der Durchschlag ein Stoßionisationsvorgang ist; der Durchschlag ist in diesem Fall nur ungerichtet und läßt sich in seinen Einzelheiten nicht so gut verfolgen wie im Kristall[3].

c) Wechselspannungs- und Gleichspannungsdurchschlag.

Führt man den Durchschlagsversuch einmal mit Wechsel- und einmal mit Gleichspannung aus, so findet man in den Durchschlagswerten

[1] Hippel, A. v.: Z. Phys. Bd. 75 (1932) S. 145. — Z. Elektrochem. Bd. 39 (1933) S. 506. — Naturwiss. Bd. 22 (1934) S. 701.

[2] Hippel, A. v.: Z. Phys. Bd. 88 (1934) S. 358.

[3] Hippel, A. v.: Anm. 1, S. 92.

erhebliche Unterschiede: der Durchschlagswert für Wechselspannung beträgt nur einen Bruchteil des bei Gleichspannung gemessenen Wertes. In der nachfolgenden Zahlentafel ist das Verhältnis aus Gleichspannungs- zu Wechselspannungsdurchschlagswert für eine Reihe von Isoliermaterialien zusammengestellt. Es handelt sich dabei um Mittelwerte; je nach Zusammensetzung und Bearbeitung können in einzelnen Fällen erhebliche Abweichungen von den in der Tabelle angegebenen Werten festgestellt werden.

Zahlentafel 9. Durchschnittliche Überhöhung der Durchschlagsspannung bei Gleichspannung über diejenige bei Wechselspannung.

Material	Jost[1]	Strigel[2]	Material	Jost	Strigel
Glimmer . . .	4,5fach	2,0fach	Preßspan } in Luft	1,9fach	2,25fach
Mikanit . . .	2,0fach	—	Exzelsiorleinen } in Luft	1,8fach	—
Resistit. . . .	—	1,25fach	Preßspan, getränkt	—	3,6fach
Glas	2,5fach	2,2fach	Pertinax } in Öl	2,5fach	—
Porzellan . . .	1,3fach	1,22fach	Exzelsiorleinen } in Öl	2,6fach	—
Hartgummi . .	2,6fach	—	Nitrozellulose	—	1,7fach

Diese Ergebnisse lassen darauf schließen, daß beim statischen Durchschlag Wärmeentwicklung im Isolierstoff schon wesentlich beteiligt ist[3]. Der Unterschied zwischen Gleich- und Wechselspannungsdurchschlag erklärt sich damit auch zwanglos als Folge dieser zusätzlichen Wärmeentwicklung im Isolierstoff, hervorgerufen durch die bei Wechselspannung auftretenden dielektrischen Verluste[4]. Ein Beweis für diese Auffassung ist auch, daß diese Unterschiede zwischen Wechsel- und Gleichdurchschlagsspannung bei höheren Temperaturen geringer werden, ja sogar fast völlig zum Verschwinden kommen und daß sie bei Isolierstoffen mit sehr geringen dielektrischen Verlusten auch bei niedriger Temperatur kaum vorhanden sind, wie Messungen an Guttapercha und Emaillelackdraht zeigen[5].

B. Der Stoßdurchschlag.

1. Die Verteilungskurve des Entladeverzuges.

Auch bei festen Isolierstoffen kann der Entladeverzug in zwei Zeitabschnitte zerlegt werden: in die eigentliche Aufbauzeit τ der Stoßentladung, die zugleich den kürzestmöglichen Entladeverzugswert darstellt,

[1] Jost, R.: Arch. Elektrotechn. Bd. 23 (1929) S. 305.

[2] Nach bisher unveröffentlichten Messungen.

[3] Siehe auch K. Draeger: Arch. Elektrotechn. Bd. 26 (1932) S. 597.

[4] Nach K. W. Wagner, zusammenfassend dargestellt: Vieweg, R.: Elektrotechnische Isolierstoffe. Berlin 1937. — Debye, P.: Polare Molekeln. Leipzig 1929. — Siehe auch P. O. Schupp: Wiss. Veröff. Siemens-Werk Bd. 17 (1938) H. 1 S. 1.

[5] Perlik, P.: Diss. T. H. Berlin 1934. — Böning, P.: Bull. schweiz. elektrotechn. Ver. Bd. 39 (1938) S. 373.

der nur unter günstigsten Bedingungen erreicht wird, und dann in die zusätzliche Streuzeit, deren Mittelwert mit σ bezeichnet werden soll.

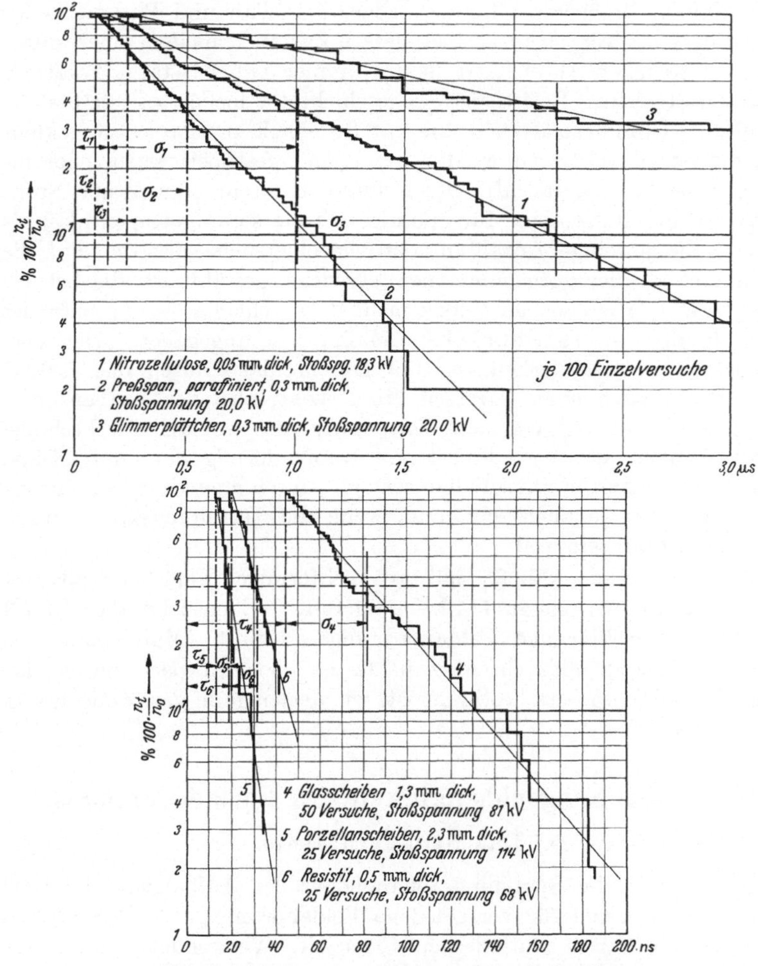

Abb. 85. Entladeverzugsverteilung in festen Isolierkörpern.

Die Verteilungskurve des Entladeverzuges ist wieder gegeben durch die Beziehung[1]

(2) $$n_t = n_0 \cdot \varepsilon^{-\frac{1}{\sigma}(t-\tau)}, \qquad \text{wobei } t \geq \sigma.$$

In Gl. (2) bedeutet n_0 die Anzahl aller vorgenommenen Versuche und n_t die Anzahl aller derjenigen Versuche, die zur Zeit t noch nicht zum Durchschlag geführt haben.

[1] Siehe S. 11 und 51.

Wie gut diese Beziehung für die einzelnen Isolierstoffe erfüllt ist, zeigen die in Abb. 85 wiedergegebenen Verteilungskurven[1] für die Stoffe Nitrozellulose, Preßspan, Glimmer, Glas, Porzellan und Resistit. Glas ist als amorpher Körper anzusehen, dessen Zustand mit dem einer unterkühlten Flüssigkeit Ähnlichkeit hat. Glimmer hat Kristall-, Porzellan kristalline Struktur. Resistit ist ein geschichteter Isolierstoff; er besteht aus dünnen Glimmerblättchen, die mit Schellack auf Papier aufgeklebt sind; die einzelnen Lagen werden aufeinandergestapelt warm gepreßt. Preßspan ist ein Faserstoff, Nitrozellulose ein rein organischer Stoff. Die Verteilungskurven sind für alle diese Stoffe so aufgetragen, daß als Ordinate die jeweilige Anzahl n_t der Einzelversuche, bezogen auf die Gesamtzahl n_0 aller vorgenommenen Versuche, gewählt ist, die bei der dazugehörigen Abszissenzeit t noch nicht durchschlagen waren. n_t/n_0 ist dabei überdies in logarithmischem Maßsystem angegeben. Die Verteilungskurven lassen erkennen, daß Durchschläge durch das Isoliermaterial erst nach einer gewissen Mindestzeit, also der Aufbauzeit τ, möglich sind und daß von dem Zeitpunkt, von dem an Durchschläge erfolgen können, die Verteilungskurve treppenförmig abnimmt. Diese Treppenkurve kann in allen Fällen sehr gut durch eine Gerade gemittelt werden, wie dies ja auch sein muß, wenn die Verteilungskurve durch Gl. (2) bestimmt sein soll.

Die Versuche von Abb. 85 sind im gleichförmigen Feld bei Stoßspannungen von 18,3 kV bis zu 114 kV ausgeführt. Ebenso ist aber Gl. (2) auch für ungleichförmige Feldanordnungen erfüllt. Man kann also sagen, daß der Stoßdurchschlag in festen Isolierkörpern durch das gleiche Verteilungsgesetz bestimmt ist, wie derjenige in gasförmigen und flüssigen Stoffen.

2. Die Spannungsabhängigkeit des Entladeverzuges.

a) Das Stoßverhältnis.

Abb. 86 zeigt die Spannungsabhängigkeit der Aufbauzeit von Glas in Transformatorenöl für verschiedene Feldanordnungen, Abb. 87 diejenige der mittleren statistischen Streuzeit. Verwendet wurden für diese Versuche[2] rechteckige Platten, 100 $\times$ 100 mm aus Tempax-Tafelglas von einer mittleren Dicke von 1,29 mm mit einer mittleren Abweichung von 0,09 mm, also $\pm 7\%$. Die statische Durchschlagsspannung bei Wechselspannung betrug im Mittel 36 kV, diejenige bei Gleichspannung 79,7 kV, sie lag also 2,21mal so hoch. Stoßdurchschläge sind noch unterhalb der Gleichdurchschlagsspannung möglich, nicht aber unter derjenigen bei Wechselspannung. Man wird daher bei festen Isolierstoffen das Stoßverhältnis zweckmäßig definieren als

[1] Siehe Anm. 2, S. 96. [2] Siehe Anm. 2, S. 96.

Verhältnis aus der Höhe der angelegten Stoßspannung zur statischen Durchbruchsspannung bei Wechselspannung.

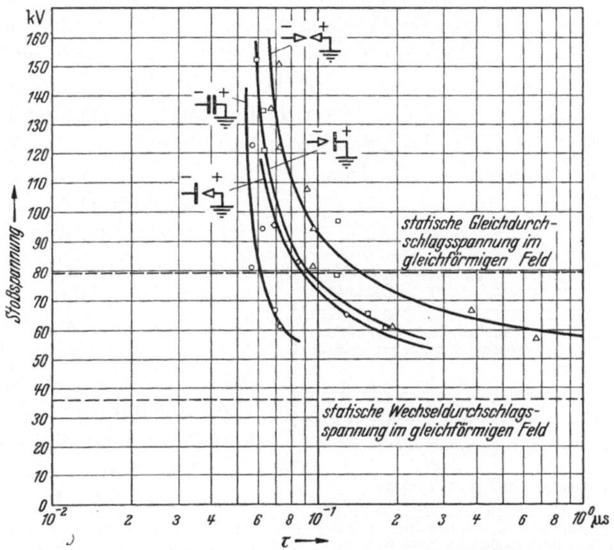

Abb. 86. Abhängigkeit der Aufbauzeit τ von Glas in Öl bei verschiedenen Feldanordnungen von der Höhe der angelegten Stoßspannung. Dicke der Glasplatten: 1,3 mm; profilierte Elektroden: $\varphi = 120°$; Spitzenelektroden mit 15° Öffnungswinkel.

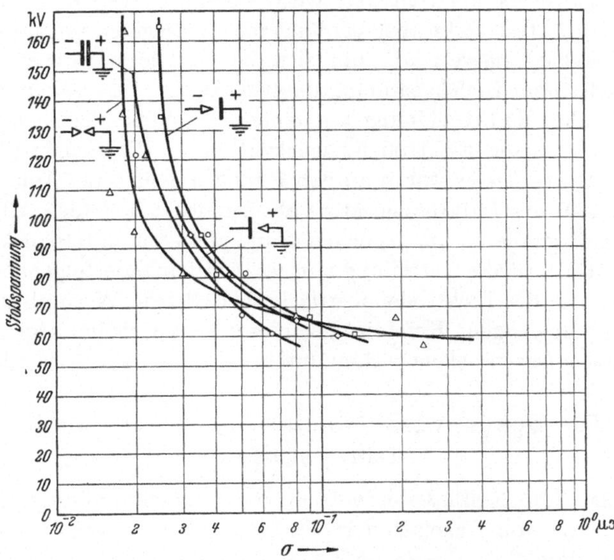

Abb. 87. Abhängigket der statistischen Streuzeit σ von Glas in Öl bei verschiedenen Feldanordnungen von der Höhe der angelegten Stoßspannung. Dicke der Glasplatten: 1,3 mm; profilierte Elektroden: $\varphi = 120°$; Spitzenelektroden mit 15° Öffnungswinkel.

Diese Definition hat außerdem den Vorteil, daß sie für den praktischen Gebrauch zugeschnitten ist; denn den projektierenden Ingenieur interessiert im derzeitigen Entwicklungsstadium unserer Hochspannungstechnik in erster Linie die Wechselspannungsfestigkeit der Isolierstoffe und deren Stoßfestigkeit im Vergleich zur Wechselspannungsfestigkeit.

Eine Folgerung aus der Tatsache, daß die Wechselspannungsfestigkeit für den Stoßdurchschlag bei festen Isolierstoffen maßgebend ist, liegt darin, daß die Stoßdurchschlagsspannung abhängig sein muß von dem Anstieg der Stoßspannung[1]. Denn je langsamer der Anstieg der Stoßspannung erfolgt, um so mehr nähert sich die Beanspruchung mit einer Stoßwelle sehr langen Rückens derjenigen bei Gleichspannung. In Abb. 88 ist für Resistit von 0,5 mm Dicke die Stoßdurchschlagsspannung bei Stoßwellen mit einer Rückenzeitkonstante von 10 ms abhängig von der Zeitkonstante des Spannungsanstieges aufgetragen; liegt diese unterhalb von 0,1 μs, so liegt auch die Stoßdurchschlagsspannung, die bei diesen Versuchen immer kurz vor Erreichen des Spannungshöchstwertes überschritten wird, oberhalb des Gleichspannungsdurchschlagwertes, sinkt aber bei längeren Anstiegszeitkonstanten unter diesen Durchschlagswert ab, um sich bei Anstiegszeitkonstanten von 10 μs wieder dem Gleichspannungsdurchschlagswert zu nähern. Es liegt zunächst nahe, die Erscheinung auf einen Randeffekt der bei diesen Versuchen verwendeten Elektroden zurückzuführen. Die ebenen Elektroden von 5 cm Durchmesser waren an den Rändern gemäß der Äquipotentiallinie $\varphi = 120°$ des Luftkondensators abgerundet[2]; daß diese Abrundung vollkommen genügte, um jeglichen Randeffekt zu unterdrücken, zeigt Abb. 89. Dort ist die Verteilung von je 25 aufeinanderfolgenden Durchschlägen unter der Elektrodenoberfläche bei Gleich-, Wechsel- und Stoßspannung aufgetragen. Kein einziger dieser Durchschläge liegt dabei so, daß er als ausgesprochener Randdurchschlag angesehen werden kann.

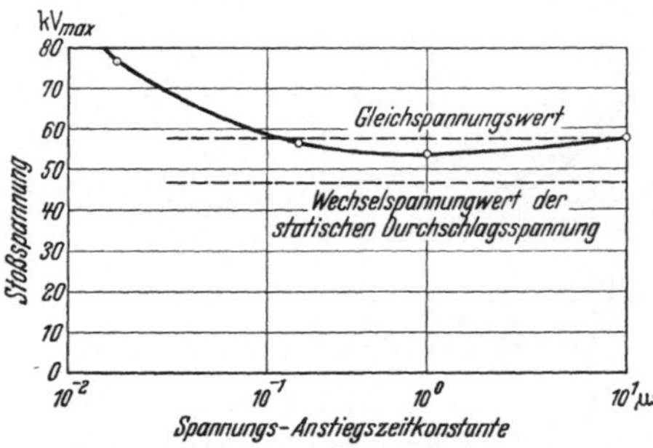

Abb. 88. Einfluß des Spannungsanstiegs auf die Höhe der Durchschlagsspannung von Resistit, 0,5 mm dick. Höhe der Stoßwelle 110 kV.

b) Die Spannungsabhängigkeit bei verschiedenen Isolierstoffen.

1. Glas. Der Einfluß der verschiedenen Feldanordnungen auf den Entladeverzug von Gasplatten in Transformatorenöl geht ebenfalls aus

[1] Siehe auch N. Semenoff u. A. Walther: Anm. 2, S. 89 und F. Lehmhaus: Arch. Elektrotechn. Bd. 32 (1938) S. 281. [2] Siehe S. 198.

Abb. 86 und 87 hervor. In Abb. 86 ist abhängig von der Höhe der Stoßspannung die Aufbauzeit, in Abb. 87 die Streuzeit aufgetragen für die Anordnungen: Platte gegen Platte (profilierte Elektrode für $\varphi = 120°$ mit 5 cm Durchmesser), Spitze gegen Spitze, geerdete Plattenelektrode gegen negative Spitze, und negative Plattenelektrode gegen geerdete Spitze. Das zunächst auffallendste Ergebnis dieser Versuche sind die geringfügigen Unterschiede in den Kennlinien des gleichförmigen und des ungleichförmigen Feldes. In den Kurven für die Aufbauzeit ist noch ein gewisser Gang vorhanden, der demjenigen bei den Kennlinien für die Aufbauzeit in Luft und Öl entspricht; er ist jedoch wesentlich schwächer ausgeprägt. So beträgt z. B. bei 150 kV-Stoßspannung die Aufbauzeit im gleichförmigen Felde 54 ns gegenüber 72 ns im ungleichförmigen Felde;

Abb. 89. Verteilung der Durchschläge unter der Elektrodenfläche.

der Übergang von Platten- zu Spitzenelektroden hat also den Entladeverzug nur auf das 1,33fache vergrößert. Erst bei Stoßspannungen unter 90 kV werden die Unterschiede in den Kennlinien merklicher; er beträgt bei 80 kV das 2,34fache, bei 60 kV das 9,05fache. Die beiden Anordnungen, bei denen eine Spitze einer Platte gegenübergestellt ist, unterscheiden sich in ihren Kennlinien nur wenig voneinander; sie liegen etwa in der Mitte der beiden anderen, bereits besprochenen Elektrodenanordnungen.

Die statistischen Streuzeiten der vier Elektrodenanordnungen sind nur wenig unterschiedlich und im übrigen außerordentlich niedrig. Die Streuzeit bei der Elektrodenanordnung Spitze—Spitze liegt bei hohen Stoßspannungen sogar niedriger als bei Plattenelektroden.

Abb. 90 gibt eine Zusammenstellung von Messungen über die Aufbauzeit von Glas abhängig vom Stoßverhältnis im gleichförmigen Feld bei verschiedener Dicke der Probeplatten. Die Kurven 1 bis 4[1] zeigen, daß bei höheren Werten des Stoßverhältnisses die Aufbauzeit mit der Plattendicke stark ansteigt, bei niedrigeren Stoßwerten dagegen ziemlich unabhängig von ihr ist. Die Kurven 1 bis 4 wurden an einer Abschneidewanderwellenleitung gewonnen ohne Kontrolle des Spannungsverlaufes mit dem Kathodenstrahloszillographen, die gemessenen Werte liegen daher wohl für kurze Aufbauzeiten (unter 0,03 μs) zu niedrig.

[1] Jost, R.: Anm. 1, S. 96.

Hierfür spricht auch die der Abb. 90 entnommene Kurve 5. Die Kurven 6 und 7[1], die nach demselben Meßverfahren wie die Kurven 1 bis 4 gewonnen wurden, passen sich gut den Kurven 3 und 4 an, die bei denselben Plattendicken aufgenommen wurden. Im übrigen gilt für diese Kurven derselbe Einwand wie für die Kurven 1 bis 4.

Die Einbettflüssigkeit für die Probeplatten ist bei den Versuchen, die den

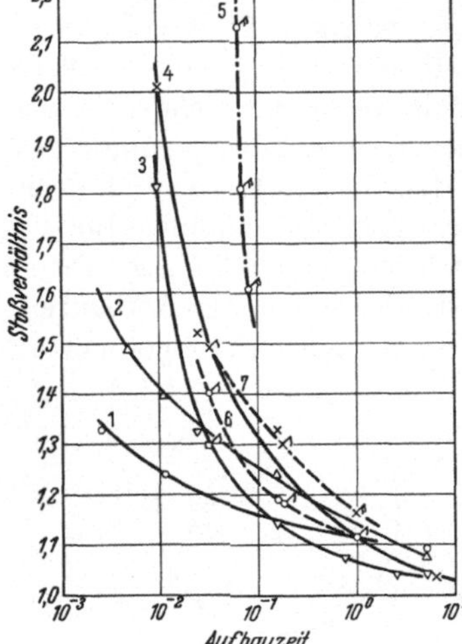

Kurve	Beobachter	Schichtdicke mm	Wechseldurchschlagsspannung kV_{max}
1	Jost	0,3	13,9
2		0,6	20,6
3		1,0	27,3
4		2,0	44,0
5	Strigel	1,25	36,0
6	Inge und Walther	1,0	37,0
7		2,0	46,0

Abb. 90. Abhängigkeit der Aufbauzeit τ von Glas in Transformatorenöl im gleichförmigem Feld bei verschiedener Schichtdicke.

Kurven 1 bis 4 und 6 bis 7 zugrunde liegen, nicht ohne Einfluß auf die Stoßkennlinien, wie aus Abb. 91 hervorgeht.

2. Porzellan. Auch bei Porzellan ist das Einbettmedium von Einfluß auf die Aufbauzeit, wie die Kurven 1 bis 3 der Abb. 92[2] erkennen lassen. Es drängt sich dabei die Vermutung auf, daß diese

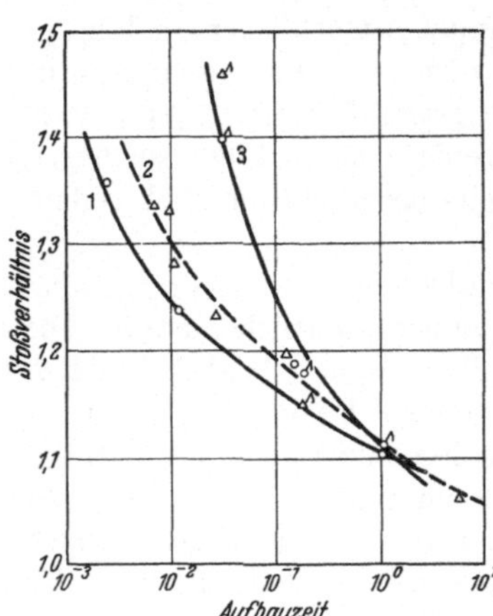

Kurve	Beobachter	Schichtdicke mm	Einbettmedium	Wechseldurchschlagsspannung kV_{max}
1	Jost	0,3	Öl	13,9
2			Azeton	21,9
3	Inge und Walther	2	Öl	46
△	Inge und Walther	2	Xylol	38

Abb. 91. Einfluß des Einbettmediums auf die Auftauzeit τ von Glas.

Abhängigkeit nur auf die mehr oder minder stark ausgeprägte Ungleichförmigkeit des Feldes an den Elektrodenrändern zurückzuführen ist.

[1] Inge, L. u. A. Walther: Arch. Elektrotechn. Bd. 34 (1930) S. 259.
[2] Jost, R.: Anm. 1, S. 96.

Kurve 1, die an in Öl eingebetteten Probeplatten gewonnen wurde, liefert die höchsten Werte für die Aufbauzeit; das größere Leitfähigkeit besitzende Azeton als Einbettflüssigkeit, das die Bildung von Raum- und Oberflächenladungen in der Nähe der Elektrodenränder erlaubt, läßt die Aufbauzeit absinken; in noch größerem Maße tut dies Luft, in der sich erhebliche Randentladungen ausbilden, die das Randfeld vergleichmäßigen.

Kurve	Beobachter	Dicke mm	Füllmaterial	Wechseldurchschlagsspannung kV
1	Jost	1	Öl	30
2	Jost	1	Azeton	30
3	Jost	1	Luft	26,8
4	Strigel	2,3	Öl	50

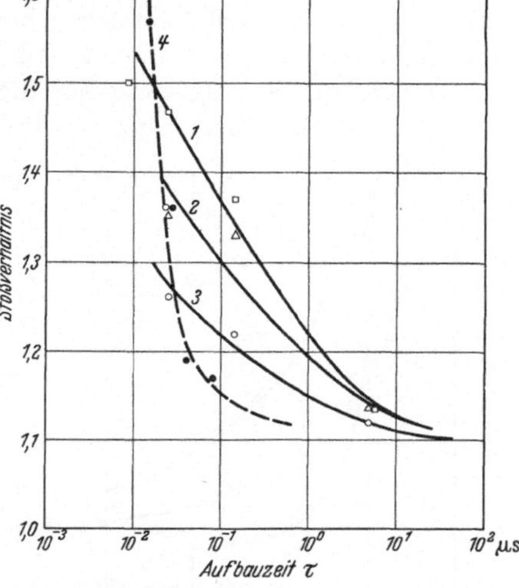

Abb. 92. Aufbauzeit von Porzellan im gleichförmigen Feld.

Diesen Messungen, die an einer Abschneidewanderwellenleitung gewonnen sind, ist eine Kurve gegenübergestellt, die mit dem Zeittransformator ermittelt wurde[1]. Sie ergibt bei kleineren Stoßverhältnissen zunächst kleinere Aufbauzeiten, dagegen bei Aufbauzeiten, die unter 0,1 μs liegen, einen sehr viel rascheren Anstieg des Stoßverhältnisses. Für die Kurven 1 bis 3 wurden Platten von 1 mm Stärke, für Kurve 4 solche von 2,3 mm Stärke verwendet; über die Abhängigkeit von der Plattendicke lassen sich aber keine Aussagen machen, da die Art der Messung für die beiden Versuchsgruppen zu verschieden war.

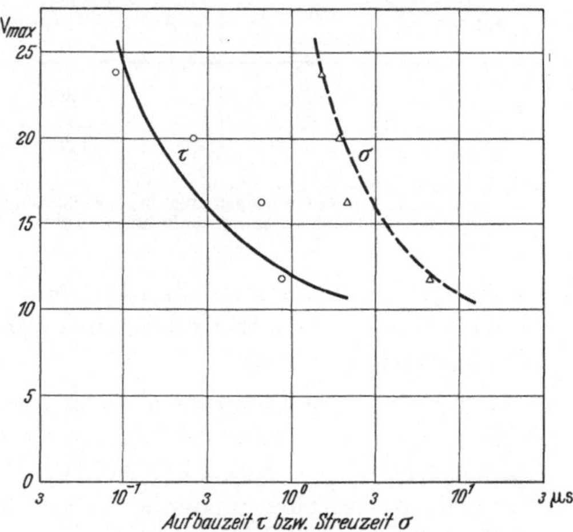

Abb. 93. Aufbauzeit τ und mittlere statistische Streuzeit σ von 0,3 mm starken Glimmerscheiben abhängig von der angelegten Stoßspannung im gleichförmigen Feld.

3. Glimmer. Die Aufbauzeit τ und die Streuzeit σ für 0,03 mm dicke Glimmerblättchen, die in einer Azeton-Xylolmischung eingebettet

[1] Siehe Anm. 2, S. 96.

waren, ist abhängig von der angelegten Stoßspannung in Abb. 93 aufgetragen[1].

4. Faserstoffe. Während bei den bisher besprochenen Isolierstoffen Glas, Porzellan und Glimmer schon bei Stoßverhältnissen von 1,2 die Aufbauzeiten oft weit unter 1 μs liegen, ändert sich dieses Bild bei den Faserstoffen. So zeigt Abb. 94[1] die Abhängigkeit der Aufbauzeit τ und der statistischen Streuzeit σ von Preßspan verschiedener Dicke im gleichförmigen Felde. Stoßdurchschläge treten bei Verzögerungszeiten von 1 μs erst bei Stoßverhältnissen auf, die 2,0 und mehr betragen; einer Aufbauzeit von 0,1 μs entspricht ein Stoßverhältnis von 4,5 bei Preßspan von 0,3 mm Dicke. Das sind Stoßfestigkeiten, die erheblich höher liegen als bei den bislang untersuchten festen Isolierstoffen. Eine Verstärkung der Preßspandicke von 0,3 auf 0,5 mm erhöht die Stoßfestigkeit um mehr als das Doppelte, weitere Verstärkung auf 0,7 mm ändert sie dagegen nur mehr wenig. Die mittlere statistische Streuzeit dagegen ist im untersuchten Dickenbereich unabhängig von der Dicke der verwendeten Probe.

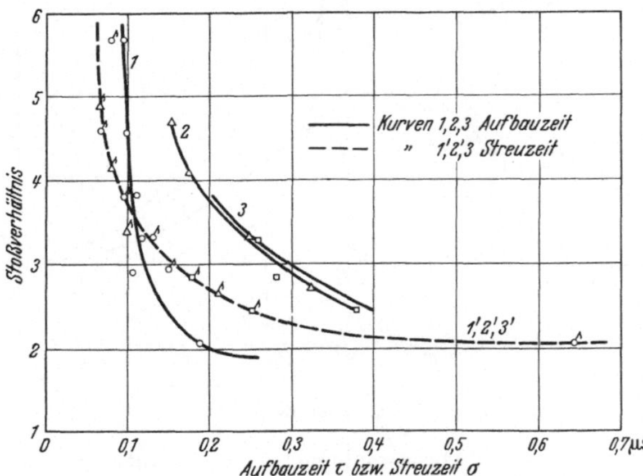

Kurven	Dicke mm	Wechsel-durchschlagsspannung kV
1 1'	0,3	4,37
2 2'	0,5	5,87
3 3'	0,7	8,75

Abb. 94. Abhängigkeit des Entladeverzugs von Preßspan in Luft von der angelegten Stoßspannung bei verschiedener Dicke der Probestücke im gleichförmigen Feld.

Der Einfluß der Elektrodenanordnungen auf die Aufbauzeit der Stoßentladung in Preßspan von 0,3 mm Dicke läßt Abb. 95[1] erkennen. Spitzenelektroden erhöhen die Aufbauzeit; diese Erhöhung ist stärker, wenn die Spitze eine anodische Elektrode ist.

Aus Abb. 96[2] geht hervor, warum diese hohen Werte des Stoßverhältnisses beim Stoßdurchschlag auftreten. In der gewählten Darstellung ist die Beanspruchungszeit geändert zwischen 3 ns und 100 s; dabei sind

[1] Siehe Anm. 2, S. 96.

[2] Siehe R. Jost: Anm. 1, S. 96.

die Beanspruchungen über 1 s Dauer Wechselspannungsbeanspruchungen. Ferner muß wieder darauf hingewiesen werden, daß die kurzzeitigen Beanspruchungen mit der Wanderwellenabschneideleitung ohne Kontrolle mit dem Kathodenstrahloszillographen erzielt wurden, daß also diese Werte nur sehr vorsichtig zu werten sind. Aber immerhin zeigen diese Versuche, die sich nicht nur auf Preßspan in Luft verschiedener Dicke beschränken, sondern auch auf Pertinax und Exzelsiorleinen in Öl ausgedehnt worden sind, daß die Festigkeit dieser Faserstoffe im Beanspruchungsbereich zwischen 1 μs und 0,1 s konstant ist und bei Beanspruchungen über 1 s plötzlich ein starker Abfall auf das Stoßverhältnis 1 eintritt. Dieser Abfall erfolgt ähnlich, wie er bei der Besprechung des Wärmedurchschlages in Steinsalz (s. Abb. 80) gefunden wurde. Man hat es also in diesem Falle schon bei gewöhnlichen Temperaturen mit einem ausgesprochenen Wärmedurchschlag zu tun und erst bei Beanspruchungsdauern, die unter 0,1 μs liegen, tritt rein elektrischer Durchschlag auf. Würde man diesen Durchschlagswert zugrunde legen, so käme man auf ähnlich niedere Werte des Stoßverhältnisses, wie sie bei Glas, Porzellan und Glimmer gefunden wurden.

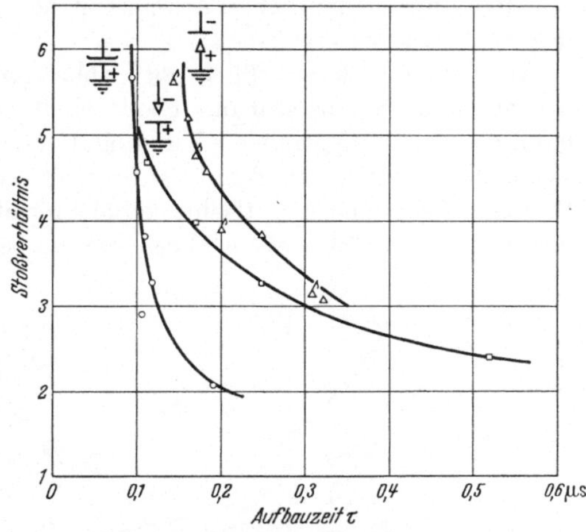

Abb. 95. Abhängigkeit der Aufbauzeit τ von Preßspan, 0,3mm dick in Luft, von der angelegten Stoßspannung für verschiedene Elektrodenanordnungen.

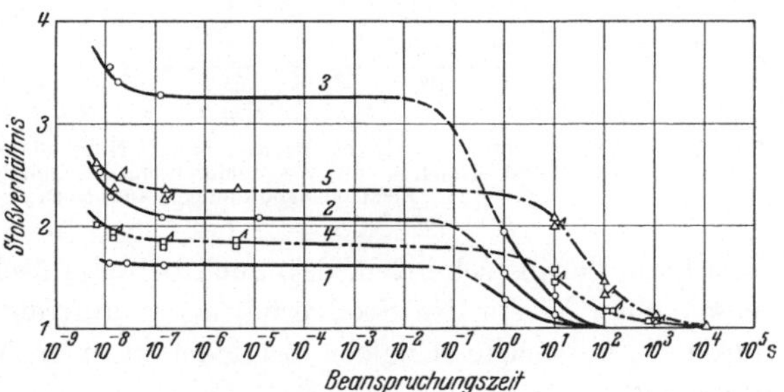

Kurve	Isolierstoff	Dicke mm	Statische Durchschlagsspannung kV
1	Preßspan in Luft	0,2	5,0
2	Preßspan in Luft	0,5	9,0
3	Preßspan in Luft	1,0	11,9
4	Pertinax in Öl	0,15 bis 0,50	7,3 bis 22,6
5	Excelsiorleinen in Öl	0,15 bis 0,50	9,5 bis 18,8

Abb. 96. Die Aufbauzeit τ innerhalb des Entladeverzugs in Faserstoffen, abhängig von der Beanspruchungsdauer.

Es sei noch darauf hingewiesen, daß im Gegensatz zu den Messungen der Abb. 95 die Versuche von Abb. 96 auch bei Preßspan oberhalb von 0,5 mm ein deutliches Anwachsen der Aufbauzeit τ mit der Dicke des Probestückes ergeben.

In Abb. 97[1] ist schließlich noch abhängig von der Aufbauzeit τ bzw. der mittleren Streuzeit σ das Stoßverhältnis für Nitrozellulosefilm von 0,3 mm Dicke aufgetragen. Nitrozellulosefilm ist ein reiner organischer Isolierstoff mit Faserstruktur. Aufbauzeit und Streuzeit liegen im gleichförmigen Feld niedriger als im ungleichförmigen. Ferner sind die Werte des Stoßverhältnisses ebenso hoch wie die bei den anderen Faserstoffen.

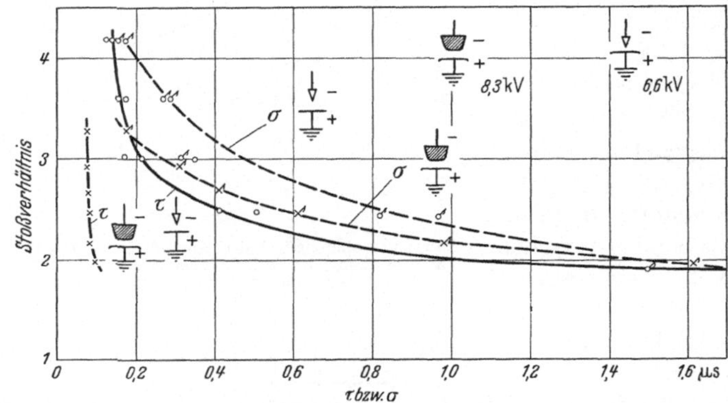

Abb. 97. Aufbauzeit τ und statistische Streuzeit σ von Nitrozellulosefilm, 0,3 mm dick. (In der Abbildung sind oben links die Wechseldurchschlagsspannungen der verwendeten Elektrodenanordnungen angegeben.)

Man kann daraus schließen, daß auch bei organisch reinen Faserstoffen, diese hohen Werte des Stoßverhältnisses auftreten, und daß sie nicht durch irgendwelche Ungleichförmigkeiten oder Verunreinigungen bedingt sind.

c) Der Einfluß von Bestrahlung.

Eine weitere Frage ist, ob die Anfangselektronen, die den Stoßdurchschlag einleiten, aus dem Isolatorgefüge stammen oder durch die an den Elektroden angreifende hohe Feldstärke aus diesen herausgerissen werden. Werden die Elektroden aus dem Isolatorgefüge entnommen, so muß bei Steigerung der freien Elektronen im Isolator zumindest die mittlere statistische Streuzeit herabgesetzt werden. Ein Mittel, die Zahl der freien Elektronen zu erhöhen, ist das Beschießen des Isolators mit Röntgenstrahlen oder aber seine Bestrahlung mit dem kurzwelligen Licht eines Quarzbrenners. Zwar wird durch diese Art der Bestrahlung auch die Zahl an der Elektrodenoberfläche gebildeten Elektronen erhöht, jedoch bleibt

[1] Siehe Anm. 2, S. 96.

deren Zahl immer noch klein gegenüber derjenigen, die durch die hohe angreifende Feldstärke aus der Elektrodenoberfläche herausgerissen werden. In Abb. 98 sind die Ergebnisse derartiger Versuche an Kristallplatten von 2,35 mm Dicke aus Steinsalz gezeigt[1]. Abhängig vom Entladeverzugswert ist die Höhe der angelegten Stoßspannung aufgetragen für die Elektrodenanordnungen negative Spitze bzw. positive Spitze gegenüber geerdeter Platte. Elektroden und Kristallplättchen waren in

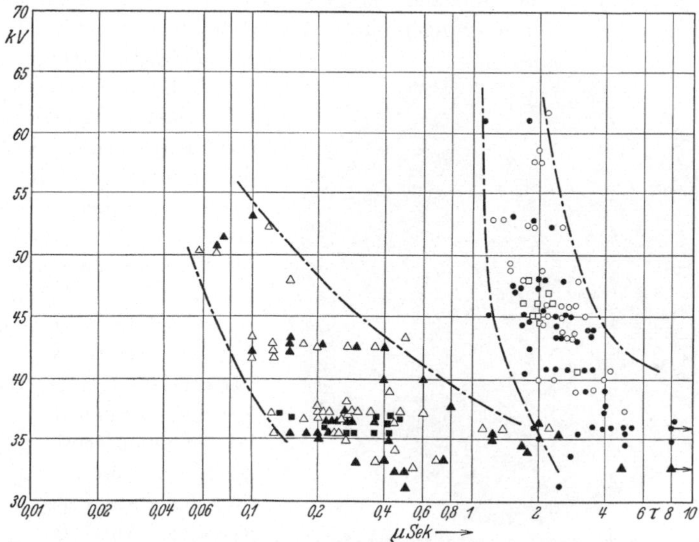

Abb. 98. Abhängigkeit des Entladeverzugs von der Höhe der Stoßspannung von Steinsalzkristallen (2,35 mm dick) bei negativer Spitze gegenüber positiver Platte. ● Nicht röntgenisiert, unbeleuchtet; ○ röntgenisiert, mit Quarzlicht beleuchtet; □ röntgenisiert, stark mit Quarzlicht beleuchtet bei positiver Spitze gegenüber negativer Platte: ▲ nicht röntgenisiert, unbeleuchtet; △ röntgenisiert, mit Quarzlicht beleuchtet; ■ röntgenisiert, stark mit Quarzlicht beleuchtet.

Trikrisilphosphat eingebettet, einer Flüssigkeit mit der Dielektrizitätskonstante 8[2]. Diese Messungen zeigen, daß weder Röntgenisierung noch Beleuchtung mit Quarzlicht den Entladeverzug beeinflussen. Die Anfangselektronen müssen daher unter Einwirkung der hohen Feldstärke aus den Elektroden aus- und in den Isolator eintreten. Die freien Elektronen im Isolator bleiben ohne merkbaren Einfluß auf den Entladeverzug.

d) Ionisierungskanäle und Teildurchschläge.

Bereits bei der Besprechung des statischen Durchschlages fester Isolierstoffe wurden Durchschlagsbahnen in Steinsalzkristallen gezeigt, die entsprechend der Kristallstruktur und Polaritätsrichtung des Feldes

[1] Inge, L. u. A. Walther: Arch. Elektrotechn. Bd. 28 (1934) S. 729.
[2] Siehe auch B. Wul u. L. Inge: Arch. Elektrotechn. Bd. 25 (1931) S. 597.

orientiert sind[1]. Während diese Durchschlagsbahnen in Steinsalzkristallen die hervorstechenden Eigenheiten des Durchschlages in festen Isolierstoffen hervorkehren, lassen Aufnahmen von Durchschlags- und Lawinenbahnen in Glas die Verwandtschaft des Festkörperstoßdurchschlages mit dem Gasdurchschlag erkennen[2]. So zeigt Abb. 99 Lawinenbahnen in einer Glasplatte von 5,5 mm Schichtdicke, die einer Stoßbeanspruchung von 72 kV während 0,15 µs unter Öl ausgesetzt war. Man sieht deutlich in der 35fachen Vergrößerung die Lawinenbahnen mit ihren einzelnen Verzweigungen und das allmähliche Anwachsen der Kanalstärke. Diese Bahnen ähneln außerordentlich Bildern, die man für die Lawinenbahnen des Stoßdurchschlages in Luft erhalten hat[3]. Noch deutlicher lassen die Abb. 100a und b die Parallele zwischen dem Durchschlag in festen Körpern und in Luft ersehen. Die zu diesen Versuchen verwendete Glasplatte von 7,0 mm Schichtdicke war im ungleichförmigen Feld einer Stoßspannung von 76 kV während 30 µs ausgesetzt; Abb. 100a zeigt die Lawinenspuren in der Aufsicht, Abb. 100b in der Seitenansicht. In beiden Abbildungen wurde die linke Figur bei negativer Spitze, die rechte bei positiver Spitze gewonnen.

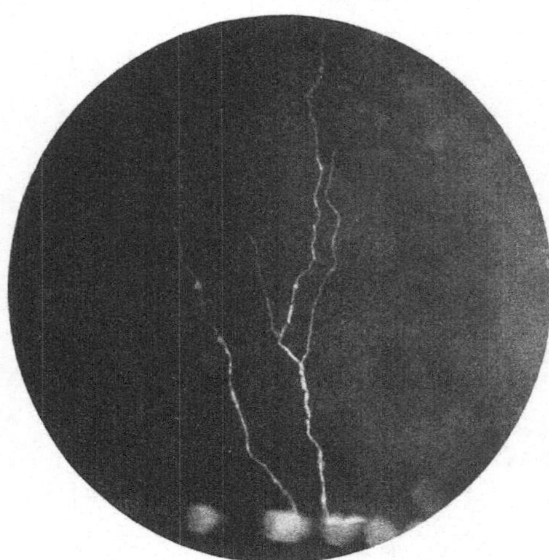

Abb. 99. Entladungskanäle in einer Glasplatte, Schichtdicke 5,5 mm; gestoßen bei 72 kV während 0,15 µs unter Öl. (Seitenansicht, 35fache Vergrößerung.)

Solche Durchschlagsbahnen wurden auch in anderen Isolierstoffen beobachtet, z. B. in Porzellan[4], jedoch sind sie dabei nicht so schön und ausgeprägt zu erkennen, wie in dem durchsichtigen Glas. Diese weitgehende Übereinstimmung der Durchschlagsbilder in Festkörpern und in Luft bestätigt die schon früher ausgesprochene Ansicht[5], daß der Durchschlag sehr ähnlich erfolgt wie bei Gasen, daß also die zurückgebliebene Raumladung, der wahrscheinlich ebenfalls wie bei Gasen Plasmaeigenschaften zuzuordnen sind, entscheidend wird für die weiteren

[1] Siehe auch S. 92.

[2] Inge, L. u. A. Walther: Arch. Elektrotechn. Bd. 24 (1930) S. 259. — Siehe auch J. T. Littleton u. W. W. Faver: Electr. Wld., N. Y., Bd. 90 (1927) S. 503.

[3] Siehe S. 39.

[4] Furkert, W.: Mitt. Porzellanfabr. Ph. Rosenthal & Co., AG., H. 19 (1933) S. 1. — Siehe auch K. Draeger: Anm. 3, S. 96.

[5] Siehe S. 95.

Ionisierungsvorgänge. Die Raumladungsbildung schreitet dabei wieder von der Anode zur Kathode hin fort, bis schließlich das vor der Kathode aufgesteilte Feld völlig zusammenbricht.

Von außerordentlicher technischer Wichtigkeit ist die Tatsache, daß bei kurzzeitigen Beanspruchungen, die nur wenig über der statischen Wechselspannungsbeanspruchung liegen, sich in der Nähe der anodischen Elektrode bereits so starke Raumladungsfäden gebildet haben, daß dort eine teilweise Zerstörung des Isolatorgefüges auftritt. Man spricht in einem solchen Falle von einem Teildurchschlag des Isolators. Es ist klar, daß solche Teildurchschläge, die zunächst, wenigstens rein äußerlich

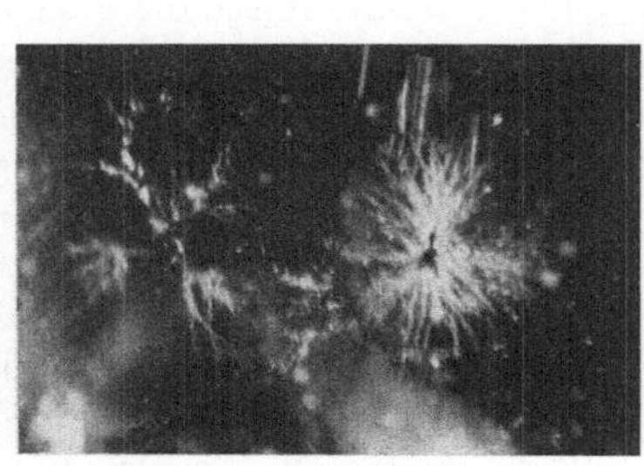

a

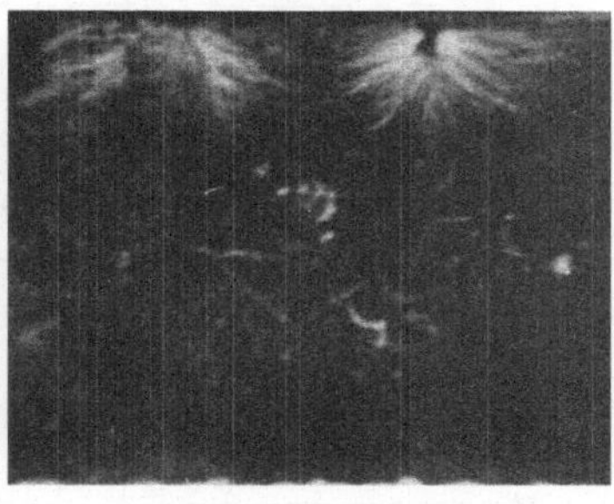

b

Abb. 100 a u. b. Unvollkommene Durchbrüche in Glasplatten, Schichtdicke 7,0 mm, unter Öl, Stoßspannung 76 kV von 30 ns Dauer im ungleichförmigen Feld. Linke Spuren: Spitze negativ; rechte Spuren: Spitze positiv. a Ansicht von oben; b Ansicht von der Seite.

nicht zu erkennen sind, die Festigkeit des Isolators im Betriebe erheblich herabsetzen können. Teildurchschläge machen sich jedoch stets durch einen Anstieg des Verlustwinkels bemerkbar und können auf diese Weise leicht erkannt werden[1].

So zeigt Abb. 101a und b das Verhalten eines Kappenisolators aus Porzellan bei der allmählich gesteigerten Beanspruchung mit einer Stoßwelle 0,25/1,5 μs[2] unter Öl, dessen Stoßdurchschlagsspannung bei dieser Welle 403 kV beträgt. Solange die Höhe der Stoßwelle unter dem Mindestdurchschlagswert liegt — in Abb. 101a während der ersten 365 Stöße — ändert sich der Verlustwinkel nicht, um nach Erreichen der Mindestdurchschlagsstoßspannung plötzlich mit jedem Stoß rasch anzusteigen. In Abb. 101b ist dieses Ansteigen der besseren Deutlichkeit halber in wesentlich vergrößertem Stoßzahlmaßstab herausgezeichnet. Als „durchgeschlagen" wurde der Isolator bezeichnet, wenn er die zur Messung des Verlustwinkels benötigte Spannung nicht mehr auszuhalten vermochte. Nach Beginn des plötzlichen Verlustwinkelanstieges wurde

[1] Furkert, W.: Anm. 4, S. 108. — Siehe auch J. Müller-Strobel: Arch. Elektrotechn. Bd. 32 (1938) S. 198.

[2] Erklärung dieser Bezeichnungsweise S. 116.

der Isolator jedesmal aus dem Ölbad herausgenommen und festgestellt, ob Durchschlagsspuren vorhanden waren. Dabei wurden oft an den Rändern der Beläge starke Stromspuren beobachtet, verbunden mit Metallniederschlägen und Ausbrechungen von Porzellansplittern. Der völlige Durchschlag trat bei dem in Abb. 101 gezeigten Beispiel erst nach 6 Stößen ein, inzwischen war jedoch der Verlustwinkel schon auf das 7fache seines Ursprungswertes angestiegen. Dieses Ansteigen des Verlustwinkels konnte durch die Fuchsinprobe als ein Vorwachsen eines einmal begonnenen Teildurchschlages nachgewiesen werden, der von Stoß zu Stoß weiter fortschreitet. Dadurch ist also der Beweis erbracht, daß man vorhandene Teildurchschläge an einer Änderung des Verlustwinkels erkennen kann.

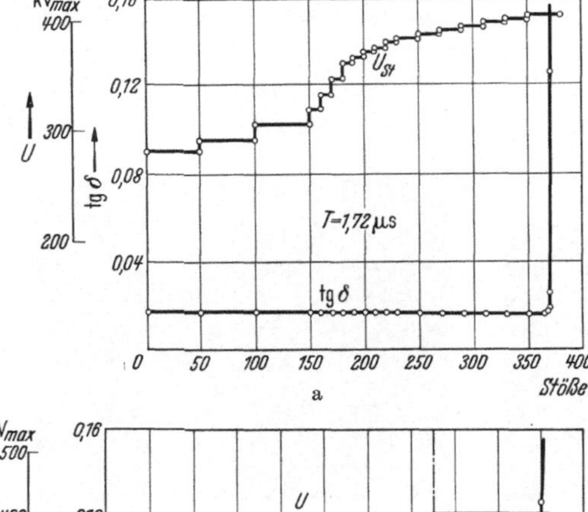

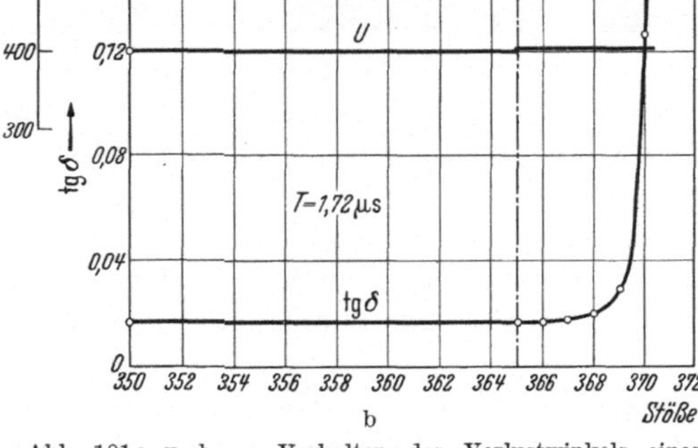

Abb. 101a u. b. a Verhalten des Verlustwinkels eines Porzellanprobekörpers unterhalb und bei Erreichen der Mindestdurchschlagsstoßspannung. (Mindestdurchschlagsstoßspannung 403 kV.) b Verhalten des Verlustwinkels eines Porzellanprobekörpers bei Erreichen der Mindestdurchschlagsstoßspannung bis zum völligen Durchbruch. (Mindestdurchschlagsstoßspannung 403 kV.) Abszissenmaßstab gegen Abb. 101a vergrößert.

Diese Teildurchschläge geben zugleich eine mögliche Erklärung dafür, daß Stoßdurchschläge auch unterhalb des Gleichspannungsdurchschlagswertes erhalten werden. Eine Integration der Leitungsgleichungen für den Fall sehr hohen Widerstandes unter Vernachlässigung der Ableitung deutet auf hohe Feldstärken in der Nähe der Welleneintrittsstelle. Diese Feldstärkenerhöhung über den statischen Fall hat Teildurchschläge zur Folge und ist die Ursache dafür, daß Stoßdurchschläge unterhalb der Gleichdurchschlagsspannung sich schon ausbilden können[1]. Jedoch kann diese Feldstärkenerhöhung nicht als der alleinige Grund hierfür angesehen werden, da Gleichvorspannung[2] bzw. eine Vorbeanspruchung

[1] Müller-Strobel, J.: Anm. 1, S. 109.
[2] Siehe Anm. 2, S. 96.

mit Stößen, die noch nicht zum Durchschlag geführt haben[1], die Stoßfestigkeit um 5—10% herabsetzt. Andererseits setzen sehr schnelle aufeinanderfolgende Spannungsstöße die Stoßfestigkeit herab[1]. Diese Tatsachen lassen auf eine Verfestigung des Isolatorgefüges durch Vorbeanspruchung bzw. eine Lockerung durch wiederholte schnelle Stöße schließen.

3. Die Stoßfestigkeit fester Isolierstoffe.

Wie schon anläßlich der Beurteilung der elektrischen Stoßfestigkeit des Öles eingehend ausgeführt wurde[2], ist in erster Linie die Aufbauzeit der Stoßentladung für die Stoßfestigkeit eines Isolierstoffes maßgebend; denn sie stellt ja zugleich auch den kürzest möglichen Entladeverzugswert dar. Die mittlere statistische Streuzeit dagegen spielt in diesem Zusammenhang nur eine Rolle, wenn eine Aussage gemacht werden soll, ob auch eine Entladestrecke mit Sicherheit früher anspricht als eine zweite.

Die mittlere statistische Streuzeit des Entladeverzuges fester Isolierstoffe ist im Vergleich zu derjenigen von Öl sehr gering und liegt sogar meist noch unter derjenigen von Luftentladungsstrecken. Man kann sich daher bei Betrachtungen über die Stoßfestigkeit fester Isolierstoffe im wesentlichen auf einen Vergleich der Aufbauzeiten beschränken. Will man den Einfluß der statistischen Streuzeit mit berücksichtigen, so kann dies leicht in gleicher Weise geschehen, wie es bei den Untersuchungen über den Einfluß der statistischen Streuzeit auf den Entladeverzug in Luft durchgeführt wurde[3].

Abb. 102 zeigt nun einen Vergleich zwischen den Kennlinien für die Aufbauzeit fester Isolierstoffe mit denjenigen für Luft und Öl im gleichförmigen Feld. Als Beispiele für die Aufbauzeitkennlinien fester Isolierstoffe wurden diejenigen für Porzellan von 1,0 mm und für Preßspan von 0,3 mm Dicke ausgewählt, also je eine Kennlinie für kristalline und für faserförmige Isolierstoffe. Der Unterschied in den Kennlinien dieser beiden Gruppen liegt ja, wie schon früher ausgeführt, darin, daß diese für die Gruppe der kristallinen Isolierstoffe erheblich niedriger liegen als für die Gruppe der faserförmigen. Ein Vergleich mit der Aufbauzeitkennlinie für Luft, die für den Schlagweitenbereich von 1 bis 10 cm Gültigkeit hat[4], mit derjenigen für 1 mm dicke Porzellanscheiben und 0,3 mm dicke Preßspanplatten läßt erkennen, daß die Kennlinie für Luft weit unterhalb der beiden anderen verläuft, daß also mit festen Isolierstoffen ausgefüllte Isolierräume stoßfester sind als Luftabstände. Anders liegen jedoch die Verhältnisse, wenn man die Ölkennlinien für die Aufbauzeit mit denen der festen Isolierstoffe vergleicht; die in Abb. 102 wiedergegebenen

---

[1] Lehmhaus, F.: Anm. 1, S. 100. [2] Siehe S. 84. [3] Siehe S. 50.
[4] Siehe S. 34.

Ölkennlinien beziehen sich auf Öle mit der statischen Festigkeit von 300 bzw. 100 kV/cm bei einer Schlagweite von 0,3 mm. Die kleine Schlagweite

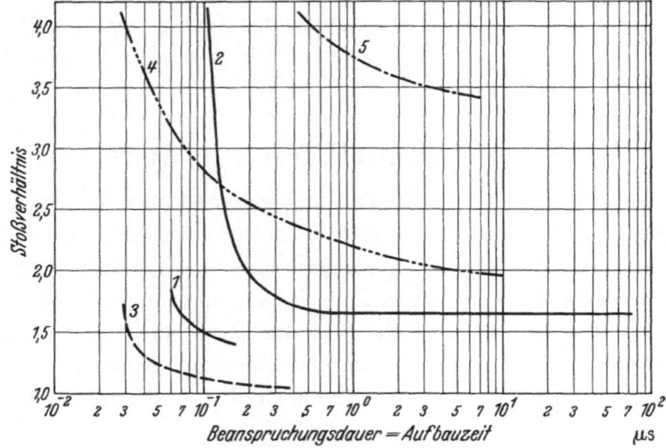

Abb. 102. Die Stoßfestigkeit fester Isolierstoffe im gleichförmigen Feld, abhängig von der Beanspruchungsdauer. Kurve 1: Porzellan, 1,0 mm dick; Kurve 2: Preßspan, 0,3 mm dick; Kurve 3: Luftschicht, 1—10 mm dick; Kurve 4: Ölschicht, 0,3 mm dick; statische Festigkeit 300 kV/cm; Kurve 5: Ölschicht, 0,3 mm dick, statische Festigkeit 100 kV/cm.

wurde ausgewählt, weil bei ihr das grundsätzliche, gegenseitige Verhalten der beiden Isolierstoffarten am deutlichsten zutage tritt. Zunächst ergibt

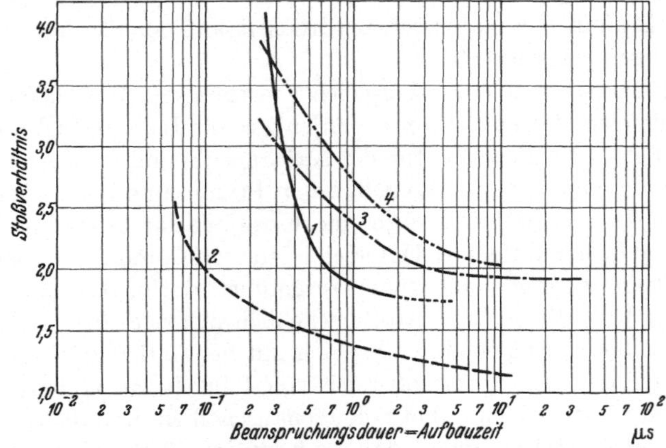

Abb. 103. Die Stoßfestigkeit fester Isolierstoffe im ungleichförmigen Feld, abhängig von der Beanspruchungsdauer. Kurve 1: Preßspan, 0,3 mm dick; Kurve 2: Luftschicht, 12 mm dick; Kurve 3: Ölschicht, 0,3 mm dick, statische Festigkeit 300 kV/cm; Kurve 4: Ölschicht 0,3 mm dick, statische Festigkeit 100 kV/cm.

sich, daß Ölisolation auf jeden Fall stoßfester ist als Isolation aus kristallinen Isolierstoffen. Jedoch gibt es ein Gebiet, in dem faserförmige Isolierstoffe stoßfester werden als Öl hoher statischer Festigkeit.

Auch im ungleichförmigen Feld liegen die Kennlinien ähnlich: Faserförmige Isolierstoffe werden für kurzzeitig auftretende Überspannungen stoßfester als Öl. In Abb. 103 ist zunächst einmal die Aufbauzeit für Luft im Spitzenfeld für den Schlagweitenbereich 1 bis 12 cm eingetragen, dann diejenige für Preßspan 0,3 mm stark, und ferner die Aufbauzeitkennlinien für Öl von 300 und 100 kV/cm statischer Ölfestigkeit. Die beiden Ölkennlinien unterscheiden sich nicht mehr sehr, da ja im ungleichförmigen Feld Verunreinigungen des Öles nur noch wenig Einfluß auf die Stoßfestigkeit haben. Das Kurvenbild zeigt, daß für Stoßspannungen, deren Dauer unter 0,3 μs liegt, Preßspan stoßfester ist als Öl.

Gleichzeitig geht aber auch aus einem Vergleich der Abb. 102 und 103 hervor, daß die Stoßfestigkeit von festen Isolierstoffen kristalliner Struktur bei gleichförmiger Feldbeanspruchung niedriger liegt als für Luft bei Beanspruchung im Spitzenfelde. Hingegen erweisen sich gleichförmig mit Stoß beanspruchte, faserförmige Isolierstoffe auch noch stoßfester als Luft im Spitzenfeld.

Zweiter Teil.

Stoßspannungsmeßtechnik.

IV. Stoßwellen und Stoßkennlinien.

Elektrische Hochspannungsanlagen könnten mit wesentlich geringerem Kostenaufwand gebaut werden, wenn man die Isolierung lediglich für Betriebsspannung bemessen und nicht auch auf gelegentlich auftretende Überspannung Rücksicht nehmen müßte. Solche Überspannungen können einmal von Schalthandlungen herrühren und halten sich dann in Grenzen, die man noch gut beherrschen kann. Dann aber gibt es eine zweite Gruppe von Überspannungen, die Gewitterüberspannungen, die wesentlich gefährlicher sind und bisher nur zum Teil erforscht sind und beherrscht werden können.

Schon frühzeitig versuchte man derartige Überspannungen in Laboratorien und Prüffeldern nachzuahmen. Gründlichere und umfangreichere Forschung ist jedoch erst möglich geworden, seit man mit Hilfe von Stoßgeneratoren kurzzeitige Überspannungen bis zu mehreren Millionen von Volt erzeugen gelernt hatte und auch mit Hilfe von Kathodenoszillographen in allen ihren Einzelheiten verfolgen konnte.

Gleichzeitig aber wurde es auch notwendig, bestimmte Richtlinien und allgemein anerkannte Bezeichnungen für das Arbeiten mit Stoßspannungen festzulegen, die sich in erster Linie auf die Art der Stoßwellen und der aufzunehmenden Stoßkennlinien erstrecken.

1. Stoßwellen.

Da Stoßwellen im allgemeinen einen Verlauf haben, der sich kaum jemals mathematisch genau festlegen läßt, so beschränkt man sich mit der Angabe zweier Größen, von denen die eine, die Stirndauer, ein Maß für den Spannungsanstieg, die andere, die Halbwertsdauer, ein Maß für den Spannungsabfall der Überspannung darstellt. Stirndauer und Halbwertsdauer werden nun in den einzelnen Ländern verschieden definiert[1]; Abb. 104 gibt eine Gegenüberstellung dieser beiden Wellenkenngrößen nach den in Deutschland, England, Amerika und bei der Internationalen Elektrotechnischen Kommission (IEC) üblichen Begriffserklärungen.

[1] Siehe auch P. Jacottet: ETZ Bd. 58 (1937) S. 41.

In Deutschland[1] wird unter Stirndauer der Quotient aus Scheitelwert und Stirnsteilheit der Spannungswelle verstanden, wobei die Stirnsteilheit dem Spannungsanstieg in kV/μs beim halben Scheitelwert entspricht. Man bestimmt sie graphisch, indem man beim halben Spannungsanstieg eine Tangente an die Stoßspannungswelle legt und deren Schnittpunkte mit der Abszissenachse und einer zur Abszissenachse gezogenen Parallele durch den Wellenscheitelwert aufsucht; die auf der Abszissenachse durch die Projektion dieser Schnittpunkte abgeteilte Zeit entspricht der Stirndauer. Unter Halbwertsdauer wird die Zeit verstanden, während der die Welle die Hälfte ihres Höchstwertes überschreitet.

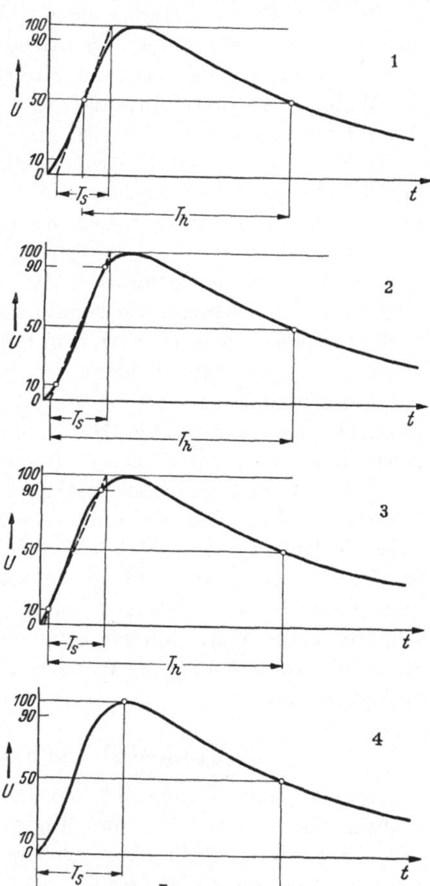

Abb. 104. Gegenüberstellung der Kerngrößen von Stoßwellen nach den Bezeichnungen der verschiedenen Länder. 1 VDE 0450/1933: Deutschland; 2 IEC: England; 3 AIEE: Amerika; 4 außerdem häufig in Amerika gebräuchlich.

In England[2] und nach der IEC[3] gilt als Stirndauer die mit 1,25 vervielfachte Zeitspanne, in der die Welle vom 0,1fachen auf den 0,9fachen Betrag ihres Scheitelwertes ansteigt und als Halbwertsdauer die Zeitspanne, die zwischen dem Beginn der Stirndauer und dem Absinken der Welle auf ihren Halbwert liegt.

In Amerika wird von der AIEE[4] dieselbe Definition der Stirndauer festgelegt wie in England und bei der IEC. Jedoch unterscheidet sich die Definition

[1] VDE 0450/1933, Leitsätze für die Prüfung von Spannungsstößen. — Siehe auch ETZ Bd. 55 (1934) S. 522.

[2] Allibone, T. E. u. F. R. Perry: J. Instn. electr. Engrs. Bd. 78 (1936) S. 257, 473.

[3] R. M. 124 (Dez. 1935), Bericht über die Sitzung des IEC-Ausschusses 8 vom 24. bis 26. 6. 1935 in Brüssel.

[4] Vogel, F. J. u. V. M. Montsinger: Trans. Amer. Inst. electr. Engrs. Bd. 52 (1933) S. 409.

der Halbwertsdauer etwas: sie rechnet nicht vom Beginn der Stirndauer, sondern von dem Zeitpunkt, in dem die Wellenspannung 10% ihres Höchstwertes erreicht hat.

Daneben ist in Amerika noch eine zweite Begriffsbestimmung der Kenngrößen gebräuchlich: die Stirndauer zählt vom Beginn der Welle bis zu ihrem Höchstwert, die Halbwertsdauer ebenfalls vom Beginn der Welle bis zu dem Zeitpunkt, in dem die Wellenspannung wieder auf ihren Halbwert abgesunken ist.

In Deutschland sind Bestrebungen im Gange, die bisherige Definition der Stirndauer fallen zu lassen und die in England und bei der IEC übliche zu übernehmen, jedoch an der Definition der Halbwertsdauer festzuhalten[1].

Um die Zahl der Stoßwellen für die Prüfung elektrischer Apparate nichts ins Ungemessene wachsen zu lassen, sind in allen Ländern einige Wellen genormt worden bzw. zur vorzugsweisen Benutzung empfohlen worden. Am gebräuchlichsten ist die vom VDE genormte Stoßwelle mit einer Stirndauer von 0,5 μs und einer Halbwertsdauer von 50 μs, in abgekürzter Schreibweise Stoßwelle 0,5/50 μs. Sie entspricht ziemlich genau der von der IEC genormten und für die englischen Vorschriften in Aussicht genommenen 1/50 μs-Welle und in Amerika üblichen 1,5/40 μs-Welle[2]. Es sei noch erwähnt, daß die IEC und England dabei Toleranzen erlauben, die für die Stirndauer $\pm$ 50% betragen, für die Halbwertsdauer jedoch nur solche von $\pm$ 20%. In Amerika sind ähnlich hohe Abweichungen zulässig, während die Deutschen Vorschriften keine Abweichungen kennen. Eine weitere sehr häufig benutzte Stoßwelle ist die 0,5/5 μs-Welle nach englischer, amerikanischer und IEC-Bezeichnung.

2. Mindestüberschlagsstoßspannung.

Eine weitere Kenngröße, die bei der Stoßspannungsprüfung eine wichtige Rolle spielt, ist die Mindestüberschlagsstoßspannung bei gegebener Stoßwelle. Sie ist gegeben durch den Höchstwert der verwendeten genormten Prüfwelle, der gerade noch zum Überschlag des Prüflings führt. Nach der deutschen Vorschrift wird die Mindestüberschlagsstoßpannung so eingestellt, daß 50% der auf den Prüfling gegebenen Stöße zum Überschlag führen. Amerika verwendet dieselbe Definition, die IEC und England dagegen bestimmen, daß 90% aller auf den Prüfling gegebener Stöße zum Überschlag führen sollen. Diese Unterschiede in der Höhe der Trefferzahl werden auf die Bestimmung der Mindestüberschlagsstoßspannung bei Kugelfunkenstrecken einen

[1] Siehe ETZ Bd. 58 (1937) S. 610, Entwurf 2 zu VDE 0675, Leitsätze für Überspannungsschutzgeräte in Starkstromanlagen und D. Müller-Hillebrand: ETZ Bd. 58 (1937) S. 589. — Siehe auch ETZ Bd. 59 (1938) S. 543.

[2] Putman, H. V. u. J. E. Clem: Electr. Engng. Bd. 53 (1934) S. 1594.

verschwindenden Einfluß haben; bei Spitzenfunkenstrecken und Isolation dagegen wird eine Einstellung auf 90% gegenüber einer solchen auf 50% eine Erhöhung der Mindestüberschlagsstoßspannung um 2—6% zur Folge haben[1].

Die Mindestüberschlagsstoßspannung ist abhängig von der Polarität der Stoßwelle, von der Luftdichte und der Luftfeuchtigkeit. Diese drei Daten sind also bei Messungen stets anzugeben[2]. Mit wachsender Halbwertsdauer nimmt sie im allgemeinen ab und nähert sich schließlich einem Grenzwert, der reiner Gleichspannungsbeanspruchung entspricht.

3. Stoßkennlinien[3].

Die einfachste Art einer Stoßkennlinie erhält man, wenn man für einen Prüfgegenstand mit Stoßwellen verschiedener Halbwertsdauer die Mindeststoßspannung ermittelt und diese abhängig von der Halbwertsdauer aufträgt. Man erhält dann eine Kennlinie, die etwa derjenigen mit $f(T_h)$ bezeichneten in Abb. 105 entspricht.

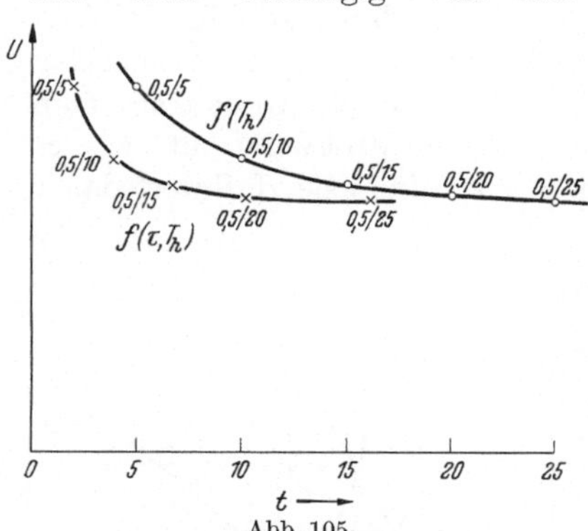

Abb. 105. Mindestüberschlagsstoßkennlinien.

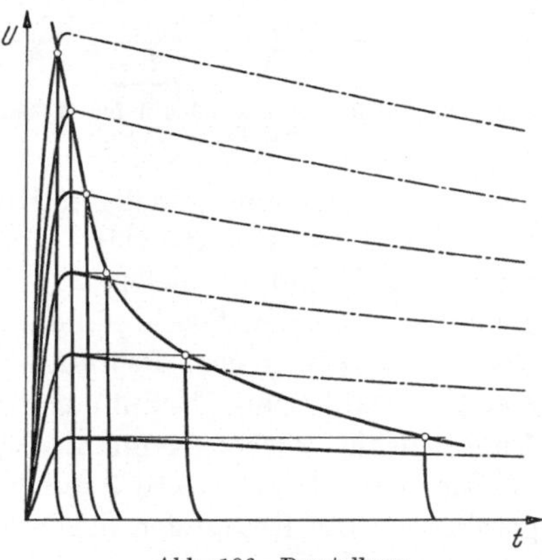

Abb. 106. Darstellung einer Entladeverzugskennlinie bei gegebener Mindestüberschlagsstoßspannung.

[1] Weicher, W. u. W. Hörcher: ETZ Bd. 59 (1938) S. 1029. — Jacottet, P.: Anm. 1, S. 114. — Siehe auch die Diskussionsbemerkung von T. E. Allibone zu der Arbeit R. Davis u. G. W. Bowdler: J. Inst. electr. Engrs. Bd. 82 (1938) S. 645; Aussprache darüber S. 669.

[2] In Amerika bezieht man die Mindestüberschlagsstoßspannung auf eine Temperatur von 25° C, einen Luftdruck von 760 Torr und eine absolute Luftfeuchtigkeit von etwa 15 g/m³. Ein Entwurf der IEC sieht dagegen eine Bezugstemperatur von 20° C und 11 g/m³ vor. Allgemeine Umrechnungsvorschriften lassen sich noch nicht geben. Siehe auch V. M. Montsinger, W. L. Lloyd u. J. E. Clem: Trans. Amer. Inst. electr. Engrs. Bd. 52 (1933) S. 417 und W. Weicker: Hescho-Mitt. 1937, H. 74. Ferner R. M. 124, Anm. 3, S. 115, F. D. Fielder: Electr. J. 1932, S. 348, 459 und ETZ Bd. 57 (1936) S. 1433.

[3] Siehe auch J. Rebhan: ETZ Bd. 58 (1937) S. 1177 und R. Elsner: ETZ Bd. 59 (1938) S. 315.

Mißt man nun gleichzeitig mit dem Kathodenstrahloszillographen den zu jeder Mindeststoßspannung gehörigen Zeitverzug bis zum Eintritt des Überschlages, so entsteht eine zweite Kennlinie, die in Abb. 105 mit $f(\tau_g, T_h)$ bezeichnet ist. Sie vermittelt schon wesentlich bessere Einblicke in die physikalischen Vorgänge beim Stoßdurchschlag.

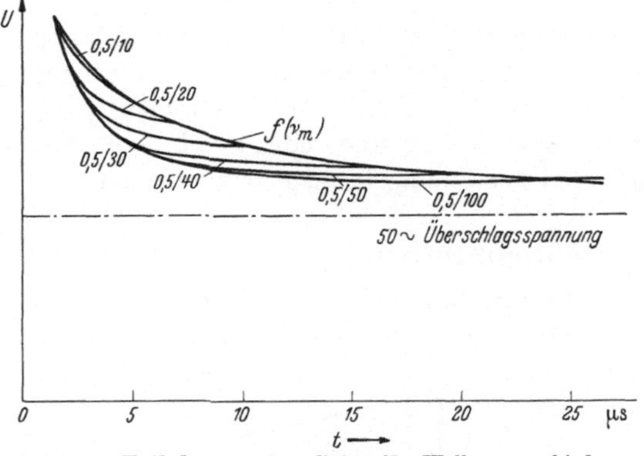

Abb. 107. Entladeverzugskennlinien für Wellen verschiedener Halbwertsdauer.

Eine dritte Form der Kennlinie ergibt sich, wenn man für eine bestimmte, vorgegebene Stoßwelle deren Höhe langsam steigert und dabei ständig die Zeit bis zum Überschlag mißt. Diese trägt man dann abhängig vom jeweiligen Höchstwert der Stoßwelle auf, wie es das Beispiel der Abb. 106 zeigt. Da diese Form für jede Halbwertsdauer eine neue Kennlinie liefert, so gehört zur genauen Beschreibung des Verhaltens eines Prüflings eine Vielzahl von Kennlinien. Eine Anzahl solcher Kennlinien ist schematisch in Abb. 107 aufgezeichnet. Die Kennlinien liegen

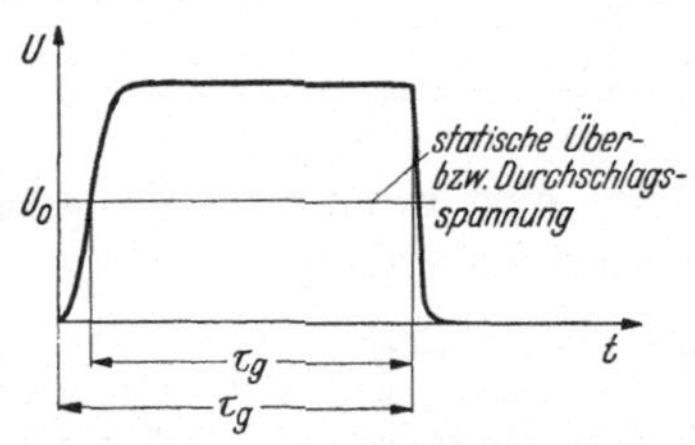

Abb. 108. Definition des Entladeverzugs.

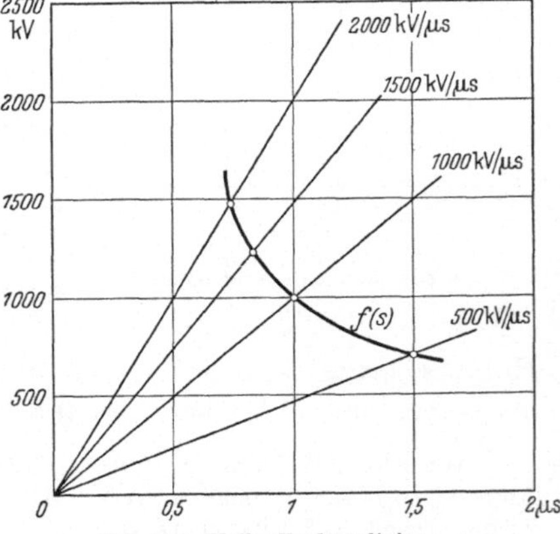

Abb. 109. Keilwellenkennlinien.

um so niedriger, je größer die Halbwertsdauer der Stoßwelle gewählt ist. Die niedrigste Kennlinie wird man also erhalten, wenn man eine Welle mit unendlich langem Rücken wählt.

Derartige Verhältnisse wird man bei physikalischen Untersuchungen stets anstreben: man wird um sich der tatsächlich tiefsten Kennlinie soweit wie möglich zu nähern, eine Welle mit möglichst kurzer Stirndauer und einer Halbwertsdauer einstellen, die ein möglichst hohes Vielfaches des Zeitverzuges bis zum Überschlag beträgt. Das heißt mit anderen Worten: man wird innerhalb des zu messenden Zeitverzuges der Welle möglichst weitgehend Rechtecksform geben.

Die Zeit, die zwischen dem Anlegen der Spannung und dem Überschlag bzw. Durchschlag des Prüflings verstreicht, bezeichnet man als Entladeverzug τ_g. Für physikalische Untersuchungen wird man oft den *Entladeverzug* noch genauer eingrenzen; man bezeichnet dann als Entladeverzug die vom Erreichen der statischen Über- bzw. Durchbruchsspannung bis zum Spannungszusammenbruch verstreichende Zeit (s. Abb. 108).

Eine andere Möglichkeit der Darstellung von Stoßkennlinien besteht schließlich noch darin, Keilwellen mit veränderlicher Steilheit zu benutzen. Die Überschlagsstoßspannung ist dann abhängig von der Steilheit der Welle, wie dies Abb. 109 zeigt. Diese Art von Kennlinien wird den Beanspruchungen gerecht, die ein Prüfling erleidet, wenn er schon im Anstieg der auftreffenden Überspannung über- bzw. durchschlägt.

V. Stoßspannungsgeneratoren.

1. Grundschaltungen.

Anordnungen zur Stoßspannungsprüfung müssen erlauben, daß die Prüfspannung innerhalb eines Bruchteiles einer μs auf ihren Höchstwert gebracht und dann innerhalb weniger μs bis zu mehreren 1000 μs langsam auf den Nullwert abgesenkt werden kann. Dabei wird zusätzlich gefordert, daß der gesamte Spannungsverlauf schwingungsfrei erfolgt[1]. Derartige Spannungsstöße kann man z. B. dadurch erzielen, daß man am Prüfkörper im Zuge einer Leitung Wanderwellen vorüberziehen läßt[2]. Eine Grundschaltung dieser Art zeigt Abb. 110. Von den Punkten A und B werden über Widerstände R_a die Kondensatoren C_1 und C_2 langsam auf Gleichspannung aufgeladen; der eine Belag der Kondensatoren ist über Widerstände $R_e/2$ an Erde gelegt. Ist nun die Kondensatorbatterie auf die gewünschte Spannung aufgeladen, so spricht die Zündfunkenstrecke F_z an und die Kondensatoren entladen sich über den Widerstand R_e und die ihm parallelgeschaltete Leitung L. Diese ist durch Widerstände $R_z/2$ am Anfang und R_z am Ende der Leitung, wenn R_z gleich dem Wellenwiderstand Z der Leitung L gewählt wird, auf eine unendliche lange Leitung abgeglichen; dadurch wird erreicht, daß die

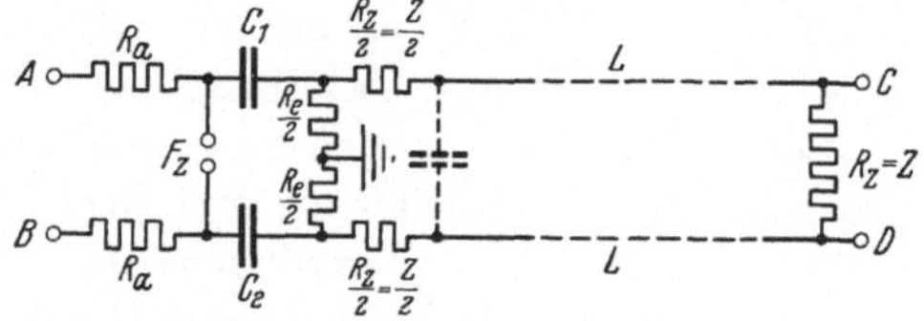

Abb. 110. Wanderwellenstoß über eine Leitung.

[1] Müller, H.: Arch. techn. Messen 339—5 (1932).
[2] Toepler, M.: Arch. Elektrotechn. Bd. 10 (1921) S. 157.

halbe an R_e liegende Spannung über der ganzen Leitung herrscht, und Wanderwellenbrechung auf der Leitung vermieden wird. Die Einstellung des Wanderwellenrückens kann durch passende Wahl von R_e und die der Stirndauer durch zusätzliche Kondensatoren C_z vorgenommen werden, die hinter die Widerstände $R_z/2 = Z/2$ zwischen Hin- und Rückleitung geschaltet sind. Der Prüfkörper wird an den Punkten C und D angeschlossen.

Die Erzeugung derartiger Wanderwellenstöße erfordert wegen der benötigten Leitung reichlich Platz. Außerdem ist die Abgleichung der Widerstände R_z auf den Wellenwiderstand Z sehr mühsam. Man wird daher in den meisten Fällen sich von den Eigenschaften der Leitung freimachen und den gewünschten Stoßspannungsverlauf durch Reihenschaltung von Kondensatoren und Widerständen nachbilden[1]. Für nicht sehr hohe Stoßspannungen kann man dabei die Schaltung der Abb. 111 verwenden, die sich ohne weiteres aus der Schaltung der Abb. 110 ableiten läßt: Der Prüfkörper liegt parallel zum Entladewiderstand R_e, dessen Größe wiederum den Rücken der Stoßspannung bestimmt. Die Stirndauer kann durch das Widerstandsverhältnis R_s/R_e und die Kapazität des Prüfkörpers, unter Umständen unter Zuhilfenahme einer zusätzlichen Kapazität C_z, eingestellt werden. In Fällen, bei denen der Wellenwiderstand der Leitung eine Rolle spielt, kann dieser durch einen wahren Widerstand R_z ersetzt werden. Diese Art der Schaltung hat gegenüber der Schaltung mit Wanderwellenleitung den Vorteil, daß bei ihr die Kondensatorspannung in voller Höhe auf den Prüfkörper trifft, also besser ausgenutzt ist, als bei der Schaltung der Abb. 110.

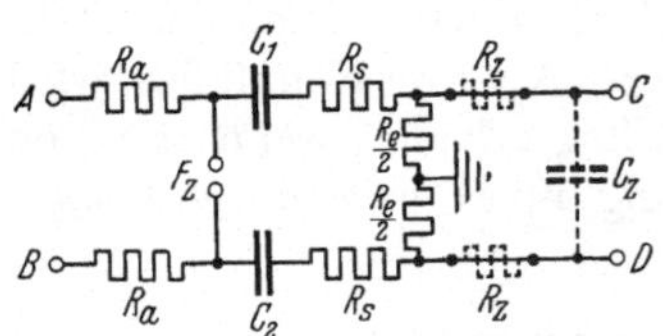

Abb. 111. Symmetrische Stoßanlage für niedrige Stoßspannungen.

Bei höheren Spannungen verwendet man zweckmäßig die Marxsche Stoßschaltung: sie beruht auf dem Grundgedanken Kondensatoren über hohe Widerstände in Parallelschaltung aufzuladen und dann durch Funkenstrecken in Reihe zu schalten und sie in dieser Reihenschaltung zu entladen[1]. Die Spannung einer Kondensatorstufe bestimmt sich durch die gewählte Ladeeinrichtung: diese liegt bei Verwendung von Ventilröhren bei 200—300 kV_{max} und bei Verwendung mechanischer Gleichrichter bei 700 bis 1000 kV_{max}[2]. Die Kapazität der einzelnen Stufen folgt aus der Überlegung, daß die resultierende Kapazität des Stoßgenerators mindestens fünfmal so groß sein soll wie die Kapazität des Prüfobjektes[3]. Die Grundschaltungen für einseitigen Stoß gegen

---

[1] Marx, E.: ETZ Bd. 45 (1924) S. 652. — Mitt. Hermsdorf-Schomburg-Isol. 1924, H. 10. — Müller, H.: Arch. Elektrotechn. Bd. 18 (1927) S. 328. — Arch. techn. Messen Z 44—1 (1935).

[2] Boekels, H.: ETZ Bd. 55 (1934) S. 603.

[3] Siehe VDE 0450/1933.

Erde sind in den Abb. 112 und 113 wiedergegeben: Sie unterscheiden sich nur hinsichtlich der Anordnung der Aufladewiderstände. Bei der Schaltung der Abb. 112 sind alle Aufladewiderstände an eine Sammelschiene geschaltet; die Aufladung der Kondensatoren erfolgt also völlig parallel. In Abb. 113 dagegen sind alle Aufladewiderstände in Reihe angeordnet; die Aufladung der einzelnen Kondensatorstufen erfolgt nicht mehr gleichmäßig, sondern die Ladespannung wird zunächst von Stufe zu

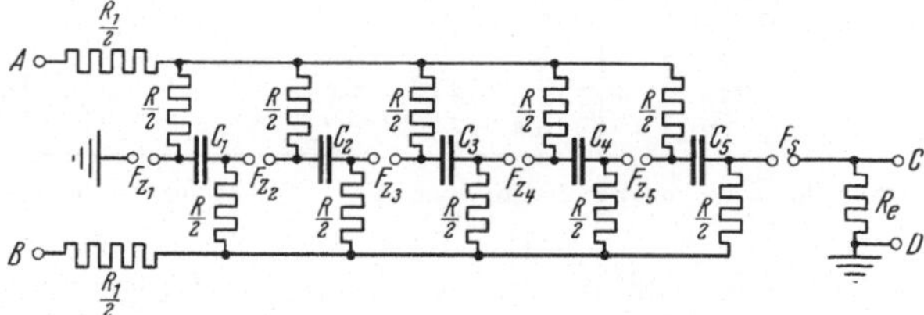

Abb. 112. Vervielfachungsschaltung mit 5 Stufen bei Parallelschaltung der Ladewiderstände.

Stufe abnehmen und erst nach verhältnismäßig langer Zeit wird sich gleichmäßige Spannung an allen Stufen einstellen. Trotz dieses offensichtlichen Nachteiles wird die zweite Schaltungsart namentlich bei

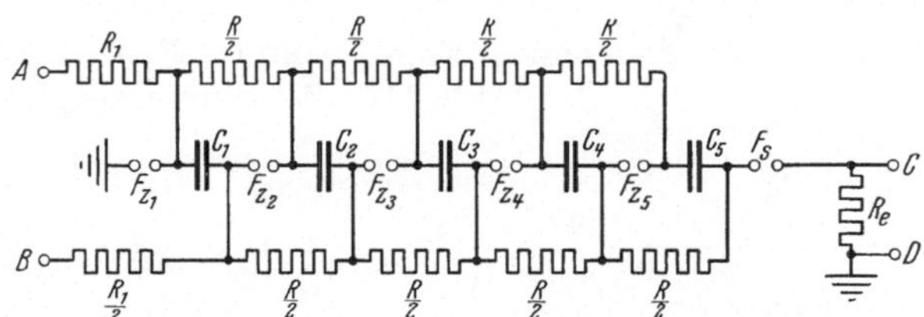

Abb. 113. Vervielfachungsschaltung mit 5 Stufen bei Reihenschaltung der Ladewiderstände.

sehr hohen Spannungen fast ausschließlich angewendet, da sie einen viel einfacheren Aufbau der Stoßanlage erlaubt. Es ist daher notwendig, den Aufladevorgang in dieser Schaltung eingehend zu betrachten und dann erst den Entladevorgang näher zu besprechen.

2. Der Aufladevorgang in der Marxschen Stoßschaltung[1].

Man kann die Stoßschaltung nach Marx, wenn die Aufladewiderstände, wie in Abb. 113, in Reihe geschaltet sind, als einen aus Widerständen und Kondensatoren zusammengesetzten Kettenleiter betrachten, wie er in Abb. 114 angedeutet ist. R_1 ist ein hoher Vorschaltwiderstand vor der ersten Stufe. R sind die Ladewiderstände, R_a die Ableitungswiderstände jeder Stufe und C_1 bis C_n die Kondensatoren der 1. bis n-ten Stufe.

[1] Elsner, R.: Diss. Berlin 1934. — Arch. Elektrotechn. Bd. 29 (1935) S. 655. — ETZ Bd. 59 (1938) S. 375.

Setzt man zunächst $R_1 = R$ und außerdem $R_a = \infty$ und nimmt eine unendlich feine Verteilung von R und C an, dann gilt[1]

$$(1)\qquad \frac{\partial u}{\partial x} = i\,r \quad \text{und} \quad \frac{\partial i}{\partial x} = -c\,\frac{\partial u}{\partial t},$$

wobei u die Spannung an irgendeinem Punkte x dieser unendlich fein verteilten Kette und i der in demselben Punkte x herrschende Strom ist;

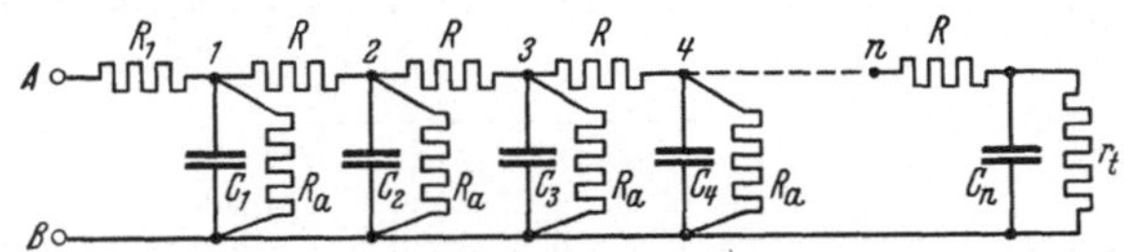

Abb. 114. Kettenleiteranordnung zur Bestimmung des Ladevorganges in der Stoßschaltung der Abb. 113.

c und r bedeuten Kapazität bzw. Widerstand je Längeneinheit. Damit wird dann die zeitliche Spannungsänderung

$$(2)\qquad \frac{\partial u}{\partial t} = \frac{1}{c\,r}\frac{\partial^2 u}{\partial x^2}.$$

Geht man nun auf die Stoßanlage mit endlichen Stufen über, so kann man

$$(3)\qquad C = c \cdot \varDelta x \quad \text{und} \quad R = r \cdot \varDelta x$$

setzen. Es gilt dann für Punkt 2 der 3 Punkte der Abb. 115 die Differenzengleichung

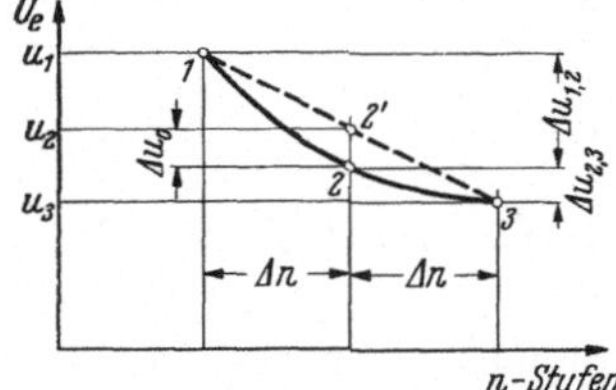

Abb. 115. Bezeichnungen der Differenzengleichung 4.

$$(4)\qquad \left\{ \begin{aligned} \frac{\varDelta u_2}{\varDelta t} &= \frac{1}{CR}(\varDelta u_{12} - \varDelta u_{23}) = \\ &= \frac{1}{CR}(u_3 - 2\,u_2 + u_1). \end{aligned} \right.$$

Hält man das Potential in 1 und 3 konstant, so wird sich als Endwert in 2 einstellen $u_2' = \frac{u_3 + u_1}{2}$; dann gilt

$$(5)\qquad \varDelta u_0 = u_2' - u_2 = \frac{u_3 - u_1}{2} - u_2$$

und

$$(6)\qquad \frac{\varDelta u_2}{\varDelta t} = \frac{1}{CR} \cdot 2\,\varDelta u_0,$$

somit wird

$$(7)\qquad \varDelta u_2 = \varDelta u_0 \quad \text{für} \quad \frac{2\,\varDelta t}{CR} = 1,$$

also für

$$(8)\qquad \varDelta t = \frac{CR}{2} = \frac{T}{2}.$$

T ist dabei die Ladezeitkonstante einer Stufe.

Auf Grund dieser Beziehungen ergibt sich für die Spannungsverteilung während des Aufladevorganges über die einzelnen Stufen eine Lösung, die in Abb. 116 für eine 6stufige Stoßanlage durchgeführt ist: als Ordinate

[1] Nusselt, W.: Gesundh.-Ing. Bd. 38 (1915), S. 477, 490.

ist die an die Stoßanlage angelegte Spannung aufgetragen, die Abszisseneinteilung geben die einzelnen Stufen. Betrachtet werden Zeitabschnitte $\Delta t = T/2$. Im Einschaltaugenblick liegt die gesamte Ladespannung über dem Widerstand R der ersten Stufe, während die Spannung an den sämtlichen Stufenkondensatoren noch Null ist. Nach der Zeit $T/2$ wird sich, wenn man sich während dieser Zeit die Spannung an Stufe 2 auf dem Wert Null festgehalten denkt, an Stufe 1 die Spannung um den Wert $\Delta u_1 = \Delta u_{10}$ gehoben haben, d. h. es wird sich an der Stufe 1 eine Spannung

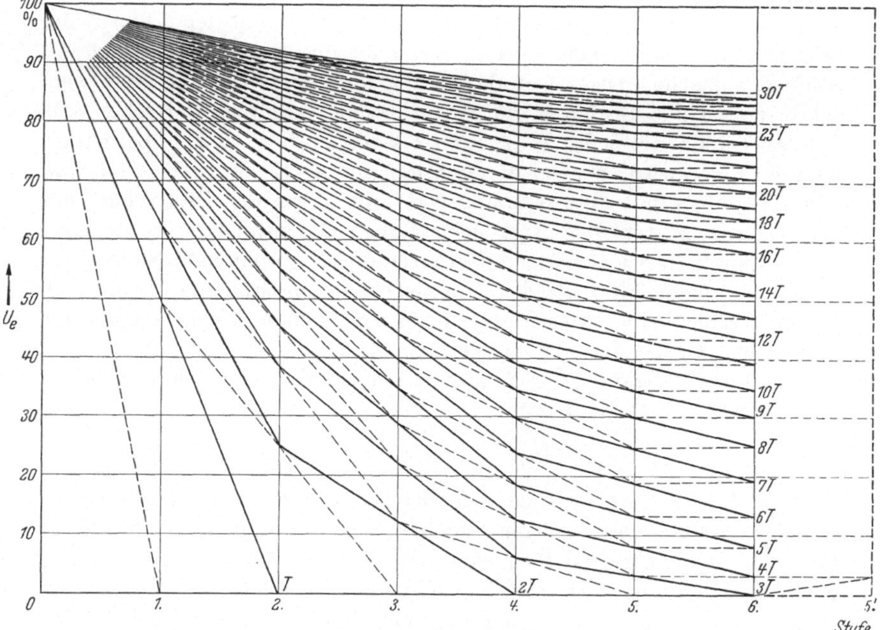

Abb. 116. Graphische Näherungsberechnung des Aufladevorganges einer sechsstufigen Stoßanlage ohne Vorwiderstand zwischen Gleichrichteranlage und Stoßbatterie.

eingestellt haben, die dem halben Potentialunterschied zwischen der vollen angelegten Spannung am Anfang der Ladekette und der Spannung an Stufe 2 entspricht, die ja voraussetzungsgemäß noch Null sein soll; man findet diesen Wert, indem man den Punkt, der dem am Kettenanfang herrschenden Potential entspricht, mit dem Punkt, der dem an Stufe 2 liegenden zukommt, durch eine Gerade verbindet und den Schnittpunkt dieser Geraden mit Stufe 1 feststellt. In dieser Art zeichnet man weiter: im darauffolgenden Zeitabschnitt $T/2$ ist die Spannung an Stufe 3 noch auf dem Nullwert festgehalten, das Potential an Stufe 2 hat sich um den Wert $\Delta u_2 = \Delta u_{20}$ gehoben, also auf den halben Wert des Spannungsunterschiedes zwischen Stufe 1 und 3. Nach einer weiteren Zeitspanne $T/2$, also zur Zeit $3\,T/2$, hat sich dann die Spannung an Stufe 1 auf den halben

Wert des Potentialunterschiedes zwischen Anfang und Stufe 2 und die Spannung an Stufe 3 auf den halben Wert desjenigen zwischen Stufe 2 und 4 eingestellt, wobei wieder voraussetzungsgemäß die Spannung an Stufe 4 noch auf dem Nullwert festgehalten werden soll. So zeichnet man weiter bis zur letzten Stufe: an dieser ist die Randbedingung $i = 0$ einzuhalten. Man wird ihr dadurch gerecht, daß man spiegelbildlich zu Stufe 6 eine weitere völlig gleiche Kette sich denkt: in dieser Kette muß unter der Annahme, daß sie in genau derselben Weise geladen wird, an Stufe 5' dieselbe Spannung herrschen, wie in der eigentlichen Kette an Stufe 5. Δu_{60} wird dann so gefunden, daß man die Stufen 5 und 5' der beiden Ketten durch eine Gerade verbindet und den Schnittpunkt mit Stufe 6 aufsucht. Diese Gerade ist aber eine Parallele zur Abszissenachse, da an den Stufen 5 und 5' ja gleiche Spannung herrschen soll, d. h. aber, daß nach jeder Zeitspanne $T/2$ sich an Stufe 6 der Spannungswert einstellen wird, der vor dieser Zeitspanne an Stufe 5 geherrscht hat. Abb. 116 gibt somit die Spannungsverteilung über der Stoßanlage mit dem Zeitparameter T (ausgezogene Konstruktionslinien) wieder. Sie hat — innerhalb der Genauigkeitsgrenzen dieser graphischen Näherungslösung — allgemeine Gültigkeit für jede 6stufige Stoßanlage. Je nach der unterschiedlichen Anordnung von R und C ändert sich lediglich die numerische Größe der Zeitspanne $T/2$.

Ein Vorwiderstand $R_1 > R$ läßt sich ebenfalls in der Konstruktion berücksichtigen: es wird dann

$$\frac{\Delta u_2}{\Delta t} = \frac{1}{T'} \cdot \Delta u_0, \qquad \text{wenn} \qquad T' = C_2 \frac{R_1 R}{R_1 + R}, \tag{9}$$

während für die übrigen Glieder der Kette $\Delta t = T/2$, wie im vorher besprochenen Fall, wird. In der zeichnerischen Lösung der Abb. 117 ist $R_1 = 5\,R$ angenommen. Man sieht sehr schön, wie der Ladevorgang zwar viel langsamer, aber dafür gleichmäßiger erfolgt.

In ähnlicher Weise läßt sich auch eine Konstruktion finden für den Fall, daß $R_a \neq 0$ ist. Dieser Fall tritt im allgemeinen nur bei Anlagen, die im Freien aufgestellt sind, und da nur bei Tau, Schnee oder Regenwetter ein und bewirkt, daß nicht die Ladespannung U_L an allen Stufen der Stoßanlage sich als Endzustand einstellen kann. Man kann diesem Übelstand durch Verkleinern der Ladewiderstände entgegenwirken. In Abb. 118 sind die 3 behandelten Fälle der Aufladung gegenübergestellt: über der Ladezeit in Einheiten der Stufenzeitkonstante T ist die an der 1. und letzten Stufe erreichte Spannung aufgetragen. Dabei ist im 3. Fall für $R = 10\,R_a$ gesetzt. Im 1. Fall erreicht die Spannung an der 1. Stufe bereits nach 16 T den Wert 0,9 U_L, während die Spannung an der letzten Stufe erst den Wert 0,62 U_L erreicht hat: dieses Mißverhältnis wird um so größer, je mehr Stufen die Stoßanlage erhält. Da man, um zu erträglichen Aufladezeiten zu gelangen, die Ladespannung U_L um mindestens 10% höher wählen wird, als der Schlagweite der Zündfunkenstrecken

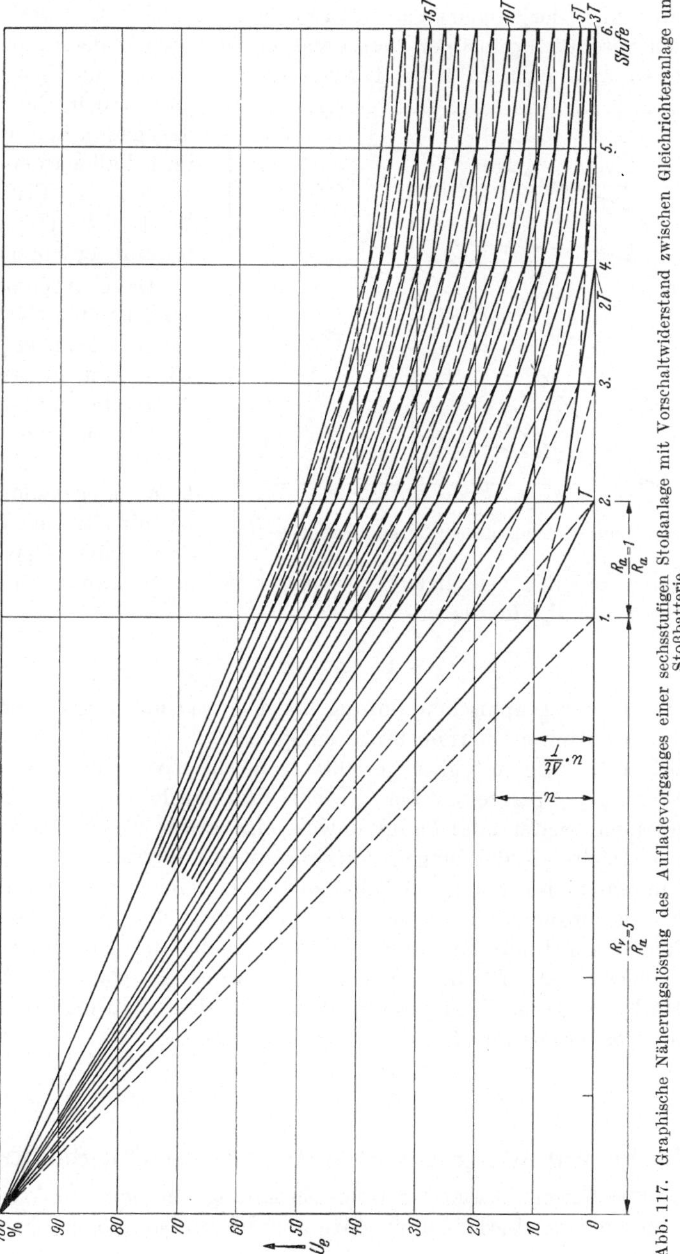

Abb. 117. Graphische Näherungslösung des Aufladevorganges einer sechsstufigen Stoßanlage mit Vorschaltwiderstand zwischen Gleichrichteranlage und Stoßbatterie.

entspricht, so würde beim Ansprechen derselben die Spannung an der 6. Stufe nur $^2/_3$ derjenigen an der 1. Stufe betragen. Die Ladeverhältnisse werden wesentlich günstiger, wenn man einen hohen Widerstand R_1 vorsieht: so wird nach 25 T die 1. Stufe die Spannung 0,65 U_L angenommen haben, die 6. Stufe dagegen schon 0,50 U_L: im 1. Fall würden 0,65 U_L an der 1. Stufe dem Wert 0,17 U_L an der 6. Stufe entsprechen.

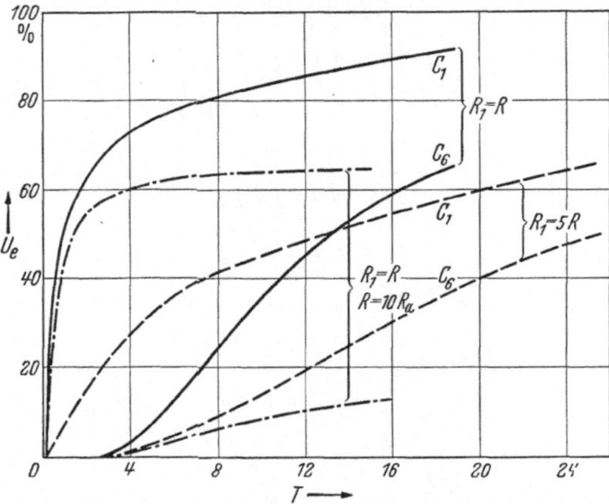

Abb. 118. Aufladekennlinien einer sechsstufigen Stoßanlage.

Diese graphische Lösung ist eine Näherungslösung, die um so genauer wird, je mehr Stufen die Anlage hat und je weiter die Aufladung vorgeschritten ist. Eine vollkommen genaue Lösung ist mit Hilfe der Heavisideschen Operatorenrechnung möglich: sie liefert für eine n-stufige Stoßanlage als Ladezeitkonstante T_n für die n-te Stufe[1]

$$T_n \approx \left(\frac{4\,n^2\,R\,C}{\pi^2} + n\,R_1\,C\right). \tag{10}$$

Die Werte der graphischen Lösung liegen etwas höher als dieser rechnerisch ermittelten Zeitkonstante entspricht.

Bei Aufladung mit gleichgerichteter Wechselspannung gleichen sich während der Sperrzeiten der Gleichrichterventile die Ladungen der Einzelstufen weiter aus: dadurch wird eine etwas gleichmäßigere Aufladung erzielt, als der obigen Zeitkonstanten entspricht.

Um den Ladevorgang möglichst zu beschleunigen, wählt man zweckmäßig die einzelnen Ladewiderstände nur so groß, wie es die längste Rückenzeitkonstante T_R der Stoßwellen erlaubt, die der Stoßgenerator noch liefern soll. Da die Rückenzeitkonstante T_R etwa das 1,4fache der Halbwertsdauer T_H wird, so erhält man für die Schaltung der Abb. 113 als unteren Grenzwert für die Ladewiderstände

$$\frac{R}{2} = \frac{1{,}4 \cdot T_H}{C}. \tag{11}$$

3. Die Entladung der Stoßbatterie auf den Stoßkreis.

Stoßbatterien müssen bei ihrer Entladung auf den Stoßkreis einen möglichst glatten Verlauf ihrer Spannung liefern, so daß sich Stirn- und

[1] Elsner, R.: Anm. 1, S. 21.

Halbwertsdauer genau bestimmen lassen[1]; er darf also nicht oder nur unwesentlich durch überlagerte Wanderwellen- oder Hochfrequenzvorgänge gestört sein. Die Kenntnis von wirksamer Induktivität, Kapazität und Widerstand im Stoßkreis muß ausreichen, jederzeit den Spannungsverlauf zu berechnen. Auch ein einmal erhaltener Stoßspannungsverlauf muß jederzeit wieder einstellbar sein. Dies sind unumgängliche Voraussetzungen für einwandfreie Untersuchungen, die mehr als zufällige Gültigkeit haben sollen.

Bei näherer Betrachtung des Entladevorganges der Stoßbatterie erkennt man, daß diese Voraussetzungen keineswegs ohne weiteres erfüllt sind[2]: Ist der Aufladevorgang so weit fortgeschritten, daß die Zündfunkenstrecke F_{z_1} der ersten Stufe anspricht, so wird dadurch eine ganze Reihe von einzelnen Ausgleichsvorgängen eingeleitet, die in ihrer Gesamtheit den Stoßvorgang ausmachen. Jede Stoßbatterie besitzt je nach ihrer räumlichen Ausdehnung mehr oder weniger Eigeninduktivität: man kann daher für den Entladungsvorgang das Ersatzschaltbild der Abb. 119 zugrunde legen. Nach dem Ansprechen von F_{z_1} wird zunächst die Erdkapazität $C_{2,0}$ der 2. Stufe über die durch die räumliche Anordnung dieser Stufe verursachte kleine Induktivität L_2 aufgeladen. Dadurch wird eine so hohe Überspannung an F_{z_2} auftreten, daß sie praktisch unverzögert anspricht. In weiterer Folge wird dann zunächst die Erdkapazität $C_{3,0}$ über die Induktivität L_3 aufgeladen, die Funkenstrecke F_{z_3} spricht an, der Vorgang greift auf die 4. Stufe über und pflanzt sich auf die Weise durch die ganze Batterie hindurch fort. Zuletzt wird die Spannung an der Schaltfunkenstrecke beträchtlich überschießen, sie zum Überschlag bringen und dann nach Maßgabe der Dämpfung in den einzelnen Zündfunkenstrecken und der im äußeren Stoßkreis vorhandenen Widerstände auf den Summenwert der sämtlichen Stufenspannungen einpendeln. Dabei überlagern sich der Grundschwingung der gesamten Batterie die Einzelvorgänge der verschiedenen Stufen. Diese wiederum können sich je nach ihrer Verkettung gegenseitig beeinflussen und dabei, durch den konstruktiven Aufbau bedingt, die Einzelschwingungen besonderer Stufen stärker ausgeprägt sein. So zeigt z. B.

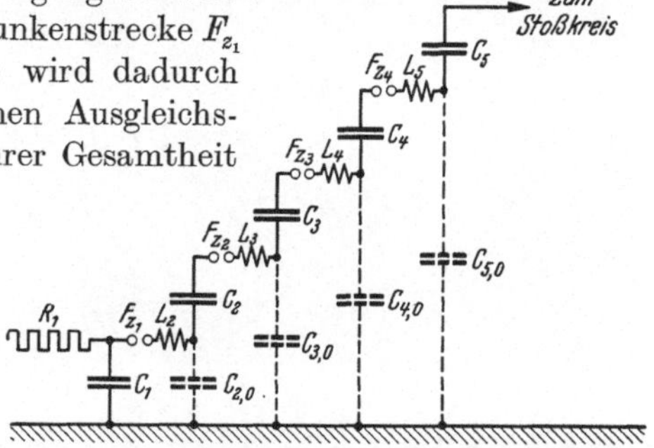

Abb. 119. Ersatzschaltbild für den Einschwingvorgang einer Stoßbatterie.

[1] VDE 0450/1933, Leitsätze für die Prüfung von Spannungsstößen: ETZ Bd. 54 (1933) S. 292; Bd. 55 (1934) S. 523.

[2] Elsner, R.: Anm. 1, S. 21. — Arch. Elektrotechn. Bd. 30 (1936) S. 445.

Abb. 120 den Einschwingvorgang einer 14stufigen Stoßanlage im Oszillogramm. Die untersuchte Anlage hatte eine Breite von 2,8 m und eine Länge von 12 m bei einer Höhe der letzten Stufe vom Erdboden von etwa 6 m. Neben verschiedenen Oberschwingungen weist das Oszillogramm eine besonders starke Schwingung der 5. und 7. Stufe auf; die Grundschwingung der Anlage beträgt 150 m. Diese stark ausgeprägten Oberschwingungen haben ihre Ursache in besonderen Querverbindungen langer durchlaufender Eisenträger im Gerüst der Stoßanlage. Die wirksame Induktivität L_e wurde zu 30 μH berechnet; damit bestimmt sich die wirksame Erdkapazität C_e aus der Grundfrequenz $2 \cdot 10^{-6}$ Hz zu $C_e = 2{,}12 \cdot \mathrm{nF}$.

a

b

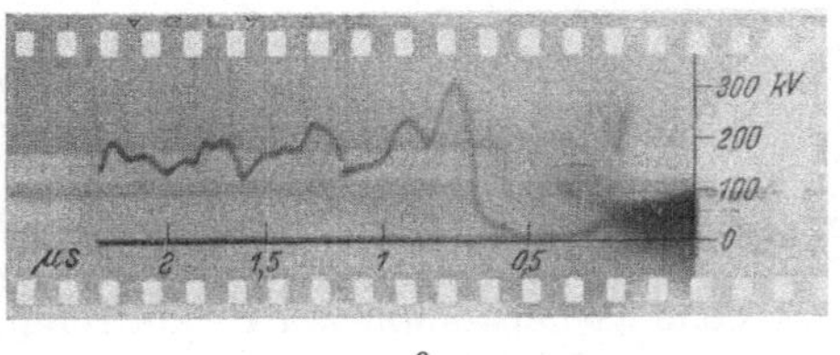

c

Abb. 120 a bis c. Spannungsverlauf an einzelnen Stufen eines Stoßgenerators beim Ansprechen der Zündfunkenstrecken. a Spannung an $C_{5,0}$: $F_{z_1} = 12$ mm; b Spannung an $C_{9,0}$: $F_{z_1} = 12$ mm; c Spannung an $(C_{14,0} + C_{14})$: $F_{z_1} = 6$ mm (Bezeichnungen vgl. Abb. 119).

Ein Mittel, diese Schwingungen in der Stoßentladung zu beseitigen, liegt im Einbau von Dämpfungswiderständen R_d in die Zuleitungen zu den einzelnen Zündfunkenstrecken[1]. Aperiodischen Verlauf erhält man für $R_d \geqq 2\sqrt{L_e/C_e}$; dies ergibt für das oben angeführte Beispiel einer Stoßanlage $R_d \geqq 750$. Der Einbau eines solchen Widerstandes setzt einmal die Höhe der Stoßspannung am Prüfkörper herab, denn diese wird dann im Verhältnis $U_0 \cdot \frac{R_e}{R_e + R_d}$, wenn U_0 die Summenspannung der einzelnen Stufen und R_e der wirksame Widerstand des äußeren Stoßkreises ist, der sich aus dem tatsächlich vorhandenen Widerstand im äußeren Stoßkreis und der ihm parallel geschalteten Summe der Ladewiderstände zusammensetzt. Außerdem setzt aber ein so großer Dämpfungswiderstand R_d auch die Stirndauer nicht unbeträchtlich herab, wie die nachfolgende einfache Rechnung zeigt: die numerischen Angaben beziehen sich wieder auf das

[1] Bellachi, P. L.: Electr. Engng. Bd. 52 (1933) S. 123. — Kopeliowitsch, J.: Ber. Pariser Hochspannungskonf. Juni 1931, S. 1931. — Bull. schweiz. elektrotechn. Ver. Bd. 22 (1936) S. 461.

Beispiel der schon angeführten Anlage. Setzt man den Widerstand R_e des äußeren Kreises in Abb. 113 unendlich groß und gleichzeitig die Stufenkapazität C sehr groß gegen die wirksame Erdkapazität C_e, so wird mit $T_L = L_e/C_e$ als Dämpfungszeitkonstante die Spannung an der letzten Stufe[1]

$$(12) \qquad u = U_0 \left[1 - \varepsilon^{-\frac{t}{2T_L}} \left(\cos \omega t - \frac{1}{2\,\omega\, T_L} \cdot \sin \omega t\right)\right].$$

Der Spannungshöchstwert der ungedämpften Anlage wird nach der Zeit

$$t_s = \frac{\pi}{\omega} = \frac{\pi}{\sqrt{1/L_e C_e}} \sim 0{,}25 \cdot 10^{-6}\,\mu\text{s}$$

erreicht. Bei aperiodischer Dämpfung dagegen wird der Spannungsverlauf

$$(13) \qquad u = U_0 \left[1 - \varepsilon^{-\frac{1}{2T_L}} \left(1 - \frac{1}{2\,T_L}\right)\right],$$

d. h. daß 95% des Spannungshöchstwertes im oben angeführten Beispiel erst nach 9,5 $T_L \sim 0{,}38\,\mu$s erreicht werden. Im Zusammenhang mit dieser Vergrößerung der Stirndauer nimmt auch die Stirnsteilheit entsprechend der größeren Dämpfungszeitkonstante ab. Diese nachteiligen Wirkungen der Dämpfungszeitkonstanten machen sich um so mehr bemerkbar, je räumlich ausgedehnter der Aufbau der Batterie ist[2].

Ein weiteres Mittel, den erforderlichen glatten Spannungsverlauf zu erhalten, besteht darin, als Schaltfunkenstrecke eine Spitzenfunkenstrecke zu verwenden[3], die so eingestellt wird, daß sie durch die volle Höhe der Stoßspannung nur wenig über ihre statische Durchschlagsspannung beansprucht wird. Dann beträgt ihr Entladeverzug größenordnungsmäßig noch mehrere μs, eine Zeit, in der der Einschwingungsvorgang der Batterie schon abgeklungen ist. Dadurch wird der Verlauf der Stoßspannung nach dem Ansprechen der Spitzenfunkenstrecke den gewünschten schwingungsfreien Verlauf erhalten. Man muß dabei allerdings darauf achten, daß bei hohen Widerständen im äußeren Stoßkreis durch den zwischen den Spitzenelektroden fließenden Vorstrom eine unerwünschte Vorbeanspruchung des Prüfkörpers eintreten kann. Sie wird aber vermieden[4], wenn hinter der Spitzenfunkenstrecke noch eine Kugelfunkenstrecke angeordnet und diese auf möglichst kurzen Entladeverzug eingestellt wird. In Abb. 121 ist zunächst im ersten Oszillogramm ein Stoßspannungsverlauf wiedergegeben, bei dem nur eine Spitzenfunkenstrecke im Stoßkreis liegt und daher infolge

[1] Elsner, R.: Anm. 1, S. 121.

[2] Siehe auch C. M. Foust, Kuehni, Rohats: Gen. Electr. Rev. Bd. 35 (1932) S. 358. — Schilling, M. u. H. Lenz: ETZ Bd. 51 (1930) S. 1138 und Arch. Elektrotechn. Bd. 25 (1931) S. 97.

[3] Elsner, R.: Anm. 1, S. 121.

[4] Lieber, M.: ETZ Bd. 56 (1935) S. 633.

des hohen äußeren Widerstandes die Spannung am Prüfkörper vor dem Ansprechen der Spitzenfunkenstrecke auf fast den halben Wert der gesamten Stoßspannung angestiegen ist; im zweiten Oszillogramm dagegen, bei dessen Aufnahme hinter der Spitzenfunkenstrecke noch eine Kugelfunkenstrecke in dem äußeren Kreis geschaltet war, erhält man einen einwandfreien Verlauf der Stoßspannung.

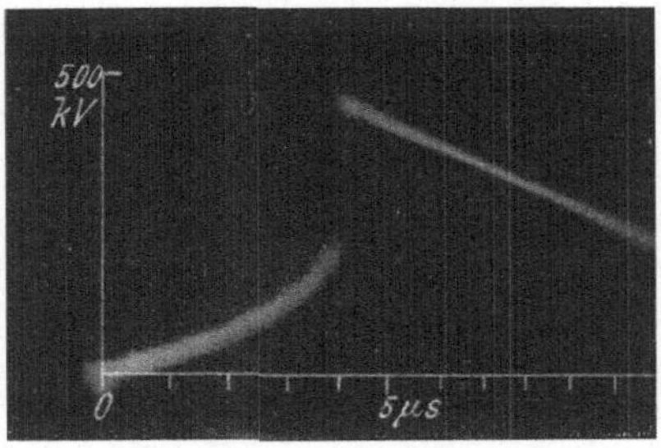

a

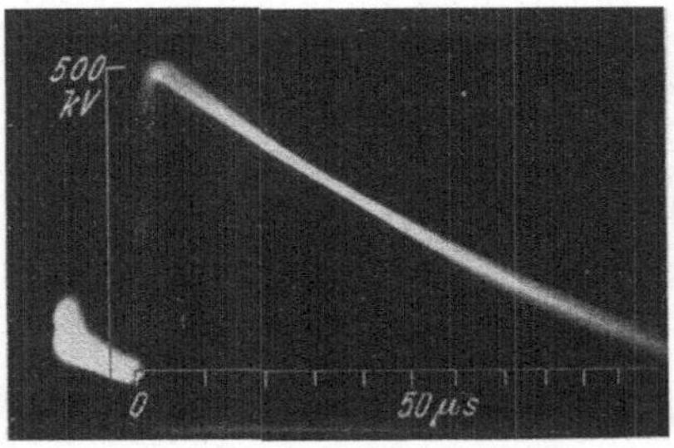

b

Abb. 121 a u. b. Die Spitzenfunkenstrecke als Schaltfunkenstrecke. a Umbildung der Stirnform durch den Vorstrom in der Spitzenfunkenstrecke. b Einfluß einer hinter der Spitzenfunkenstrecke angeordneten Kugelfunkenstrecke.

Zusammenfassend läßt sich sagen, daß für die Bestimmung des Spannungsverlaufes einer Stoßbatterie mindestens die Kenntnis der Eigeninduktivität L_e und der wirksamen Erdkapazität C_e der Anlage notwendig ist[1]. Die Bestimmung dieser Größen erfolgt am besten mit dem Kathodenstrahloszillographen. Ist ein solcher nicht vorhanden, so kann, wenigstens wenn die räumliche Anordnung der Stoßanlage gedrängt ist, die Eigeninduktivität mittels eines Wellenmessers bestimmt werden. Man überbrückt dann Dämpfungswiderstände und äußeren Stoßkreis, betreibt dabei die Anlage mit niederer Spannung, aber sehr rascher Funkenfolge. Die wirksame Erdkapazität C_e läßt sich aus der Spannungsabsenkung am Widerstand des äußeren Stromkreises gegenüber der Summe der Stufenspannungen wenigstens annähernd bestimmen, wenn dieser Widerstand namentlich gegenüber etwa vorhandenen Dämpfungswiderständen sehr groß gewählt ist.

Bei Messungen, die den VDE-Bedingungen entsprechen sollen, sind Dämpfungswiderstände $R_d > 2\sqrt{L_e/C_p}$ vorzusehen, wenn C_p die Erdkapazität des Prüfkörpers ist. Außerdem sind die Bedingungen $C_s \geqq 5\,C_p$ und $R_e \geqq 10\,R_d$ einzuhalten. Denn nur unter diesen Bedingungen gelten die VDE-Näherungsgleichungen. Lassen sich die drei Bedingungen nicht ohne weiteres erfüllen, so kann man ihnen Genüge leisten, indem man, wie schon oben angeführt, eine Zusatzkapazität zum Prüfkörper parallel schaltet[2].

[1] Lieber, M.: Diss. Braunschweig, einger. 28. 11. 34.

[2] Siehe auch A. Blaha: Res. gén. Électr. Bd. 37 (1935) S. 269. — Höfer, R.: Arch. Elektrotechn. Bd. 32 (1938) S. 275. — Thomason, J. L.: Electr. Engng. Bd. 56 (1937) S. 183. — Marguerre, W.: ETZ Bd. 59 (1938) S. 1205.

4. Räumliche Anordnung.

Durch die große räumliche Ausdehnung, die solche Stoßanlagen bei Stoßspannungen von mehreren Millionen Volt annehmen, und unter Berücksichtigung der weiten Isolierabstände, die zu den Gebäudewänden eingehalten werden müssen, ist man oft gezwungen, die Stoßanlagen im Freien aufzustellen, da die Kosten der notwendigen Halle oft ein Vielfaches der übrigen Anlage betragen würden. Innenanlagen haben vor Freiluftanlagen den Vorteil der Unabhängigkeit von Witterungseinflüssen. Sie sind zwar bei Regen und Nebel nicht betriebsfähig, hingegen erlauben sie jederzeit einen weiteren Ausbau der Anlage, sowohl nach Leistung als auch hinsichtlich der Höhe der Stoßspannung.

Abb. 122. Innenraumstoßanlage.

Die Abb. 122[1] und 123[2] zeigen zwei Ausführungen solcher Stoßanlagen[3]; die eine ist für Innenraumaufstellung ausgeführt, die andere als Freiluftanlage. Die Innenraumanlage steht in einer Porzellanfabrik: ihr Stoßspannungshöchstwert beträgt 2 MV bei einer wirksamen Stoßkapazität von 1,17 μF und einer Stoßleistung von 2,3 kWs. Die Freiluftanlage wurde in einem Transformatorenwerk errichtet; ihre Daten sind 3 MV Stoßspannung, 9,3 μF Stoßkapazität und 42 kWs Stoßleistung. Der Unterschied in der Stoßleistung ist auf

[1] Reiche, W.: ETZ Bd. 46 (1925) S. 1314.

[2] Rebhan, J.: ETZ Bd. 56 (1935) S. 1041 u. Siemens-Z. Bd. 15 (1938) S. 505.

[3] Weitere Anlagen siehe: Melhorn, H.: Siemens-Z. Bd. 7 (1927) S. 525. — Kopeliowitch, J.: Bull. schweiz. elektrotechn. Ver. Bd. 29 (1931) S. 461. — Rohats, N.: Gen. Electr. Rev. Bd. 37 (1934) S. 296. — Berger, K. u. H. Schneeberger: Bull. schweiz. elektrotechn. Ver. Bd. 24 (1933) S. 325. — Lusigman, J. T. u. H. L. Bordon: Electr. Engng. Bd. 53 (1934) S. 1255. — Pireany, H.: Rev. gén. Électr. Bd. 42 (1937) S. 1070. — Edwards, F. S.: J. sci. Instrum. Bd. 14 (1937) S. 361.

die verschiedene Verwendungsart zurückzuführen: in einer Porzellanfabrik werden im allgemeinen nur Isolatoren und Durchführungen untersucht, also Prüfkörper kleiner Kapazität, in den Starkstromwerken dagegen Schaltgeräte und Transformatoren, also Prüfkörper erheblich größerer Kapazität, die auch eine entsprechend größere Stoßleistung bedingen. Die Forderung möglichst gedrängten Aufbaues führt zu einer turm- bzw. treppenförmigen Anordnung der einzelnen Stoßstufen, deren

Abb. 123. Außenraumstoßanlage (treppenförmiger Aufbau).

Ladespannung ebenfalls möglichst hoch, bei neueren Anlagen mit Ventilröhrengleichrichtern bis zu 200 bis 300 kV gewählt wird.

Noch gedrängteren Aufbau erlaubt eine andere Lösung[1], die als Konstruktionselement Kondensatoren in Scheibenform verwendet. Die Vorkondensatoren einer Stufe bestehen abwechselnd aus Isolierschichten aus ölgefülltem Papier und Metallfolien. Die Reihenschaltung dieser einzelnen Teilkondensatoren wird allein durch das Aufeinanderstapeln erreicht, während zur Parallelschaltung einer bestimmten Zahl hintereinandergeschalteter Teilkondensatoren hervorstehende Metallfahnen zusammengenietet werden. Die so entstandenen Kondensatoren einer Stufe werden, entsprechend der Stufenspannung voneinander isoliert, zu einer Säule zusammengebaut und durch Isolierbolzen verspannt. Die ganze Säule wird in ein zylindrisches Isoliergehäuse gesteckt, getrocknet und mit Isoliermasse getränkt. Aus dem Isoliergehäuse ragen die Durchführungen für die Verbindungen zu den Zündfunkenstrecken heraus.

[1] Crämer, R.: AEG-Mitt. 1938, S. 85.

Diese selbst sind waagerecht angeordnete Kugelfunkenstrecken, deren Abstand motorisch verstellbar ist. Den Gesamtaufbau einer solchen Stoßanlage für 1 MV und 5000 pF zeigt Abb. 124.

Eine andere Bauart verwendet Nadelgleichrichter[1] und kann so in einer Stufe 700 kV Ladespannung erzeugen[2]. Als Kondensatoren werden dabei Kabelkondensatoren verwendet, die durch geeignetes Zusammenschalten der einzelnen Phasen bei hoher Kapazität einen sehr niedrigen Wellenwiderstand besitzen. Den Aufbau dieses Stoßgenerators läßt Abb. 125 erkennen. Im Hintergrund steht der Lufttransformator mit dem Nadelgleichrichter zur Erzeugung der Ladespannung. Weiter sieht man die Kabeltrommeln, auf denen die Kabelstücke der beiden Stufen aufgerollt sind. Das Parallel- bzw. Hintereinanderschalten der Stufen wird durch Trennschalter und gegeneinander bewegte Funkenstrecken vorgenommen.

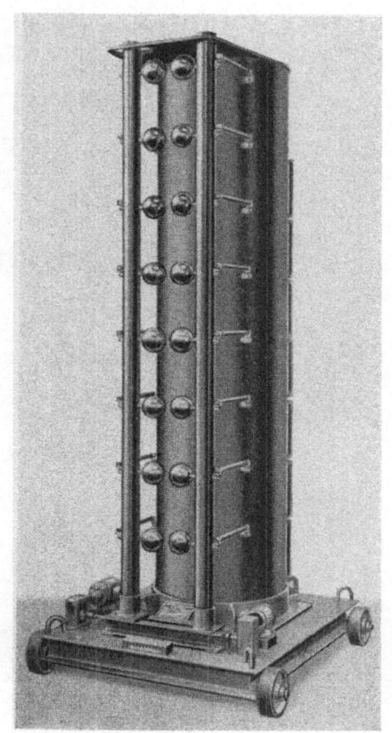
Abb. 124. Fahrbare Stoßanlage für 1 MV und 5000 pF.

Wieder eine andere Art des Aufbaues erfordern Stoßanlagen, die dazu bestimmt sind, sehr hohe Stoßströme zu liefern. Es können mit solchen Stoßstromgeneratoren Ströme bis zu 300000 A erreicht werden, die das Material, aus dem die Stoßanlage aufgebaut ist, außerordentlich stark beanspruchen. Solche Anlagen müssen dann auf außerordentliche Festigkeit berechnet sein[3]. Außerdem muß die räumliche Anordnung so getroffen sein, daß die Induktivität des Stoßkreises möglichst niedrig gehalten wird. Abb. 126 zeigt eine solche Stoßanlage, die aus 24 parallel geschalteten Kondensatoreinheiten von insgesamt 48 μF besteht. Die höchste Aufladespannung beträgt 52 kV, die Entladeenergie 65000 Ws. Die Kondensatoren sind in Hufeisenform angeordnet, der Prüfling kommt in der Mitte zu stehen. Dadurch konnte die Induktivität des Entladungskreises auf 1,12 μH herabgedrückt werden: die mit der Batterie erzielten Stoßströme betragen bei Klemmenkurzschluß 340000 A bei einer Periodendauer von 46 μs und im aperiodischen Grenzfall 70000 A bei einer Halbwertdauer von 36 μs.

[1] Boekels, H.: Anm. 2, S. 120.

[2] Buss, K.: ETZ Bd. 59 (1938) S. 437. — Carlswerk-Rdsch. 1937, H. 21, S. 2. — Siehe auch K. Berger u. H. Schneeberger: Vortrag Cigre. Paris 1933.

[3] Bellaschi, P. L.: Electr. Journ. Bd. 115 (1935) S. 500. — Foitzik, R.: VDE-Fachber. 1938.

Abb. 125. Stoßanlage für 1,4 MV mit Kabelkondensatoren.

Abb. 126. Stoßstromanlage.

Man kann die Stoßspannung- und Stoßstromprüfung dadurch miteinander verbinden, daß man zunächst mit einer Stoßspannungsbatterie den Prüfling zunächst durch- bzw. überschlagen läßt und noch, bevor deren Entladung abgeklungen ist, die Stoßbatterie auf den Prüfling schaltet. Man kann mit solchen Anlagen dann Kiefernstämme von 250 mm Durchmesser mehrfach aufspalten; Kupferröhren von 14,3 mm Innendurchmesser und 0,46 mm Wandstärke werden von diesen hohen Strömen völlig zusammengequetscht.

Oft tritt auch die Forderung auf, mehrphasige Apparate auf Stoßfestigkeit zu prüfen, bei gleichzeitigem Betrieb mit normalfrequenter Wechselspannung. Dabei wird noch die zusätzliche Forderung gestellt, daß die Stoßbeanspruchung im Scheitelwert der Wechselspannung anspricht. Die grundsätzliche Schaltung für diesen Fall zeigt Abb. 127. Der dreiphasige Stoßgenerator ist dabei in der Kapazität C_s zusammengezogen, F_z sind die drei Schaltfunkenstrecken, P der Prüfkörper, hier ein dreiphasiger Transformator, F_{zs} die Zündfunkenstrecke für den Stoßgenerator. F_{zs} ist eine Dreielektroden-Funkenstrecke, die oft zweckmäßigerweise als Spaltfunkenstrecke ausgebildet wird[1]. Zwei der Elektroden der Spaltfunkenstrecke bestehen aus Kugelsegmenten, die auf einer gemeinsamen Kugelfläche liegen und sich an einer Stelle bis auf einen kleinen Spalt nähern. Diesem Spalt gegenüber liegt die dritte Elektrode, eine Kugelelektrode. Mit Hilfe des Zusatztransformators T_r ist es nun möglich, im Scheitelwert der Wechselspannung einen Lichtbogen zwischen den beiden Spaltelektroden zu zünden, der dann innerhalb einer μs zur Zündung der Stoßbatterie führt.

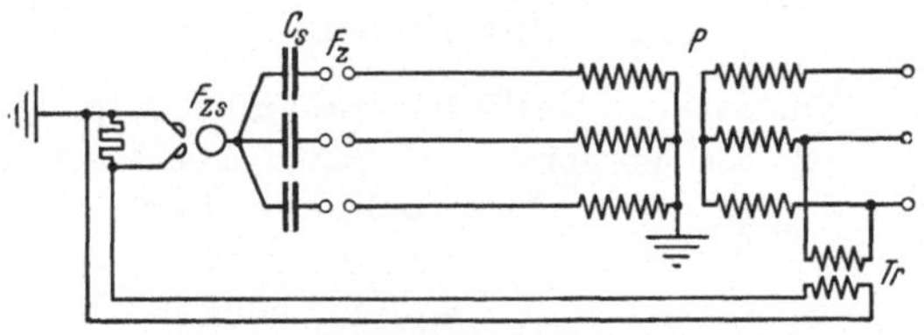

Abb. 127. Schaltschema eines Stoßgenerators zur Prüfung von Drehstromgeräten unter Betriebsspannung.

VI. Stoßspannungsmeßtechnik.

Mit der Einführung des Kathodenstrahloszillographen hat die Stoßspannungsmeßtechnik eine ganz neue Entwicklung eingeschlagen. Früher war man gezwungen, sich mit Funkenstreckenschaltungen mühsam tastend in Überspannungsvorgänge einzufühlen, nun hatte man plötzlich die Möglichkeit, sie in all ihren Einzelheiten aufzuzeichnen. Der Kathodenstrahloszillograph erlaubte aber auch andere Meßmethoden zu entwickeln und auf ihre Brauchbarkeit nachzuprüfen.

Eine Darstellung der Stoßspannungsmeßtechnik wird daher auch zunächst den Kathodenstrahloszillographen als Meßmittel behandeln. Weiter ist dann auf die Verwendung der Kugelfunkenstrecke und des Klydonographen zur Messung von Stoßvorgängen einzugehen. Eine

[1] Strigel, R.: Arch. Elektrotechn. Bd. 28 (1934) S. 586.

dritte Gruppe von Meßmitteln stellen Instrumente dar, die eine Einzelgröße, wie z. B. die Zahl von Überspannungsvorgängen bzw. ihre Zeitdauer selbsttätig erfassen. Aus der Stoßspannungsmeßtechnik hat sich weiterhin eine Stoßstrommeßtechnik entwickelt, die teils auf eine Spannungsmessung an geeigneten Nebenwiderständen zurückgeführt werden kann, teils magnetische Methoden verwendet. Ferner spielt die Gestaltung der Prüfelektroden noch eine wichtige Rolle.

A. Stoßspannungsmessung mit dem Kathodenstrahloszillographen.

1. Strahlablenkung im elektrischen Feld.

Um mit dem Kathodenstrahloszillographen[1] Kurvenbilder rasch veränderlicher Vorgänge auf einem Leuchtschirm oder auf einer photographischen Platte in einem rechtwinkligen Zeit-Spannungs-Koordinatensystem aufzuzeichnen, muß man den in einem Entladungsrohr erzeugten Kathodenstrahl durch zwei aufeinander senkrecht stehende, im Vakuum angebrachte Ablenkplattenpaare hindurchleiten, wie dies in Abb. 128 schematisch angedeutet ist. Dem ersten Plattenpaar P_t wird eine zeitabhängige Spannungsänderung aufgedrückt; auf das zweite Plattenpaar P_m wird eine dem zu messenden Vorgang proportionale Spannung geleitet. Durch ein zwischen einem solchen Plattenpaar herrschendes elektrisches Feld $\mathfrak{E}$ erfährt der Kathodenstrahl eine Ablenkung x in Richtung des Feldes $\mathfrak{E}$, die gegeben ist durch

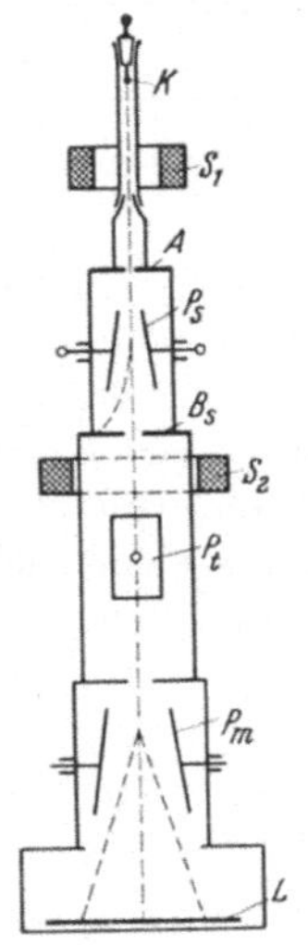

Abb. 128. Aufbau des Kathodenstrahloszillographen. K Kathode; A Anodenblende; P_s Plattenpaar für elektrische Strahlsperrung; B_s Strahlsperrblende; P_t Plattenpaar für Zeitablenkung; P_m Plattenpaar für Meßablenkung; L Leuchtschirm bzw. photographische Platte; S_1, S_2 Sammelspulen.

$$x = \frac{\mathfrak{E}}{2U}\left(\frac{a^2}{2} + al\right). \tag{1}$$

U ist die Erregerspannung des Kathodenstrahles in Volt, a die Länge der Ablenkplatten in Richtung des Strahles und d ihr gegenseitiger Abstand, beide in cm; l ist die Entfernung vom unteren Rande des Ablenkplattenpaares bis zum Leuchtschirm bzw. der photographischen Platte, ebenfalls in cm (s. Abb. 129). Die Ablenkung x

[1] Alberti, A.: Braunsche Kathodenstrahlröhren und ihre Anwendung. Berlin: Julius Springer 1932. — Knoll, M.: Arch. techn. Messen J 834—1 (1931). — Steenbeck, M.: Arch. techn. Messen J 834 (1931). — Gabor, D.: 1. Forsch.-H. Studienges. Höchstspannungsanl. 1931. — Borries, B. v.: Z. VDI Bd. 80 (1936) S. 1135.

des Kathodenstrahles ist somit proportional der Feldstärke zwischen den Ablenkplatten und einer Konstanten, die sich aus den Abmessungen des Kathodenstrahloszillographen ergibt; ferner ist sie umgekehrt proportional der Erregerspannung U des Kathodenstrahles. Die Bahn, auf der sich die Elektronen des Kathodenstrahles im Ablenkplattenfelde bewegen, ist eine Parabel.

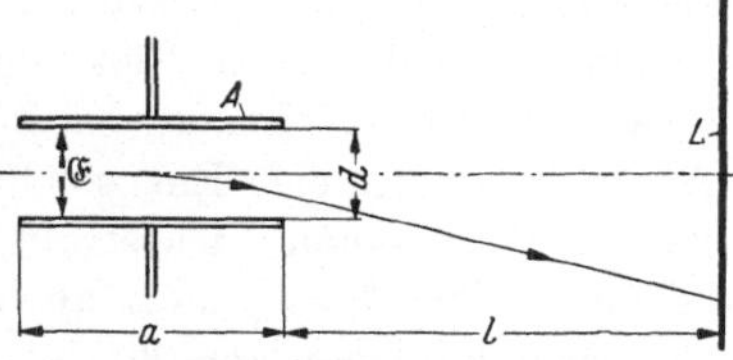

Abb. 129. Elektrische Ablenkung des Kathodenstrahles. A Ablenkplatten; L Leuchtschirm; a Länge der Ablenkplatten; d Abstand der beiden Ablenkplatten; l Abstand der Ablenkplatten vom Leuchtschirm, . $\mathfrak{E}$ Ablenkfeldstärke.

Als Spannungsempfindlichkeit ε bezeichnet man die auf 1 V Ablenkspannung bezogene Ablenkung des Kathodenstrahles auf der Schreibfläche; sie kann erheblich vergrößert werden, wenn man die Ablenkplatten dem Strahlverlauf anpaßt[1], sie also zur Mittelachse geneigt ausführt, wie in Abb. 130 angedeutet. Mit den Bezeichnungen dieser Abbildung gilt dann für die Ablenkung

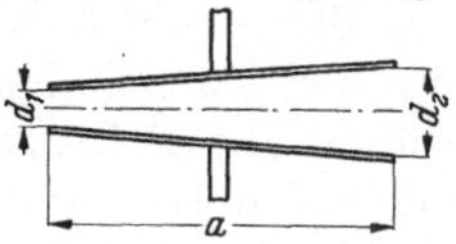

$$(2)\quad \left\{ \begin{aligned} x = \frac{\mathfrak{E}\cdot d}{2\,U}\Bigg[&\frac{d_1\,a^2}{(d_2-d_1)^2}\left(\frac{d_2^2}{d_1^2}\ln\frac{d_2}{d_1}-\frac{d_2}{d_1}+1\right)+\\ &+\frac{l\,a}{(d_2+d_1)}\ln\frac{d_2}{d_1}\Bigg]. \end{aligned} \right.$$

Abb. 130. Geneigte Ablenkplatten. a Länge der Ablenkplatten in Strahlachse; d_1 Abstand der beiden Ablenkplatten auf der Strahleintrittseite; d_2 Abstand der beiden Ablenkplatten auf der Strahlaustrittseite.

Wird z. B. der Abstand bei parallelen Ablenkplatten zu $d = 3$ cm gewählt und bei geneigten Platten $d_1 = 1$ cm und $d_2 = 3$ cm und in beiden Fällen $a = 8$ cm und $l = 40$ cm, so wird die Spannungsempfindlichkeit ε durch Anwendung solcher geneigter Platten um 67% erhöht.

2. Strahlerzeugung und Aufzeichnungsmethoden.

Der Elektronenstrahl[2] wird beim Hochleistungskathodenstrahloszillographen in einem Entladungsrohr mit kalter Kathode bei einem Druck von 10^{-2} bis 10^{-3} Torr erzeugt. Die Kathode ist gewöhnlich als Scheibe ausgebildet. Die Strahlelektronen werden auf der Kathode durch Aufprallen positiver Ionen ausgelöst. Diese treffen bei richtiger Einstellung des Druckes im Entladungsrohr nur auf einen kleinen Fleck in der Mitte der Kathode. Durch die zwischen Kathode und Anode des Entladungsrohres liegende Spannung werden die aus der Kathode ausgelösten Strahlelektronen auf eine dieser Spannung entsprechende Geschwindigkeit beschleunigt. Ein Teil dieser Strahlelektronen tritt in einem gerichteten Bündel durch die in der Anode befindliche Lochblende von 0,1 bis 0,5 cm Durchmesser. Um die Energie des durchtretenden

[1] Gabor, D.: Anm. 1, S. 136. [2] Knoll, M.: Anm. 1, S. 136.

Strahles möglichst hoch zu treiben, muß man entweder die Anodenspannung möglichst hoch wählen (70 bis 80 kV)[1], also den durchtretenden Elektronen sehr hohe Geschwindigkeiten mitgeben, oder aber man muß für eine möglichst hohe Elektronendichte im Strahl sorgen, indem man etwa halbwegs zwischen Kathode und Anode eine Sammelspule S_1 (Abb. 128) anordnet[2]. Eine solche Sammelspule konzentriert, ähnlich wie Sammellinsen einen Lichtstrahl, die Elektronen des Kathodenstrahles auf einen Fleck[3], und zwar auf die Lochblende. Man kommt dann mit Anodenspannungen von 30 bis 50 kV aus[4]. Zwischen Anodenblende und Schreibfläche wird der Strahl durch eine weitere Sammelspule S_2 zu einem scharfen Fleck auf der Schreibfläche konzentriert.

Während im Entladungsrohr ein Druck von 10^{-2} bis 10^{-3} Torr herrscht, muß im Ablenkteil des Oszillographen der Druck auf 10^{-4} bis 10^{-5} Torr erniedrigt werden; denn sonst könnten zwischen den Ablenksystemen Querentladungen auftreten und außerdem würde eine Konzentrierung des Strahles Schwierigkeiten machen, da eine zu große Streuung der Strahlelektronen durch Zusammenstöße mit neutralen Molekeln einsetzen würde. Dieser Druckunterschied muß aufrechterhalten werden, obwohl die beiden Teile des Oszillographen durch die Lochblende miteinander in Verbindung stehen. Man kann nun das Entladungsrohr als auch das Ablenkrohr je an eine Pumpe anschließen und durch ein Lufteinlaßventil in das Entladungsrohr soviel Luft einströmen lassen, daß die an dieses angeschlossene Pumpe als Grenzvakuum gerade den erforderlichen Druck von 10^{-2} bis 10^{-3} Torr erreicht[5]. Oder aber man ordnet nur im Ablenkraum eine Vakuumpumpe an und läßt durch ein ebenfalls am Ablenkrohr angebrachtes Ventil in dieses soviel Luft einströmen, daß trotz Abpumpens durch die Lochblende sich im Entladungsrohr der für die Erzeugung des Strahles notwendige Druck einstellt[1].

Die Aufzeichnung des zu messenden Vorganges kann erfolgen:

1. auf einer photographischen Schicht, die ins Vakuum des Ablenkraumes gebracht wird[6];

2. durch Außenaufnahme mit Hilfe eines Lenard-Fensters[7];

3. durch Anpressen einer photographischen Schicht an die den Leuchtschirm bildende lichtdurchlässige Oszillographenwand[8] (Leuchtschirmkontaktaufnahme);

---

[1] Gabor, D.: Anm. 1, S. 136.

[2] Rogowski, W., E. Flegler u. R. Tamm: Arch. Elektrotechn. Bd. 18 (1927) S. 513.

[3] Busch, H.: Arch. Elektrotechn. Bd. 18 (1927) S. 583.

[4] Siehe auch S. 141.

[5] Rogowski, W., Flegler, E. u. R. Tamm: Anm. 1, S. 138.

[6] Dufour, A.: C. R. Acad. Sci., Paris Bd. 138 (1914) S. 1339.

[7] Knoll, M.: Z. techn. Phys. Bd. 10 (1929) S. 28.

[8] McGregor-Morris, J. T. u. R. Mines: J. Inst. electr. Engrs. Bd. 63 (1925) S. 1056.

4. durch Aufnahme des Leuchtschirmbildes durch ein Glasfenster hindurch mittels einer photographischen Kamera[1].

Alle diese Aufnahmeverfahren sind in den letzten Jahren weitgehend durchgebildet worden, so daß man nicht mehr eindeutig einem dieser Verfahren den Vorzug geben kann, sondern je nach den an den Oszillographen gestellten Anforderungen entscheiden muß. Deshalb sei ihre Leistungsfähigkeit im folgenden verglichen.

Die Schwärzung, die ein Elektronenstrahl auf einer photographischen Schicht hervorruft, ist in Abb. 131 abhängig von der Ladungsdichte für

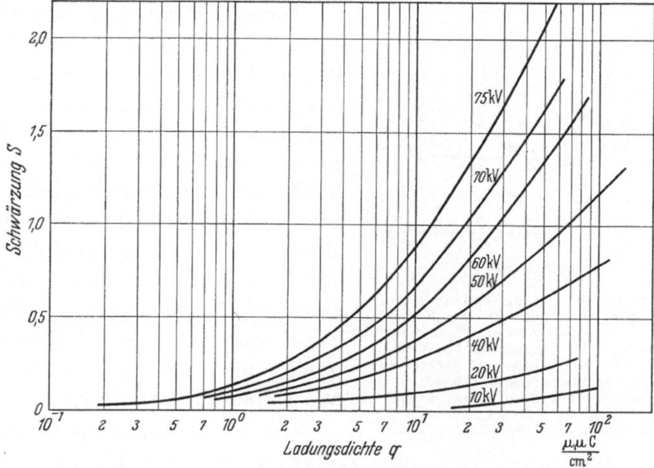

Abb. 131. Elektronenschwärzung auf photographischer Emulsion in Abhängigkeit der aufgefallenen Ladungsdichte und der Strahlerregerspannung. (Agfa-Isochrom-Rollfilm, Emulsionsnummer 13/445/124, Entwicklung in Agfa-Methol-Hydrochinonentwickler bei 18° C während 5 min.)

verschiedene Erregerspannungen dargestellt[2]. Sie ist innerhalb einer gewissen Expositionszeit proportional aus deren Produkt mit der Ladungsdichte und nimmt mit steigender Erregerspannung rasch zu. Man kann nun eine Aufnahmegütezahl G festsetzen, als Verhältnis der Ladungsdichte des Strahles für die gerade noch sichtbare Grenzschwärzung von 0,04 bei Innenaufnahmen zu der Ladungsdichte, die für dieselbe Grenzschwärzung bei einer anderen Aufnahmemethode benötigt wird. Trägt man diese Gütezahl G abhängig von der Erregerspannung U des Strahles für die verschiedenen Aufnahmemethoden auf, so erhält man die Vergleichskurven der Abb. 132. Als Lenard-Fenster wurde dabei ein solches von 9×12 cm mit einer Folie aus 12 bzw. 15 μ Cellon verwendet, bei den Leuchtschirmkontaktaufnahmen ebenfalls ein Fenster von 9×12 cm

[1] Zenneck, J.: Ann. Phys., Lpz. Bd. 68 (1899) S. 861.

[2] Borries, B. v. u. M. Knoll: Phys. Z. Bd. 35 (1934) S. 279. — Borries, B. v.: Diss. T.H. Berlin 1935.

mit einer Folie von 125 μ Cellon, die auf der Innenseite mit Schledeschen ZnS-Ag als Leuchtmasse bestrichen war und bei einer Aufnahmereihe gegen Überstrahlung durch eine 0,7 μ dicke Aluminiumfolie geschützt war. Gütezahlen für Außenaufnahmen mit photographischer Kamera sind in die Abbildung nicht eingetragen, da in sie die optischen Konstanten eingehen würden: die Gütezahlen sind in diesem Fall proportional denen für Leuchtschirmkontaktphotographie, liegen jedoch bei Verwendung bester Optik um etwa 1 bis 2 Größenordnungen niedriger.

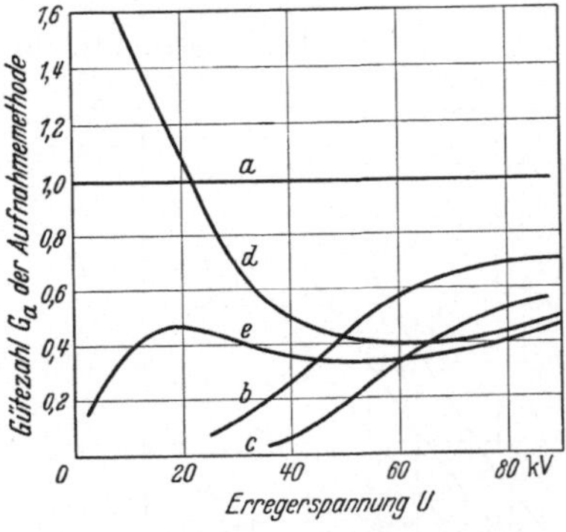

Abb. 132. Gütezahlen G_a verschiedener Aufnahmemethoden abhängig von der Erregerspannung. *a* Innenaufnahme; *b* Lenard-Fensteraufnahme mit Fenster aus 12 μ Cellon; *c* Lenard-Fensteraufnahme mit Fenster aus 20 μ Cellon; *d* Leuchtschirmkontaktaufnahme; *e* Leuchtschirmkontaktaufnahme, gegen Überstrahlung durch eine 1,5 μ starke Aluminiumfolie geschützt.

Die erreichbare Schreibgeschwindigkeit, die ebenfalls proportional der Gütezahl ist, vermindert sich also beim Übergang von der Innenaufnahme zu einem der Außenaufnahmeverfahren um etwa die Hälfte. Die Außenaufnahme durch ein Lenard - Fenster stellt infolge der außerordentlich dünnen Fensterfolie ein sehr empfindliches Element dar, so daß, wenn es nicht auf besondere Sauberkeit der Oszillogrammzeichnung ankommt, ihr die sehr viel rauhere Behandlung vertragende Leuchtschirmkontaktphotographie vorzuziehen ist. Der bei Außenaufnahmen zunächst bestechende Vorteil der einfachen Auswechselbarkeit des photographischen Materials fällt nicht sehr ins Gewicht, da für die Innenaufnahme eine Reihe einfacher Verfahren zum Ein- und Ausbringen des Materials durchentwickelt wurden, wie Vakuumschleusenkassetten für Plattenmaterial und Doppelbarometerrohre für Filme[1].

In der nachstehenden Zahlentafel 10 sind tatsächlich erreichte Schreibgeschwindigkeiten angeführt.

Diese Werte stellen Höchstleistungen hinsichtlich der Schreibgeschwindigkeit dar, die untereinander nicht vergleichbar sind, da sie nicht an Oszillographen derselben Bauart gewonnen wurden; die Zahlentafel 10 soll nur ein Bild geben, daß durch Verwendung von Metallentladungsrohren und Sammelspulen am Entladungsrohr die Schreibgeschwindigkeit weit über die technische Notwendigkeit hinaus gesteigert werden kann.

[1] Hochhäusler, P.: ETZ Bd. 50 (1929) S. 860.

Zahlentafel 10. Erreichte Schreibgeschwindigkeiten bei den verschiedenen Aufnahmeverfahren für Kathodenstrahloszillographen.

Art des Entladungsrohres	Metallentladungsrohr		Gasentladungsrohr
Art der Strahlkonzentrierung im Entladungsrohr	nicht vorkonzentriert[1]	durch Sammelspule vorkonzentriert	
Erregerspannung des Strahles in kV	70	110	50 bis 55
Innenaufnahme	—	200000 km/s ††	63000 km/s **
Lenard-Fensteraufnahme	4800 km/s *	—	—
Leuchtschirmkontaktaufnahme	2000 km/s **	—	—
Aufnahme mit photographischer Kamera	—	60000 km/s ††	900 km/s †

3. Aufnahmeschaltungen.

Die Anforderungen an die Aufnahmeschaltungen lassen sich am besten an Hand des Weges entwickeln, den der Kathodenstrahl auf der Schreibfläche während einer Aufnahme zurückzulegen hat. Der unabgelenkte Strahl fällt auf die Mitte der Schreibfläche, also in Abb. 133 auf Stellung *0*. Vor Beginn der Aufnahme muß er über den Rand der Schreibfläche hinausgerückt sein in Stellung *1*, um eine Vorbelichtung der Schreibfläche zu vermeiden. Während der Aufnahme läuft der Strahl in der Pfeilrichtung über die Schreibfläche. Dabei darf erst, wenn er am Punkte *2* angelangt ist, der aufzunehmende Vorgang auf das Meßplattensystem gelangen. Nach Ablauf des Meßvorganges muß sich der Strahl auf der anderen Seite außerhalb der Schreibfläche befinden, also in Stellung *3*.

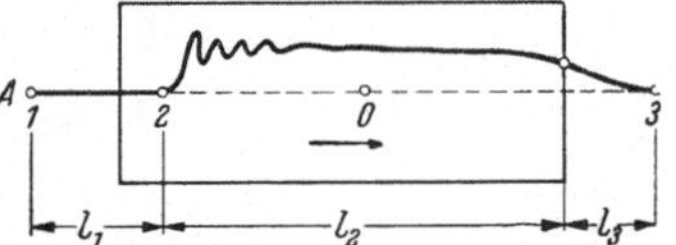

Abb. 133. Strahlbewegung bei der Oszillogrammaufnahme. *0* Plattenmittelpunkt und Stahl im unabgelenkten Zustand; *1* Strahlstellung vor Beginn der Aufnahme; *2* Meßvorgang trifft auf die Meßplatten; *3* Stellung des Strahles nach der Aufnahme; l_1, l_2, l_3 Strahlwege in Richtung der Zeitachse.

Die Stellung *3* wird bei fast allen Aufnahmeschaltungen mit Hilfe eines konstanten Magnetfeldes bzw. eines konstanten elektrischen Feldes festgelegt. Der übrige Strahlverlauf wird durch Schalteinrichtungen[2] bewirkt, die bei Stoßspannungsuntersuchungen zweckmäßig durch den

[1] Knoll, M., H. Knoblauch u. B. v. Borries: ETZ Bd. 51 (1930) S. 966. — Binder, L., W. Förster u. F. Frühauf: Z. techn. Phys. Bd. 11 (1930) S. 380. — Burch, F. P. u. R. V. Whelpton: J. Inst. electr. Engrs., Bd. 71 (1932) S. 379. — Dicks, H.: Arch. Elektrotechn. Bd. 28 (1934) S. 54.

* Borries, B. v.: Anm. 2, S. 139.

** Rogowski, W.: ETZ Bd. 52 (1931) S. 1245.

† Buss, K. u. A. Pernik: Arch. Elektrotechn. Bd. 25 (1931) S. 545.

†† Doods, J. M.: Arch. Elektrotechn. Bd. 29 (1935) S. 69.

[2] Neuere zusammenfassende Aufsätze: Demontsignier, M.: Techn. mod. Bd. 30 (1938) S. 187. — Keilien, S.: Electr. J. Bd. 35 (1938) S. 61. — Blaha, A.: Elektrotechn. Obzor Bd. 27 (1938) S. 149.

aufzunehmenden Vorgang selbst ausgelöst werden. Sie können eingeteilt werden in

1. Funkenstreckenschaltungen,
2. Kipprelaisschaltungen,
3. Elektronenstrahl-Relaisschaltungen,
4. Schaltungen mit selbsttätiger Strahlsperrung.

a) Funkenstreckenschaltungen.

Funkenstrecken eignen sich als Schaltorgane zur Steuerung des Kathodenstrahles deswegen sehr gut, weil die statistische Streuzeit ihres Entladeverzuges bei Bestrahlung mit Quarzlicht und bei Verwendung von Elektrodenmetall niedriger Austrittsarbeit leicht auf wenige ns herabgedrückt werden kann und auch die Aufbauzeit des Entladeverzuges schon bei Stoßverhältnissen von 1,2 bis 1,3 nur 20 bis 30 ns beträgt[1]. Spannt man eine solche Schaltfunkenstrecke durch eine besondere Gleichspannungsquelle bis unmittelbar unter ihre statische Durchbruchsspannung vor, so genügt Spannungsstoß von nur 20 bis 30% der Vorspannung, um die Funkenstrecke innerhalb 30 bis 100 ns zum Ansprechen zu bringen. Dieser zusätzlichen Gleichspannungsquelle kann außerdem noch die Aufgabe zugeteilt werden, den Strahl von Stellung 3 in Stellung 1 zu rücken und nach dem Ansprechen der Schaltfunkenstrecke durch diese einen Strom von mehreren Ampere zu schicken und so durch Aufrechterhalten eines kräftigen Lichtbogens ein vorzeitiges Abreißen des eigentlichen Schaltvorganges zu verhindern[2]. Bei den gebräuchlichen Oszillographen beträgt diese Vorspannung, oft „Heizkreisspannung" genannt, 3 bis 5 kV; man bildet sie als Kondensatorentladung aus, deren Zeitkonstante um mehrere Zehnerordnungen größer gewählt wird als die Zeitkonstante des aufzunehmenden Vorganges.

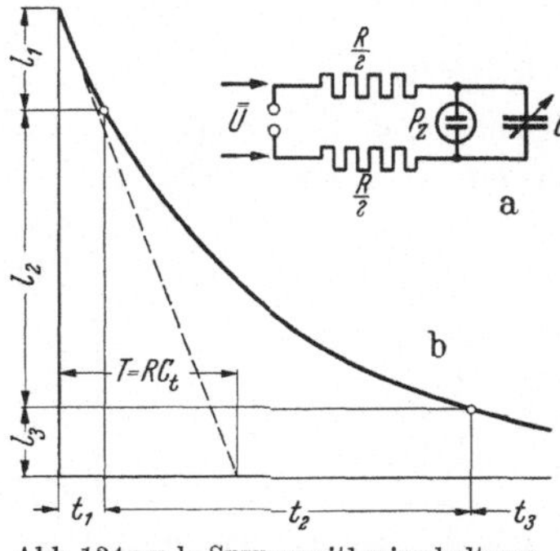

Abb. 134 a u. b. Sprungzeitkreisschaltung. a Schaltschema; b Kennlinien.

Auch die Strahlbewegung während der Aufnahmezeit wird durch eine Kondensatorentladung erzielt (Abb. 134)[3]. Durch geeignete Wahl der Zeitkonstanten $T = R C_t$ kann dann die Dauer dieser „Zeitkreis"-Entladung und damit auch die Strahlbewegung der Dauer des aufzunehmenden Vorganges angepaßt werden. Dieser wird allerdings dabei nicht in

[1] Siehe S. 34.
[2] Gabor, D.: Anm. 1, S. 136.
[3] Krug, W.: Elektrotechn. u. Masch.-Bau Bd. 49 (1931) S. 233.

linearem Maßstabe geschrieben, sondern gegen das Ende hin zusammengedrängt; linearen Zeitmaßstab erhält man jedoch, wenn man den Zeitkreiskondensator C_t nicht über einen Widerstand, sondern über ein Elektronenrohr, also mit konstantem Strom, entladen läßt[1]. Die Zeit, die zwischen der Strahlauslösung, also den Beginn der Zeitkreisentladung und dem Passieren des Strahles durch Stellung 2 verstreicht, ist tote Zeit, die im Interesse guter Synchronisierung von Zeit- und Meßkreis möglichst klein gehalten werden muß. Während sie in der Schaltung der Abb. 134 noch einen erheblichen Teil der gesamten Strahllaufzeit ausmacht, kann sie in der „Sprungschaltung" der Abb. 135, die auf der Kopplung zweier Kapazitätskreise beruht, erheblich herabgedrückt werden[2].

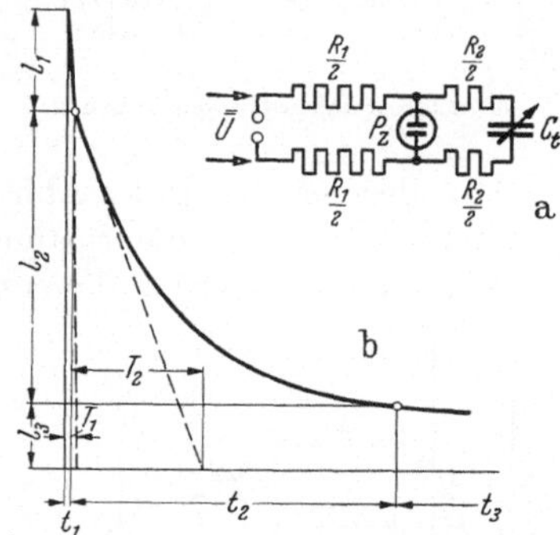

Abb. 135 a u. b. Sprungzeitkreisschaltung. a Schaltschema; b Kennlinien.

Ist die Kapazität C_z der Zeitablenkplatten P_z klein gegenüber derjenigen des Zeitkreiskondensators C_t, so wird sich nach Ansprechen der Schaltfunkenstrecke gemäß der Zeitkonstanten

$$T_1 = C_t R_1 \frac{R_2}{R_1 + R_2} \tag{3}$$

eine Spannungsverteilung im Zeitkreis einstellen, die durch das Widerstandsverhältnis $R_2/R_1 + R_2$ gegeben ist: der Kathodenstrahl wird fast „sprunghaft" in eine diesem Widerstandsverhältnis entsprechende Stellung geworfen; man hat somit

$$\frac{R_2}{R_1 + R_2} = \frac{l_1}{l_2 + l_3} \tag{4}$$

zu wählen, wenn l_1, l_2, l_3 die in Abb. 133 angegebenen Strahlwege sind. Die weitere Entladung des Zeitkreises erfolgt nach

$$T_2 = C_t (R_1 + R_2)\,. \tag{5}$$

Um jegliche Vorbelichtung der Schreibfläche zu vermeiden, läßt man vor Beginn der Strahlauslösung den Kathodenstrahl gar nicht in die Aufnahmekammer fallen, sondern vernichtet ihn in einer Sperrkammer, wie eine solche schematisch in Abb. 129 angedeutet ist, indem man ihn durch ein Sperrkreisplattenpaar P_s seitlich ablenkt. Dieser Sperrplattenkreis wird durch die gleiche Schaltfunkenstrecke ausgelöst wie der Zeitkreis; um ihn in möglichst kurzer Zeit zu entladen, wählt man ebenfalls die Sprungschaltung nach Abb. 135 und macht darin $R_1 = 0$, so daß der Strahl in einigen ns freigegeben ist[3].

[1] Boekels, H.: Arbeiten aus dem Elektrotechn. Inst. der T. H. Aachen Bd. 5 (1931/32) S. 229.

[2] Krug, W.: Anm. 3, S. 142.

[3] Krug, W.: ETZ Bd. 51 (1930) S. 605. — Elektrotechn. u. Masch.-Bau Bd. 49 (1931) S. 233. — Boekels, H.: Anm. 1, S. 143.

Zur Synchronisierung schaltet man den zu messenden Vorgang auf eine Wanderwellenleitung, wie in Abb. 136, und läßt durch ihn über eine kapazitive Kopplung einen Ladungsstoß auf die Zeitkreisschaltung übertragen[1]. Durch diesen Ladungsstoß wird die vorgespannte Schaltfunkenstrecke zum Ansprechen gebracht und so Zeit- und Sperrkreis ausgelöst. Die Länge der Wanderwellenleitung zwischen Kopplungsstelle und Meßplattensystem P_m muß dem Laufweg des Meßvorganges entsprechen, den dieser zurücklegt, ehe der Strahl Stellung 2 auf der Schreibfläche erreicht hat; bei Anwendung der Sprungschaltung kann die Leitung auf einige Meter herabgedrückt werden.

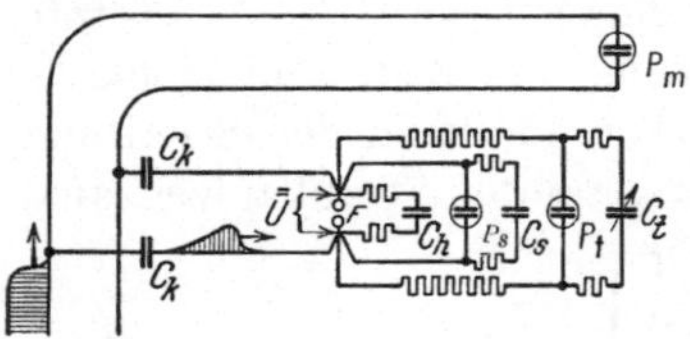

Abb. 136. Funkenstreckenschaltung.

In der Schaltung der Abb. 136 erfolgt das Zünden der Schaltfunkenstrecke nur, wenn die Spannung der auf negativem Potential befindlichen Kugel erniedrigt, diejenige der auf positivem Potential befindlichen erhöht wird, also der Spannungsunterschied zwischen beiden Kugeln durch den übertragenen Ladestoß vergrößert wird. Diese Polaritätsabhängigkeit kann durch die Verwendung einer Spaltfunkenstrecke vermieden werden[2] (Abb. 137a). Eine Spaltfunkenstrecke besteht bekanntlich aus einer Vollkugelelektrode und 2 Kugelsegmenten als Gegenelektrode. Diese letzteren sind so angeordnet, daß ihre Kugelflächen auf einer gemeinsamen Kugelfläche liegen und sich an einer Stelle bis auf einen geringen Spalt nähern, der gegenüber der Kugelelektrode zu liegen kommt. Auf die beiden Spalthälften werden die beiden Koppelleitungen geschaltet; da der Spalt auf etwa 0,1 mm eingestellt ist, genügt eine Spannungsdifferenz von etwa 0,8 kV, um in der Spaltstrecke einen Überschlag einzuleiten. Die Spaltelektroden stellen die Kathode der Schaltfunkenstrecke dar; durch den Überschlag im Spalt werden soviel Elektronen der Entladung zur Verfügung gestellt, daß die auf 90% ihrer statischen Durchbruchsspannung vorgespannte Funkenstrecke

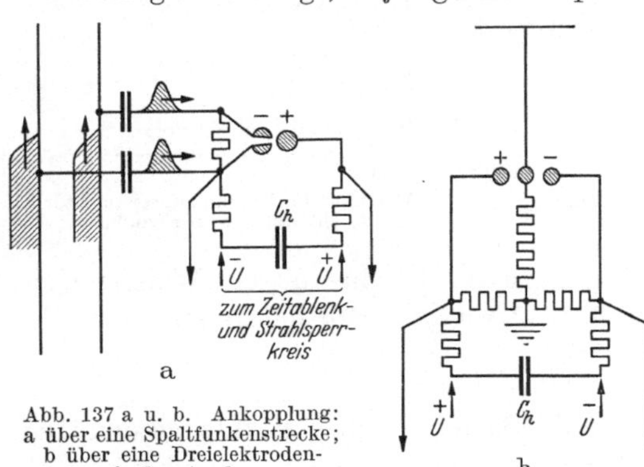

Abb. 137 a u. b. Ankopplung: a über eine Spaltfunkenstrecke; b über eine Dreielektrodenfunkenstrecke.

[1] Krug, W.: Anm. 3, S. 142. — Rogowski, W. u. O. Wolff: Arch. Elektrotechn. Bd. 21 (1929) S. 645.

[2] Strigel, R.: Wiss. Veröff. Siemens-Konz. Bd. 11 (1932) H. 2, S. 52. — Arch. Elektrotechn. Bd. 28 (1934) S. 586.

in etwa 0,5 bis 0,8 μs zündet. Bei der in Abb. 137b angegebenen Ankopplungsschaltung wird als Schaltfunkenstrecke eine Dreielektrodenfunkenstrecke verwendet, bei der die mittlere Elektrode über einen hohen Widerstand an Erde liegt. Die beiden äußeren Elektroden sind durch die Heizkreisspannung bis hart unter die statische Durchbruchsspannung aufgeladen. Wird nun ein kapazitiver Stoß von der Wanderwellenleitung auf die mittlere Elektrode übertragen, so wird je nach der Polarität dieses Stoßes die Spannung an der einen oder der anderen Teilfunkenstrecke über die statische Durchbruchsspannung erhöht und dadurch die Funkenstrecke gezündet. Nach dem Zünden der einen Teilfunkenstrecke liegt an der anderen die doppelte Spannung; sie wird infolgedessen sofort ebenfalls gezündet und die Strahlbewegung setzt ein.

b) Kipprelaisschaltungen.

Elektronenröhrenkipprelais zur Auslösung von Zeit- und Sperrkreis beruhen auf einer Gleichstromrückkopplungsschaltung nach Abb. 138[1]. Zwei Elektronenröhren (1 und 2) sind über Widerstände (R_1 und R_2) an eine Gleichspannungsquelle U_s angeschlossen. Die Anode eines jeden Rohres ist mit dem Gitter des anderen Rohres über Gittervorspannungsbatterien (U_{B_1} bzw. U_{B_2}) verbunden. Der Spannungsabfall des Anodenstromes des einen Rohres (i_{a_1} bzw. i_{a_2}) im entsprechenden Anodenwiderstand (R_1 bzw. R_2) verringert das negative Gitterpotential (e_{g_2} bzw. e_{g_1}) des anderen Rohres. Wenn $e_{g_{10}}$ bzw. $e_{g_{20}}$ die negativen Gitterpotentiale der beiden Rohre beim Anodenstrom $i_{a_2} = 0$ bzw. $i_{a_1} = 0$ sind, so wird

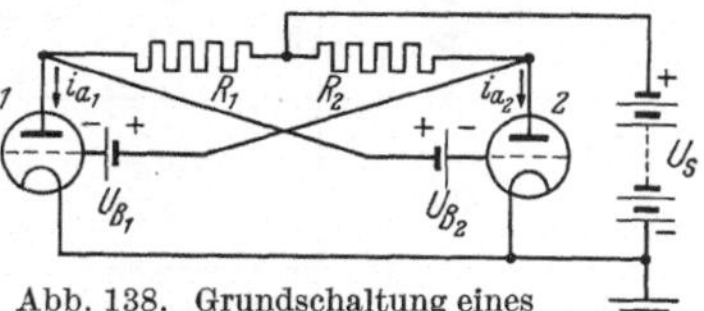

Abb. 138. Grundschaltung eines Elektronenröhrenkipprelais.

$$(6) \qquad \begin{cases} e_{g_{10}} - e_{g_1} = R_2 i_{a_2} \\ \text{bzw. } e_{g_{20}} - e_{g_2} = R_1 i_{a_1} \end{cases}$$

Eine Erhöhung des Anodenstromes i_{a_1} des Rohres 1 hat ein Negativerwerden des Gitterpotentials ($e_{g_{20}} - e_{g_2}$) des Rohres 2 zur Folge, dadurch sinkt auch der Anodenstrom i_{a_2} des Rohres 2 und folglich auch der Spannungsabfall ($R_2 i_{a_2}$) am Widerstand R_2 ab: dieses Absinken von $R_2 i_{a_2}$ erhöht das Gitterpotential ($e_{g_{10}} - e_{g_1}$) von Rohr 1 und damit nochmals den Anodenstrom i_{a_1}. Die Rückkopplung erreicht erst ihr Ende, wenn der Anodenstrom i_{a_2} des Rohres 2 zu Null geworden ist. Umgekehrt genügt eine negative Gitterspannungsänderung von wenigen Volt, um

[1] Abraham, H. u. E. Bloch: C. R. Acad. Sci., Paris Bd. 168 (1919) S. 1105. — Eccles, W. H. u. W. Jordan: Radio Rev. Bd. 1 (1919) S. 80, 143. — Friedländer, E.: Arch. Elektrotechn. Bd. 17 (1926) S. 1, 103. — Freundlich, M.: Diss. T. H. Berlin 1935.

den einen nun stabil gewordenen Betriebszustand wiederum labil werden und die Schaltung in den anderen stabilen Zustand zurückkippen zu lassen, bei dem $i_{a_1} = 0$ und Rohr 2 stromführend ist.

Im folgenden sei noch ein Beispiel zusammenhängender Werte für eine derartige Gleichstromrückkopplungsschaltung gegeben:

$$i_{a_1} \text{ und } i_{a_2} = 25 \text{ mA für } e_{g_{10}} - e_{g_1} = 0 \text{ bzw. } e_{g_{20}} - e_{g_2} = 0;$$
$$U_A = -U_{B_1} = -U_{B_2} = 220 \text{ V}, \quad R_1 = R_2 = 5000\,\Omega.$$

In der ersten Gleichgewichtslage sperrt Rohr 2; es ist somit $e_{g_{10}} - e_{g_1} = 0$ und $i_{a_1} = 25$ mA; i_{a_1} ruft an R_1 einen Spannungsabfall $R_1 i_{a_1} = 125$ V hervor und folglich wird $e_{g_{20}} - e_{g_2} = -125$ V. Für den zweiten stabilen Zustand gelten dieselben Werte bei sinngemäßer Vertauschung der Indizes.

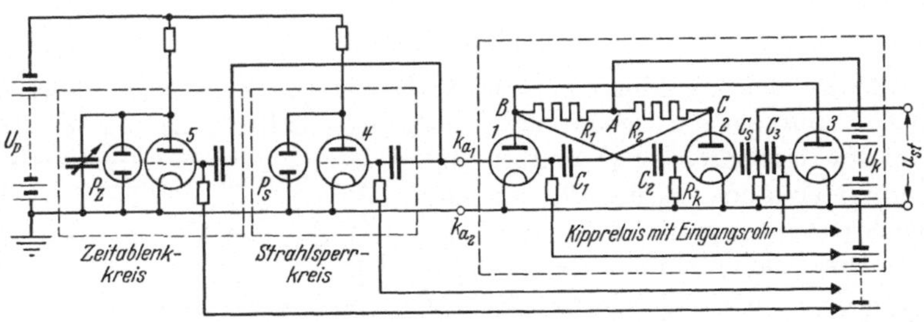

Abb. 139. Ausgeführte Kipprelaisschaltung zur Auslösung von Strahlsperrung und Zeitablenkung.

Abb. 139 zeigt die Anwendung dieser Gleichstromrückkopplung als Kipprelais für den Kathodenstrahloszillographen: es besteht aus dem eigentlichen Kipprelais, dem Strahlsperrkreis und dem Zeitablenkkreis. Im Kipprelais sind die Gitterbatterien der Schaltung der Abb. 138 durch Blockkondensatoren C_1 und C_2 von 0,1 bis 1 μF ersetzt, die über hohe Widerstände von einer gemeinsamen Gitterbatterie aufgeladen werden. Diese Maßnahme ist erforderlich, da die große Erdkapazität der Gitterbatterien den Kippvorgang verzögern würde. Das Kipprelais ist so eingestellt, daß während der Dauer der Aufnahmebereitschaft Rohr 1 gesperrt und Rohr 2 stromführend ist. Ein vom aufzunehmenden Vorgang ausgelöster Spannungsstoß wird auf den Stoßkondensator C_s ($\sim 5 \cdot 10^{-11}$ F) geleitet. Bei negativer Polarität des Spannungsstoßes wird das Gitterpotential des Rohres 2 plötzlich abgesenkt und das Relais kippt in den zweiten stabilen Zustand: das Gitterpotential an Rohr 1 ist Null und damit auch das der Rohre 4 und 5, die im Sperr- bzw. Zeitablenkkreis liegen. Deren Gitterspannung ist während des Zustandes der Aufnahmebereitschaft so eingestellt gewesen, daß sie vollkommen sperren; nun aber wird deren Gitterspannung sprunghaft so stark geändert, daß auch diese beiden Rohre Sättigungsstrom führen und durch die damit einsetzende Kondensatorentladung in den beiden Kreisen eine lineare Strahlbewegung ausgelöst wird.

In der bisher beschriebenen Anordnung wäre das Relais polaritätsabhängig; nur negative Spannungsstöße bringen das Rohr zum Kippen. Um diesen Nachteil zu beheben, ist dem Relais das Eingangsrohr 3 vorgeschaltet, dessen Anode mit der Anode, dessen Kathode mit der Kathode von Rohr 1 verbunden ist. Sein Gitter ist im Zustand der Aufnahmebereitschaft mit Hilfe des Kondensators C_3 von der gemeinsamen Gitterbatterie über hohe Widerstände so weit negativ aufgeladen, daß es gerade noch gesperrt ist. Erhält der Stoßkondensator C_s einen positiven Spannungsstoß, so erhöht sich auch das Gitterpotential des Eingangsrohres und dieses beginnt Strom (i_{a_3}) zu führen, der am Widerstand R_1 den Spannungsabfall ($R_1 i_{a_1}$) hervorruft; durch ihn wird das Potential am Steuergitter des Rohres 2 gesenkt und der Kippvorgang setzt ein.

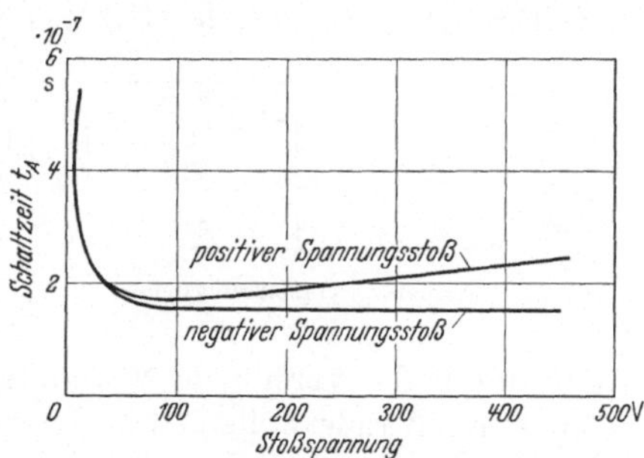

Abb. 140. Schaltzeit eines Kipprelais nach Abb. 139 in Abhängigkeit von der Seite der auftreffenden Stoßspannung.

Das Rückkippen des Relais in den Zustand der Aufnahmebereitschaft wird durch den Widerstand R_k bewirkt, der zwischen Gitter und Kathode des Rohres 2 geschaltet ist. Nach dem Kippvorgang hat Rohr 2 negatives Gitterpotential; dieses wird aber über den Widerstand R_k langsam auf Null entladen. Infolgedessen kippt das Relais je nach Größe des Widerstandes R_k in mehr oder weniger langer Zeit in seinen Ausgangszustand zurück.

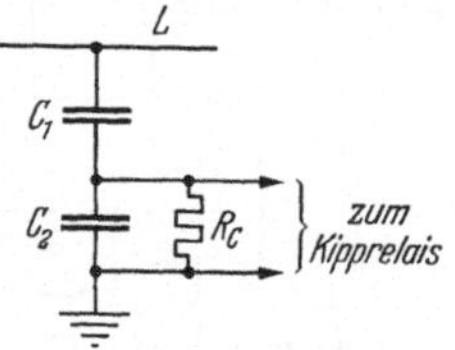

Abb. 141. Kapazitiver Spannungsteiler mit Abstimmung für eine gegebene Grenzsteilheit.

In Abb. 140 ist abhängig von der Höhe der auftreffenden Stoßspannung die Schaltzeit t_A der gesamten Relaisschaltung aufgetragen[1]. Auch bei Stoßspannungsänderungen von nur wenigen Volt am Kondensator C_z wird die Strahlbewegung in 0,2 bis 0,3 μs nach Auftreffen des Stoßes ausgelöst.

Will man beim Anschluß von Kathodenstrahloszillographen an Freileitungen das Kipprelais erst durch Vorgänge ansprechen lassen, die eine bestimmte Grenzsteilheit überschreiten, so schließt man das Kipprelais über einen kapazitiven Spannungsteiler an die Hochspannungsleitung L (Abb. 141) und schaltet dem Kondensator C_2, dessen Spannung auf den Stoßkondensator des Kipprelais übertragen wird, einen Widerstand R_C parallel. Ist die Zeitkonstante $R_C C_2$ klein gegen die Stirndauer des

[1] Freundlich, M.: Anm. 1, S. 145.

Meßvorganges, so fließt die auf C_2 induzierte Ladung ab, ohne merkliche Spannungserhöhung an den Klemmen des Relais hervorrufen zu können[1].

In anderen Fällen geht dem eigentlichen Meßvorgang eine Spannungswelle voraus, die das Kipprelais zum Ansprechen bringen kann. Es schreibt dann eine sehr lange Nullinie, ehe der eigentliche Meßvorgang auftrifft. Dies ist z. B. der Fall bei Versuchen an einer Stoßanlage, bei der das Kipprelais unter Umständen schon durch das Zünden der einzelnen Stufen ausgelöst werden kann. Um dieses vorzeitige Auslösen der Schreibbewegung zu vermeiden, läßt man die Zeitkreisentladung zwar durch die voreilende Spannungswelle auslösen, bringt sie jedoch über eine Wanderwellenleitung verzögert auf die Zeitablenkplatten; oder aber man verwendet zwei normale Kipprelais in Reihe unter Zwischenschaltung eines Verzögerungsrelais nach Abb. 142[2]. Das erste Kipprelais wird durch die voreilende Welle zum Ansprechen gebracht; es steuert das Gitter S_v des Verzögerungsrohres, das im Zustand der Aufnahmebereitschaft Anodenstrom führt und nach dem Kippen von Relais I gesperrt wird. Dadurch kann sich der Kondensator C_v über den Widerstand R_v aufladen und Relais II zum Kippen bringen. Durch Veränderung der Zeitkonstanten $C_v R_v$ läßt sich die Verzögerungszeit in weiten Grenzen einstellen. Auch kann das Verzögerungsrelais dazu dienen, Teilvorgänge aus dem Gesamtvorgang herauszuheben und mit schnellerer Abszissengeschwindigkeit aufzuschreiben.

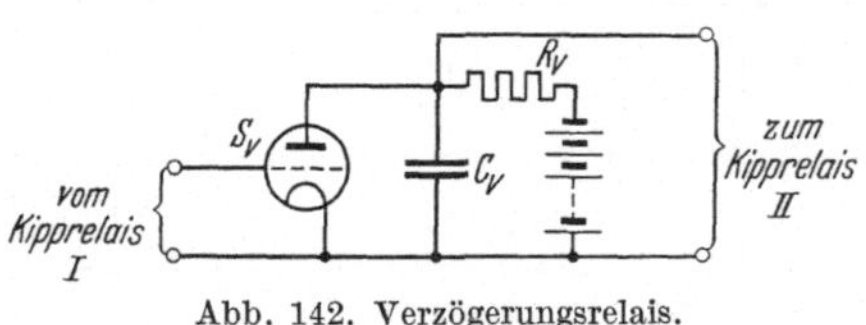

Abb. 142. Verzögerungsrelais.

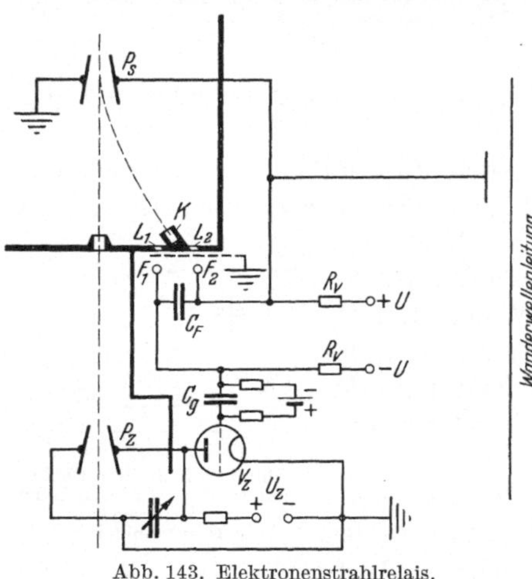

Abb. 143. Elektronenstrahlrelais.

c) Elektronenstrahlrelaisschaltungen.

Beim Elektronenstrahlrelais[3] wird der Kathodenstrahl, sowie er durch den Meßvorgang etwas aus seiner ursprünglichen Lage abgelenkt wird, dazu benutzt, eine im Strahlsperrkreis liegende Funkenstrecke zu zünden. Eine Ausführung des Relais zeigt Abb. 143. Das Strahlsperrplatten-

[1] Gabor, D.: Anm. 1, S. 136. [2] Freundlich, M.: Anm. 1, S. 145.
[3] Knoll, M. u. M. Freundlich: ETZ Bd. 63 (1932) S. 669.

paar P_s ist über einen Vorwiderstand R_v auf die Spannung $(+U)$ aufgeladen; dadurch wird der Kathodenstrahl während der Aufnahmebereitschaft in den Käfig K abgelenkt. Zu den beiden Seiten dieses Käfigs sind in der durch das Plattenpaar P_s erzwungenen Bewegungsrichtung des Strahles 2 Lenard-Fenster (L_1 und L_2) angebracht. Diesen Fenstern gegenüber befinden sich 2 Funkenstrecken (F_1 und F_2), deren Elektroden je aus einer Kugel und einem vor dem Lenard-Fenster angebrachten Drahtnetz bestehen. F_2 ist mit dem Sperrplattensystem P_s verbunden, F_1 ist über einen Gittervorspannungskondensator C_g mit dem Gitter des Entladungsrohres V_z für den Zeitablenkkreis zusammengeschaltet. An F_1 und damit am Gitter von V_z liegt die Spannung $(-U)$; die Gittervorspannung an C_g ist positiv, aber dem absoluten Betrag nach wesentlich kleiner als $(-U)$, so daß V_z im Zustand der Aufnahmebereitschaft gesperrt ist. Die Kugelelektroden beider Funkenstrecken sind durch den Kondensator C_F überbrückt. Ein von der Leitung L übertragener, kapazitiver Spannungsstoß wird je nach seiner Polarität den Kathodenstrahl aus dem Käfig K heraus über eines der beiden Lenard-Fenster lenken. Der Strahl ruft dann in der vor diesem Fenster liegenden Funkenstrecke eine so starke Ionisierung hervor, daß diese schon hart an ihre Durchbruchsspannung vorgespannte Funkenstrecke gezündet wird. Sie reißt sofort die andere Funkenstrecke mit, da an dieser nach dem Spannungszusammenbruch der anderen die doppelte Elektrodenspannung auftritt. So wird der Strahl durch die dann einsetzende Entladung von P_z freigegeben und durch das nun entstandene positive Gitterpotential an Rohr V_z die Zeitkreisentladung eingeleitet. Um bei der Rückkehr des Relais in den Zustand der Aufnahmebereitschaft zu verhindern, daß der Kathodenstrahl die Funkenstrecke F_1 zündet, macht man deren Ladezeitkonstante wesentlich größer als diejenige von F_2, so daß die Spannung an F_1 noch sehr niedrig ist, wenn der Strahl über Fenster L_1 läuft.

d) Schaltungen mit selbsttätiger Strahlsperrung.

Bei den Schaltungen mit selbsttätiger Strahlsperrung[1] fällt der Strahl im Zustande der Aufnahmebereitschaft unabgelenkt in einen Käfig K (Abb. 144). Während der Aufnahme dagegen wird er durch die Plattenpaare P_{s_1}, P_{s_2} bzw. P'_{s_2} und P_{s_3} um den Käfig K herumgelenkt. Die Zeitkreisablenkung löst man am besten mit einer der schon beschriebenen Funkenstreckenschaltungen aus, wobei allerdings noch erforderlich ist, daß an den 4 Sperrplattenpaaren während der Aufnahme eine konstante Spannung liegt. Man erreicht dies dadurch, daß man den Heizkreis mit sehr großer Zeitkonstante ausführt und an dem Widerstand R_1 im Heizkreis die Spannung für die Sperrplattensysteme abgreift.

[1] Norinder, H.: Tekn. T. Bd. 55 (1925) S. 1. — Z. Phys. Bd. 63 (1930) S. 672. — Ackermann, O.: J. Amer. Inst. electr. Engng. Bd. 49 (1930) S. 285.

e) Vergleich der verschiedenen Aufnahmeschaltungen.

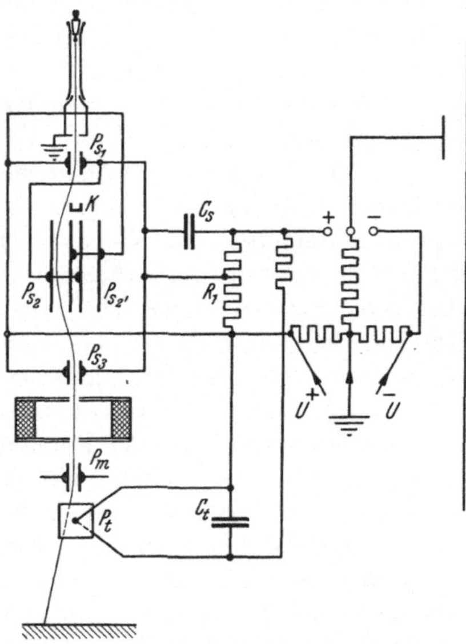

Abb. 144. Norinder-Relais.

Bei der Auswahl der für einen bestimmten Aufnahmezweck günstigsten Schaltung ist die Rückwirkung des Schaltorgenes auf den Meßvorgang selbst zu beachten. Wird nämlich, wie bei Funkenstreckenschaltungen, das Schaltorgan an den Kondensator C_2 (Abb. 145a) eines kapazitiven Spannungsteilers angekoppelt, so tritt im Schaltaugenblick an den Klemmen von C_2 eine Spannungsänderung u_a auf; diese Spannungsänderung wird über den Kondensator C_2 des Spannungsteilers als Stoßwelle auf die Meßleitung übertragen. Das Ersatzschaltbild des Spannungsteilers und der Meßleitungen zeigt Abb. 145b. Der Schalter S ersetzt das Schaltorgan, dessen Spannung u_a während der Schaltzeit s geradlinig auf ihren Endwert U_a ansteigen soll, also gilt $u_a = U_a/s \cdot t$ für $t < s$. Ist ferner Z der Wellenwiderstand der Meßleitungen, $u_z = i \cdot Z/2$, die durch die Betätigung des Schaltorganes auf die Meßleitung übertragene Stoßspannung und $u_C = 1/C_1 \cdot i\,t$ die Spannung am Kondensator C_1, so gilt[1]

$$(7)\qquad \left\{\begin{aligned} u_a + u_z + u_C &= 0 \\ du_a + du_z + du_C &= 0 \end{aligned}\right.$$

Die Lösung dieses Gleichungssystemes lautet:

$$(8)\qquad u_z = -\frac{Z}{2} C_1 \frac{u_a}{s}\left(1 - \varepsilon^{-\frac{t}{Z/2 \cdot C_1}}\right) \quad \text{für} \quad t < s.$$

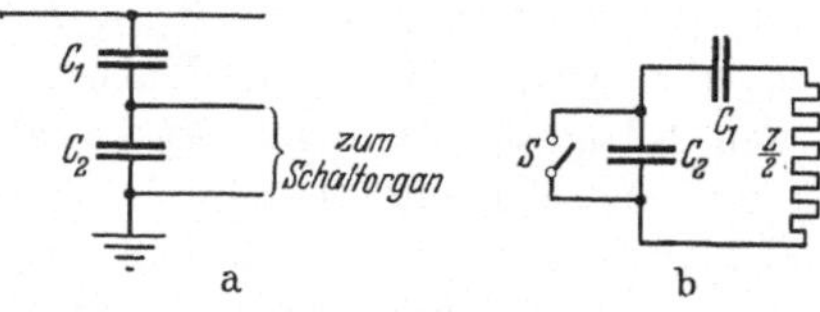

Abb. 145a u. b. Kapazitiver Spannungsteiler (a) und sein Ersatzschaltbild (b) mit Kabelanschluß.

Auf der Meßleitung bildet sich damit eine Welle aus, deren Stirn nach der Zeitkonstanten $T = Z/_2 \cdot C_1$ ansteigt und als Endwert die Höhe $\frac{Z/2 \cdot C_1}{s} \cdot u_a$ erreicht. Wenn diese Welle auch nur während der Schaltzeit auftritt und nach beendeter Schaltzeit wieder mit ihrer Anstiegszeitkonstanten abklingt, so können doch die auf die Meßleitungen übertragenen Spannungen

[1] Freundlich, M.: Anm. 1, S. 145.

erheblich sein. Beträgt z. B. $C_1 = 10^{-11}$ F und $Z = 500\,\Omega$, so wird $T = 2{,}5$ ns und am Ende der Schaltzeit werden bei den einzelnen Aufnahmeschaltungen die in Zahlentafel 11 angegebenen Spannungen auf die Meßleitung übertragen. Als Werte für die Spannungsänderung sind die Werte der derzeit gebräuchlichsten Ausführungen eingesetzt. Die Rückwirkung auf die Meßleitung wird um so kleiner, je länger die Schaltzeit wird. Somit bedingt kleine Rückwirkung entsprechend der größeren Schaltzeit auch lange Verzögerungsleitungen

Zahlentafel 11. Die Rückwirkung der Aufnahmeschaltungen auf den zu messenden Vorgang.

Aufnahmeschaltorgan	Kleinste Schaltzeit in µs	Spannungsänderung am Schaltorgan u_a in Volt	Höhe der Rückwirkungswelle u_z in Volt
1. Einfachfunkenstrecke . . .	0,01	3000	750
2. Dreielektrodenfunkenstrecke	0,02	3000	375
3. Spaltfunkenstrecke . . .	0,5	800	4
4. Kipprelais	0,2	300	4

zwischen Ankopplungsstelle und Meßplatten. Funkenstreckenschaltungen nach 1 und 2 eignen sich daher im allgemeinen nur zur Aufnahme hoher Spannungsvorgänge (über 10 kV), bei diesen haben sie jedoch gegenüber der Spaltfunkenstrecke und dem Kipprelais den Vorteil kürzerer Verzögerungsleitungen. Außerdem ist das Kipprelais sämtlichen Funkenstreckenschaltungen überlegen, wenn die Stirn des aufzunehmenden Vorganges sehr flach ist. Denn bei gleicher Ankopplung, also gleicher Größe des Kondensators C_1 wird das Kipprelais unter Umständen trotz seiner größeren Schaltzeit infolge der niedrigen Ansprechspannung wesentlich früher ansprechen als Schaltfunkenstrecken.

4. Einfluß von Meßleitungen und Ablenkplattengröße auf die Aufzeichnung von Stoßvorgängen[1].

a) Einfluß der Meßleitungen.

Auf den Meßleitungen am Oszillographen können sich Schwingungen ausbilden, deren höchste Überhöhung abhängig ist vom Verhältnis aus der Länge der Meßleitungen m zu derjenigen der Stirn T_s des aufzunehmenden Vorganges. Wenn $m/T_s \ll 1$, ist der von der Meßleitung herrührende Fehler zu vernachlässigen, anderenfalls muß die Meßleitung durch Wellenwiderstände auf die einseitig oder beiderseitig unendlich lange Leitung abgeglichen werden[2].

[1] Siehe auch J. L. Jakubowski u. A. W. Rankin: Conf. internat. des grands réseaus à haute tension 1937, Ber. 136.

[2] Binder, L.: Wanderwellenvorgänge auf experimenteller Grundlage, S. 19. Berlin 1928. — Schilling, W. u. J. Lenz: ETZ Bd. 52 (1931) S. 107.

b) Verzerrung des aufzuzeichnenden Vorganges durch die Zeitkonstante der Ablenkplatten[1].

Die Ablenkplatten können zusammen mit der zu untersuchenden Meßschaltung ein schwingungsfähiges Gebilde darstellen, dessen Wellenlänge in der Größe des zu untersuchenden Vorganges liegt. In diesem Fall muß vor die Ablenkplatten ein Dämpfungswiderstand geschaltet werden. Oder aber die Zuleitungen zu den Ablenkplatten sind so lang, daß ihnen ein Wellenwiderstand zugeordnet werden muß. Dann geht der Aufbau des Ablenkfeldes mit der Zeitkonstanten $T_a = C_a \cdot R_a$ vor sich, wenn C_a die Kapazität der Ablenkplatten und R_a der in die Meßleitung eingeschaltete Dämpfungswiderstand bzw. deren Wellenwiderstand ist.

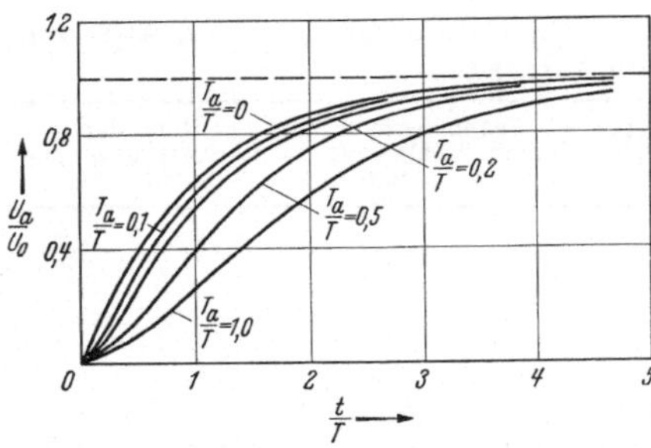

Abb. 146. Spannungsverlauf an den Ablenkplatten bei exponentiellem Stirnanstieg der auflaufenden Welle für Ablenkkreisen mit verschiedenen Zeitkonstanten T_a.

Läßt man z. B. eine Rechteckswelle U_0 auf einen Meßkreis mit der Zeitkonstanten T_a auflaufen, so wird der Spannungsverlauf an den Meßplatten

$$(9) \qquad U_a = U_0 (1 - \varepsilon^{-t/T_a})$$

und die größte im Oszillogramm aufgezeichnete Steilheit wird

$$(10) \qquad S_{\max} = U_a / T_a .$$

Bei $C_a = 10^{-11}$ F und $R_a = 1000\ \Omega$ ergibt sich $S_{\max}$ zu $10^8\ U_0$.

Erfolgt der Spannungsanstieg an den Anschlußpunkten der Meßleitungen nach der Zeitkonstanten T, so erhält man an den Ablenkplatten einen Spannungsverlauf

$$(11) \qquad U_a = U_0 \cdot \frac{(1 - \varepsilon^{-t/T}) - T_a/T\,(1 - \varepsilon^{-t/T_a})}{1 - T_a/T},$$

für $T = T_a$ geht Gl. (11) über in

$$(12) \qquad U_a = U_0 \left[1 - \varepsilon^{-t/T} (1 + t/T)\right].$$

In Abb. 146 ist der nach dieser Beziehung berechnete Spannungsverlauf für verschiedene Werte T_a/T aufgetragen. Die Verzerrung der auflaufenden Welle wird um so stärker, je größer T_a/T wird. Auch tritt die größte Steilheit der aufgezeichneten Welle nicht wie in der ursprünglichen Welle zu Beginn des Spannungsanstieges, sondern erst zu einem späteren Zeitmoment auf.

c) Einfluß der endlichen Verweilzeit der Strahlelektronen im Ablenkfeld[2].

Bei einer Strahlerregerspannung von 50 kV werden die Strahlelektronen auf etwa 10^{10} cm/s, also auf $^1/_3$ Lichtgeschwindigkeit beschleunigt.

[1] Klemperer, H. u. O. Wolff: Arch. Elektrotechn. Bd. 26 (1922) S. 495.
[2] Rogowski, W., E. Flegler u. K. Buss: Arch. Elektrotechn. Bd. 24 (1930) S. 563.

Die axiale Länge des Ablenkfeldes liegt im allgemeinen zwischen 1 und 10 cm, die Verweilzeit der Elektronen im Ablenkfelde zwischen 0,1 und 1 ns. Veränderliche Vorgänge, die mehrere μs andauern, werden praktisch nicht, Vorgänge, deren Dauer aber in der Größenordnung von 1 ns und darunter liegt, aber erheblich verzerrt.

5. Der Anschluß der Meßplatten über einen Spannungsteiler an Hochspannung.

Die gebräuchlichen Kathodenstrahloszillographen sind so dimensioniert, daß die höchste an die Ablenkplatten anzulegende Meßspannung 5 kV nicht überschreitet; diese Beschränkung hat ihren Grund einmal darin, daß es Schwierigkeiten macht, höhere Meßspannungen in den Oszillographen einzuführen, ohne gleichzeitig Querentladungen zwischen den Ablenkplatten zu erhalten, dann aber auch darin, daß der Strahlausschlag bei diesen Spannungen ohne besondere Vorkehrungen zu groß wird.

Deshalb teilt man hohe Stoßspannungen meistens durch einen geeigneten Stoßspannungsteiler so auf, daß den Meßplatten im Kathodenstrahloszillographen nur die normale Ablenkspannung von 5 kV zugeführt wird. Als solche haben sich der Widerstands-[1] und Kapazitätsspannungsteiler[2] praktisch eingeführt. Von einem richtig arbeitenden Spannungsteiler muß man verlangen

1. daß die Rückwirkung des Teilers auf den zu untersuchenden Vorgang vernachlässigbar ist,
2. daß an den Meßplatten ein formgetreu verkleinertes Bild des zu untersuchenden Vorganges aufgezeichnet wird,
3. daß der Teiler frequenz-, spannungs- und polaritätsunabhängig ist.

a) Widerstandsspannungsteiler.

Die schematische Abb. 147 zeigt die einfachste Art eines Widerstandsspannungsteilers: an die Hochspannungsleitung L ist ein Widerstand R

[1] Orlich, E. u. H. Schulze: Arch. Elektrotechn. Bd. 1 (1912) S. 1. — Palm, A.: ETZ Bd. 47 (1926) S. 873. — Fischer, F.: Diss. T. H. Zürich 1925. — De la Gorce, P.: Génie civ. Bd. 98 (1931) S. 68. — Lieber, N.: Diss. T. H. Braunschweig 1935. — Kuhlemann, K. u. W. Mecklenburg: Bull. schweiz. Elektrotechn. Ver. Bd. 26 (1935) S. 737. — Andresen, C.: Arch. Elektrotechn. Bd. 31 (1937) S. 348. — Raske, W.: Arch Elektrotechn. Bd. 31 (1937) S. 653. — Foust, C. M., H. P. Kuehni u. N. Rohats: Gen. Electr. Rev. Bd. 35 (1932) S. 358. — Dowell, J. C. u. C. M. Foust: Trans. Amer. Inst. electr. Engrs. Bd. 52 (1933) S. 573.

[2] Rogowski, W., O. Wolff u. H. Klemperer: Arch. Elektrotechn. Bd. 23 (1930) S. 579. — Kopeliowitsch, K.: Bull. schweiz. elektrotechn. Ver. Bd. 22 (1931) S. 461. — Berger, K. u. H. Schneeberger: Bull. schweiz. elektrotechn. Ver. Bd. 24 (1933) S. 325. — Peters, M. F., G. F. Blackbourne u. P. T. Hannen: Stand. J. Res. Bd. 9 (1932) S. 81. — Raske, W.: Arch. Elektrotechn. Bd. 31 (1937) S. 732. — Bellaschi, P. L.: Trans. Amer. Inst. electr. Engrs. Bd. 52 (1933) S. 544.

geschaltet; der Anschluß für die Ablenkplatten des Kathodenstrahloszillographen unterteilt ihn in zwei Teilwiderstände R_1 und R_2. Eine ankommende Welle von der Höhe U_1 wird durch ihn auf den Wert

$$U_2 = \frac{R}{R + Z/2} \cdot U_1 \tag{13}$$

abgesenkt, wenn Z der Wellenwiderstand der Leitung ist. Die Rückwirkung des Meßwiderstandes auf den zu untersuchenden Vorgang erfordert, daß $2\,R \gg Z$ gewählt wird; andererseits aber muß die Kapazität der Ablenkplatten möglichst rasch Spannungsänderungen auf der Hochspannungsleitung folgen können, um den zu messenden Vorgang nicht zu sehr zu verschleifen, diese Bedingung verlangt möglichst niedrige Werte von R, denn die Zeitkonstante einer Spannungsänderung an den Meßplatten ergibt sich zu

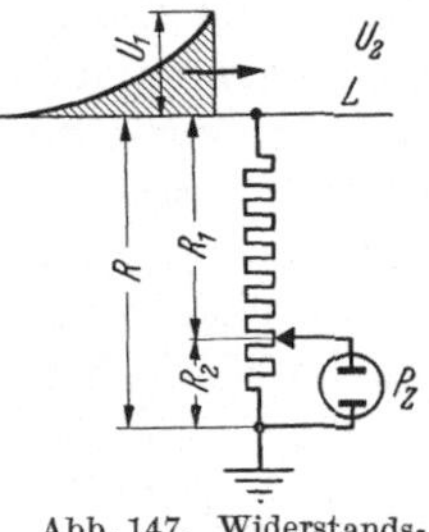

Abb. 147. Widerstandsspannungsteiler.

$$T_a = C_a \cdot \frac{R_1 R_2}{R_1 + R_2}, \tag{14}$$

wenn C_a die Kapazität der Meßplatten und ihrer Zuleitungen bedeutet. Wählt man R zu 50000 Ω, dann beträgt die Spannungsabsenkung der ankommenden Welle nur 0,5%; bei einem Widerstandsteilverhältnis von $R_2/R_1 = 1/20$ und einer Ablenkplattenkapazität $C_a = 10$ pF wird aber $T_a \approx 0{,}13$ µs. Ein solcher Teiler eignet sich gerade noch für technische Untersuchungen mit der 0,5/5 µs-Welle, nicht aber mehr für genauere physikalische Forschungsarbeiten.

Günstiger werden die Verhältnisse, wenn man die Ablenkplatten unmittelbar an den Entladewiderstand der Stoßanlage selbst anschließen kann; denn dieser wird höchstens einige tausend Ohm betragen, so daß auch T_a auf etwa 5 ns sinken wird. Vorgänge mit einer Stirndauer von 10 ns werden dann noch leidlich unverzerrt wiedergegeben, wenn gleichzeitig dafür gesorgt ist, daß nicht durch kapazitive Teilströme das Übersetzungsverhältnis des Teilers bei diesen kurzen Zeiten gestört ist.

Denn selbst ein Flüssigkeitsteiler, der aus einem glatten, mit der Flüssigkeit gefüllten Rohr besteht, kann nicht als völlig kapazitätsfrei angesehen werden, da ja schon die Kapazität der Meßplatten mit ihren Zuleitungen eine kapazitive Unterteilung bedingt. Infolgedessen weicht das tatsächliche Übersetzungsverhältnis um so eher vom Verhältnis der Widerstände ab, je größer die Steilheit des zu messenden Vorganges wird[1]. In vielen Fällen ,namentlich bei nicht zu hohen Stirnsteilheiten, reicht ein Einbau der Meßleitungen und Ablenkplatten in einen statisch geschirmten Kasten aus, wenn gleichzeitig das Feld in der Umgebung des Teilers möglichst gleichförmig gestaltet wird. Ein anderes Mittel, solche schädlichen Nebenkapazitäten zu vermeiden, besteht darin, den

[1] Lieber, N.: ETZ Bd. 56 (1935) S. 633.

Meßteilerwiderstand mit einem zweiten, wesentlich höheren Schutzwiderstand zu umgeben[1].

Ein Widerstandsteiler, der bei technischen Messungen häufig angewandt wird, wenn der Meßvorgang erst über eine Verzögerungsleitung auf die Meßplatten geschaltet werden soll, zeigt Abb. 148[2]. An die Hochspannungsleitung ist ein Widerstand R_1 angeschlossen, mit ihm in Reihe liegt ein Niederspannungskabel mit dem Wellenwiderstand Z; dieses ist über einen Widerstand $R_2 = Z$ geerdet. Die Meßplatten sind dem Widerstand R_2 parallel geschaltet. Die Länge des Kabels ist so bemessen, daß der aufzunehmende Vorgang erst nach der Strahlauslösung durch das Schaltorgan, z. B. ein Kipprelais, auf die Meßplatten auftrifft. An diesen tritt dann eine Spannung auf:

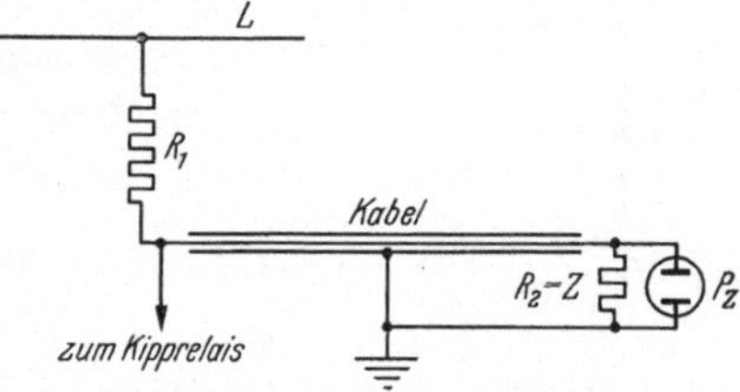

Abb. 148. Widerstandsspannungsteiler mit Verzögerungskabel.

$$(15)\qquad U_a = U \cdot \frac{R_2}{R_1 + Z} = U \cdot \frac{Z}{R_1 + Z}.$$

b) Kapazitiver Spannungsteiler.

Der kapazitive Spannungsteiler eignet sich vorwiegend zur Aufnahme rasch verlaufender Stoßvorgänge; seine Kapazität kann namentlich bei höheren Spannungen sehr klein gewählt werden, so daß die Beeinflussung des zu messenden Vorganges meist vernachlässigbar ist. Zum Ausgleich der Verzögerung im Ansprechen des Zeitkreises kann man, ähnlich wie beim Widerstandsteiler der Abb. 148, ein Kabel am Niederspannungsabgriff anordnen. Das Kapazitätsverhältnis $\ddot{u}$ ist dann für rasche und langsame Vorgänge verschieden[3]. Es wird mit den Bezeichnungen der Abb. 149

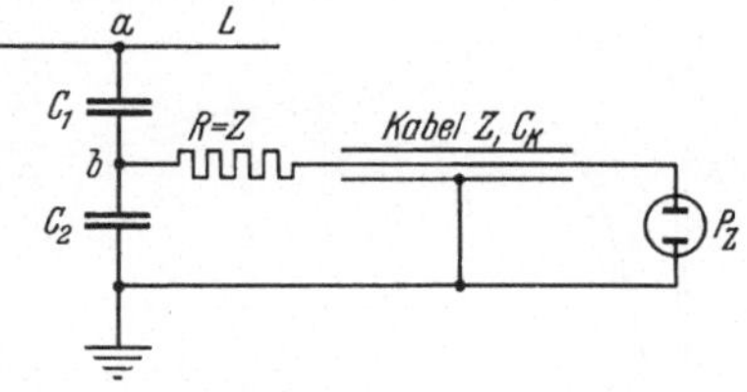

Abb. 149. Kapazitätsteiler mit Verzögerungskabel.

$$(16)\qquad \left\{\begin{array}{ll} \ddot{u}_0 = \dfrac{C_1}{C_1 + C_2} & \text{für rasch verlaufende Vorgänge} \\ \ddot{u}_\infty = \dfrac{C_1}{C_1 + C_2 + C_K} & \text{für langsam verlaufende Vorgänge} \end{array}\right.$$

Diesen Unterschied vermindert man, indem man $C_1 \gg C_K$ wählt. Besser ist es natürlich, die Schaltung des Zeitkreises so zu wählen, daß man ohne Verzögerungskabel auskommt.

---

[1] Raske, W.: Anm. 1, S. 153. [2] Gabor, D.: Anm. 1, S. 136.

[3] Raske, W.: Anm. 1, S. 153. — Bellaschi, P. L.: Anm. 2, S. 153. — Burch: Phil. Mag., Reihe VII, Bd. 13 (1932) S. 760. — Berger, K.: Diss. T. H. Zürich 1930.

Ein Kapazitätsteiler (ohne Verzögerungskabel und Ablenkplatten) kann durch das Kapazitätsschema der Abb. 150[1] dargestellt werden, so daß dessen gesamte Erdkapazität lautet

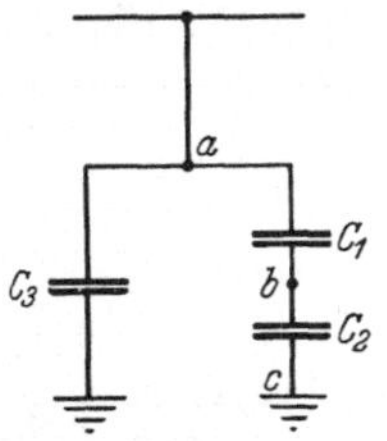

$$(17) \qquad C_e = \frac{C_1 \cdot C_2 + C_1 \cdot C_3 + C_2 C_3}{C_1 + C_2}.$$

Abb. 150. Ersatzkapazitäten des Kapazitätsteilers nach Abb. 149 (ohne Kabel und Ablenkplatten).

Eine rechteckige Stoßwelle der Höhe U dann ergibt an den Meßplatten des Kathodenstrahloszillographen einen Spannungsverlauf

$$(18) \qquad u_a = U \cdot \frac{C_1}{C_1 + C_2} (1 - \varepsilon^{-t/T_m}),$$

wenn $T_m = C_e \cdot Z$ ist. Der Wellenwiderstand der Zuleitung und die Erdkapazität des Teilers bestimmen also das Maß der Stirnverflachung. Eine Welle mit Stirnanstieg und Rückenverlauf nach einer ε-Funktion, also von der Form

$$(19) \qquad u = U \cdot (\varepsilon^{-at} - \varepsilon^{-bt})$$

wird zu einer Welle umgebildet

$$(20) \quad u_a = U \frac{C_1}{C_1 + C_2} \left[\frac{1}{1 - a T_m} (\varepsilon^{-at} - \varepsilon^{-t/T_m}) - \frac{1}{1 - b T_m} (\varepsilon^{-bt} - \varepsilon^{-t/T_m}) \right].$$

In Abb. 151 ist diese Umbildung angegeben für die Gleichung

$$u_K = 1{,}02 \, (\varepsilon^{-1{,}2 \cdot 10^6 t} - \varepsilon^{-0{,}57 \cdot 10^9 t}),$$

wenn $T_m = 16$ ns beträgt. Nicht nur die Steilheit wird verformt, sondern auch der Höchstwert um 5,9% erniedrigt.

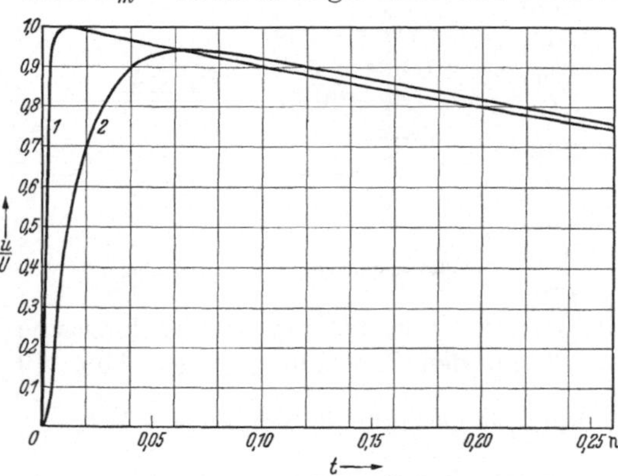

Abb. 151. Verformung einer Welle mit exponentiellem Stirnanstieg durch einen Kapazitätsteiler mit T_m = 16 ns. *1* Ursprungswelle, *2* Verformte Welle.

Für Höchstspannungsmessungen benutzt man meist Luftkondensatoren. Man koppelt dabei, wie in Abb. 152 angegeben, die Meßablenkplatten über eine „Auffang"-elektrode A kapazitiv mit der Hochspannungsleitung zwischen Kondensator und Prüfling. Das Teilungsverhältnis kann man durch einen zu den Ablenkplatten parallelen Kondensator C_2 regeln. Zweckmäßig schaltet man den Ablenkplatten noch einen hohen Widerstand von etwa $10^8\,\Omega$ parallel, um statische Ladungen abzuführen. Kapazitätsteiler dieser Art haben den

[1] Vgl. auch Abb. 145.

Nachteil, daß durch in der Nähe des Teilers aufgestellte Gegenstände leicht das Teilerverhältnis geändert werden kann, da C_1 ja nur wenige pF beträgt.

Diese Schwierigkeiten vermeiden in das Innere des Ablenkrohres des Kathodenstrahloszillographen eingesetzte Spannungsteiler[1]. Auf diese Weise gelingt es, Spannungen von 100 kV unmittelbar in den Oszillographen einzuführen. Man ordnet z. B. dabei im Vakuum eine Kugelelektrode gegenüber der einen Ablenkplatte an und bringt zwischen diese beiden Elektroden eine geerdete Irisblende an[2]. Durch Verstellen der Blende kann man den Durchgriff des Hochspannungsfeldes und damit das Übersetzungsverhältnis des Teilers ändern.

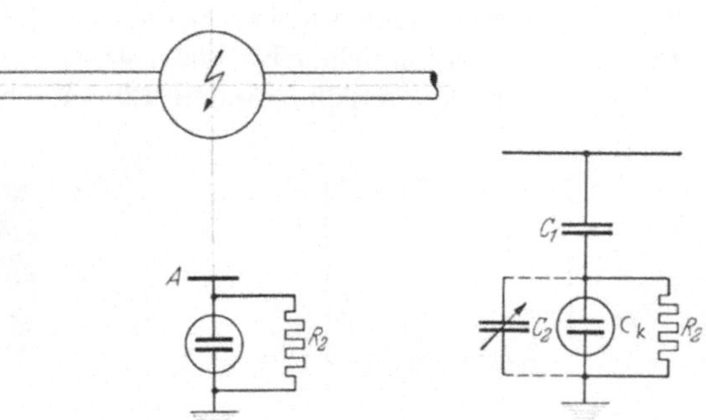

Abb. 152. Kapazitätsteiler für Kathodenstrahloszillographen.

6. Beispiele ausgeführter Oszillographen.

Abb. 153 zeigt einen Metallkathodenstrahloszillographen im Schnitt und in der Ansicht[3]. Das Entladungsrohr ist im unteren Teil des Oszillographen angeordnet und in einem Gestell berührungssicher gekapselt. Die Erregerspannung für den Strahl beträgt 90 kV und wird durch ein Kabel zugeführt; durch Bleipanzerung ist ein Schutz gegen Röntgenstrahlen geschaffen. Die einzelnen Teile des Oszillographen sind durch Gummiringe und ausrichtende Überwurfmuttern miteinander verbunden und daher auch leicht auseinandernehmbar. Die Ablenkplatten sind durch Federkörper von außen verstellbar. Als Aufzeichnungsverfahren kann wahlweise Lenard-Aufnahme oder Leuchtschirmkontaktaufnahme verwendet werden, bei einer Oszillogrammgröße von 9×12 cm. Mit Hilfe einer Trommelkassette können fortlaufende Aufnahmen gemacht werden. Die Höhe des Oszillographen beträgt 1,37 m.

Einen Oszillographen neuester Bauart zeigt Abb. 154[4]. In einem fahrbaren Gestell sind mit dem eigentlichen Oszillographenrohr alle Zusatzgeräte zusammengebaut. Gesondert auf einem zweiten Gestell ist lediglich

[1] Binder, L.: ETZ Bd. 53 (1931) S. 735. — Messmer, M.: Arch. Elektrotechn. Bd. 37 (1933) S. 335. — Nuttall, A. K.: J. Inst. electr. Engrs. Bd. 78 (1936) S. 229.

[2] Raske, W.: Anm. 1, S. 153.

[3] Borries, B. v.: Z. VDI Bd. 80 (1936) S. 1135.

[4] Buss, K.: ETZ Bd. 59 (1938) S. 437. — Buchkremer, St.: ETZ Bd. 59 (1938) S. 1035.

die Erregeranlage für 60 kV für das Entladungsrohr untergebracht. Das Hochvakuumgehäuse besteht aus einem geschmiedeten Stahlblock, der alle äußeren elektrostatischen und magnetischen Störfelder aus dem Bereich der empfindlichen Kathodenstrahlen fernhält. Als Ablenkspannung können dem Oszillographen 130 kV ohne Spannungsteilung nur

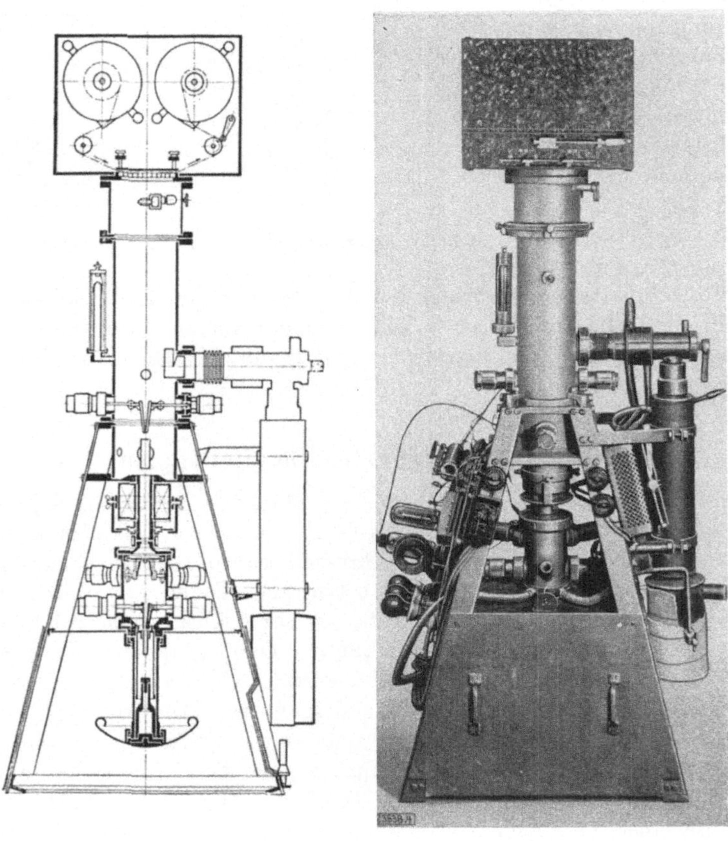

a b

Abb. 153 a u. b. Metalloszillograph für Leuchtschirmkontakt- und Lenard-Aufnahme. a Schnitt; b Ansicht.

durch Blendenverstellung in der Ablenkkammer unmittelbar zugeführt werden. Durch Verschieben dieser Blenden läßt sich die Empfindlichkeit soweit ändern, daß die volle Kurvenhöhe auch bei 1 kV-Ablenkspannung noch ausgeschrieben werden kann. Die Schreibgeschwindigkeit beträgt bei Innenaufnahmen auf Filmstreifen etwa 25000 km/s. Die Strahlsperrung erfolgt elektrostatisch. Der Oszillograph arbeitet mit Vor- und Hauptsammelspule.

a

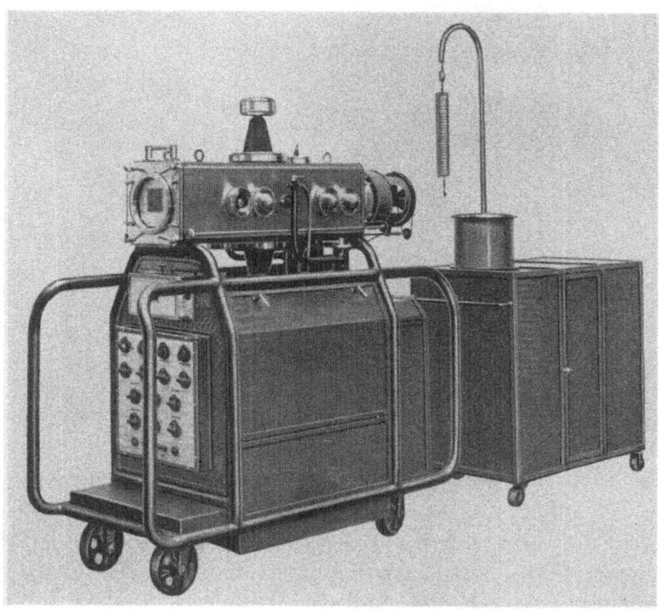

b

Abb. 154a u. b. Fahrbarer Kathodenstrahloszillograph.

Mit wenigen Handgriffen kann das Hochspannungsentladungsrohr gegen ein hochempfindliches, mit niederer Erregerspannung arbeitendes ausgetauscht werden, das mit einer Hilfsentladung arbeitet[1]. Hierdurch kann die Ablenkempfindlichkeit bis etwa 1 V/mm gesteigert werden.

Einen Vierstrahlkathodenstrahloszillographen für Höchstspannungsanlagen zeigt Abb. 155[2]. Das Gerät *A* besteht aus dem eigentlichen Oszillographenkörper *D* und der Aufnahmevorrichtung *E*. Es liegt

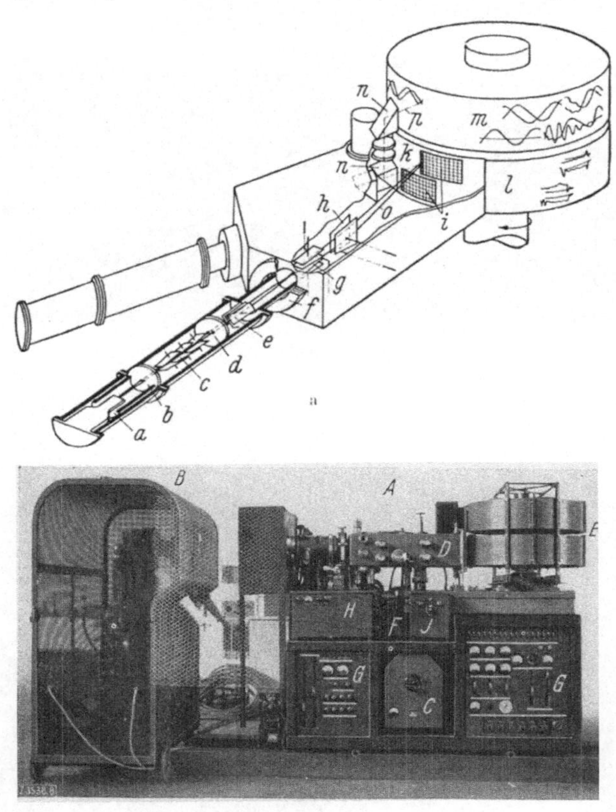

a

b

Abb. 155 a u. b. Vierstrahlkathodenoszillograph für Höchstspannungsanlagen. a Grundsätzlicher Aufbau; b Ansicht.

waagerecht auf einem fahrbaren Gestell, in dessen Inneren die Pumpen, die Hilfskreisschaltungen *F*, das Kipprelais *H*, der Eichsender *J* und die Schalttafeln *G* untergebracht sind. Die Strahlerregeranlage *B* für 65 kV ist in einer besonderen Einheit zusammengebaut, wird jedoch mit dem Regler *C* vom Oszillographenwagen aus bedient.

[1] Westermann, E.: Arch. Elektrotechn. Bd. 30 (1936) S. 109. — Thielen, H.: Arch. Elektrotechn. Bd. 32 (1938) S. 38.

[2] H. Baatz nach Angaben von Prof. A. Matthias im Hochspánnungsinstitut Neubabelsberg der T. H. Berlin. Veröffentlicht: Z. VDI Bd. 80 (1936).

Die 4 Kathodenstrahlen werden in 2 Metallentladungsröhren *a* durch 2 Doppelblenden *b* erzeugt. Sie durchlaufen eine Reihe von Sperrplatten *c* und je eine Sperrblende *d*, sowie die Ablenkplatten *e* zur Nullpunkteinstellung. Mit Hilfe der Sammelspule *f* wird der Strahl konzentriert. Die Vorgangsplatten *g* können unabhängig voneinander vier verschiedene Vorgänge aufzeichnen. Bei der Aufnahme langsamerer Vorgänge werden die Strahlen nur in Ordinatenrichtung abgelenkt auf dem schmalen Leuchtschirm *k*; mit Hilfe von Prismen und Linsen wird der Lichteindruck auf eine drehbare, mit Bromsilberpapier bespannte Trommel geworfen, deren Umfang 2 m beträgt. Man erhält auf diese Weise Oszillogramme mit einer Zeitgeschwindigkeit von 20 m/s. Für die Aufnahme schnell ablaufender Vorgänge ist eine elektrische Zeitablenkung *h* vorgesehen, wobei die Aufnahmen durch das Lenard-Fenster *i* erfolgen. Bei Untersuchungen in Hochspannungsnetzen gewinnt man auf diese Weise gut übersichtliche Oszillogramme, wobei die 50 Hz-Wechselspannungsperiode bis auf 40 cm auseinandergezogen werden kann, und hat gleichzeitig die Möglichkeit, schneller verlaufende Vorgänge, wie z. B. Schaltüberspannungen oder atmosphärische Störungen herausschreiben zu können, indem man über das Kipprelais den Zeitkreis in Tätigkeit setzt und so den Strahl über das Lenard-Fenster führt und den Vorgang auf der unteren Trommel in dem gewünschten Zeitmaßstab aufschreiben läßt[1].

B. Stoßspannungsmessung mit der Kugelfunkenstrecke.

Die Kugelfunkenstrecke ist eines der gebräuchlichsten Spannungsmeßmittel der Hochspannungsmeßtechnik[2] und deren Eichkurven sind daher in Vorschriften festgelegt[3]. Nun hat sich in den letzten Jahren herausgestellt, daß diese teils auf Versuchen, teils auf Rechnung beruhenden Eichwerte gewisser Korrekturen bedürfen[4]. Neuere

[1] Weitere Oszillographen neuerer Bauart: Blaha, A.: Elektrotechn. Obzor. 1937, S. 147. — Kuehni, H. P. u. S. Ramo: Electr. Engng. Bd. 56 (1937) S. 1401. — Stekolinikov, J. S.: Conférence internat. des grands réseaux électr. à haute tension Nr. 129 (1937). — Angelini, A. M.: Energia elettr. Bd. 14 (1937) S. 798.

[2] Heydweiller, A.: Ann. Phys. u. Chem. Bd. 40 (1890) S. 464; N. F. Bd. 38 (1893) S. 785. — Toepler, Max: Ann. Phys., Lpz. Bd. 4. F. Bd. 2 (1900) S. 560; Bd. 7 (1902) S. 477; Bd. 19 (1906) S. 191. — Weicker, W.: Diss. T. H. Dresden 1910. — ETZ Bd. 32 (1911) S. 437. — Toepler, Max.: ETZ Bd. 19 (1906) S. 191; Bd. 28 (1907) S. 918. — Estorff, W.: Diss. T. H. Berlin 1915. — ETZ Bd. 37 (1916) S. 60.

[3] VDE-Vorschrift 0430/1926, AIEE-Standard Nr. 4 (1928).

[4] Palm, A.: ETZ Bd. 47 (1926) S. 904. — Bechtold, H.: ETZ Bd. 50 (1929) S. 1394. — Stoerk, C. u. W. Holzer: Z. techn. Phys. Bd. 10 (1929) S. 317. — Caroll, J. S. u. B. Correns: J. Amer. Inst. electr. Engng. Bd. 47 (1928) S. 892. — Estorff, W., Max. Toepler u. S. Frank: ETZ Bd. 41 (1930) S. 777. — Toepler, Max.: ETZ Bd. 53 (1932) S. 1219. — Z. techn. Phys. Bd. 13 (1932) S. 368. — Claussnitzer, J.: ETZ Bd. 54 (1933) S. 911. — Weicker, W.: ETZ Bd. 56 (1935) S. 423. — Müller, H.: ETZ Bd. 56 (1935) S. 1379.

Zahlentafel 12. Eichwerte für Kugelfunkenstrecken.
IEC-Vorschläge vom Juni 1938.

a) Überschlagspannungen in kV (Scheitelwerte) für einpolige Erdung bei 20° C, 760 Torr für betriebsfrequente Wechselspannung, negative Stoßspannung und negative Gleichspannung.

Schlagweite in cm	Kugeldurchmesser in cm						
	2	5	6,25	10	12,5	15	25
0,05	2,4	—	—	—	—	—	—
0,1	4,4	—	—	—	—	—	—
0,15	6,3	—	—	—	—	—	—
0,2	8,2	8,0	—	—	—	—	—
0,3	11,5	—	—	—	—	—	—
0,4	14,8	14,3	14,2	—	—	—	—
0,5	18,0	—	—	16,9	16,7	16,5	—
0,6	21,0	20,4	20,2	—	—	—	—
0,7	23,9	—	—	—	—	—	—
0,8	26,6	26,3	26,2	—	—	—	—
0,9	29,0	—	—	—	—	—	—
1	31,2	32,0	31,9	31,6	31,5	31,3	31
1,2	35,1	37,6	37,5	—	—	—	—
1,4	38,5	43,0	43,0	—	—	—	—
1,5	40,0	—	—	45,6	45,6	45,5	45
1,6	(41,4)	48,1	48,4	—	—	—	—
1,8	(44,0)	53,0	53,6	—	—	—	—
2	(46,2)	57,2	58,2	59,1	59,2	59,2	59
2,2	—	61,5	63,1	—	—	—	—
2,4	—	65,3	67,4	—	—	—	—
2,5	—	67,2	69,6	72,0	72,0	72,6	72
3	—	75,4	79,1	84,1	85,2	85,5	86
3,5	—	82,4	87,5	95,2	97,2	98,1	—
4	—	(88,4)	94,8	105	109	110	112
4,5	—	(93,5)	101	115	119	122	—
5	—	98,0)	(107)	123	129	132	137
5,5	—	—	(112)	131	138	143	—
6	—	—	(116)	138	146	152	161
6,5	—	—	—	144	154	161	—
7	—	—	—	150	162	169	184
7,5	—	—	—	155	168	177	—
8	—	—	—	(160)	174	185	205
9	—	—	—	(169)	186	198	225
10	—	—	—	(177)	(196)	209	243
11	—	—	—	—	(204)	219	260
12	—	—	—	—	(212)	(229)	275
13	—	—	—	—	—	(238)	289
14	—	—	—	—	—	(245)	302
15	—	—	—	—	—	(252)	314
16	—	—	—	—	—	—	325
18	—	—	—	—	—	—	345
20	—	—	—	—	—	—	(363)
22	—	—	—	—	—	—	(378)
24	—	—	—	—	—	—	(391)
25	—	—	—	—	—	—	(396)

Schlagweite in cm	Kugeldurchmesser in cm				
	50	75	100	150	200
2	58	58	—	—	—
2,5	—	—	71	—	—
4	112	112	—	—	—
5	—	—	137	137	137
6	164	164	—	—	—
8	214	215	—	—	—
9	—	—	—	—	—
10	262	265	266	267	265
11	—	—	—	—	—
12	308	313	—	—	—
13	—	—	—	—	—
14	352	360	—	—	—
15	—	—	387	388	389
16	392	406	—	—	—
18	428	450	—	—	—
20	461	492	503	508	510
22	491	532	—	—	—
24	520	570	—	—	—
25	—	—	611	626	630
26	545	606	—	—	—
28	570	640	—	—	—
30	591	670	709	739	745
32	611	702	—	—	—
34	630	731	—	—	—
35	—	—	797	846	858
36	647	756	—	—	—
38	(663)	785	—	—	—
40	(679)	806	876	947	965
45	(710)	858	949	1040	1075
50	(738)	904	1010	1130	1180
55	—	945	1070	1210	—
60	—	(983)	1120	1280	1360
65	—	(1010)	1160	1350	—
70	—	(1040)	1210	1420	1530
75	—	(1060)	1240	1470	—
80	—	—	(1280)	1530	1680
90	—	—	(1330)	1630	1810
100	—	—	(1370)	1710	1930
110	—	—	—	1790	2030
120	—	—	—	(1850)	2120
130	—	—	—	(1900)	2200
140	—	—	—	(1950)	2280
150	—	—	—	(1980)	2350
160	—	—	—	—	(2410)
180	—	—	—	—	(2500)
200	—	—	—	—	(2580)

Zahlentafel 12. (Fortsetzung.)

b) Überschlagspannung in kV (Scheitelwerte) für symmetrische Spannungsverteilung bei 20° C und 760 Torr für betriebsfrequente Wechselspannung, positive und negative Gleich- und Stoßspannung.

Schlagweite in cm	Kugeldurchmesser in cm						
	2	5	6,25	10	12,5	15	25
0,05	2,4	—	—	—	—	—	—
0,1	4,4	—	—	—	—	—	—
0,15	6,3	—	—	—	—	—	—
0,2	8,2	8,0	—	—	—	—	—
0,3	11,6	—	—	—	—	—	—
0,4	14,9	14,3	14,2	—	—	—	—
0,5	18,1	—	—	16,9	16,7	16,5	—
0,6	21,2	20,4	20,2	—	—	—	—
0,7	24,1	—	—	—	—	—	—
0,8	26,9	26,4	26,2	—	—	—	—
0,9	29,5	—	—	—	—	—	—
1	32,0	32,2	32,0	31,6	31,5	31,3	31
1,2	36,7	37,8	37,6	—	—	—	—
1,4	41,2	43,3	43,2	—	—	—	—
1,5	—	—	—	45,8	45,7	45,5	45
1,6	(44,2)	48,5	48,6	—	—	—	—
1,8	(48,7)	53,5	53,9	—	—	—	—
2	(51,8)	58,3	59,0	59,3	59,4	59,2	59
2,2	—	62,8	63,9	—	—	—	—
2,4	—	67,3	68,6	—	—	—	—
2,5	—	69,4	70,9	72,4	72,6	72,9	72
3	—	79,3	81,8	84,9	85,4	85,5	86
3,5	—	88,3	91,8	96,5	97,7	98,4	—
4	—	(96,4)	101	107	110	111	113
4,5	—	(104)	109	118	121	123	—
5	—	(111)	(117)	128	132	134	138
5,5	—	—	(124)	137	142	145	—
6	—	—	(131)	146	152	155	162
6,5	—	—	—	155	161	165	—
7	—	—	—	163	170	175	185
7,5	—	—	—	170	179	185	—
8	—	—	—	(177)	187	194	207
9	—	—	—	(191)	203	211	228
10	—	—	—	(203)	(217)	227	248
11	—	—	—	—	(229)	242	267
12	—	—	—	—	(241)	(256)	286
13	—	—	—	—	—	(268)	303
14	—	—	—	—	—	(280)	320
15	—	—	—	—	—	(292)	336
16	—	—	—	—	—	—	352
18	—	—	—	—	—	—	(381)
20	—	—	—	—	—	—	(407)
22	—	—	—	—	—	—	(431)
24	—	—	—	—	—	—	(452)
25	—	—	—	—	—	—	(463)

Schlagweite in cm	Kugeldurchmesser in cm				
	50	75	100	150	200
2	58	58	—	—	—
2,5	—	—	71	—	—
4	112	112	—	—	—
5	—	—	137	137	137
6	164	164	—	—	—
8	214	215	—	—	—
9	—	—	—	—	—
10	263	265	266	267	265
11	—	—	—	—	—
12	309	314	—	—	—
13	—	—	—	—	—
14	353	362	—	—	—
15	—	—	388	389	389
16	394	408	—	—	—
18	434	452	—	—	—
20	472	495	504	511	511
22	507	535	—	—	—
24	542	576	—	—	—
25	—	—	613	628	632
26	575	615	—	—	—
28	607	652	—	—	—
30	638	689	714	741	747
32	666	725	—	—	—
34	693	759	—	—	—
35	—	—	812	848	860
36	718	793	—	—	—
38	(742)	825	—	—	—
40	(767)	856	902	950	972
45	(823)	929	986	1050	1080
50	(874)	997	1070	1140	1180
55	—	1060	1140	1230	—
60	—	(1120)	1210	1320	1380
65	—	(1170)	1280	1410	—
70	—	(1220)	1340	1490	1560
75	—	(1270)	1400	1560	—
80	—	—	(1460)	1640	1730
90	—	—	(1560)	1780	1900
100	—	—	(1660)	1910	2050
110	—	—	—	2030	2190
120	—	—	—	(2140)	2330
130	—	—	—	(2240)	2460
140	—	—	—	(2330)	2580
150	—	—	—	(2420)	2690
160	—	—	—	—	(2800)
180	—	—	—	—	(3000)
200	—	—	—	—	(3180)

Zahlentafel 12. (Fortsetzung.)

c) Überschlagspannungen in kV (Scheitelwerte) für einpolige Erdung bei 20° C, 760 Torr für positive Stoßspannung und für positive Gleichspannung.

Schlagweite in cm	Kugeldurchmesser in cm							Schlagweite in cm	Kugeldurchmesser in cm				
	2	5	6,25	10	12,5	15	25		50	75	100	160	200
0,4	—	14,3	14,2	—	—	—	—	2	58	58	—	—	—
0,5	—	—	—	16,9	16,7	16,5	—	4	112	112	—	—	—
0,6	—	20,4	20,2	—	—	—	—	5	—	—	137	137	137
0,7	—	—	—	—	—	—	—	6	164	164	—	—	—
0,8	—	26,3	26,2	—	—	—	—	8	214	215	—	—	—
0,9	—	—	—	—	—	—	—	10	262	265	266	267	265
1	—	32,0	31,9	31,6	31,6	31,3	31	12	310	313	—	—	—
1,2	—	37,8	37,6	—	—	—	—	14	356	360	—	—	—
1,4	—	43,3	43,1	—	—	—	—	15	—	—	388	388	389
1,5	—	—	—	45,6	45,6	45,5	—	16	401	407	—	—	—
1,6	—	49,0	49,0	—	—	—	—	18	440	452	—	—	—
1,8	—	54,4	54,6	—	—	—	—	20	478	499	505	509	510
2	—	59,4	60,0	59,1	59,2	59,2	59	22	511	541	—	—	—
2,2	—	64,2	65,0	—	—	—	—	24	543	582	—	—	—
2,4	—	68,8	69,7	—	—	—	—	25	—	—	616	626	—
2,5	—	71,0	72,3	72,8	72,5	72,6	—	26	572	621	—	—	—
3	—	81,1	83,4	85,6	85,7	85,6	86	28	600	659	—	—	—
3,5	—	90,0	93,4	97,4	98,6	98,7	—	30	625	694	719	740	745
4	—	(97,5)	103	109	111	111	112	32	646	727	—	—	—
4,5	—	(104)	110	120	123	124	—	34	669	759	—	—	—
5	—	(109)	(117)	130	134	136	138	35	—	—	816	850	—
5,5	—	—	(123)	139	144	147	—	36	687	788	—	—	—
6	—	—	(128)	148	154	158	162	38	(705)	816	—	—	—
6,5	—	—	—	156	163	168	—	40	(721)	841	900	957	967
7	—	—	—	163	172	178	187	45	(756)	899	979	1060	—
7,5	—	—	—	170	180	187	—	50	(785)	949	1050	1150	1180
8	—	—	—	(176)	188	196	210	55	—	994	1110	1240	—
9	—	—	—	(186)	202	212	232	60	—	(1030)	1160	1310	1380
10	—	—	—	(195)	(214)	226	252	65	—	(1070)	1210	1390	—
11	—	—	—	—	(224)	238	272	70	—	(1100)	1260	1460	1560
12	—	—	—	—	(232)	(249)	290	75	—	(1120)	1300	1520	—
13	—	—	—	—	—	(260)	306	80	—	—	(1330)	1580	1710
14	—	—	—	—	—	(269)	321	90	—	—	(1390)	1680	1850
15	—	—	—	—	—	(276)	335	100	—	—	(1430)	1770	1980
16	—	—	—	—	—	—	348	110	—	—	—	1850	2080
18	—	—	—	—	—	—	372	120	—	—	—	1920	2180
20	—	—	—	—	—	—	(393)	130	—	—	—	(1970)	2270
22	—	—	—	—	—	—	(410)	140	—	—	—	(2020)	2350
24	—	—	—	—	—	—	(424)	150	—	—	—	(2060)	2420
25	—	—	—	—	—	—	(430)	160	—	—	—	—	(2480)
								180	—	—	—	—	(2580)
								200	—	—	—	—	(2650)

Messungen[1] haben bereits zu einer neuen Regelung bei der IEC geführt[2], die in Bälde wohl auch vom VDE übernommen werden dürfte. Es sei daher zunächst kurz auf die neueren Meßwerte der statischen Hochspannungsmessung mit Hilfe der Kugelfunkenstrecke eingegangen, da sie die Grundlage für die Stoßspannungsmessung selbst bilden.

1. Die Durchbruchsspannung von Kugelfunkenstrecken bei statischer Spannungsbeanspruchung.

Wesentlich für die Durchbruchsspannung von Kugelfunkenstrecken ist die Art ihres Einbaues: man erhält verschiedene Eichkurven, wenn man die Kugelfunkenstrecke symmetrisch gegen Erde schaltet, also auch an der Kugelfunkenstrecke mit symmetrischer Feldausbildung zu rechnen hat, oder wenn man bei der Messung eine der beiden Kugeln erdet, also die Feldausbildung unsymmetrisch wird. In Zahlentafel 12 sind auf Grund der erwähnten neueren Messungen die von der IEC im Juni 1938 angenommenen Eichwerte für Kugelfunkenstrecken zusammengestellt. Sie geben für verschiedene Kugelgrößen, abhängig von der Schlagweite, die Scheitelwerte der Überschlagsspannung in symmetrischer Spannungsverteilung und bei einpoliger Erdung an, bezogen auf 20° C und 760 Torr für betriebsfrequente Wechsel-, positive und negative Gleichspannung.

Die Eichwerte gelten für Schlagweiten bis zu einem Verhältnis Schlagweite s zu Kugeldurchmesser D von 0,5 mit einer Genauigkeit von $\pm 3\%$. Bei größeren Werten von s/D nimmt jedoch die Genauigkeit stark ab; deshalb sind auch die Überschlagswerte, die $s/D > 0{,}75$ entsprechen, in der Zahlentafel in Klammern angeführt. Um die angeführte Meßgenauigkeit zu erreichen, sind noch die folgenden Meßbedingungen zu beachten[3]:

---

[1] Stoerk, C. u. W. Holzer: Z. techn. Phys. Bd. 17 (1929) S. 317. — Dattan, W.: ETZ Bd. 57 (1936) S. 377. — Binder, L. u. W. Hörcher: ETZ Bd. 59 (1938) S. 161. — Hueter, E.: ETZ Bd. 57 (1936) S. 621. — Elsner, R.: ETZ Bd. 56 (1935) S. 1405. — Jakobi, W.: Z. Phys. Bd. 17 (1936) S. 159. — Bellaschi, P. L. u. P. H. McAuley: Electr. J. Bd. 31 (1934) S. 228. — Meador, J. R.: Electr. Engng. Bd. 53 (1934) S. 942. — Sorensen, R. W. u. S. Ramo: Electr. Engng. Bd. 55 (1936) S. 444. — Sprague, C. S. u. G. Gold: Electr. Engng. Bd. 56 (1937) S. 594. — Edwards, F. L. u. J. F. Smee: J. Inst. electr. Engrs. Bd. 82 (1938) S. 655. — Plank, J. ver: Electr. Engng. Bd. 57 (1938), Trans. Sect. S. 45. — Davis, R. u. G. W. Bowdler: Z. Instr. electr. Engrs. Bd. 82 (1938) S. 645.

[2] Weicker, W. u. H. Hörcher: ETZ Bd. 59 (1938) .. 1029.

[3] Siehe auch M. Schuep: C. R. du Ligre Bd. 2 (1931) S. 28. — Cauwenberghe, R. van: C. R. du Cigre Bd. 2 (1931) S. 30. — Kopeliowitsch, M. J.: C. R. du Ligre Bd. 2 (1931) S. 34.

1. Geerdete Teile sollen von der spannungsführenden Kugel genügend entfernt sein. Von der IEC werden die in der nachstehenden Aufstellung angegebenen Abstände für notwendig erachtet:

Kugeldurchmesser D	Schlagweite s	Abstand der spannungführenden Kugel gegen geerdete Teile
Bis $D = 25$ cm	$s < 0{,}5\,D$ $s > 0{,}5\,D$	$> 10\,s < 7\,D$ 5 bis $7\,D$
Bei Kugel bis $D = 200$ cm stufenweise Abnahme auf die nebenstenenden Werte	$s < 0{,}5\,D$ $s > 0{,}5\,D$	$> 6\,s < 4\,D$ 3 bis $4\,D$

2. Spannungsführende Teile sollen, namentlich bei Schlagweiten s $0{,}5\,D$, soweit als irgendmöglich von der Meßfunkenstrecke entfernt verlegt werden.

Je nach der herrschenden Luftdichte und Temperatur sind diese Werte noch zu korrigieren. Die Überschlagsspannung der Kugelfunkenstrecke ergibt sich zu

$$U = k \cdot U', \tag{21}$$

wenn

$$k = \delta \cdot \frac{1 + \frac{0{,}757}{\sqrt{D\delta}}}{1 + \frac{0{,}757}{\sqrt{D}}}. \tag{22}$$

D bedeutet den Kugeldurchmesser und δ die Luftdichte; δ ist gegeben durch die Beziehung

$$\delta = \frac{b}{760} \cdot \frac{293}{273 + t} = 0{,}386 \cdot \frac{b}{273 + t}, \tag{23}$$

wenn b den Barometerstand in Torr und t die Temperatur in ° C bedeuten. Für die Werte $\delta = 0{,}9$ bis $1{,}1$ kann das Korrektionsglied von k vernachlässigt werden, also einfach $k = \delta$ gesetzt werden[1].

2. Die Durchbruchsspannung von Kugelfunkenstrecken bei Stoßspannungen.

a) Bei der Stoßwelle 0,5/50 μs.

Wie aus Abb. 26 hervorgeht, nimmt das Stoßverhältnis erst merkliche Werte an bei Aufbauzeiten des Entladeverzuges unter 2 μs. Bei der Stoßwelle 0,5/50 μs muß also die Stoßüberschlagsspannung der statischen Durchschlagsspannung entsprechen. In Abb. 156 sind Messungen über die Stoßüberschlagsspannung der Kugelfunkenstrecken bei dieser

[1] Siehe VDE-Vorschr. 0430 (1926).

Stoßwelle zusammengestellt[1]. Die negativen Stoßüberschlagsspannungen fallen mit den Werten der statischen Durchschlagsspannungen bei

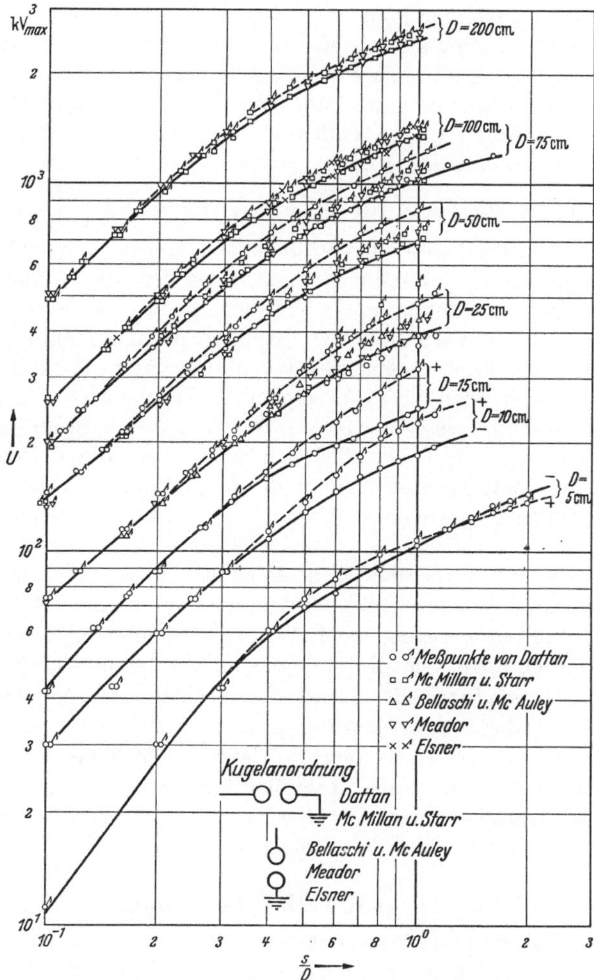

Abb. 156. Mindestüberschlagsstoßspannungsmessungen an Kugelfunkenstrecken bei der amerikanischen Stoßwelle 1,5/40 µs bzw. der deutschen 0,5/50 µs.

Betriebsfrequenz zusammen (s. Zahlentafel 12 des vorigen Abschnittes), die positiven dagegen liegen um einige Hundertteile höher. Dies hat

[1] Dattan, W.: Anm. 1, S. 165. — Bellaschi, P. L. u. P. H. McAuley: Anm. 1, S. 165. — Meador, J. R.: Anm. 1, S. 165. — Elsner, R.: Anm. 1, S. 165. — McMillan, F. O. u. E. C. Starr: J. Amer. Inst. electr. Engrg. Bd. 49 (1930) S. 859. — ETZ Bd. 53 (1932) S. 345.

seinen Grund darin, daß bei größeren Werten des Verhältnisses s/D das Feld der Kugelfunkenstrecke nicht mehr als völlig gleichförmig anzusehen ist und sich daher Polaritätsunterschiede in der Durchschlagsspannung ausbilden können. Bei Beanspruchung mit 50periodiger Wechselspannung findet daher der Überschlag stets statt in der Halbwelle mit der niedrigeren Durchschlagsspannung, das ist die negative Halbwelle. Bei Beanspruchung mit Stoßspannung wirkt sich dieser Polaritätsunterschied dagegen voll aus: die positiven Stoßüberschlagsspannungen liegen höher als die negativen. Der Polaritätseffekt setzt ein bei einer Schlagweite, die der Beziehung $1{,}6\sqrt{\frac{D}{2}}$ entspricht. Ferner ist der Unterschied in der Stoßüberschlagsspannung beider Polaritäten abhängig von der räumlichen Anordnung der Kugelfunkenstrecke: bei waagerechter Anordnung ist er erheblich größer als bei senkrechter. Eigenartig ist das Verhalten der Stoßüberschlagsspannung für die Kugeln mit 5 cm Durchmesser; positive und negative Stoßüberschlagsspannung überschneiden sich bei einem Verhältnis $s/D = 1{,}2$, so daß bei höheren Werten dieses Verhältnisses die positive Stoßüberschlagsspannung niedriger liegt als die negative; auch diese Erscheinung dürfte auf den waagerechten Aufbau der Kugelfunkenstrecke und dem damit verbundenen geringeren Abstand zu geerdeten Teilen zurückzuführen sein.

Werden die im vorhergehenden Abschnitt über die Durchbruchsspannung der Kugelfunkenstrecke bei statischer Spannungsbeanspruchung angeführten Meßbedingungen eingehalten, so können die in Zahlentafel 12 angeführten Eichwerte, wie die IEC ebenfalls im Juni 1938 festgesetzt hat, sinngemäß auch für Stoßspannungsdurchschläge als maßgebend angesehen werden. Dabei sollten allerdings größere Schlagweiten als $s = 0{,}5\,D$ möglichst nicht verwendet werden, da dann die Meßgenauigkeit $\pm 3\%$ wesentlich überschreiten würde. Auch bei Stoßspannungen ist in gleicher Weise wie bei statischer Spannung eine Korrektur der Durchschlagswerte hinsichtlich Luftdichte und Temperatur vorzunehmen.

b) Bei kurzen Stoßwellen beliebiger Form.

Bei der Stoßspannungsmessung mit der Kugelfunkenstrecke wird die Schlagweite der Funkenstrecke so lange vergrößert, bis gerade noch zwischen den Elektroden ein Funken übergeht. Bei Stoßwellen mit stark abfallendem Rücken wird man daher nicht mehr den Höchstwert der Welle ermitteln, sondern den Wert, auf den der Höchstwert während der Zeit des Entladeverzuges abgefallen ist. Da die Streuzeit des Entladeverzugs durch geeignete Maßnahmen, wie z. B. starke Quarzlampenbestrahlung, beliebig herabgedrückt werden kann, so ist die Aufbauzeit diejenige Größe, die in die Stoßspannungsmessung mit der Kugelfunkenstrecke eingeht. Die Aufbauzeit ihrerseits ist aber von der Schlagweite abhängig; zudem ist sie eingehend untersucht nur bis zu Schlagweiten von mehreren Zentimetern. Man müßte also ähnliche Untersuchungen für alle möglichen Wellenformen durchführen, wie sie vorstehend für die Stoßwelle 0,5/50 μs angeführt sind. Es kommt aber der Stoßspannungsmessung mit Kugelfunkenstrecken zustatten, daß die Aufbauzeit im Schlagweitenbereich 1 bis 6 cm, also im Spannungsbereich von etwa 10 bis 100 kV konstant ist. Für diesen Schlagweitenbereich lassen sich einheitliche Kurven und Diagramme angeben, nach denen für eine gegebene Wellenform der Zuschlag zu bestimmen ist, der zum tatsächlichen Meßwert hinzuzufügen ist, um den wirklichen Höchstwert zu

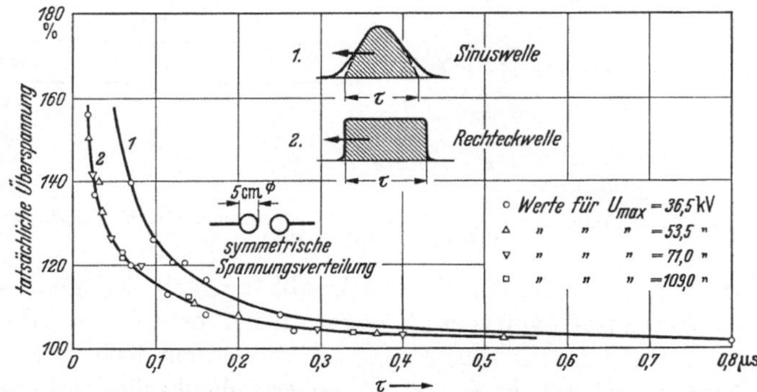

Abb. 157. Bestimmung der tatsächlichen Überspannungshöhe aus Kugelfunkenstreckenmessungen. Gültig für Kugeldurchmesser von 5 cm im Spannungsbereich 10 bis 100 kV.

erhalten[1]. Hat man höhere Stoßspannungen als 100 kV zu messen, so wird man zweckmäßig einen einwandfrei arbeitenden Spannungsteiler[2] vorsehen und an diesen eine mit Quarzlicht bestrahlte Funkenstrecke anschließen; diese Funkenstrecke wird dann so eingestellt, daß sie im Spannungsbereich 10 bis 100 kV arbeitet.

1. Rechtecks- und Sinuswellen im Spannungsbereich 10 bis 100 kV. Die Zuschläge, die bei abgeschnittener Rechteckswelle zum gemessenen Spannungswert zu machen sind, gehen annähernd schon aus Abb. 26 hervor; denn aus der Art der Messung folgt ja, daß die Funkenstrecke gerade dann noch anspricht, wenn die Dauer des Rechteckstoßes gleich der Aufbauzeit der Entladung wird. Man hat also aus Abb. 26 lediglich für diese Aufbauzeit das Stoßverhältnis zu entnehmen und mit ihm den gemessenen Spannungswert zu multiplizieren. Abb. 26 bedarf allerdings noch einer gewissen Korrektur: ihre Kennlinien sind nämlich auf die statische Durchschlagsspannung, also konstante Schlagweite, bezogen. Nun wird sich aber bei der beschriebenen Vornahme der Messung nicht die der statischen Durchbruchsspannung entsprechende Schlagweite, sondern eine wenn auch nur wenig höhere einstellen: dadurch

[1] Förster, W.: Diss. T. H. Dresden 1933. [2] Siehe S. 153.

werden die Zuschläge, die zum Meßwert zu machen sind, etwas niedriger als den in Abb. 26 entnommenen Werten des Stoßverhältnisses entsprechen würde. In Abb. 157 sind daher diese korrigierten Werte eingetragen: als Abszisse ist die Dauer des Rechteckstoßes gewählt, als Ordinate ist angegeben, wieviel Hundertteile des gemessenen Wertes die tatsächliche Überspannung beträgt. Aus den eingetragenen

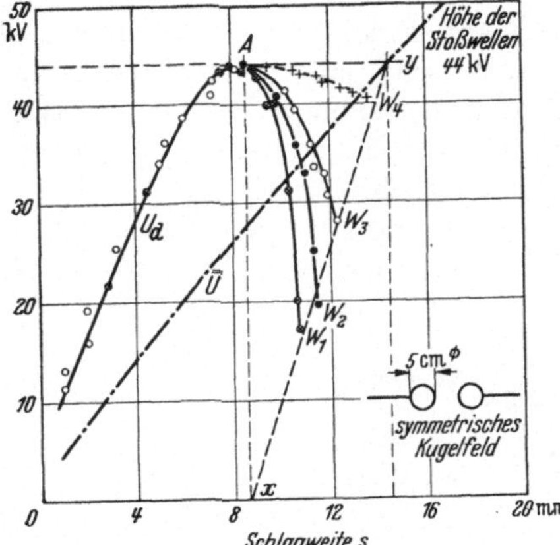

Wellenform:

Welle	Stirndauer	Halbwertzeit
W_1		0,15 μs
W_2	33 ns	0.23 μs
W_3		0,60 μs
W_4		1,33 μs

Abb. 158. Einfluß der Halbwertzeit der Stoßwelle auf die Messung mit der Kugelfunkenstrecke. Höhe der Stoßwelle 44 kV.

Meßpunkten geht wieder deutlich die Unabhängigkeit der Meßzuschläge bzw. der Aufbauzeit von der Schlagweite hervor. In die Abbildung sind außerdem noch die Zuschläge eingezeichnet, die zum gemessenen Wert bei sinusförmigem Verlauf der Stoßwelle gemacht werden müssen. Die in Abb. 157 wiedergegebenen Messungen beziehen sich auf symmetrische Spannungsverteilung an der Kugelfunkenstrecke. Jedoch kann man sie im Falle von Rechteck- und Sinuswellen, wie auch bei

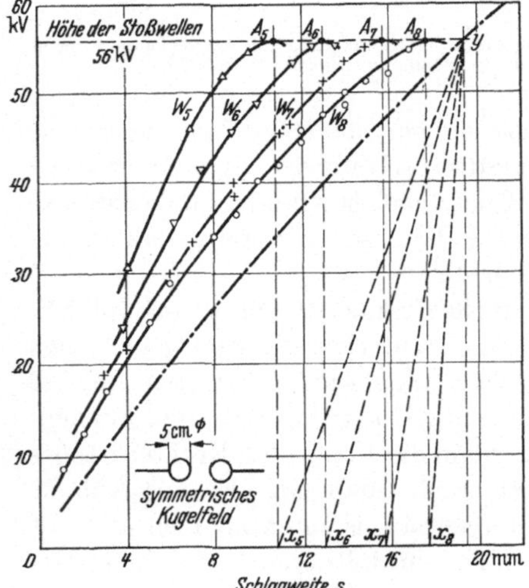

Wellenform:

Welle	Stirndauer	Halbwertzeit
W_5	33 ns	
W_6	66 ns	1,33 μs
W_7	166 ns	
W_8	600 ns	

Abb. 159. Einfluß der Stirnlänge der Stoßwelle auf die Messung mit der Kugelfunkenstrecke. Höhe der Stoßwelle 56 kV.

Stoßwellen beliebiger Form, unbedenklich auch auf einseitige Erdung der Kugelfunkenstrecken anwenden, wenn man nur darauf achtet, daß geerdete oder spannungsführende Teile möglichst entfernt von der Meßfunkenstrecke angeordnet werden.

2. Stoßwellen beliebiger Form im Spannungsbereich 10 bis 100 kV[1]. Bei Stoßwellen mit abfallendem Rücken erfolgt der Durchbruch der Kugelfunkenstrecken bei allmählicher Vergrößerung der Schlagweite zunächst in der Wellenstirn; bei weiterer Vergrößerung der Schlagweite rückt er zum Scheitelpunkt und wandert bei noch weiterer Schlagweitenvergrößerung den Wellenrücken entlang abwärts bis zu einem bestimmten Grenzwert. Die Lichtwirkung des Überschlagsfunkens nimmt während dieses Wanderns des Durchschlagspunktes längs der Stoßwelle immer mehr ab, bis beim Erreichen der Grenzschlagweite nur noch ein sehr schwacher Funke sichtbar bleibt.

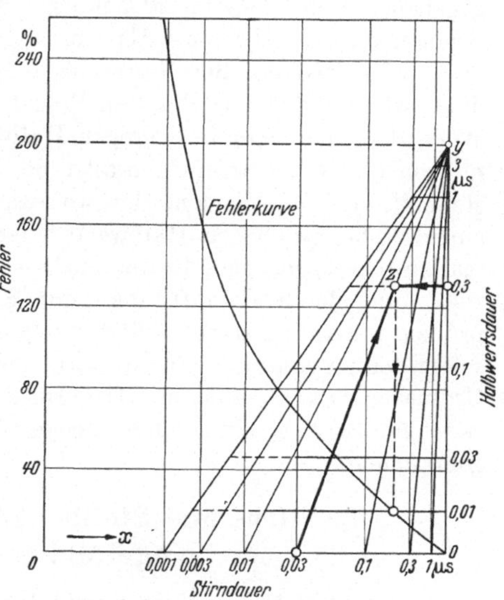

Abb. 160. Diagramm zur Entnahme der Zuschläge zu Kugelfunkenstreckenmessungen, gültig für Stoßwellen mit abfallendem Rücken bei Spannungen zwischen 10 und 100 kV. (Eingezeichnetes Beispiel: bei einer Welle mit 30 ns Stirndauer und 0,3 μs Halbwertsdauer erhält man mit der Kugelfunkenstrecke einen um etwa 20% zu niedrigen Höchstwert.)

In Abb. 158 ist über der Schlagweite für eine 5 cm-Kugelfunkenstrecke strichpunktiert die Gleichüberschlagsspannung $\overline{\overline{U}}$ aufgetragen, außerdem für 4 verschiedene Wellen gleicher Stirnsteilheit, aber verschiedener Halbwertszeit, die sich jeweils ergebende Durchbruchsspannung U_d, d. h. den Augenblickswert der Stoßspannung zur Zeit des Spannungszusammenbruchs. Im Punkte A findet der Überschlag gerade im Scheitelpunkt der Stoßwelle statt. Die Grenzschlagweiten, bei denen im Rücken der Stoßwelle gerade noch ein Durchschlag erfolgt, liegen bei um so kleinerer Schlagweite und um so niedrigeren Spannungswerten, je geringer die Halbwertsdauer der Stoßwelle ist. Bei einer Welle mit unendlich langem Rücken muß der Überschlag erfolgen, wenn die Schlagweite gerade der Wellenhöhe entspricht, also im Punkte y; ist die Welle dagegen im Scheitelpunkt abgeschnitten, so setzt der Durchschlag bei der dem Punkte A entsprechenden Schlagweite x ein; die Grenzschlagweiten der Wellen verschiedener Halbwertsdauer bei gleicher Stirnsteilheit liegen in erster Annäherung auf der Geraden $x-y$.

Den Einfluß verschiedener Stirnsteilheit zeigt Abb. 159. Die gemessenen Durchschlagswerte haben eine um so geringere Abweichung vom

[1] Förster, W.: Anm. 1, S. 169.

Höchstwert der Stoßwelle, je länger die Stirn ist[1]. Der Punkt A wandert dabei in Abb. 159, je länger die Stirn wird, um so mehr nach links und dementsprechend wird auch die Neigung der Geraden $x-y$ immer steiler, d. h. der Rückeneinfluß tritt immer mehr zurück.

Man kann diese Ergebnisse in einem Diagramm (Abb. 160) zusammenfassen, aus welchem sofort abgelesen werden kann, welcher Zuschlag bei gegebener Stoßwelle zum tatsächlichen Meßwert zu machen ist, um ihren Scheitelwert zu erhalten. Als Abszisse ist die Stirndauer, als Ordinate die Halbwertsdauer der Stoßwelle aufgetragen. Auf der Verbindungslinie zwischen einer bestimmten Stirndauer und dem Punkt Y, also dem Wert, der einer unendlich langen Halbwertsdauer der Welle entspricht, müssen die Grenzspannungen aller der Wellen liegen, die gleiche Stirnsteilheit, aber verschiedene Halbwertszeit haben. Den Punkt Z, der dann einer Welle gegebener Halbwertsdauer zukommt, findet man, indem man durch die gegebene Halbwertsdauer eine Parallele zur Abszissenachse zieht und deren Schnittpunkt mit Stirnkennlinie bestimmt. Diesen projiziert man senkrecht auf die eingezeichnete Fehlerkurve und kann sofort den prozentualen Zuschlag an dem zu dieser Fehlerkurve gehörigen Ordinatenmaßstab ablesen. Das Diagramm stellt eine Näherung dar; es ist im Bereich sehr steiler Stirnen (unter 30 ns) nur mit Vorsicht zu gebrauchen.

3. Stirn- und Steilheitsmessungen mit der Kugelfunkenstrecke.

a) Stirnmessung nach der Schleifenmethode[2].

An zwei Punkten einer Leitung 1 und 2 (Abb. 161) wird beim Auftreffen einer Wanderwelle mit endlicher Stirn- aber unendlicher Rückenlänge so lange eine Spannung auftreten, wie die Stirn zwischen beiden Punkten hindurchläuft. Ist der Abstand dieser beiden Punkte größer oder gleich der Stirnlänge, so wird an den Meßpunkten die volle Wanderwellenspannung U auftreten; ist er dagegen kleiner, eine entsprechend niedrigere. Man hat also in dieser Methode der Differenzspannungsmessung zwischen 2 Punkten ein einfaches Mittel, die Stirnlänge einer Wanderwelle zu bestimmen. Dabei biegt man die Meßleitung zweckmäßig in die Form einer Schleife, um mit möglichst kleinen Zuleitungen zu den notwendigen Meßfunkenstrecken zu gelangen (Abb. 162); diese Art der Schleifenbildung bietet

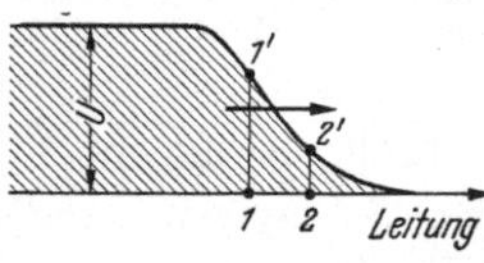

Abb. 161. Stirnmessung.

[1] Siehe auch H. Viehmann: Arch. Elektrotechn. Bd. 25 (1931) S. 253.

[2] Binder, L.: ETZ Bd. 36 (1915) S. 214; Bd. 38 (1917) S. 381. — Wanderwellenvorgänge auf experimenteller Grundlage. Berlin 1928. — Burawoy, O.: Arch. Elektrotechn. Bd. 16 (1926) S. 186.

auch die Möglichkeit, die Entfernung zwischen den beiden Meßpunkten in einfacher Weise zu verstellen. Es ist nur darauf zu achten, daß die Schleifenweite nicht zu klein gewählt wird, um eine gegenseitige Beeinflussung der Schleifenleitungen zu vermeiden; andererseits aber müssen die Zuführungsleitungen zur Meßfunkenstrecke klein gegenüber der Schleifenlänge sein, um Wanderwellenvorgänge auf ihnen zu vermeiden.

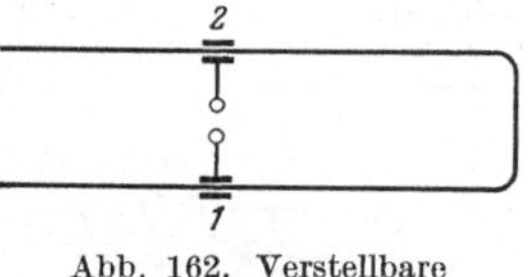

Abb. 162. Verstellbare Schleifenleitung.

b) Steilheitsmessungen.

Schaltet man zwischen 2 Leitungen einen kleinen Kondensator, so nimmt dieser einen Ladestrom i auf, dessen Größe gegeben ist durch

$$i = C\frac{du}{dt}. \tag{24}$$

Legt man vor den Kondensator einen induktionsfreien Ohmschen Widerstand und ordnet diesem parallel eine Funkenstrecke an (Abb. 163), so wird diese Funkenstrecke als Grenzansprechspannung die Spannung anzeigen, die dem Höchstwert des im Widerstand fließenden Stromes entspricht[1]. Dieser Höchstwert ist aber ein Maß für die Steilheit, denn nach Gl. (24) folgt

$$\left(\frac{du}{dt}\right)_{\max} = \frac{i_{\max}}{C}. \tag{25}$$

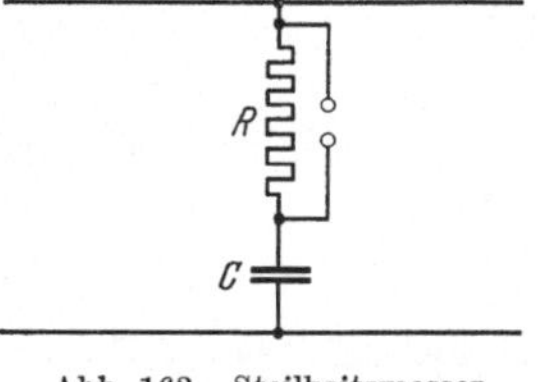

Abb. 163. Steilheitsmesser.

Der Meßkondensator muß klein gehalten werden, daß seine Rückwirkung auf den zu messenden Vorgang vernachlässigbar wird; außerdem ist die Größe des Meßwiderstandes so zu wählen, daß auch die Spannung am Kondensator klein bleibt gegenüber der Spannung auf der Leitung, da sonst zu kleine Werte für $i_{\max}$ gemessen würden.

Schaltet man dem Steilheitsmesser eine „Abschneidefunkenstrecke" *AF* vor, so kann man die Steilheit der auflaufenden Welle an verschiedenen Stellen der Stirn ermitteln (Abb. 164)[2]. Die mit Quarzlampenlicht bestrahlte Abschneidefunkenstrecke läßt die anlaufende Welle nur bis zu einer Höhe durch, die ihrer Ansprechspannung bei Stoß entspricht, und der Steilheitsmesser zeigt die dieser Höhe entsprechende größte Steilheit an. Dabei ist zu beachten, daß bei der Rückentladung des Meßkondensators keine größere Steilheit auftritt als bei der Aufladung; man muß deshalb unter Umständen vor der Abschneidefunkenstrecke Widerstände anordnen, die die Absenkung der anlaufenden Welle verlangsamen.

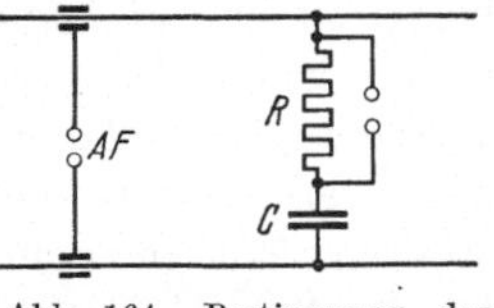

Abb. 164. Bestimmung der Steilheit für verschiedene Stellen der Stirn.

[1] Zdralek, O.: Arch. Elektrotechn. Bd. 15 (1927) S. 97.
[2] Binder, L.: ETZ Z. Bd. 48 (1927) S. 1511.

Durch Kaskadenschaltung zweier Steilheitsmesser in der Schaltung der Abb. 165 ist es möglich, eine Spannungskurve in ihrem ganzen Verlauf auszumessen[1]. Bezeichnet u die Spannung auf der Leitung in einem bestimmten Zeitpunkt, u_1 diejenige am Kondensator C_1 und u_2 diejenige am Kondensator C_2 zum gleichen Zeitpunkt, so gilt

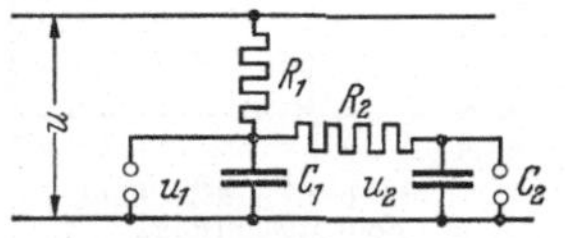

Abb. 165. Kaskadenschaltung zweier Steilheitsmesser.

$$\left\{\begin{aligned} u &= u_1 + R_1\left(C_1\frac{du_1}{dt} + C_2\frac{du_2}{dt}\right) \\ u_1 &= u_2 + R_2 C_2 \frac{du_2}{dt}; \end{aligned}\right. \tag{26}$$

gemessen wird die Abhängigkeit

$$u_2 = f(u_1). \tag{27}$$

Daraus läßt sich errechnen

$$\frac{dt}{du_1} = R_2 C_2 \frac{f'(u_1)}{u_1 - f(u_1)} = F(u_1) \tag{28}$$

$$t = \int_0^{u_1} F(u_1)\, du_1 \tag{29}$$

$$\left\{\begin{aligned} u &= u_1 + R_1 C_2\left[\frac{C_1}{C_2} + f'(u_1)\right]\frac{1}{F(u_1)} \\ &= u_1 + \frac{R_1 C_1}{R_2 C_2}\left[\frac{1}{f'(u_1)} + \frac{C_2}{C_1}\right][u_1 - f(u_1)]. \end{aligned}\right. \tag{30}$$

Damit ist der zeitliche Verlauf von u und u_1 bestimmt.

C. Spannungsmessung mit dem Klydonographen.

Beim Klydonographen[2] wird zur Spannungsmessung die Gleitentladung einer Spitze auf einem Isolator benutzt, dessen Unterseite leitend belegt ist und gleichzeitig die Gegenelektrode bildet. Wird an die Elektroden Spannung gelegt, so setzt beim Überschreiten der Anfangsfeldstärke an der Spitze Stoßionisation ein. In dem zwischen den Elektroden liegenden Isolator herrscht infolge seiner höheren Dielektrizitätskonstanten auch eine höhere Feldstärke als im Luftraum. Die Ladungsträger laufen daher längs seiner Oberfläche entlang wegen ihrer nur geringen Energie, die nicht ausreicht, den Isolator zu durchdringen. Die Ionisierungsvorgänge finden also dicht über der Isolatoroberfläche statt: die entstehenden Entladungsfiguren können als vom Raum auf die Ebene übertragene Bilder von Ionisierungskanälen angesehen werden. Sie können am besten auf einer photographischen Schicht sichtbar gemacht werden, da durch unmittelbaren Elektronenstoß und durch das von den Ionisierungsvorgängen ausgestrahlte Licht das Bromsilber entwickelbar

[1] Szpor, St.: Arch. Elektrotechn. Bd. 28 (1934) S. 695.

[2] Peters, J. F.: Electr. Wld., N. Y. Bd. 83 (1924) S. 769. — ETZ Bd. 42 (1924) S. 753.

wird. In Abb. 166 ist eine Nebelkammeraufnahme[1] gezeigt und ihr das Vorwachsen positiver Raumladungsfäden aus einer Spitze einer positiven Gleitfigur (Lichtenbergschen Figur[2]) gegenübergestellt. In beiden Fällen sind die Entladungsfäden Plasmaschläuche, die auf der Anode endigen[3]. Sie weisen nach außen hin Verzweigungen auf; diese sind in den Hauptplasmaschlauch einmündende Nebenschläuche. Die Lichtintensität der einzelnen Entladungsfäden ist etwa dieselbe; dies entspricht einem stetig ansteigenden Ladungsanbau, bei dem schon im Entstehungsgebiet des Plasmaschlauches die volle Lichtanregung auftritt. Zunehmende Ionisierung wirkt sich als Verbreiterung des Fadens aus. Die Anfangselektronen der Lawinen, die dann Plasmacharakter annehmen, stammen größtenteils aus dem die Elektroden umgebenden Raum. In Abb. 167 ist der räumliche Ionisierungskegel einer Entladung im Spitzenfelde einer negativen Gleitfigur gegenübergestellt. Die Astzahl im Raum und die Sektorzahl der Gleitfigur entsprechen der Anzahl der Anfangselektronen, die in diesem Falle unter Einwirkung der hohen Feldstärke aus der kathodischen Spitzenelektrode ausgelöst werden. Die Lichtintensität des Ionisierungskegels nimmt nach außen hin ab, da die Lawinen im Gebiete niedrigerer Feldstärke laufen und somit nach außen hin

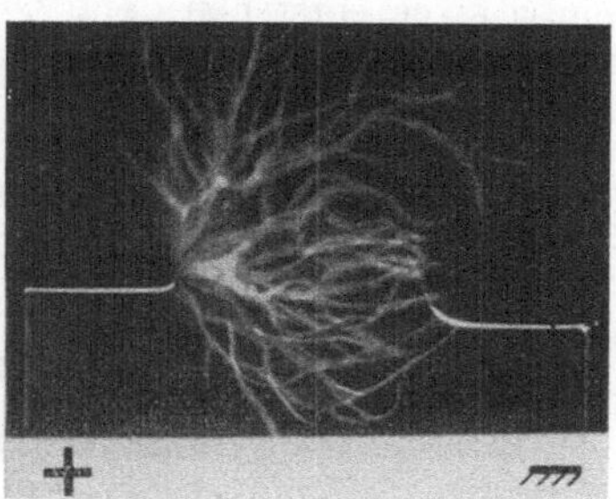

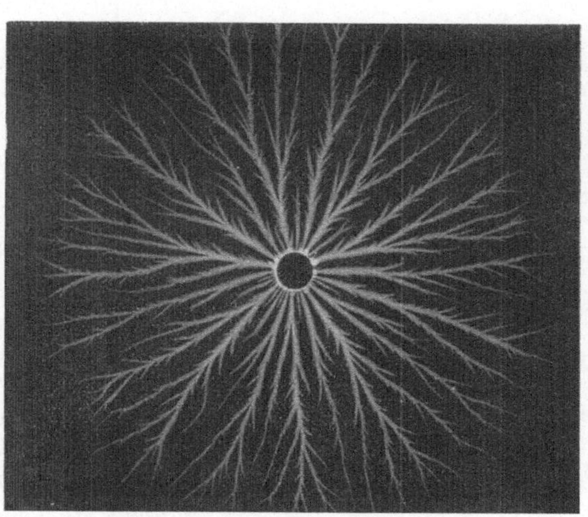

Abb. 166. Vergleich zwischen einer Nebelkammeraufnahme von Entladungskanälen, die von einer positiven Spitze ausgehen, und einer positiven Lichtenbergschen Figur.

---

[1] Kroemer, H.: Arch. Elektrotechn. Bd. 28 (1934) S. 703.

[2] Lichtenberg, G. Ch.: Novi Commentarii Soc. Rg. Sc. Gottingensis Bd. 8 (1777) S. 162. — Toepler, M.: Phys. Z. Bd. 8 (1907) S. 743. — Ann. Phys., Lpz. Bd. 53 (1907) S. 217. — Phys. Z. Bd. 21 (1920) S. 706; Bd. 22 (1921) S. 78. — Arch. Elektrotechn. Bd. 10 (1921) S. 157.

[3] Siehe S. 35. — Ferner A. v. Hippel: Z. Phys. Bd. 80 (1933) S. 19.

immer weniger zusammengehalten werden. Wählt man die an die Elektroden des Klydonographen gelegte Spannung zu hoch, so wird in den Entladungskanälen durch Elektronenstoß so erhebliche Energie auf die neutralen Gasmolekeln übertragen, daß Temperaturionisation eintritt: es entstehen dann Gleitfunkenentladungen. Bei der positiven Gleitfunkenfigur wird, wie Abb. 168 zeigt, der ganze Plasmaschlauch von Gleitfunken durchsetzt; die Funkenbahnen wirken als Nebenelektroden und bilden ihrerseits neue Lichtenbergsche Gleitfiguren aus. Bei der negativen Gleitfigur, von der ein Beispiel in Abb. 169 gezeigt wird, kommt der Gleitfunken am Rande der Gleitfigur zum Stehen; auch in diesem Falle bilden sich längs der Gleitfunkenbahnen neue negative Gleitfiguren aus.

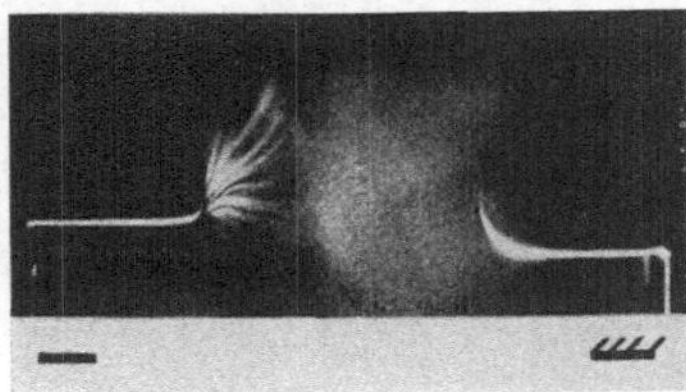

Abb. 167. Vergleich zwischen einer Nebelkammeraufnahme von Entladungskanälen, die von einer negativen Spritze ausgehen, und einer negativen Lichtenbergschen Figur.

Auswertbare Gleitentladungsbilder erhält man nur bei kurzzeitigen Spannungsstößen, da die Entladung bei statischer Spannung allmählich zu einer allgemeinen Schwärzung der photographischen Schicht führt. Die Größe der Gleitfiguren ist abhängig vom Höchstwert der an die Elektroden angelegten Spannung. Deshalb und auch wegen ihrer außerordentlich kurzen Ausbildungszeit, die etwa 30 bis 50 ns für die positive und 40 ns für die negative Figur beträgt[1], kann die Lichtenbergsche Gleitfunkenfigur zur Messung von Höhe und Polarität von Stoßspannungen benützt werden. Diese Gesetzmäßigkeiten bestehen nur für Gleitfiguren, nicht aber für Gleitfunkenbilder. Man muß daher mit dem Klydonographen in einem Spannungsbereich arbeiten, in dem nur Gleitfiguren entstehen. Dieser liegt bei den gebräuchlichen Klydonographenanordnungen zwischen 1,7 und 18 kV. Die Größe der Gleitfiguren hängt aber nicht allein von der Höhe der Stoßspannung ab, sondern auch von der Form der Stoßwelle, von der Feuchtigkeit und Dichte der Luft, von der Dielektrizitätskonstante und

[1] Pedersen, P. O.: Ann. Phys., Lpz. Bd. 69 (1922) S. 205. — Müller-Hillebrand, D.: Siemens-Z. Bd. 7 (1927) S. 547. — VDE-Fachberichte (1927) S. 121. — Stoerk, C. u. T. Bungardean: ETZ Bd. 51 (1930) S. 676. — Dragu, G.: Arch. Elektrotechn. Bd. 36 (1937) S. 131.

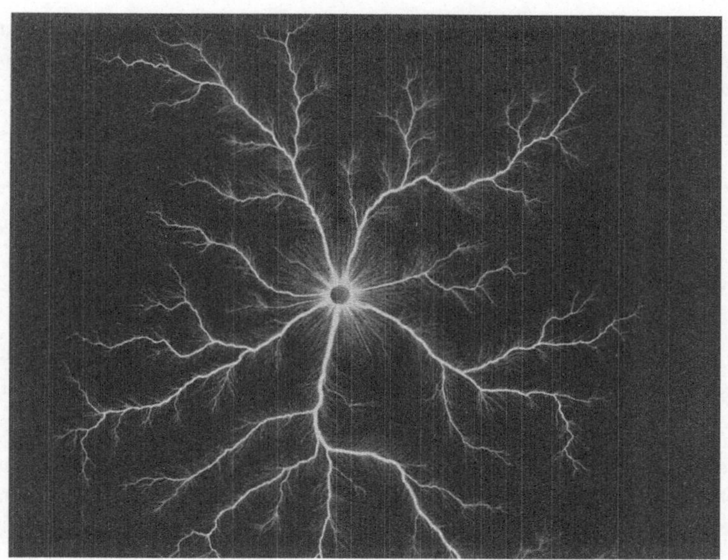

Abb. 168. Positive Gleitfunkenfigur.

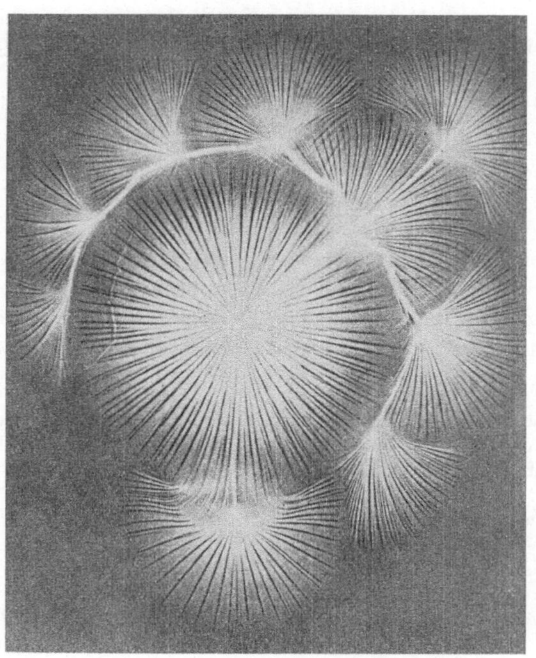

Abb. 169. Negative Gleitfunkenfigur.

der Dicke des Isoliermaterials[1]. Jedoch sind diese Einflüsse von untergeordneter Bedeutung; in welcher Weise sie sich auf die Größe der Figuren auswirken, ist der nachstehenden Aufstellung zu entnehmen[2].

Art des Einflusses mit zunehmender	auf negative Figuren	auf positive Figuren
Länge der Wellenstirn	Verkleinerung	zunächst Verkleinerung, dann Vergrößerung
Länge des Wellenrückens	unter 0,1 ms Verkleinerung	kein Einfluß
Luftdichte	Verkleinerung	Verkleinerung
Luftfeuchtigkeit	Verkleinerung	Verminderung der Streuung
Dicke des Dielektrikums	Verkleinerung	zunächst Verkleinerung, dann Vergrößerung

Da diese Einflüsse oft entgegengesetzte Wirkung bei den beiden Polaritäten haben, kann man größere Genauigkeit in der Spannungsmessung erzielen, wenn man sowohl die negative als auch die positive Gleitfigur aufzeichnen läßt und die Ergebnisse beider mittelt. Abb. 170 zeigt die Eichkurve eines Klydonographen, die den Mittelwert einer großen Anzahl von Messungen wiedergibt[3]. Der Streubereich der Messungen ist ebenfalls eingezeichnet. Dabei wurde die Wellenstirn zwischen 30 m und 100 km variiert, die Luftfeuchtigkeit zwischen 35 und 100% und die Dicke des Dielektrikums zwischen 0,1 und 0,2 cm; trotzdem überschreitet die Fehlerabweichung an keiner Stelle $\pm$ 25%. Die Figurengröße nimmt einigermaßen geradlinig mit der Höhe der Stoßspannung zu; sie läßt sich annähernd wiedergeben durch die Beziehung[4]

$$(31) \qquad r_- = \frac{U_{max} - U_0}{a} \quad \text{und} \quad r_+ = \frac{U_{max}}{b},$$

wenn r_- den Radius der negativen und r_+ denjenigen der positiven Figur in mm, U_{max} die Höhe der Stoßspannung und U_0 die Anfangsspannung an der Spitzenelektrode des Klydonographen bedeuten; a und b sind Konstanten, die im Falle des gewählten Beispieles 1,78 bzw. 0,75 betragen[5].

[1] McEachron, J.: J. Amer. Inst. electr. Engng. Bd. 45 (1926) S. 943. — Müller, H.: Mitt. Hermsd.-Schomb. 1926, H. 27. — VDE-Fachber. (1927) S. 119. — Hartje, F.: ETZ. Bd 53 (1932) S. 939. — Pleasant, J. G.: Electr. Engng. Bd. 53 (1934) S. 300. — Dragu, G.: Anm. 1, S. 176.

[2] Siehe auch D. Müller-Hillebrand: Anm. 1, S. 176.

[3] Müller-Hillebrand, D.: Anm. 1, S. 176.

[4] Toepler, M.: Anm. 2, S. 175.

[5] Weitere Literatur: Rosenlöcher, P.: Arch. Elektrotechn. Bd. 26 (1932) S. 19. — Coehn, A. u. W. Ziegler: Z. techn. Phys. Bd. 14 (1933) S. 246. — Wilkinson, E.: ETZ Bd. 54 (1933) S. 627. — Etinger, S.: Phys. Z. Bd. 34 (1933) S. 522. — Asanu, J. u. T. Kalagama: J. Amer. Inst. electr. Engng. Bd. 53 (1933) S. 544.

Außer der Bestimmung der Höhe der Stoßspannung ist auch eine Abschätzung des Spannungsanstieges dU/dt möglich. Steiler Spannungsanstieg ergibt bei negativen Figuren eine große Anzahl gleichmäßig ausgebildeter Sektoren. Die Zahl der Sektoren nimmt mit geringer werdender Steilheit rasch ab. Ein Anstieg in einer μs ergibt etwa 4 Sektoren, noch langsamerer Anstieg unregelmäßige Figuren. Bei positiven Figuren sind bei steilem Anstieg die Äste sehr scharf und dick gezeichnet, bei langsamem dagegen krumm und dünn. Ebenso prägt sich ein sehr steiler Abfall des Spannungsrückens in der Figur aus. Ist er größer als 10^7 V/s, so entsteht über der Hauptfigur eine kleinere Figur anderen Vorzeichens, eine sog. Rückschlagsfigur; sie kommt dann zustande, wenn die Spannungsabsenkung rascher erfolgt als der Ausgleich der Raumladungen.

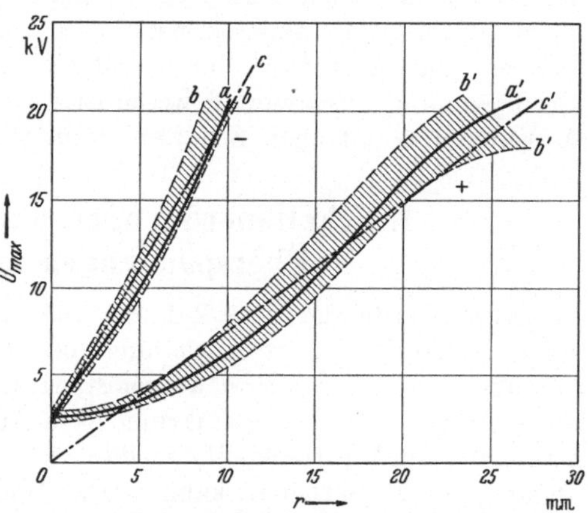

Abb. 170. Radius r der positiven und negativen Gleitfiguren abhängig von der Scheitelspannung U_{max} der Stoßwellen. a und a': Mittelwertskurven aus einer großen Zahl von Eichkurven bei Wellenstirnen von 30 m bis 100 km und einer Luftfeuchtigkeit 35 bis 95%. b—b und b'—b': Streubereiche der Eichkurven a und a'.

c Näherung: $r_- = \frac{U_{max} - 2}{1,78}$, c' Näherung: $r_+ = \frac{U_{max}}{0,75}$

r in mm

Elektrodenanordnung: Spitze auf Glasplatte von etwa 0,1 bis 0,2 cm Dicke.

Es ist verschiedentlich versucht worden, den Klydonographen auch zur Bestimmung kurzer Zeiten und auch zur Messung der Wanderwellenstirn zu benutzen[1]. Diese Messung geht von dem Gedanken aus, daß während der Ausbildungszeit der Figur deren Halbmesser zeitabhängig ist. Läßt man daher auf einer photographischen Schicht zwei Klydonogramme nebeneinander so aufzeichnen, daß die Spitzenelektrode für die Aufzeichnung des zweiten Klydonogrammes ihren Spannungsimpuls eine kleine Zeitspanne später erhält, so kann man aus der Trennungslinie auf die Zeitspanne rückschließen. Diese Methode ist jedoch sehr unzuverlässig, da die Ausbildungszeit der Klydonogramme in weiten Grenzen schwankt.

D. Bestimmung von Einzelgrößen von Stoßspannungen durch Schaltanordnungen.

Nicht immer ist bei Stoßspannungsuntersuchungen die genaue Kenntnis des zeitlichen Verlaufes von Überspannungen notwendig. Wenn z. B.

[1] Peters, J. F.: Anm. 2, S. 174. — Pedersen, P. O.: Anm. 1, S. 176.

die Häufigkeit des Ansprechens von Ableitern oder auch die Häufigkeit des Überschlages einzelner Leitungsisolatoren festgestellt werden soll, so ist nur die Zahl der aufgetretenen Überschläge von Interesse. Oft auch genügt, namentlich bei Vorgängen auf Freileitungen, eine ungefähre Kenntnis der Höhe der Überspannungen, besonders dann, wenn mit ihrer Messung gleichzeitig eine Abschätzung ihrer Zeitdauer verbunden werden kann. In anderen Fällen ist der Verlauf der Stoßspannung bekannt und es kommt nur auf die Zeit an, die der Prüfkörper der Stoßspannung ausgesetzt gewesen ist. In allen diesen Fällen kann die Messung mit einfachen Schaltanordnungen ausgeführt werden.

1. Schaltanordnungen, die aufgetretene Überspannungen anzeigen.

Schaltanordnungen zur Zählung aufgetretener Überspannungen verwenden eine Kondensatorentladung, die von dem von der Überspannung herrührenden Strom selbst ausgelöst wird, um ein mechanisches Relais zu betätigen. Bei der Ausführung nach Abb. 171a zündet der Ableiterstrom die Funkenstrecke *H*, so daß sich der Kondensator *C* über die Relaisspule *R* entladen kann. Die Wiederaufladung des Kondensators *C* erfolgt mit Hilfe der Anodenbatterie *B*. Bei der Ausführung der Abb. 171b liegt in Serie mit dem eigentlichen Ableiter noch ein Ableiterelement *A*, dessen Ansprechspannung nur einige 100 V beträgt. Spricht der Hauptableiter an, so wird zunächst der zum Ableiterelement *A* parallel liegende Kondensator *C* aufgeladen, bis die Ansprechspannung des Ableiterelementes *A* erreicht ist. Dann fließt der Ableiterstrom über *A* zur Erde und am Kondensator *C* stellt sich die Brennspannung von *A* ein. Nach dem Abreißen der Entladung im Hauptableiter, die auch das Abreißen der Entladung im Ableiterelement *A* zur Folge hat, gleicht sich die Ladung des Kondensators *C* über die Relaisspule *R* aus. Diese zweite Schaltung hat den Vorteil, daß sie ohne jegliche Hilfsspannung arbeitet. Bei technischen Ausführungen kommt man mit Kapazitätswerten für *C* von 2 μF aus, die auf 140 V aufgeladen werden müssen, um *R* zum Ansprechen zu bringen. Ein derartiges Gerät zeigt noch Überspannungen von 1 μs Dauer bei Ableiterströmen von nur 300 A an.

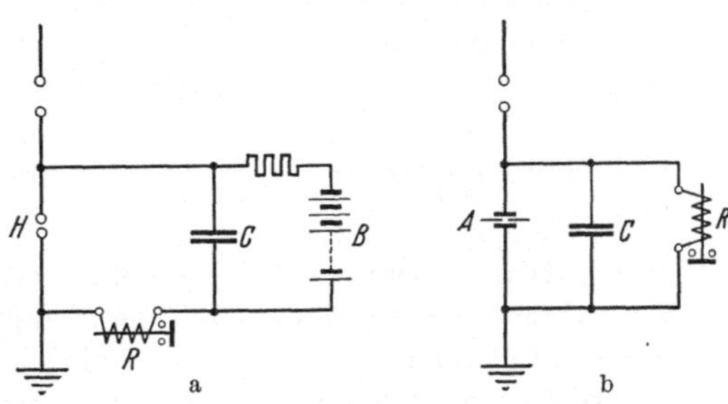

Abb. 171 a u. b. Überspannungszählwerke. a durch Kondensatorentladnug betätigt; b mit selbstätiger Aufladung und Entladung des Kondensators.

2. Schaltanordnungen zur gleichzeitigen Bestimmung von Höhe und Zeitdauer von Überspannungen[1].

Das Grundelement einer Schaltanordnung zur gleichzeitigen Bestimmung von Höhe und Zeitdauer von Überspannungen stellt ein Kipprelais dar. Schaltet man eine Reihe solcher Relais parallel und stellt sie verschieden empfindlich ein, so kann man erreichen, daß das eine schon bei Spannungsstößen von z. B. 10 kV anspricht, das zweite erst bei solchen über 20 kV, das dritte über 30 kV usw. Hat nur Kipprelais I angesprochen, so lag die Höhe der Überspannung zwischen 10 und 20 kV, hat Kipprelais I, II und III angesprochen, so war die Überspannung höher als 30 kV.

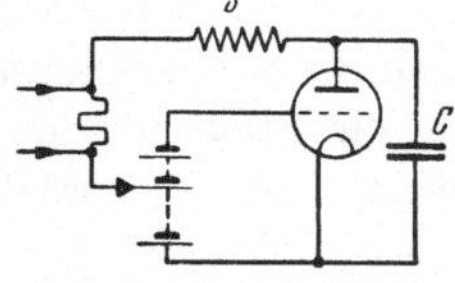

Abb. 172. Kipprelais zur Ermittlung der Einwirkungsdauer einer Überspannung.

Zur Ermittlung der Zeitdauer stellt man das Kipprelais so ein, daß es, wenn einmal angestoßen, stets hin- und herkippt, solange der Anstoßimpuls, im vorliegenden Falle die Stoßspannung, andauert. Die Zahl der Kippvorgänge ist dann ein Maß für die Dauer der Überspannung.

Als Kipprelais wird ein in Abb. 172 dargestelltes verwendet[2]. Steigert man bei positiver Gitterspannung E_g die Anodenspannung e_a eines Elektronenrohres, so erhält man infolge des Auftretens von Sekundärelektronen eine Abhängigkeit des Anodenstromes i_a, wie sie die Kennlinien der Abb. 173 wiedergeben; es wächst zunächst der Anodenstrom, um dann auf ein Minimum abzusinken und daraufhin erneut wieder anzusteigen. Das Minimum kommt bei sehr hohen Werten der Gitterspannung sogar unter die Nullinie des Anodenstromes zu liegen. Das Kipprelais arbeitet nun auf einer Kennlinie (in Abb. 173 diejenige für $E_g = 500$ V), bei der die Nullstromlinie an zwei benachbarten Punkten (A und B) geschnitten wird. Von diesen beiden Schnittpunkten stellt nur Punkt A einen stabilen Betriebspunkt dar. Ein kurzzeitiger Spannungsstoß, der das Anodenpotential um einen Betrag ε senkt und gleich groß oder größer als die Entfernung AB ist, verlagert den Betriebspunkt

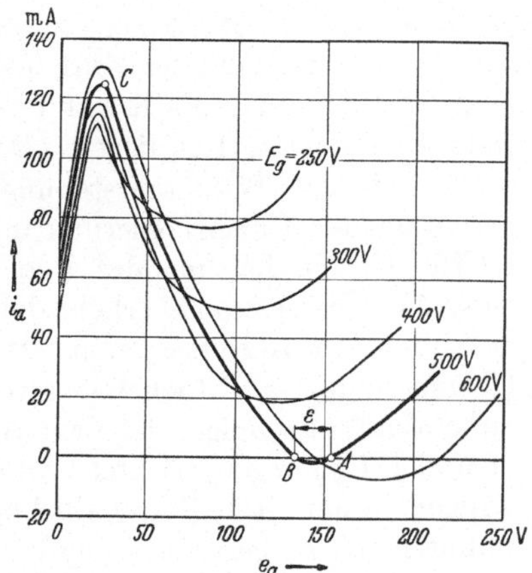

Abb. 173. Abhängigkeit des Anodenstromes von der Anodenspannung in Dynatronschaltung bei konstanter Kathodenheizung für verschiedene Werte der Gitterspannung.

---

[1] Dodds, J. M. u. W. Fucks: Arch. Elektrotechn. Bd. 27 (1933) S. 597. — Siehe auch W. Fucks: Arch. Elektrotechn. Bd. 25 (1931) S. 723.

[2] Hull, A. W.: Jb. drahtl. Telegr. Bd. 14 (1919) S. 47.

auf den fallenden Teil der Kennlinie; ein stabiles Arbeiten ist nur möglich, wenn Punkt C der Kennlinie überschritten ist. Der dem Rohr parallel liegende Kondensator C, der bei einer empfindlichen Kippschaltung nur aus der Elektrodenkapazität des Elektronenrohres besteht, entlädt sich in sehr kurzer Zeit und die gesamte im Anodenkreis liegende Spannung fällt über der Induktivität S ab. In dem Maße, in dem S allmählich stromführend wird und dieser Strom den Anodenstrom i_a überwiegt, wird die Kapazität C wieder aufgeladen und so der ursprüngliche Betriebszustand wieder hergestellt. Das Kipprelais ist polaritätsgebunden, da nur ein Stoß, der das Anodenpotential erniedrigt, das Relais zum Kippen bringt. Die Ansprechzeit des Kipprelais ist abhängig von dem Betrag, um den das Anodenpotential gesenkt wird. Ist dieser jedoch $> 2\,\varepsilon$, so kann die Ansprechzeit auf 20 bis 30 ns gedrückt werden, die gesamte Kippzeit beträgt dann 0,1 µs. Die Zeit-zwischen dem Kippen und dem Wiederzurückkippen kann in weiten Grenzen eingestellt werden durch geeignete Wahl der Zeitkonstanten für den Stromanstieg in der Induktivität S. Auch die Rückkippzeit wird bei kleiner Zeitkonstante der Induktivität unter 1 µs liegen. Der ganze Vorgang vom Auftreffen des Stoßes bis zur Wiederherstellung des Ausgangszustandes wird somit bei geeigneter Dimensionierung in weniger als 1 µs erfolgen.

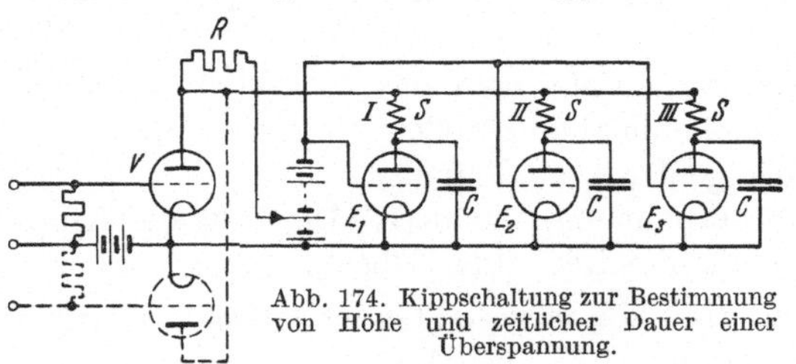

Abb. 174. Kippschaltung zur Bestimmung von Höhe und zeitlicher Dauer einer Überspannung.

Die Grundschaltung des Registriergerätes zeigt Abb. 174. Die zu messende Überspannung erhöht das Gitterpotential des Eingangsrohres V, das im Ruhezustand stromlos ist. Der dann während der Dauer der Überspannung in V fließende Strom hat am Widerstand R einen Spannungsabfall zur Folge, der dem Anodenpotential der drei Kipprelais I, II und III entgegengerichtet ist und bei ausreichender Größe diese zum Kippen bringt. Die Empfindlichkeit der Kipprelais ist in der obenerwähnten Weise gestuft, so daß die Kipprelais bei verschiedener Stoßspannungshöhe ansprechen und eine Eingrenzung der Überspannungshöhe erlauben. Um zu erreichen, daß das Gerät auf Überspannungen beider Polaritäten anspricht, ordnet man ein zweites Eingangsrohr V so an, wie es in Abb. 174 gestrichelt angegeben ist.

Wie schon erwähnt, erfolgt die Messung der Überspannungsdauer in jeder dieser durch die drei Kipprelais bestimmten Spannungshöhe in Zeiteinheiten, die durch den Zeitabstand zwischen zwei aufeinanderfolgenden Kippvorgängen gegeben sind. Man kann also für jede der drei Spannungshöhen angeben, wie lange die Überspannung die zugehörige Höhe gehabt hat. Zweckmäßig wandelt man die Anzahl der

Kippvorgänge einer solchen Stufe in Spannungshöhen um. Dies kann in Schaltung der Abb. 175 geschehen. Wenn Relais I kippt, wird jeder Stromimpuls von der Induktivität L_1 auf L_2 übertragen. L_2 liegt im Gitterkreis eines Rohres E_1'; jeder Impuls in L_2 erhöht das Gitterpotential des sonst gesperrten Rohres E_1', so daß dieses einen Stromstoß in den Kondensator C' schickt. Da diese Impulse alle unter sich gleich sind, so ist die Endspannung an C' ein Maß für die Dauer des zu messenden Vorganges. Sie kann mittels eines Elektrometers unmittelbar bestimmt werden, oder über einen Verstärker einer Registriervorrichtung zugeleitet werden.

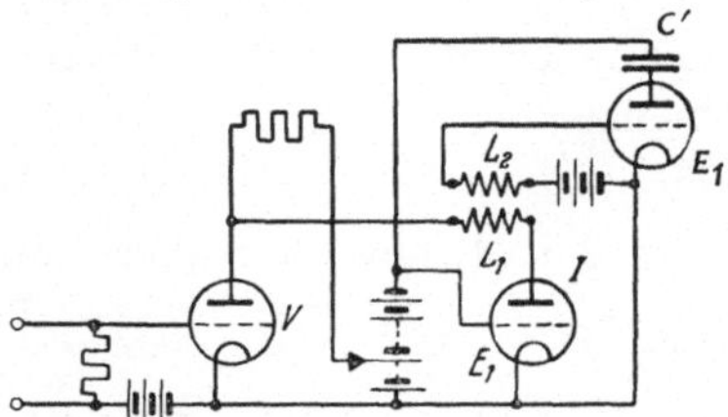

Abb. 175. Umwandlung der Kippimpulse in eine Spannung.

Der Anschluß des Gerätes erfolgt über einen Widerstandsspannungsteiler, dessen Zeitkonstante etwa eine Zehnerordnung kleiner sein soll als die Zeit, die der gesamte Kippvorgang in Anspruch nimmt.

3. Schaltanordnungen zur Bestimmung der Zeitdauer von Überspannungen[1].

Schaltanordnungen zur Bestimmung der Zeitdauer von Überspannungen beruhen darauf, daß ein Kondensator durch einen konstanten Strom i_1 während der zu messenden Zeit τ_1 aufgeladen wird. Die Ladung des Kondensators ist dann proportional der zu messenden Zeit τ_1. Zur Zeitbestimmung ist demnach nur nötig, diese Ladungsmenge zu ermitteln. In der angegebenen Form eignet sich die Schaltanordnung zur Vornahme von Einzelmessungen. Untersuchungen, die eine große Anzahl von Einzelmessungen nötig machen, lassen es wünschenswert erscheinen, die Messung selbsttätig vorzunehmen. Zu diesem Zwecke wird die Ladung des Kondensators nicht durch ein Meßinstrument bestimmt, sondern dieser wird durch einen konstanten Strom i_2 in der Zeit τ_2 entladen. Da die auf den Kondensator aufgebrachte Ladung gleich der abfließenden Ladung ist, wird

$$\frac{i_1}{i_2} = \frac{\tau_2}{\tau_1} = c \,. \tag{32}$$

Wählt man $i_1 \gg i_2$, so wird durch eine solche „Zeittransformation" die Dauer des einzelnen Entladeverzugs mit einem konstanten Übersetzungsverhältnis c auf den Wert $\tau_2 = c\tau_1$ vergrößert. Die Zeit τ_2 wird zum Zwecke der selbsttätigen Aufzeichnung auf einen Schreiber übertragen. Handelt es sich nur darum, den Mittelwert aus einer großen Anzahl von

[1] Steenbeck, M. u. R. Strigel: Arch. Elektrotechn. Bd. 26 (1932) S. 831. — Arch. techn. Messen V 142—2 (1933). — Strigel, R.: Z. Instrumentenkde. Bd. 57 (1937) S. 65.

Einzelmessungen zu bestimmen, so kann man während der Zeit τ_2 einen Strom i_z durch einen Amperestundenzähler schicken, der die durch ihn hindurchgegangene Ladung ΔQ_z unmittelbar anzeigt. Es wird dann

$$\Delta Q_z = \tau_2 i_z = c \cdot \tau_1 i_z. \tag{33}$$

Die innerhalb einer Versuchsserie von n-Versuchen angezeigte Ladungsmenge ist

$$Q_z = \Sigma \Delta Q_z = c \cdot i_z \Sigma \tau_1 \tag{34}$$

und der Mittelwert σ aller Einzelmessungen

$$\sigma = \frac{\Sigma \tau_1}{n} = \frac{Q_z}{c \cdot i_z \cdot n}. \tag{35}$$

Ein schematisches Beispiel für die Bestimmung von Einzelzeiten ist in Abb. 176a angegeben. Eine Gleichstromquelle E_1 wird über den Schalter S im Augenblick $t = 0$ auf den Widerstand R_1 geschaltet. Parallel zum Widerstand R_1 liegt die Funkenstrecke F und der zur Spannungsbegrenzung dienende Widerstand R_F. Der positive Pol von E_1 ist geerdet. Nach dem Schließen des Schalters S treibt die an der Funkenstrecke F liegende Spannung den Sättigungsstrom i_1 des Ventiles V_1 in den Kondensator C_z und lädt diesen so lange auf, bis die Funkenstrecke F durchschlagen ist. Der Spannung an F wirkt im Aufladekreis des Speicherkondensators C_z die Spannung E_2 entgegen, so daß der Strom i_1 nur während der Zeit fließen kann, während der die Spannung an F größer ist als die Gegenspannung E_2. Wird E_2 kleiner als E_1, aber größer als die Brennspannung der Entladung in F gewählt, so wird der Kondensator C_z nur während der Zeit aufgeladen, während der die Funkenstrecke F an Spannung liegt, aber noch nicht durchschlagen ist, also gerade während der Entladeverzugszeit der Funkenstrecke.

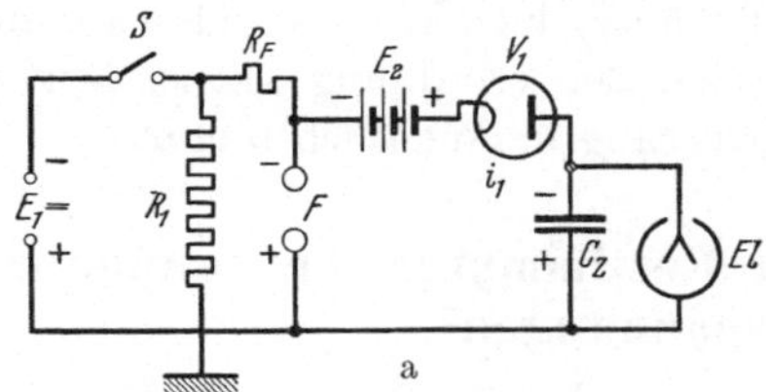

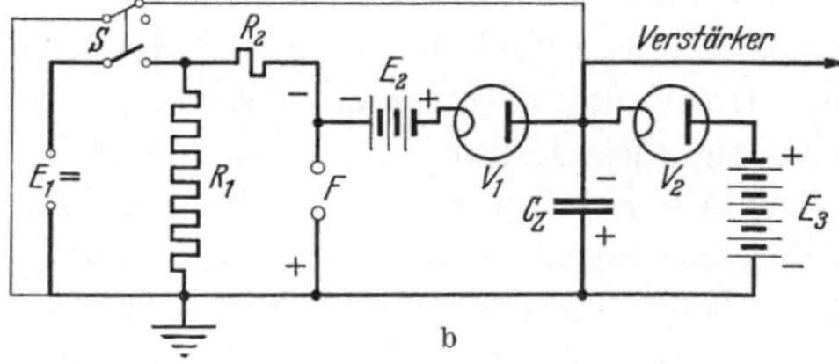

Abb. 176 a u. b. Schaltung zur Messung der zeitlichen Einwirkungsdauer von Stoßspannungen bekannten Verlaufs. a für Einzelmessungen; b für laufende Registrierung.

Die Bestimmung der Ladungsmenge kann entweder mittels eines Elektrometers oder eines ballistischen Galvanometers erfolgen. Im Falle elektrometrischer Messung wird

$$\tau_1 = \frac{C_z}{i_1} \cdot U_c, \tag{36}$$

wenn U_c die mit dem Elektrometer bestimmte Spannung am Speicherkondensator C_z ist. Bei galvanometrischer Messung gilt

$$\tau_1 = \frac{\alpha}{k \cdot i_1}, \tag{37}$$

wenn k die ballistische Konstante und α den Ausschlag des Galvanometers bedeuten.

Die Empfindlichkeit guter Saitenelektrometer ist etwa 1 mV pro Skalenteil und die ballistische Konstante k bei empfindlichen Galvanometern $0{,}33 \cdot 10^9$ mm/Cb bei 1 m Skalenabstand. Wählt man den Speicherkondensator C_z zu 1 nF und i_1 zu 0,1 A, so könnte man bei elektrometrischer Messung noch Zeiten bis zu 0,01 ns und bei galvanometrischer noch solche bis 3 ns erfassen, wenn nicht schon durch die Laufdauer der Elektronen im Aufladeventil der Zeitbestimmung eine natürliche Grenze gesetzt wäre. Diese liegt der Größenordnung nach bei 1 ns. Man kann also mit einiger Genauigkeit noch Zeiten bis zu 10 ns herab messen.

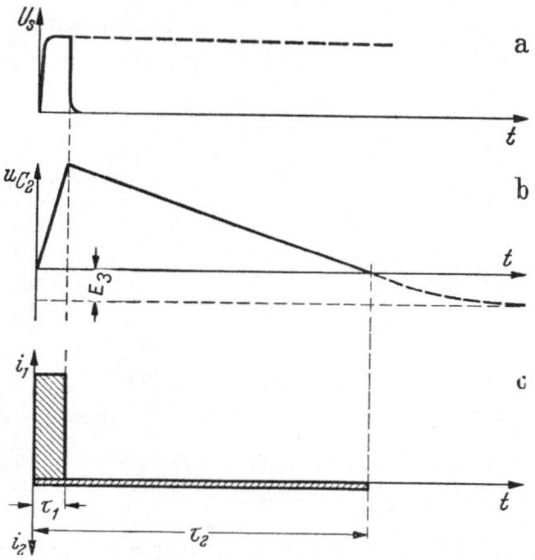

Abb. 177 a bis c. Spannungs- und Stromverlauf im Zeittransformator. a Verlauf der Stoßspannungskurve; b Verlauf der Spannung am Kondensator C_z des Zeittransformators; c Verlauf von Aufladestrom i_1 und Entladestrom i_2.

Eine Schaltanordnung für selbsttätige Aufzeichnung von Versuchsserien ist in Abb. 176b wiedergegeben. In Abb. 177 ist der Verlauf der Spannungen und Ströme schematisch angegeben. Der durch den Sättigungsstrom i_1 während der Entladeverzugszeit der Funkenstrecke F aufgeladene Speicherkondensator C_z wird über das Ventil V_2 entladen, dessen Sättigungsstrom i_2 um mehrere Größenordnungen kleiner ist als der Sättigungsstrom i_1 des Ventiles V_1. Die Hilfsspannung E_3 dient dazu, um durch das Ventil V_2 auch dann noch Sättigungsstrom hindurchzutreiben, wenn C_z schon so weit entladen ist, daß er allein keine genügende Elektrodenspannung an V_2 aufrechterhalten kann. Die Spannung an C_z wird über einen Verstärker auf einen Zeitschreiber übertragen, der die Entladezeit des Speicherkondensators selbsttätig aufschreibt. Der Kondensator C_z entlädt sich bis auf den Wert der Hilfsspannung E_3. Er ist deshalb, um bis zum Anfang der Messung auf Nullpotential gehalten zu werden, vor jeder neuen Messung kurz zu schließen; dieser Kurzschluß darf erst aufgehoben werden in dem Augenblick, in dem Spannung auf die Funkenstrecke F gegeben wird. Der Kurzschluß von C_z während der Meßpausen ist in Abb. 176b durch den Schalter S angedeutet.

Eine Fehlerquelle der Anordnung liegt darin, daß der Speicherkondensator C_z außer über das Ventil V_2 sich auch noch über seinen eigenen Ableitungswiderstand R_i entlädt. Unter der Annahme, daß R_i konstant ist, ergibt sich für den relativen Fehler, der durch R_i hervorgerufen wird,

$$(38) \qquad \frac{\Delta\tau_2}{\tau_2} = \frac{\Delta\tau_1}{\tau_1} = 1 - \frac{i_2 R_i}{U_c} \ln\left(1 + \frac{U_c}{i_2 R_i}\right),$$

wenn U_c wieder den Spannungswert bedeutet, auf den der Speicherkondensator in der Zeit τ_1 aufgeladen wird. Gl. (38) läßt sich für $\Delta\tau_2/\tau_2 > 10\%$ durch Reihenentwicklung in eine übersichtliche Form bringen. Wenn T die Zeitkonstante der Eigenentladung des Speicherkondensatorkreises über seinen Ableitungswiderstand bedeutet, wird

$$(39) \qquad \frac{\Delta\tau_1}{\tau_1} = \frac{1}{2}\frac{\tau_2}{T}.$$

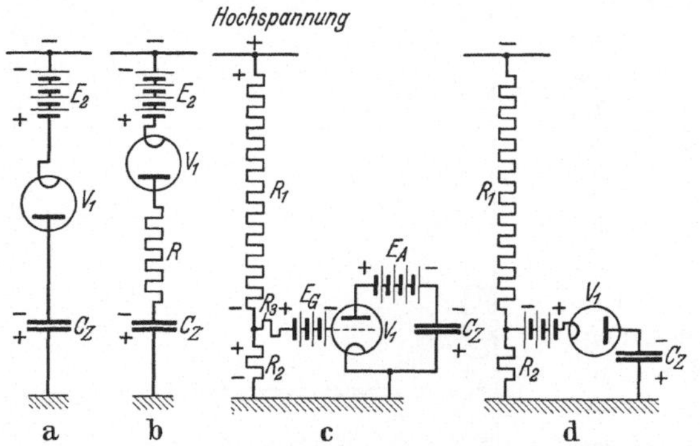

Abb. 178a bis d. Anschlußschaltungen für den Zeittransformatorspeicherkondensator. C_z an Stoßspannung.

Bei guter Bernsteinisolation des „Zeittransformators" kann man bei Verwendung eines Speichenkondensators $C_z = 1$ nF Zeitkonstanten der Eigenentladung T von etwa 360 s erzielen. Wird also τ_2 auf etwa 60 s auseinandergezogen, so beträgt der Fehler durch Isolationsverlust noch nicht 10%. Bei guter Isolierung läßt sich ein Übersetzungsverhältnis von $c = 10^8$ erreichen. Auch in dieser Schaltung sind die kürzesten meßbaren Zeiten nur durch die Trägheit der Elektronen im Aufladeventil V_1 bestimmt.

Abb. 178 zeigt den Anschluß dieser Meßeinrichtungen an die Hochspannung. Die einfachste Art des Anschlusses (Abb. 178a) ist diejenige, bei der das Ventil V_1 unter Zwischenschaltung der Gegenspannung E_2 an Hochspannung angeschlossen wird. Die Gegenspannung wird dabei zweckmäßig durch eine Kondensatorkette mit großer Endkapazität (mehrere μF) gebildet. Dabei ist aber zu berücksichtigen, daß der Sättigungsstrom i_1 des Ventiles V_1 durch zusätzliche Elektronenemission des Glühfadens unter Einwirkung der am Glühfaden angreifenden hohen Feldstärke erhöht sein kann; diese Vergrößerung des Sättigungsstromes i_1 ist gegeben durch[1]

$$(40) \qquad \ln\frac{i_{1e}}{i_1} = \frac{4{,}38}{T}\sqrt{\mathfrak{E}},$$

[1] Barthlet, R. S.: Proc. roy. Soc., Lond. (A) Bd. 121 (1928) S. 486.

wenn i_{1e} den vergrößerten Sättigungsstrom bei der Feldstärke $\mathfrak{E}$ in V/cm und T die absolute Temperatur des Glühfadens in ° Kelvin bedeuten. Die Sättigungsstromvergrößerung kann namentlich bei ungünstiger Elektrodengeometrie von V_1 und Stoßspannungen über 10 kV ein Vielfaches des normalen Sättigungsstromes betragen und muß experimentell ermittelt werden. Diese Art des Hochspannungsanschlusses ist daher nur dann zu gebrauchen, wenn während der gesamten Aufladezeit des Speicherkondensators dieselbe Feldstärke am Glühfaden liegt, also nur bei annähernd rechteckigem Stoßspannungsverlauf.

Diese Sättigungsstromvergrößerung kann dadurch auf ein erträgliches Maß herabgesetzt werden, daß zwischen die Anode des Ventiles V_1 und den Kondensator C_z ein induktionsfreier Widerstand geschaltet wird, dessen Ohmwert so abgeglichen ist, daß über dem Ventil V_2 nur einige Hundert Volt abfallen (Abb. 178b). Oftmals kann man die Meßeinrichtung unmittelbar an den Entladewiderstand des Stoßspannungsgenerators anschließen, wie dies die Schaltungen von Abb. 178c und d zeigen. In Abb. 178c ist V_1 gittergesteuert; durch den an R_2 auftretenden Spannungsabfall wird das Gitterpotential so weit positiv, daß V_1 den Sättigungsstrom durchläßt. Dabei muß im Gitterkreis ein genügend großer Widerstand R_3 liegen, damit nicht ein Teil des Sättigungsstromes über das Gitter abfließt. Dies erfordert Widerstände von 100000 Ω oder mehr. Die Aufladezeitkonstante des Gitterkreises T_g wird

$$T_g = C_g\left(R_3 + \frac{R_1 R_2}{R_1 + R_2}\right). \tag{41}$$

Man erhält, wenn man die Kapazität des Gitterkreises C_g sowie seiner Zuleitungen zu 10 pF ansetzt, etwa $T_g \approx 1\,\mu$s. In der Anordnung der Abb. 178d dagegen kann die Zeitkonstante T_g, da ja $R_3 = 0$ ist, leicht auf 10 ns und darunter durch geeignete Wahl von R_1 und R_2 gedrückt werden. Diese beiden Schaltungen haben weiter den Vorteil, daß die notwendige Gegenspannung E_2 nur 100 bis 300 V beträgt, also einer Anodenbatterie entnommen werden kann.

E. Feldausmessung bei Stoßspannungen.

1. Feldausmessung mit Hilfe einer Wanderwellenbrücke[1].

Bei der Feldausmessung mit Hilfe einer Wanderwellenbrücke (Abb. 179) wird dem Prüfling P ein Widerstandspotentiometer R aus einem möglichst induktions-, kapazitäts- und stromverdrängungsfreien Widerstand parallelgeschaltet. Dieses Widerstandspotentiometer bildet zugleich die beiden Widerstandszweige der Brücke R_3 und R_4. Die beiden anderen Kapazitätszweige C_1 und C_2 werden durch die Kapazitäten zwischen den Elektroden des Prüflings und der Sonde S gebildet. Die Nullanordnung

[1] Szapor, St.: Arch. Elektrotechn. Bd. 28 (1934) S. 783.

besteht aus einer Glimmlampe, der zur Regulierung der Empfindlichkeit ein Kondensator parallelgeschaltet ist. Nullanordnung und Sonde sind wie bei Niederfrequenzsondenmessungen geschirmt. Gleichgewicht der Brücke ist dann erreicht, wenn die Glimmlampe beim Stoß nicht mehr zündet; dann ist

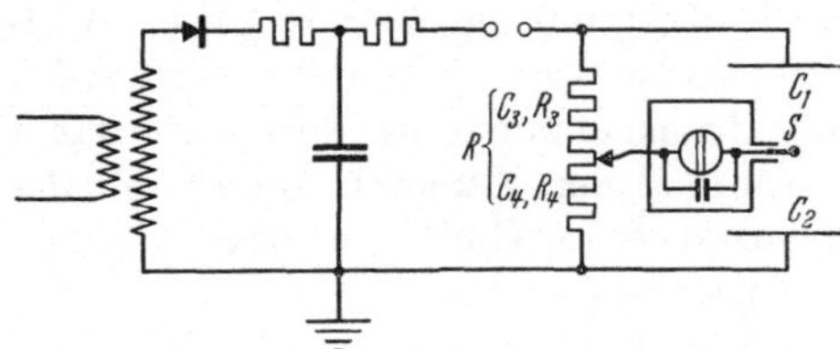

Abb. 179. Brückenschaltung zur Ausmessung von Stoßfeldern.

$$\frac{C_1}{C_1 + C_2} = \frac{R_4}{R_3 + R_4}. \tag{42}$$

Diese Beziehung gilt nur unter Vernachlässigung der Kapazitäten C_3 und C_4 der Nullanordnung. Unter Berücksichtigung dieser zu R_3 und R_4 parallelliegenden Kapazitäten C_3 und C_4 erhält man für die Gleichgewichtsbedingung die Differentialgleichung

$$u_4\left(\frac{1}{R_3} + \frac{1}{R_4}\right) + \frac{du_4}{dt}(C_3 + C_4) = \frac{u}{R_3} + C_3\frac{du}{dt}, \tag{43}$$

wenn u der Augenblickswert der an der Brücke liegenden Spannung und u_4 derjenige des Brückenzweiges 4 ist. Die Lösung dieser Differentialgleichung ist in Einklang mit Gl. (42) nur, wenn

$$\frac{R_4}{R_3} = \frac{C_3}{C_4}. \tag{44}$$

Ist die Bedingung (44) nicht erfüllt, so kann man noch mit genügender Genauigkeit messen, wenn

$$R_3 C_3 \ll \frac{u}{\frac{du}{dt}} \quad \text{und} \quad R_4 C_4 \ll \frac{u}{\frac{du}{dt}}, \tag{45}$$

also die Ladezeitkonstante dieser Störkapazitäten möglichst klein sind. Die Bedingung (45) ist am schwersten für steile Wellenstirnen zu erfüllen: Bei einer Wellenstirn von 0,1 μs muß man $u\Big/\frac{du}{dt} = 0{,}01$ μs wählen, das ist z. B. noch möglich, wenn $C_4 = 1\,\text{pF}$, $R_4 = 1000\,\Omega$ und $T_4 = R_4 C_4 = 1$ ns wird.

Man wird für die Nullanordnung ein Glimmrohr wählen, das für beide Spannungspolaritäten gleiche Ansprechspannung hat. Man kann dann mit Hilfe des Potentiometers die obere und untere Ansprechgrenze des Glimmrohres feststellen; der wahre Spannungswert, der der Sonde dabei zukommt, ist der Mittelwert aus den beiden Grenzansprechspannungen. Der durch die Sonde bedingte Fehler ist ähnlich wie bei den Niederfrequenzsondenmessungen; er hängt ab von der Genauigkeit, mit der die Lage der Sonde bestimmt wird, von den Veränderungen des Feldes durch das Einbringen der Sonde und durch die nicht genaue Stellung der geschirmten Leitung auf eine Äquipotentialfläche. Zu achten ist auch auf möglichst kleine Verbindungsleitungen, um zusätzliche Wanderwellenvorgänge auf ihnen zu vermeiden.

Die Brückenmethode gestattet eine genaue quantitative Ausmessung lediglich entladungsfreier Felder, während beim Vorhandensein von Ladungsträgern im Feldraum nur noch qualitative Untersuchungen möglich sind, da in diesem Fall der Sonde über das Feld Ladungen zugeführt werden, die die Ansprechspannung fälschen können.

2. Sichtbarmachen des Feldbildes durch Stoßwellen sehr kurzer Dauer[1].

Das elektrische Feld läßt sich an Isolieranordnungen wenigstens qualitativ sichtbar machen durch die Verwendung von Stoßwellen sehr kurzer Dauer. Bei solchen Stoßwellen bilden sich Vorentladungen aus,

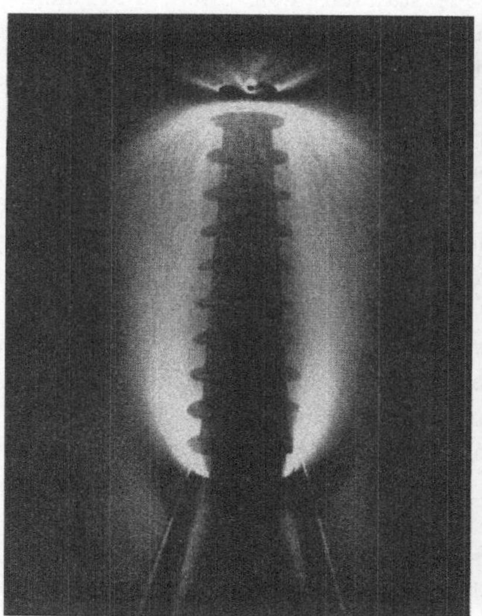

a

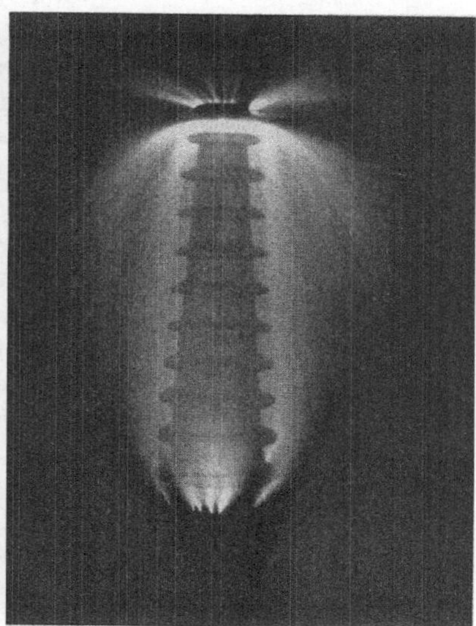

b

Abb. 180a u. b. a Stützer auf Schienen 1,10 m über Platte; b Stützer auf Platte. Feldbildaufnahmen an einem Porzellanstützer bei negativer Polarität des Stützerkopfes.

ohne daß es zum eigentlichen Überschlag kommt. Photographiert man die Vorentladungen während einer Reihe von Spannungsstößen auf dieselbe Platte, so erhält man einen recht guten Einblick in die Form des elektrischen Feldes, wie dies die in Abb. 180 wiedergegebene Feldaufnahme an einem 100 kV-Porzellanstützer zeigt.

F. Stoßstrommessung.

Die Stoßstrommessung läßt sich in der Mehrzahl der Fälle auf eine Spannungsabfallmessung zurückführen; aus der Kenntnis des genauen

[1] F. Obenaus in einem Diskussionsbeitrag zu W. Weber: VDE-Fachber. 1937, S. 26.

Widerstandswertes und der über dem Widerstand abfallenden Spannung wird auf die Stromstärke geschlossen. Erfolgt die Spannungsmessung mit Funkenstrecken oder mit dem Klydonographen, so sind Spannungsabfälle von einigen Tausend Volt nötig, um eine einwandfreie Messung durchführen zu können. Verwendet man den Kathodenstrahloszillographen zur Spannungsabfallmessung, so benötigt man nur einige Hundert Volt, um eine genügend große Ablenkung an den Spannungsplatten zu erzielen. In allen diesen Fällen müssen die Widerstände, von denen der Spannungsabfall abgegriffen wird, möglichst induktionsfrei und so aufgebaut sein, daß in ihnen eine möglichst geringe Stromverdrängung auftritt. Bei Widerständen von 1000 und mehr Ohm eignen sich sehr gut Flüssigkeitswiderstände aus einem Alkohol-Benzol-Pikrinsäuregemisch[1], bei Widerständen von mehreren bis etwa 1000 Ω die sog. Karbowidwiderstände, sofern sie keine Wendeln und nicht sprühende Fassungen besitzen. Bei Widerständen unter einem Ohm werden sie zweckmäßig aus dünnen Drähten zusammengesetzt. In Abb. 181 ist ein solcher Drahtwiderstand in eine Form gebracht, die sich bei Stoßversuchen außerordentlich gut bewährt hat[2]. Die Stromzuführungen sind 2 konzentrische Röhren, die durch einen Isolierzylinder voneinander getrennt sind. In diese Röhren sind die Widerstandelemente eingelötet, die aus emaillierten Drähten bestehen und fest verdrillt sind, um ihre Induktanz möglichst niedrig zu halten; ihr induktiver Spannungsabfall kann noch dadurch größtenteils kompensiert werden, daß einer der zur Spannungsmessung dienenden Drähte durch Löcher in den konzentrischen Stromzuleitungsrohren hindurch geführt wird. Auf diese Weise können Nebenwiderstände bis herab zu 0,02 Ω mit Zeitkonstanten für den Stromanstieg von 65 ns erhalten werden.

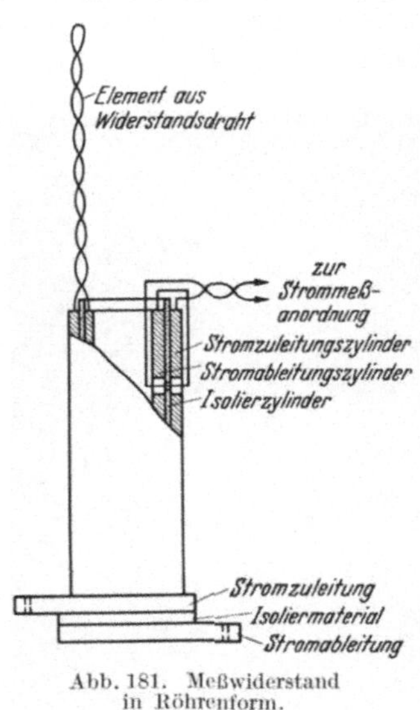

Abb. 181. Meßwiderstand in Röhrenform.

Außer dieser indirekten Methode, die sich zur Strommessung eines Spannungsabfalles bedient, gibt es noch einige direkte Methoden. So kann man den Strom mit einer in den Kathodenstrahloszillographen eingebauten Spule dem ganzen Verlauf nach aufzeichnen. Ferner kann man den Höchstwert eines Stoßstromes durch seine magnetische

[1] Gyemant, A.: Wiss. Veröff. Siemens-Konz. Bd. 6 (1928) H. 2 S. 58; Bd. 7 (1928) H. 1 S. 134.

[2] Bellaschi, P. L. u. W. G. Roman: Electr. J. Bd. 31 (1934) S. 96.

Wirkung oder durch seine Lochspur in einem dünnen Registrierpapier, das zwischen zwei Elektroden gelegt ist, ermitteln.

1. Strommessung mittels einer in den Kathodenstrahloszillographen eingebauten Spule[1].

Ein Strommeßsystem am Kathodenstrahloszillographen muß bei kleiner Induktivität und bei gleichzeitig hoher Eigenfrequenz hohe Empfindlichkeit besitzen. Eine Spule, die diese Forderungen erfüllt, erhält man, wenn man sie ins Vakuum einbaut und ihr eine kästchenartige Form, wie in Abb. 182, gibt. Der Kathodenstrahl durchsetzt dabei die schmalen Stirnseiten des Kästchens, von denen die obere mit einem runden Loch, die untere mit einem länglichen Schlitz versehen ist. Das Kästchen kann mit nur einer Windung aus einem breiten Kupferband oder aus mehreren Windungen eines verhältnismäßig dünnen Drahtes bestehen. Im letzteren Falle werden die einzelnen Drähte seitlich um die Durchtrittsöffnungen des Strahles gekröpft. Die Länge des Kästchens ist durch die Größe der Strahlauslenkung bestimmt. Eine Vergrößerung der Empfindlichkeit bei gleichzeitiger Verkleinerung der Spulenabmessungen erzielt man, wenn man dem Kästchen eine geneigte, trapezförmige Gestalt gibt. Die Induktivität L einer solchen trapezförmigen Spule berechnet sich zu

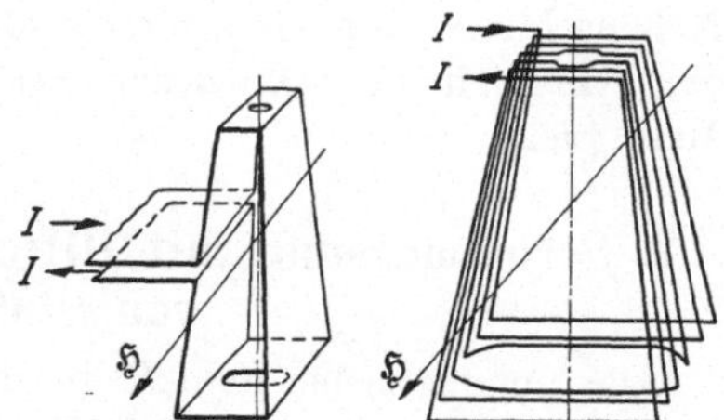

Abb. 182. Anordnung einer Strommeßschleife für eine bzw. mehrere Windungen.

$$(46)\qquad L = \frac{\operatorname{arc\,tg} m}{1{,}25\,\mathrm{m}} \cdot n^2 \cdot h \cdot 10^{-8}\,\mathrm{H}, \quad \text{wobei} \quad m = \frac{d}{b},$$

wenn n die Windungszahl und h die Spulenhöhe, b die Spulenbreite und d den gegenseitigen Abstand der Spulenfläche in cm bedeuten. Die Empfindlichkeit ε in cm/AW wird angenähert

$$(47)\qquad \varepsilon = 0{,}3\,\frac{z+h}{\sqrt{E}} \cdot \frac{\operatorname{arc\,tg} m}{1{,}25\,\mathrm{m}} \cdot \frac{h}{d_1 + 0{,}46\,h \cdot \dfrac{a}{2z}},$$

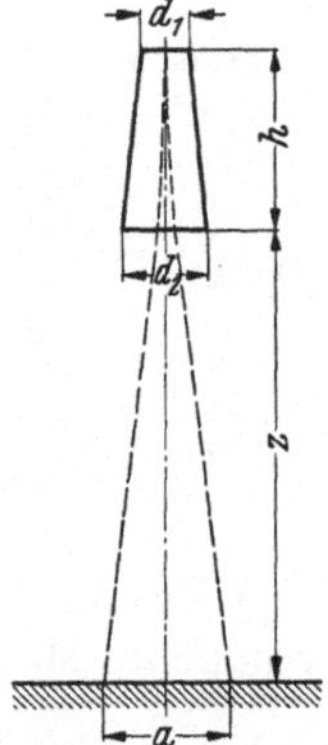

Abb. 183. Bezeichnungen für Gl. 47.

wobei E die Erregerspannung des Strahles in Volt, z den Abstand der Spule von der Schreibfläche in cm, a die größte Auslenkung in cm auf der Schreibfläche und d_1 die obere Breite der Spule ebenfalls in cm bedeuten. Die einzelnen Bezeichnungen sind überdies noch in Abb. 183 eingetragen.

[1] Matthias, A., B. v. Borries u. E. Ruska: Z. Phys. Bd. 85 (1933) S. 336.

Für eine Meßspule mit den Abmessungen $h = 6$ cm, $d_1 = 0,6$ cm, $d_2 = 1,1$ cm, $m = d/b = 3$ ergibt sich nach Gl. (46) eine Induktivität von etwa $2 \cdot 10^{-8}$ H. Die Empfindlichkeit der Schleife bei $E = 60$ kV, $z + h = 63$ cm und $a = 4$ cm wird nach Gl. (47) etwa 0,186 cm/AW. Es lassen sich mit einer solchen Spule Ströme von 3 bis 30 A bis zu Frequenzen von 10^8 bis 10^9 Hz fehlerfrei und fast ohne Rückwirkung auf den zu messenden Vorgang aufnehmen. Bei Strömen, die kleiner als 3 A sind, muß die Spule aus mehreren Windungen gewickelt werden, bei solchen von mehr als 30 A kann man sowohl induktive wie Ohmsche Nebenschlüsse vorsehen, die beide fehlerfrei arbeiten werden infolge der Kleinheit des Ohmschen Widerstandes und der Induktivität der Meßschleife.

2. Strommessung mit Hilfe der magnetischen Wirkung von Stoßströmen[1].

Das magnetische Feld H in der Umgebung eines stromführenden Leiters ist gegeben durch die Beziehung

$$H = \frac{J}{2\pi r}. \tag{48}$$

Es ist also proportional dem den Leiter durchfließenden Strom J und umgekehrt proportional dem Abstand r vom Leiter und kann somit als Maß für die im Leiter fließende Stromstärke dienen. Bringt man ein magnetisches Stahlstück (Abb. 184) in der Richtung der magnetischen Feldkraftlinien, also senkrecht zum Leiter, an, so wird es bei Stromdurchgang durch den Leiter magnetisiert. Die Stahlstäbchen behalten nach dem Verschwinden des Stromes im Leiter einen remanenten Magnetismus, der in funktionellem Zusammenhang steht mit dem magnetischen Feld, das an der Anbringungsstelle des Stahlstäbchens während des Stromdurchganges herrschte. Er ist also ebenfalls ein Maß für die den Leiter durchflossenhabende Stromstärke.

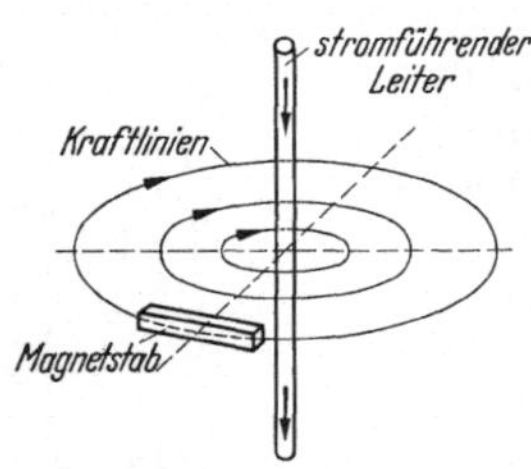

Abb. 184. Magnetisierung eines Stahlstäbchens im Felde eines geraden Leiters.

Verwendet man Stahlstäbchen mit vollem Querschnitt, so hängt der remanente Magnetismus bei der Magnetisierung durch Stoßströme nicht

[1] Foust, C. M. u. H. P. Kuehni: Gen. Electr. Rev. Bd. 35 (1932) S. 644. — Arch. techn. Messen V 327 (1933). — Grünewald, H.: ETZ Bd. 35 (1934) S. 505. — Foust, C. M. u. G. F. Gardener: Gen. Electr. Rev. Bd. 37 (1934) S. 324. — Foust, C. M. u. J. T. Henderson: Electr. Engng. Bd. 54 (1935) S. 373. — Zaduk, H.: ETZ Bd. 56 (1935) S. 475. — Arch. techn. Messen V 327 (1935). — Grünewald, H.: Inst. Hochspannungskonferenz Ber. 326. Paris 1935. — Blum, E. u. W. Finkelnburg: Z. techn. Phys. Bd. 18 (1937) S. 61. — ETZ Bd. 58 (1937) S. 604. — Eie, K.: Elektrotekn. T. Bd. 51 (1938) S. 120.

allein von der Stoßstromstärke, sondern auch vom zeitlichen Verlauf des Stoßstromes ab, da die sich im Stahlstäbchen ausbildenden Wirbelströme eine gewisse Schirmwirkung ausüben. Diese störende Wirbelstrombildung kann durch genügend feine Unterteilung des Stäbchenquerschnittes vermieden werden; so erhalten z. B. Stahlstäbchen, die aus Drähten von 0,2 mm Durchmesser zusammengesetzt sind, bei Stoßströmen von 1 μs Stirnzeit und 5 μs Halbwertsdauer dieselbe Remanenz wie bei einem Gleichstrom von der Stärke des Scheitelwertes des Stoßstromes. Diese Möglichkeit der Gleichstromeichung solcher Meßstäbchen macht das Verfahren erst in größerem Maße brauchbar zur Bestimmung des Höchstwertes von Stoßströmen. Zur Messung verwendet man Stäbchen, die aus 0,2 mm starken Drähten aus Chrom-Kobalt- oder Chrom-Kohlenstoffstahl in Bündeln von etwa 10 mm Durchmesser bestehen, die in Glashülsen gesteckt und mit Paraffin vergossen sind.

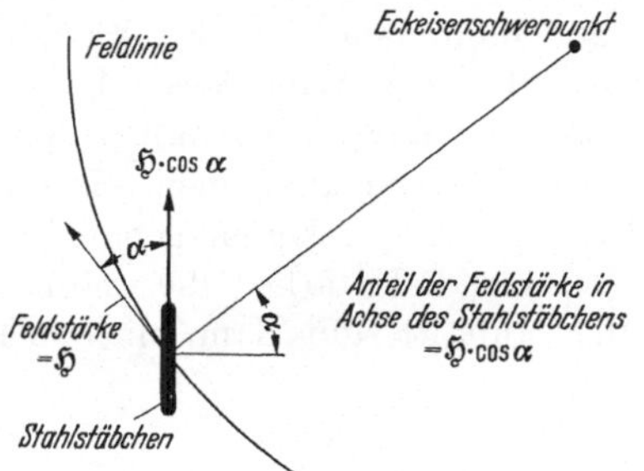

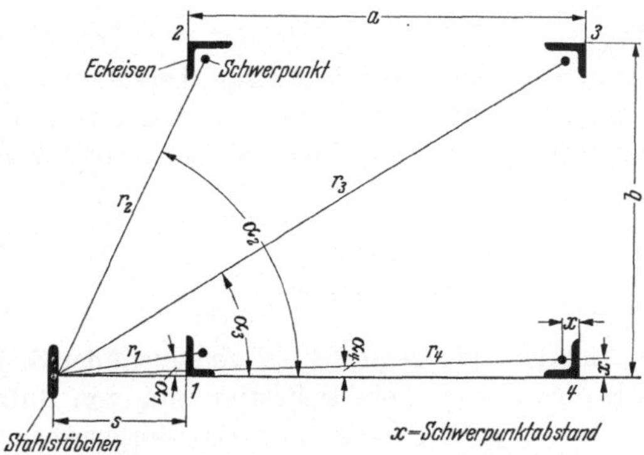

Abb. 185. Mastgrundriß zur Ableitung der wirksamen Feldstärke in einem Stahlstäbchen.

Die Eichung des Stäbchens geht dabei so vor sich, daß man das völlig entmagnetisierte Stäbchen in das Gleichstromfeld einer langen Zylinderspule bringt und stufenweise magnetisiert. Die Feldstärke in der Mitte einer solchen Zylinderspule ist

$$H = \frac{n \cdot i}{L\sqrt{1 + \left(\frac{d}{L}\right)^2}}, \tag{49}$$

wenn n die Windungszahl der Spule, L die Spulenlänge in cm, d der Spulendurchmesser in cm und i der Spulenstrom in Ampere ist.

Ist auf Grund der Eichung derjenige Spulenstrom ermittelt, der dieselbe Remanenz ergeben hat, wie ein in einem runden Leiter fließender

Stoßstrom J in Ampere, so kann man letzteren durch Einsetzen von Gl. (48) in Gl. (49) berechnen. Es ergibt sich

$$J = \frac{2\pi r \cdot n i}{L\sqrt{1+\left(\frac{d}{L}\right)^2}}. \tag{50}$$

Für die Bestimmung von Stoßstromstärken in Leitungsmasten baut man die Stahlstäbchen in einem bestimmten Abstand an die Eckeisen des Mastes an: dann läßt sich der Maststrom angenähert berechnen: Für ein stromführendes Winkeleisen kann man sich hinsichtlich der magnetisierenden Wirkung nach außen den Strom als im Schwerpunkt des Winkeleisens fließend annehmen. Dabei wird weiter vorausgesetzt, daß in jedem der vier Eckeisen genau $^1/_4$ des Gesamtstromes fließt. Für die wirksame Feldstärke, die dann beim Blitzstromdurchgang durch den Mast auftritt, gilt dann mit den Bezeichnungen der Abb. 185 die Beziehung

$$\left\{\begin{aligned} H = \frac{J}{4}\cdot\frac{1}{2\pi}\Bigg[&\frac{s+x}{(s+x)^2+x^2}+\frac{s+x}{(s+x)^2+(b-x)^2}+\\ &+\frac{s+a-x}{(s+a-x)^2+(b-x)^2}+\frac{s+a-x}{(s+a-x)^2+x^2}\Bigg]\ \text{A/cm}. \end{aligned}\right. \tag{51}$$

Setzt man diese vom Stoßstrom herrührende Feldstärke gleich der Feldstärke des Spulenstromes, der den gleichen remanenten Magnetismus hervorruft, so erhält man als Ausdruck für den Stoßstrom im Mast

$$J = i\,\frac{\dfrac{8\pi n}{L\sqrt{1+(d/L)^2}}}{\left[\dfrac{s+x}{(s+x)^2+x^2}+\dfrac{s+x}{(s+x)^2+(b-x)^2}+\dfrac{s+a-x}{(s+a-x)^2+(b-x)^2}+\dfrac{s+a-x}{(s+a-x)^2+x^2}\right]}. \tag{52}$$

Ist der zu messende Stoßstrom nicht der Größenordnung nach bekannt, wie dies ja z. B. bei der Bestimmung von Blitzstromstärken der Fall ist, so ist es zweckmäßig, mehrere Stahlstäbchen in verschieden großem Abstand vom Leiter bzw. Eisenmast der Freileitung aufzustellen. Eine Vorstellung von der Empfindlichkeit solcher Mehrfachstäbchenanordnungen an Masten gibt die Zahlentafel 13. Bei runden Leitern beträgt die untere Meßgrenze der Stäbchen in 10 cm Abstand von der Leitermitte etwa 500 A. Die Meßgenauigkeit ist etwa $\pm$ 15 bis 20%.

Zahlentafel 13. Grenzmeßstromstärken von Stahlstäbchen.

Abstand des Stäbchens vom Schwerpunkt des Masteckeisens	10 cm	30 cm	50 cm
Untere Meßgrenze	4000 A	7000 A	10000 A
Obere Meßgrenze	60000 A	10000 A	160000 A

Die Stäbchen lassen außer der Bestimmung des Höchstwertes des Stromes auch eine Bestimmung der Stromrichtung aus der Polarität der Remanenz zu. Werden an einer Freileitung sowohl an den Masten als auch am Erdseil solche Stäbchen angebracht, so kann man nicht nur die Einschlagstelle des Blitzes feststellen, sondern auch die Abnahme des Blitzstromes längs der Leitung und bei Mastüberschlägen die zur Erde abgeleiteten Ströme bestimmen (Abb. 186). Erfolgen während eines

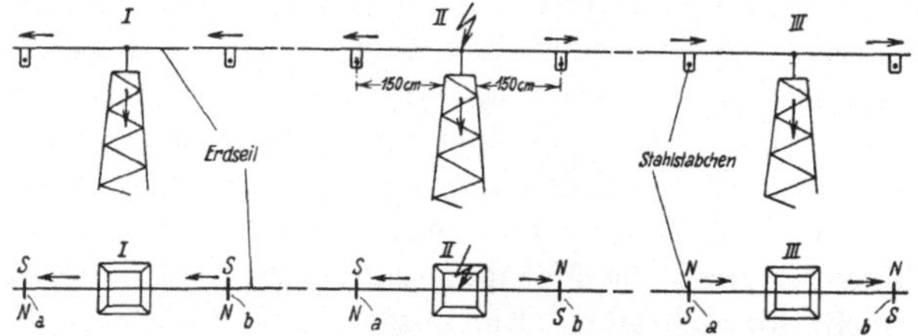

Abb. 186. Nachweis eines Masteinschlages durch die Polarität der Stahlstäbchen am Erdseil. Polarität der Erdseilstäbchen: Einschlagsmast *II*: *a* und *b* entgegengesetzt; Nachbarmast *I*: *a* und *b* gleich mit *IIa*; Nachbarmast *III*: *a* und *b* gleich mit *IIb*.

Gewitters mehrere Blitzschläge in eine Leitung, so ist es auch oft möglich, aus den angezeigten Polaritäten und Remanenzwerten die Stromstärken der Blitze der Reihenfolge und Größe nach festzulegen.

3. Strommessung aus der Lochspur in Registrierpapieren[1].

Die Elektroden einer Plattenfunkenstrecke, die aus Kupferscheiben von etwa 5 cm Durchmesser bestehen, sind durch Fiberstücke auf 1,5 mm distanziert. An der unteren Elektrode wird Wachspapier vorbeigezogen, das durchschlagen wird, wenn eine Entladung in der Funkenstrecke übergeht. Parallel zu den Elektroden ist ein Widerstand von etwa 500 Ω angeordnet, um eine statische Aufladung der oberen Elektrode zu verhindern. Da Versuche gezeigt haben, daß die Lochspur für Wechselströme und Stoßströme gleichen Höchstwertes auch gleich groß ist, kann die Eichung der Lochspur mit Wechselstrom erfolgen. Zur Bestimmung der Lochgröße läßt man ein bestimmtes Flüssigkeitsvolumen durch das Loch austreten und mißt die dazu benötigte Zeit. Dies Verfahren eignet sich in Laboratorien zur Bestimmung von Stoßströmen und in Anlagen zur Bestimmung von Ableiterströmen.

G. Leistungsmessung bei Stoßvorgängen.

1. Leistungsmessung mit dem Kathodenstrahloszillographen[2].

Die elektrische Leistung kurzdauernder Vorgänge kann man in einem Kathodenstrahloszillographen messen, wenn man den Strahl nacheinander zwei magnetische Felder durchlaufen läßt, die vom Meßstrom erzeugt werden und entgegengesetzte Richtung haben. Das zweite Feld „kompensiert" also den vom ersten Feld hervorgerufenen Ausschlag

[1] Collins, H. W.: Electr. Wld., N. Y. Bd. 103 (1934) S. 688.
[2] Mohr, H. J.: Arch. Elektrotechn. Bd. 31 (1937) S. 442.

des Elektronenstrahles, so daß dieser durch die Ablenkung der magnetischen Felder allein keinen Ausschlag zeigt. Zwischen diesen beiden Feldern wird der Elektronenstrahl durch ein elektrisches Feld beschleunigt, das von der Meßspannung erzeugt wird und in Richtung des Strahles wirkt, also je nach Größe und Richtung der Meßspannung die Strahlgeschwindigkeit vergrößert oder abmindert. Tritt er nun mit veränderter Geschwindigkeit in das zweite Magnetsystem ein, so wird die erwähnte Kompensation zum Teil aufgehoben und der Strahl auf der Schreibfläche ausgelenkt. Diese Auslenkung ist proportional dem Produkt aus Meßspannung und Meßstrom, also proportional der Leistung. Voraussetzung dabei ist, daß die Meßspannung etwa 10 % der Strahlerregerspannung nicht überschreitet. Ein ausgeführter Oszillograph mit einer Strahlerregerspannung von 70 kV und einem Meßbereich bis 3,5 A und 7,5 kV besitzt eine Leistungsempfindlichkeit von 91 VA/cm: die Leistungsempfindlichkeit ist also sehr gering.

2. Leistungsmessung mittels ballistischer Instrumente[1].

Der Ausschlag eines ballistischen Dynamometers α ist, wenn die Dauer des einwirkenden Impulses P klein ist gegenüber der Eigenschwingungsdauer des beweglichen Dynamometersystemes, dem Zeitintegral des Impulses direkt proportional

$$\int P\,dt = k \cdot \alpha_{\max}. \tag{53}$$

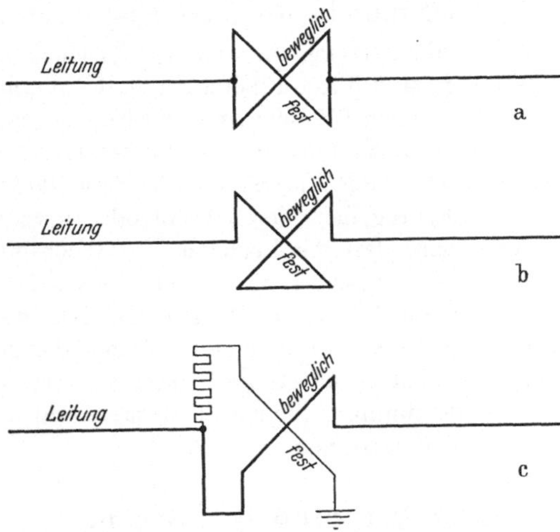

Abb. 187 a bis c. Messung der Wanderwellenenergie mit Hilfe eines ballistischen Dynamometers. a parallel geschaltete Stäbe: $\int i^2 dt$; b hintereinander geschaltete Stäbe: $\int i^2 dt$; c Stirn und Spannung nicht phasengleich: $\int u i dt$.

Sind Widerstand und Ableitung bei Wanderwellenvorgängen vernachlässigbar, so ist der Energieinhalt einer Überspannung und damit der auf das ballistische Dynamometer übertragene Impuls gegeben durch $k' \int i^2 dt$ bzw. $k'' \int u^2 dt$; sind diese beiden Größen nicht vernachlässigbar, besteht also Phasenunterschied zwischen Meßspannung und Meßstrom, so ist er gegeben durch $k''' \int u \cdot i \cdot dt$.

Abb. 187 zeigt drei Ausführungsbeispiele derartiger Dynamometerschaltungen. Man verwendet dabei zwei gekreuzte Leiter, deren einer

[1] Frank, S.: Arch. techn. Messen V 3417—2 (1937).

aus massivem Kupfer besteht, der andere aus dünnen Kupferbändern, also beweglich ist und in dessen Mitte ein Spiegel aufgebracht ist. Beim Durchlaufen der Welle wird auf das Kupferband ein Impuls ausgeübt, der durch den Spiegelausschlag gemessen wird.

Der auf ein ballistisches Elektrometer ausgeübte Impuls beim Vorüberziehen einer Wanderwelle ist dem Quadrat der Spannung und außerdem der Kapazität proportional[1], also wird

$$P = \frac{d(\frac{1}{2}Cu^2)}{ds}, \tag{54}$$

wenn C die Kapazität des Elektrometers und s der Abstand der die Kapazität bildenden Belegungen des Elektrometers ist. Nun ist aber die Änderung der Kapazität während des Ablaufes der Wanderwelle noch vernachlässigbar, sie erfolgt erst nach der Einwirkung der von der Wanderwelle ausgeübten Kraft. Der ballistische Ausschlag wird also streng proportional $\int u^2\,dt$. Die Elektrometerkapazität wird zweckmäßig in den Zug der Leitung eingeschaltet: man ordnet z. B., wie in Abb. 188 angegeben, um die Leitung einen Zylinder an, der einen beweglichen Ausschnitt besitzt, an dem der Spiegel sitzt; oder aber man stellt der Leitung eine ebene Platte mit einem beweglichen Ausschnitt gegenüber.

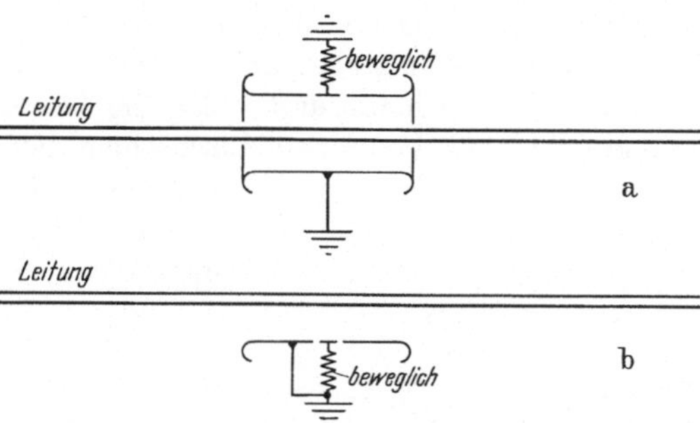

Abb. 188 a u. b. Messung der Wanderwellenenergie mit Hilfe eines ballistischen Elektrometers. a koaxiale Zylinder; b Zylinder gegen Ebene.

H. Elektrodenformen für Stoßdurchschlagsprüfungen[2].

Eine Elektrode, mit der einwandfreie Durchschlagsmessungen vorgenommen werden sollen, muß möglichst eine eindeutige Bestimmung des elektrischen Feldes erlauben, bei dem der Durchschlag erfolgt. Solange der Feldraum zwischen den Elektroden raumladungsfrei ist, wird das elektrische Feld lediglich bestimmt durch die Elektrodenform und die an die Elektroden gelegte Spannung. Raumladungsfreiheit kann für alle die Elektrodenanordnungen vorausgesetzt werden, bei denen ihre Anfangsspannung vor dem Einsetzen des Durchschlages nicht überschritten wird: für den statischen Durchschlag bedeutet dies, daß die Anfangsspannung mit der Durchschlagsspannung für die gewählte

[1] Benndorf, H. u. F. Burger-Scheidlin: Ann. Phys., Lpz. (5) Bd. 12 (1932) S. 265.

[2] Siehe auch R. Strigel: Arch. techn. Messen J. 831—3 (1935).

Elektrodenanordnung zusammenfallen muß, für den Stoßdurchschlag dagegen nur, daß nicht durch eine gegebene Vorspannung die Anfangsspannung schon vor dem Auftreffen der Stoßwelle überschritten ist.

1. Elektrodenformen im gleichförmigen Feld.

Im gleichförmigen Feld müssen Elektroden so gestaltet sein, daß an den Elektrodenrändern keine oder doch nicht bedeutend höhere Feldstärkenwerte auftreten als im Innern der Elektroden; denn sonst würde beim statischen Durchschlag die Durchbruchfeldstärke erheblich herabgesetzt und beim Stoßdurchschlag der Durchschlagsvorgang so stark geändert werden, daß man mit völlig anderen Entladeverzugszeiten rechnen muß.

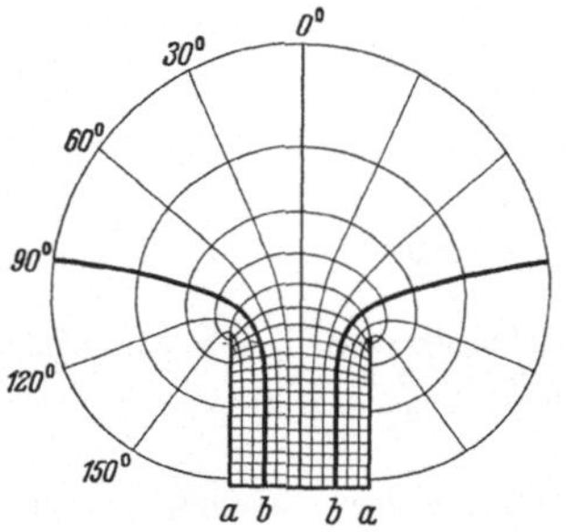

Abb. 189. Kraftlinien und Äquipotentialinien am Rande eines ebenen Kondensators. *a* Belege des Kondensators; *b* Äquipotentiallinie mit dem Grenzwinkel $\psi = 90°$.

a) Ebene Elektroden mit aufgehobenem Randeffekt.

Sollen ebene Elektroden zur Durchschlagsspannungsbestimmung verwendet werden, so darf die Randfeldstärke die Feldstärke in der Mitte der Plattenelektroden an keiner Stelle wesentlich überschreiten; nur wenn diese Bedingung erfüllt ist, erfolgen die Durchschläge im gleichförmigen Feld, also im Innern der Elektroden. Eine derartige Feldausbildung der Elektroden kann man erreichen, wenn man aus dem Kraftlinienbild eines ebenen, scheibenförmigen Kondensators eine geeignete Potentialfläche herausgreift[1]. In Abb. 189 ist das Feldbild eines solchen ebenen Kondensators

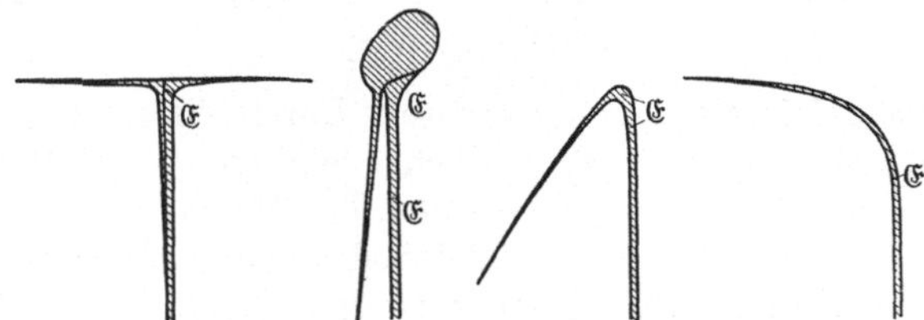

Abb. 190. Feldstärkenverteilung 𝔈 in der Nähe des Elektrodenrades ebener Elektroden für Äquipotentiallinien verschiedener Grenzwinkel.

wiedergegeben; in Abb. 190 ist für Äquipotentiallinien die Feldstärkenverteilung in der Nähe des Elektrodenrandes aufgetragen: bei scheibenförmiger Elektrode ist die Feldstärke an der Elektrodenkante unendlich groß und sinkt etwa mit der Wurzel aus der Entfernung von der

[1] Rogowski, W.: Arch. Elektrotechn. Bd. 12 (1923) S. 1.

Elektrodenkante ab. Läßt man nun den Grenzwinkel ψ, den die Äquipotentialflächen mit der Elektrode bilden, kleiner werden, so nehmen die Feldstärken am Rande der Elektrode ständig ab, bis schließlich bei der Äquipotentialfläche mit dem Grenzwinkel $\psi = 90°$, die in Abb. 189 stark ausgezogen ist, an keiner Stelle mehr die Feldstärke im Innern der Elektroden überschritten wird. Gibt man also den Elektroden eine Form, die dieser Äquipotentiallinie entspricht, so treten an den Elektrodenrändern keine höheren Feldstärken als im Innern auf. Jedoch haben Versuche gezeigt, daß man bei Untersuchungen in Gasen eine Erhöhung der Randfeldstärke bis zu etwa 27% zulassen kann[1], ohne daß dadurch die Überschläge aus dem Innern der Elektroden hinauswandern. Man kann also als Elektrodenprofile auch solche wählen, die Äquipotentiallinien entsprechen bis zum Grenzwinkel $\psi = 120°$. Derartig stärker gekrümmte Profile haben den Vorteil, daß man mit wesentlich kleineren Abmessungen des Randgebietes auskommt, dessen Begrenzung sich gewöhnlich aus den Versuchsbedingungen ergibt. In Abb. 191 sind nun Schaulinien[2] wiedergegeben, aus denen die Form verschiedenartiger Profile zu entnehmen ist. Als Abszisse ist das Verhältnis x/s aufgetragen: s ist der Abstand zwischen der profilierten Elektrode und einer geerdeten unendlich großen Scheibe; werden zwei profilierte Elektroden angeordnet, so ist s der halbe Abstand der beiden Elektroden; x ist der auf die Elektrodenebene projezierte Abstand des betrachteten Krümmungspunktes vom Beginn der Krümmung. x/s wird also Null

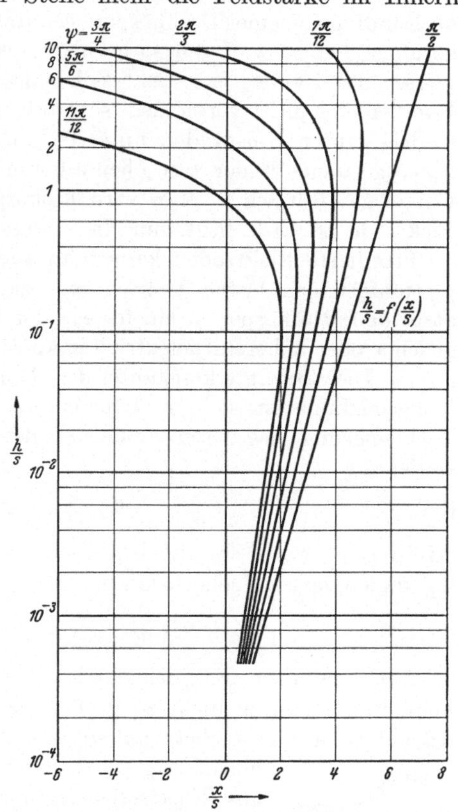

Abb. 191. Kennlinien zur Bestimmung profilierter Elektroden.

[1] Rogowski, W. u. H. Rengier: Arch. Elektrotechn. Bd. 16 (1926) S. 73. — Regnier, H.: Arch. Elektrotechn. Bd. 16 (1926) S. 76. — Schilling, W.: Arch. Elektrotechn. Bd. 24 (1930) S. 383.

[2] Stoerk, C.: ETZ Bd. 52 (1931) S. 43.

in dem Punkte, in dem die Krümmung beginnt. Als Ordinate ist h/s aufgetragen, dabei ist h die Erhebung der Krümmung über die Elektrodenebene.

Die angeführten Schaubilder sind für ebene Elektroden gerechnet, während bei ausgeführten Elektroden diese Kurven in den meisten Fällen als Randkurven eines Drehkörpers benutzt werden. Der hierdurch hervorgerufene Fehler wird um so geringer, je größer der mittlere Drehhalbmesser des Randes ist. Läßt sich eine starke, radiale Krümmung des Randwulstes nicht vermeiden, so wählt man den Grenzwinkel möglichst niedrig, unter Umständen unter 90°; denn der durch die Krümmung hervorgerufene Fehler wird ebenfalls um so größer, je größer der Grenzwinkel gewählt wird. Man wird deshalb auch zweckmäßig, wenn eine Elektrode an Erde liegt, nur die andere profiliert ausführen.

Profilierte Elektroden kann man auch verwenden, wenn man einen plattenförmigen festen Isolierkörper zu untersuchen hat. Man bettet dann den Prüfkörper in ein festes oder flüssiges Isoliermedium ein von gleicher oder höherer Dielektrizitätskonstante als der Prüfkörper. Wenn ε_1 die Dielektrizitätskonstante des Prüfkörpers und ε_2 diejenige des Isoliermediums ist, so kommt für $\varepsilon_2 > \varepsilon_1$ dies in erster Annäherung einer Verkleinerung des Grenzwinkels ψ gleich. Außerdem muß noch die Beziehung

$$\mathfrak{E}_{d_2} \geq \frac{\varepsilon_1}{\varepsilon_2} \cdot \mathfrak{E}_{d_1} \tag{55}$$

erfüllt sein, wobei $\mathfrak{E}_{d_1}$ die Durchschlagsfeststärke des Prüfkörpers und $\mathfrak{E}_{d_2}$ diejenige des Isoliermediums ist.

b) Kugelelektroden.

Auch zwischen Kugelelektroden herrscht nur dann gleichförmiges Feld, wenn man zu nicht zu großen Schlagweiten s im Verhältnis zum Kugeldurchmesser d übergeht: so wird die größte Feldstärke beim Verhältnis $s/d = 0{,}3$ bereits um 5% höher, als sie sich aus Elektrodenspannung und Schlagweite errechnen würde[1].

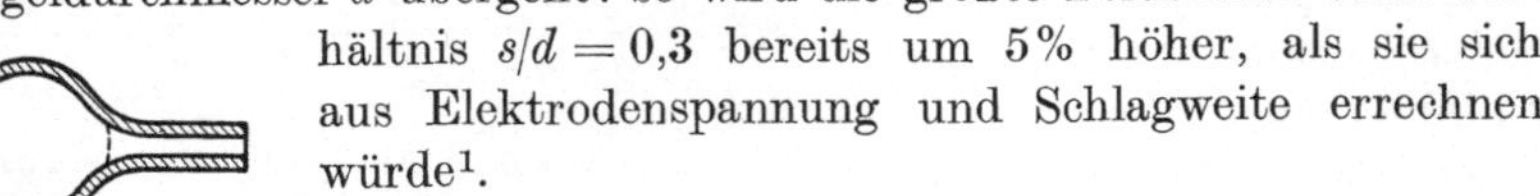

c) Besondere Formen des Prüfkörpers.

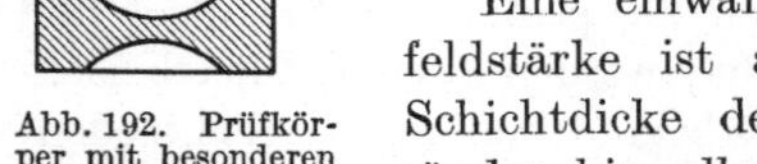

Abb. 192. Prüfkörper mit besonderen Randformen.

Eine einwandfreie Bestimmung der Durchbruchsfeldstärke ist auch dann möglich, wenn man die Schichtdicke des Prüfkörpers gegen die Elektrodenränder hin allmählich so stark anwachsen läßt, daß trotz der dort herrschenden Ungleichförmigkeit des Feldes kein Durchschlag mehr stattfinden kann. Diese Bedingung führt zu einer besonderen Formgebung des Prüfstückes: so gibt man z. B. bei

[1] Frank, S.: Arch. Elektrotechn. Bd. 24 (1930) S. 70. — Schumann, W. O.: Elektrische Durchbruchsfeldstärke in Gasen, S. 29. Berlin 1923.

Glas dem Prüfstück die Form von bikonkaven Linsen oder von Röhren, die an ihrem unteren Ende zugeschmolzen und dann aufgeblasen sind (s. Abb. 192). Wichtig ist dabei gutes Anliegen der Elektroden. Der Nachteil dieser Methode besteht in der zeitraubenden Bearbeitung des Prüfkörpers[1].

d) Elektroden mit gesteuertem Spannungsverlauf an der Prüfkörperoberfläche.

Die Randerhöhung der Feldstärke an einer ebenen Elektrode kann man auch dadurch vermeiden, daß man die Spannung an den Elektrodenrändern steuert. Eine derartig gesteuerte Elektrode zeigt Abb. 193[2]. Um die Hauptelektrode sind eine Reihe konzentrischer Hilfselektroden angeordnet. An diese sind mit Hilfe der Kondensatorkette C Spannungen gelegt, die von innen nach außen hin abnehmen. Der innerste Hilfsring besitzt noch fast das Potential der Hauptelektrode und der äußerste Ring beinahe Erdpotential. Es treten längs des Prüfkörpers nur geringe Spannungsdifferenzen auf. Eine wesentliche Verbesserung erfährt diese Methode, wenn man derart gesteuerte Elektroden auch auf der Unterseite des Prüfkörpers anordnet: man hat dann bei gleicher Anzahl der Hilfselektroden und gleicher radialer Ausdehnung nur die halbe Oberflächenfeldstärke längs des Prüfkörpers[3]. Man kann die Anordnung einer Kondensatorkette sparen, wenn die gegenseitige Kapazität der steuernden Zylinder genügend groß gemacht und zweckmäßig abgestuft wird: so kommt man zu einer Anordnung, die einer in der Mitte durchschnittenen Nagelschen Kondensatorklemme entspricht und zwischen deren beiden Hälften der Prüfkörper gelegt wird. Die Kapazität solcher aufgeschnittenen Hälften gegeneinander beträgt 300 pF, sie ist also auch für Stoßversuche noch durchaus verwendbar.

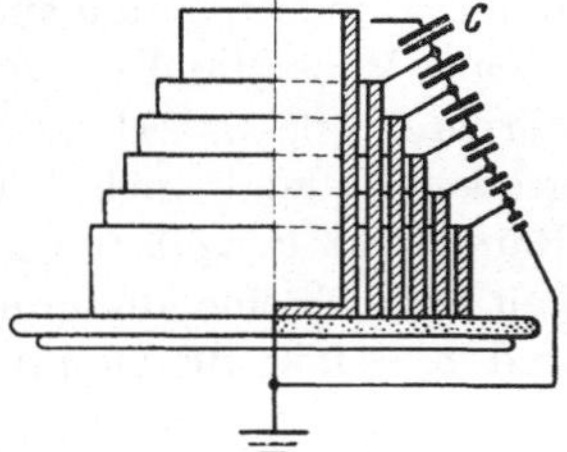

Abb. 193. Elektrode mit gesteuertem Spannungsverlauf längs der Isolatoroberfläche.

e) Elektroden, die in ein halbleitendes Medium eingebettet sind.

Ferner kann man die Randeinflüsse ebener Elektroden dadurch unterdrücken, daß man sie in ein halbleitendes Medium einbettet. Die Leitfähigkeit dieses Mediums muß so hoch sein, daß bei dem gewählten

[1] Rochow, H.: Arch. Elektrotechn. Bd. 14 (1925) S. 361. — Inge, L. u. A. Walter: Arch. Elektrotechn. Bd. 19 (1928) S. 257.

[2] Sonnenschein, E.: Arch. Elektrotechn. Bd. 17 (1926) S. 481.

[3] Matthias, A.: 2. Forsch.-H. Studienges. Hochspannungsanl. 1930, S. 61.

Spannungsanstieg keine wesentlichen Ungleichförmigkeiten im elektrischen Feld längs der Prüfelektrode auftreten können[1]. In Abb. 194 sei A der Prüfkörper mit der Dielektrizitätskonstanten ε_1 und dem spezifischen Widerstand ϱ_1 und C das die Elektrode B einhüllende, halbleitende Medium mit den entsprechenden Werten ε_2 und ϱ_2. Grundvoraussetzung der Methode ist, daß $\varrho_1 \gg \varrho_2$. Im ersten Augenblick nach dem Anlegen der Spannung wird die Feldverteilung nur durch die Dielektrizitätskonstanten ε_1 und ε_2 bestimmt. Dann aber ändert sich die Randfeldstärke gemäß

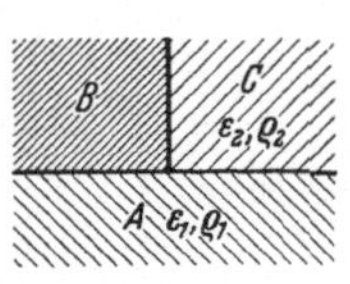

Abb. 194. Elektroden in ein halbleitendes Medium eingebettet.

$$(56) \qquad \mathfrak{E} = \mathfrak{E}_0 (1 - \varepsilon^{1/cr}),$$

wenn c die sich aufladende Schicht des Isolators und r eine dem spezifischen Widerstand ϱ_2 proportionale Größe ist. Die Aufladung der Prüfkörperoberfläche erfolgt um so langsamer, je größer ϱ_2 ist. Bei sehr großem ϱ_2 und auch bei sehr schnellem Spannungsanstieg bleibt der Randeffekt in vollem Umfange bestehen. Als beste Einbettungsflüssigkeit hat sich eine Mischung von Xylol mit 12% Azeton bewährt ($\varepsilon_2 = 3{,}1$ und $\varrho_2 = 0{,}9 \cdot 10^6\ \Omega$ cm). Mit dieser Mischung kann eine Beseitigung des Randeffektes bis herab zu 0,3 μs erzielt werden. Auch Wasser ($\varepsilon_2 = 80$ und $\varrho_2 \sim 1 \cdot 10^6\,\Omega$ cm) kann als Einbettungsflüssigkeit dienen.[2]

In Verbindung mit einer profilierten Elektrode kann man auch bei Stoßspannungen den verbleibenden Randeffekt noch bis zu einem gewissen Grade aufheben. Diese Methode wird man dann anwenden, wenn man kein geeignetes Einbettungsmedium findet, dessen Dielektrizitätskonstante größer ist als die des Prüfkörpers.

f) Elektroden, bei denen der Prüfkörper in ein isolierendes Medium unter Druck eingebettet ist.

Man kann Randentladungen auch dadurch vermeiden, daß man bei abgerundeten oder profilierten Elektroden den Prüfkörper in ein isolierendes Medium einbettet und dieses unter so hohen Druck setzt, daß bei den auftretenden Randfeldstärken keine wesentlichen Entladungen mehr auftreten können[3]. Als Einbettmedium eignet sich in erster Linie Xylol, das unter 15 atü Druck gesetzt wird. Für diese Art der Randbeeinflussung ist der Vorbehalt zu machen, daß die zwischen Prüfkörper und Elektroden unvermeidlichen Flüssigkeitshäute ebenfalls unter hohem Druck stehen und unter Umständen Entladeverzugsmessungen erheblich fälschen können.

---

[1] Inge, L. u. A. Walther: Anm. 1, S. 201.

[2] Toepler, Max.: Hescho-Mitt. 1924, H. 13, S. 20. — Siehe auch F. Obenaus: Arch. techn. Messen V 339—16 (1936). — Lehmhaus, F.: Arch. Elektrotechn. Bd. 32 (1938) S. 281.

[3] Marx, E.: ETZ Bd. 50 (1929) S. 41.

2. Elektrodenformen im ungleichförmigen Feld.

Bei Durchschlagsversuchen im ungleichförmigen Feld handelt es sich darum, solche Elektrodenanordnungen zu finden, bei denen das Feldbild bekannt ist oder doch wenigstens der Wert der höchsten auftretenden Feldstärke bestimmt werden kann. Dies wird im allgemeinen nur bei Stoßdurchschlagsversuchen gelingen, da bei statischen Durchschlägen bei den meisten Anordnungen die Anfangsspannung nicht mehr mit der Durchschlagsspannung zusammenfällt, also das Feldbild oberhalb der Durchschlagsspannung erheblich verzerrt wird. Bei der im ungleichförmigen Feld gebräuchlichsten Anordnung der Spitzenelektrode ist selbst für den Fall, daß das Feld raumladungsfrei ist, eine genaue Bestimmung der Spitzenfeldstärke nicht möglich[1]. Man muß sich daher bei Messungen im Spitzenfeld auf die genaue Beschreibung der Geometrie der Spitzenelektrode beschränken: hierzu ist die Angabe des Spitzenwinkels α und der Spitzenhöhe h unerläßlich (Abb. 195)[2]. Anordnungen, die eine Feldbestimmung erlauben, sind hyperbolische Spitzen und konzentrische Zylinder.

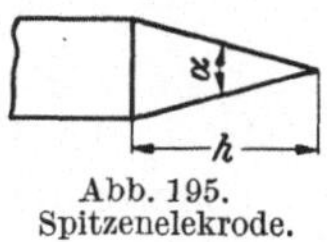

Abb. 195. Spitzenelekrode.

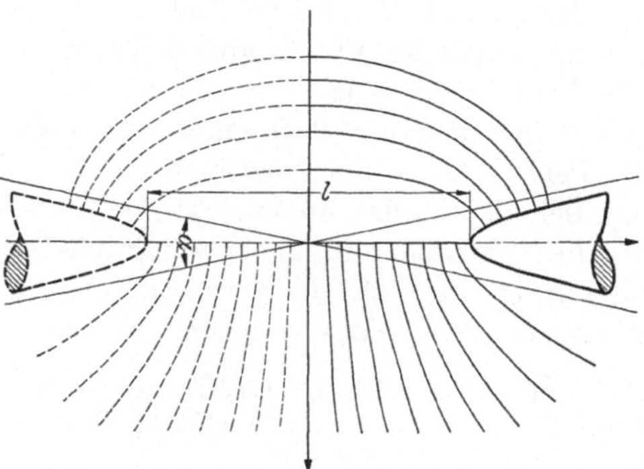

Abb. 196. Feldausbildung zwischen hyperbolischen Spitzen.

a) Hyperbolische Spitzen[3].

Ist α, wie in Abb. 196 angegeben, der Spitzenwinkel des zu einem zweischaligen Rotationshyperboloids zugehörigen Asymptotenkegels und l der Abstand der Hyperboloidschalen, so wird die mittlere Feldstärke des Entladungsraumes

$$\mathfrak{E}_{\text{mitt}} = \frac{U}{l} \tag{57}$$

und das Verhältnis der maximalen Feldstärke $\mathfrak{E}_{\max}$ zur mittleren Feldstärke $\mathfrak{E}_{\text{mitt}}$, das als „numerische Spitzenwirkung" bezeichnet wird,

$$\varkappa = \frac{\mathfrak{E}_{\max}}{\mathfrak{E}_{\text{mitt}}} = \frac{\cos \alpha/2}{\sin^2 \alpha/2 \ln \operatorname{ctg} \alpha/4}. \tag{58}$$

Wenn α gegen 180° anwächst, so strebt die numerische Spitzenwirkung $\varkappa$ dem Werte 1 zu: es ist dies der Grenzfall zweier unendlich nahe

[1] Schumann, W. O.: Elektrische Durchbruchsfeldstärke in Gasen, S. 70. Berlin 1923.

[2] Binder, L.: Die Wanderwellenvorgänge auf experimenteller Grundlage, S. 175. Berlin 1928.

[3] Ollendorff, F.: Potentialfelder der Elektrotechnik. Berlin 1932, S. 75.

beieinanderliegender Ebenen. Dagegen treten bei kleinen Winkeln α erhebliche örtliche Felderhöhungen auf; der Grenzwert, dem für $\alpha = 0°$ zustrebt, wird

$$\lim_{\alpha \to \infty} \varkappa = \frac{1}{(\alpha/2)^2 \ln 4/\alpha}. \tag{59}$$

So wird z. B. für einen Spitzenwinkel $\alpha = 10° \sim 0{,}2$ die numerische Spitzenwirkung $\varkappa \approx 30$, d. h. also, daß die maximale, an der Achse der Schalen auftretende Feldstärke das dreißigfache der mittleren beträgt.

b) Konzentrische Zylinder[1].

Ist r_a der Halbmesser des äußeren, und r_i derjenige des inneren von zwei konzentrischen Zylindern, U die angelegte Spannung, so wird die Feldstärke $\mathfrak{E}_i$ am Innenzylinder

$$\mathfrak{E}_i = \frac{U}{r_i \ln r_a/r_i}. \tag{60}$$

Wählt man z. B. $R_a = 5$ cm und $r_i = 4{,}5$ cm, so wird die Feldstärke ($\mathfrak{E}_i$) am Innenzylinder 1,06 U und diejenige ($\mathfrak{E}_a$) am Außenzylinder 0,96 U; das Feld ist also noch annähernd gleichförmig. Wählt man dagegen $r_a = 5$ cm und $r_i = 0{,}01$ cm, so wird $\mathfrak{E}_i = 16{,}1$ U und $\mathfrak{E}_a = 0{,}032$ U; die Feldstärke an der Innenelektrode ist also annähernd 500mal größer als diejenige an der Außenelektrode $\mathfrak{E}_a$, und man hat in der Anordnung der konzentrischen Zylinder somit eine Elektrodenanordnung, bei der man durch die Wahl des Durchmessers des Innenzylinders die Ungleichförmigkeit des Feldes in weiten Grenzen ändern kann.

[1] Schumann, W. O.: Elektrische Durchbruchsfeldstärke in Gasen, S. 75. Berlin 1923. — Uhlmann, E.: Arch. Elektrotechn. Bd. 23 (1929) S. 324.

Dritter Teil.

Die Stoßfestigkeit elektrischer Anlagen und Apparate.

VII. Entstehung und Verlauf von Überspannungen auf Leitungen.

A. Gewitterüberspannungen[1].

Als die gefährlichsten Überspannungen auf Freileitungen sind Gewitterüberspannungen anzusehen. Die Häufigkeit ihres Auftretens ist eng verknüpft mit der Häufigkeit, mit der Gewitter in einem bestimmten Landstrich niedergehen. Sie schwankt von Landstrich zu Landstrich sehr stark. Abb. 197 zeigt die Verteilung der Gewitterhäufigkeit in Mitteleuropa[2]: in manchen Gegenden, wie z. B. in der Umgegend von Stuttgart, im Alpenvorland, zählt man mehr als 30 Gewittertage im Jahr, in anderen, wie in der Gegend des Vierwaldstättersees, in verschiedenen Teilen Sachsens, der mittleren Ostsee, dagegen weniger als 10 Gewittertage. Mit der Häufigkeit des Auftretens von Gewitterüberspannungen darf jedoch nicht die Häufigkeit des Auftretens von Gewitterstörungen gleichgesetzt werden; diese sind noch von gänzlich anderen Ursachen abhängig, wie Wirksamkeit des Gewitterschutzes, Höhe der Isolierung, Masterdungen. Man unterscheidet ferner mittelbare und unmittelbare Blitzeinwirkungen: bei den unmittelbaren Blitzeinwirkungen schlägt der Blitz entweder in den Leiter selbst, oder aber in einen Mast bzw. ein Erdseil ein und von diesem aus erfolgt dann ein Rücküberschlag zur Leitung; mittelbare Gewitterüberspannungen entstehen bei einem Blitzschlag in die Nachbarschaft einer Leitung oder durch einen solchen in den Mast oder ein Erdseil der Leitung, wenn es dabei zu keinem solchen „Rücküberschlag"

---

[1] Zusammenfassende Darstellungen: Matthias, A.: Gewitterforschung und Blitzschutz. Ber. 423 der Weltkraftkonferenz 1930. — Müller-Hillebrand, D.: ETZ Bd. 52 (1931) S. 722, 758; Bd. 53 (1932) S. 1121; Bd. 55 (1934) S. 133; Bd. 56 (1935) S. 417. — Diss. T. H. Berlin 1930. — Grünewald, H.: ETZ Bd. 55 (1934) S. 505; Bd. 58 (1937) S. 1213. — Pernier, A.: Elettrotecnicia Bd. 25 (1938) S. 225.

[2] Nach E. Alt: Petermanns geogr. Mitt. 1910, Taf. 1. — Eine Weltkarte der Gewitterhäufigkeit s. C. E. T. Brooks: Geophysical Memories 25. London 1925.

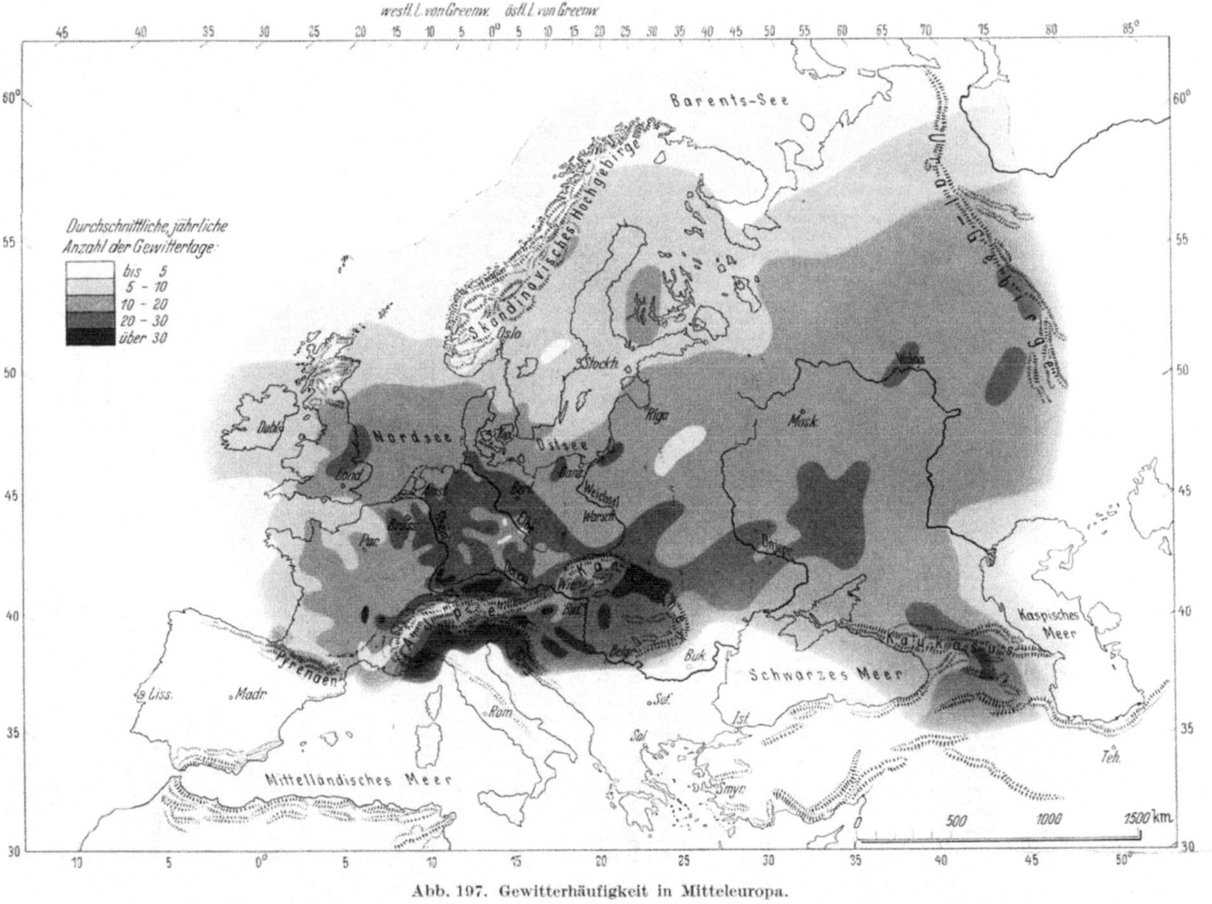

Abb. 197. Gewitterhäufigkeit in Mitteleuropa.

in die Leitung kommt; außerdem entstehen sie bei einem unmittelbaren Blitzschlag in einem Leiter in den anderen nicht unmittelbar betroffenen Leitungen.

1. Allgemeiner Verlauf der Gewitterüberspannungen.

Die bisherigen mit Kathodenstrahloszillographen ausgeführten Messungen[1] über den Verlauf von Gewitterüberspannungen stimmen darin überein, daß sowohl die einzelne mittelbare als auch die einzelne unmittelbare Gewitterüberspannung in einem aperiodischen Spannungsstoß besteht. Abb. 198 zeigt den zeitlichen Verlauf der beiden Arten von Gewitterüberspannungen an je 2 Beispielen[2], bei deren Aufnahme an jede der 3 Phasen des Hochspannungsnetzes ein Kathodenstrahloszillograph angeschlossen war. Bei den mittelbaren Überspannungen verläuft der Spannungsanstieg verhältnismäßig langsam und fällt auch langsam wieder ab; die höchste Spannungsanstiegsgeschwindigkeit wurde zu 4 kV/μs auf der Leitung und zu 8 kV/μs in einer Kopfstation bestimmt. Diese Werte entsprechen Feldänderungsgeschwindigkeiten in

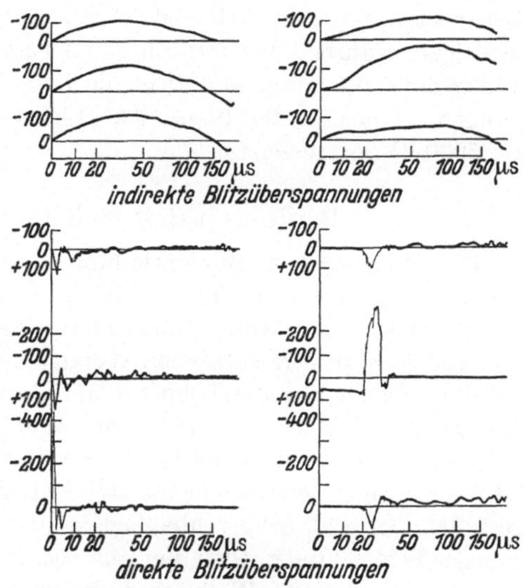

Abb. 198. Überspannungen durch mittelbare Blitzeinwirkung und durch unmittelbaren Blitzeinschlag.

[1] Cox, F. H. u. E. Beck: Trans. Amer. Inst. electr. Engng. Bd. 49 (1936) S. 857. — George, R. H. u. J. R. Eaton: Trans. Amer. Inst. electr. Engrs. Bd. 49 (1930) S. 877. — Sporn, Ph. u. W. L. Loyd jr.: Trans. Amer. Inst. electr. Engrs. Bd. 49 (1930) S. 905. — Smeloff, N. N. u. A. L. Price: Trans. Amer. Inst. electr. Engrs. Bd. 49 (1930) S. 895. — Pittmann, R. R. u. J. J. Torok: Trans. Amer. Inst. electr. Engrs. Bd. 50 (1931) S. 568. — Gross, J. W. u. J. H. Cox: Trans. Amer. Inst. electr. Engrs. Bd. 50 (1931) S. 1118. — Sporn, Ph. u. W. L. Loyd: Trans. Amer. Inst. electr. Engrs. Bd. 50 (1931) S. 1111. — Bell, E. E. u. A. L. Price: Trans. Amer. Inst. electr. Engrs. Bd. 50 (1931) S. 1101. — Lewis, W. W. u. C. M. Foust: Gen. Electr. Rev. Bd. 33 (1930) S. 185. — Norinder, K.: Inst. Electr. Engrs Bd. 68 (1930) S. 525. — ETZ Bd. 56 (1935) S. 393, 468. — Berger, K.: Bull. schweiz. elektrotechn. Ver. Bd. 20 (1929) S. 321; Bd. 22 (1931) S. 421; Bd. 23 (1932) S. 289; Bd. 25 (1934) S. 213; Bd. 27 (1936) S. 145. — Fortescue, C. L. u. R. N. Conwell: Trans. Amer. Inst. electr. Engng. Bd. 50 (1931) S. 1090.

[2] Entnommen aus K. Berger: Bull. schweiz. elektrotechn. Ver. Bd. 23 (1934) S. 213.

der Umgebung der Leitungen von höchstens 0,4 kV/µs · m. Die Höhe dieser mittelbaren Gewitterüberspannungen beträgt im allgemeinen 10 bis 50 kV, erreicht aber gelegentlich auch Werte von 300 bis 400 kV[1]. Berechnungen über ihre durchschnittliche Höhe ergeben dieselben Werte; auch nach ihnen müßten in seltenen Fällen mittelbare Gewitterüberspannungen bis zu 500 kV vorkommen können[2]. Bei unmittelbaren Blitzeinschlägen dagegen sind Anstiegsgeschwindigkeiten der Überspannung von mehreren 100 bis annähernd 1000 kV/µs beobachtet worden. Die Gesamtdauer dieser Art von Gewitterüberspannungen ist wesentlich niedriger: während bei mittelbaren Überspannungen solche von 150 µs und mehr nicht selten sind, liegt die Dauer der unmittelbaren Überspannungen oft noch unter 10 µs. Als Höchstwerte wurden Spannungen bis zu 5000 kV gemessen[3].

2. Polarität der Blitzentladungen.

Die Polarität der Blitzentladungen scheint abhängig von den örtlichen Verhältnissen der Erdoberfläche zu sein; so wurde in Deutschland an 224 insgesamt erfaßten Blitzschlägen festgestellt, daß 86% in negativ und 12,5% in positiv geladenen Wolkenteilen ihren Ursprung hatten: bei 3 Blitzschlägen war die Polarität unsicher[4]. In Schweden nehmen von 141 erfaßten Entladungen 79% von negativ geladenen Wolkenteilen und 21% von positiv geladenen ihren Ausgang[5]. In Nordamerika wurde bei 32 Blitzentladungen nur eine einzige Entladung aus positiver Wolke festgestellt[6]. In Südafrika schließlich konnte bei 95 Blitzentladungen kein einziger beobachtet werden, der aus positiver Wolke kam[7]. Entladungen aus negativ geladener Wolke sind also weitaus in der Überzahl; es scheint aber, daß je gemäßigter das Klima ist, um so mehr Entladungen aus positiv geladenen Wolkenteilen auftreten.

3. Stromstärken im Blitzkanal und ihre Verteilung beim Einschlag in Masten und Erdseile[8].

In Abb. 199 ist die in deutschen Netzen gemessene Häufigkeitsverteilung der Blitzstromstärken, wie sie sich aus Stahlstäbchenmessungen

[1] Norinder, H.: ETZ Bd. 59 (1938) S. 105. — Ing. Vetensk. Akad. 1938 S. 21.

[2] Rüdenberg, R.: Wiss. Veröff. Siemens-Konz. Bd. 13, 2 (1934) S. 1. — Aigner, V.: ETZ Bd. 55 (1934) S. 751.

[3] Pittmann, R. R. u. J. J. Torok: Anm. 1, S. 207.

[4] Zaduk, H.: ETZ Bd. 56 (1935) S. 475.

[5] Norinder, H.: ETZ Bd. 56 (1935) S. 393.

[6] Lewis, W. W. u. C. M. Foust: Electr. Engng. Bd. 53 (1934) S. 1180.

[7] Schonland, B. F. J., D. J. Malan u. H. Collens: Proc. roy. Soc., Lond. (A) Bd. 152 (1935) S. 595.

[8] Grünewald, H.: ETZ Bd. 55 (1934) S. 505, 536. — Elektrizitätswirtsch. Bd. 34 (1935) S. 454. — CJGRE. Paris 1935, Ber. 326. — Zaduk, H.: Anm. 4,

ergeben haben, in Integraldarstellung aufgetragen und amerikanischen Messungen gegenübergestellt; die Darstellung sagt aus, daß z. B. 25% aller Blitze eine höhere Stromstärke aufweisen als 50 kA. Die amerikanischen Werte sind einmal errechnet aus den in den Erdseilen gemessenen Stromstärken, dann aus den Stromstärken in den der Einschlagstelle benachbarten Masten; schließlich liegen noch Messungen in den Auffangstangen an den Mastspitzen vor. Aus diesen drei verschiedenen Häufigkeitsverteilungen ist eine Mittelkurve bestimmt worden, die sich nur wenig von der in Deutschland gemessenen Häufigkeitsverteilung unterscheidet: es hat aber den Anschein, als ob in Amerika im Durchschnitt etwas höhere Blitzstromstärken auftreten als in Deutschland. Für deutsche Verhältnisse gilt: 77,5% aller Entladungen führen Stromstärken unterhalb 50 kA und verteilen sich auf die

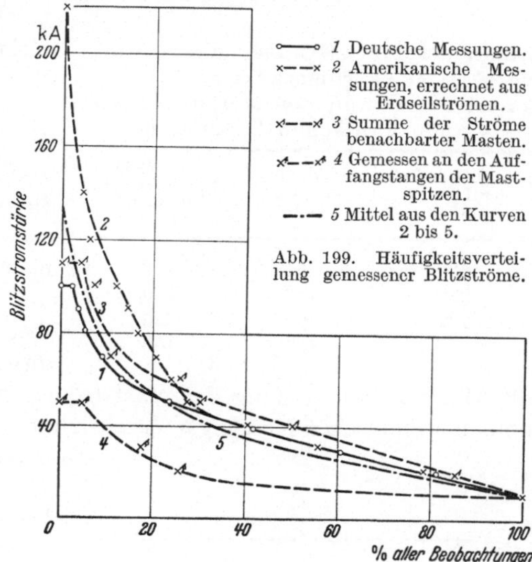

Abb. 199. Häufigkeitsverteilung gemessener Blitzströme.

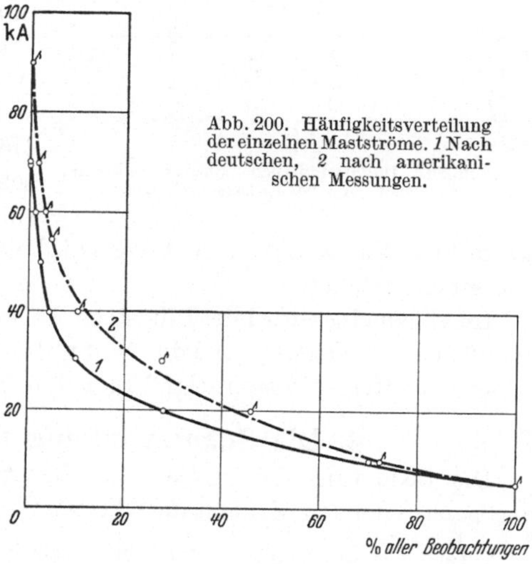

Abb. 200. Häufigkeitsverteilung der einzelnen Masströme. *1* Nach deutschen, *2* nach amerikanischen Messungen.

S. 208. — Elektrizitätswirtsch. Bd. 33 (1934) S. 265. — Müller, H.: ETZ Bd. 56 (1935) S. 577. — Lewis, W. W. u. C. M. Foust: Anm. 1, S. 207. — Bell, H.: Electr. Engng. Bd. 53 (1934) S. 1188. — Sponer, Ph. u. J. W. Gross: Electr. Engng. Bd. 53 (1934) S. 1195. — Bellaschi, P. L.: Electr. Engng. Bd. 54 (1935) S. 837. — Collins, H. W.: Electr. Wld., Bd. 103 (1934) S. 688. — Lewis, W. W. u. C. M. Foust: Electr. Engng. Bd. 56 (1937) S. 101. — Lewis, W. W.: Electr. Engng. Bd. 56 (1937) S. 314. — Sporn, Ph. u. J. W. Groß: Electr. Engng. Bd. 56 (1937) S. 245. — Bewley, L. V.: Gen. Electr. Rev. Bd. 40 (1937) S. 180, 276.

Zehnergruppen bis 40 kA annähernd gleichmäßig[1]. Als Höchstwerte wurden in mehreren Fällen Blitzströme von ungefähr 100 kA festgestellt, darunter auch ein solcher aus positiv geladenen Wolkenteilen.

Zahlentafel 14. Größte Mast- und vermutliche Stromstärken im Blitzkanal auf Grund von Messungen an 4 amerikanischen Leitungen.

Betriebsspannung der Leitung kV	Größte Maststromstärke kA	Vermutliche Stromstärke im Blitzkanal kV
220	54	109
220	72	180
132	100	220
66	132	156

Die Häufigkeitsverteilung der Mastströme unterscheidet sich erheblich von derjenigen der Blitzstromstärken, da sich die letzteren ja gewöhnlich auf eine mehr oder minder große Anzahl von Masten aufspalten, wenn über der Leitung ein Erdseil vorhanden ist. Abb. 200 zeigt die Häufigkeitsverteilung der Mastströme, wie sie sich aus deutschen und amerikanischen Messungen ergeben hat. Die in Amerika gemessenen Mastströme liegen im Durchschnitt wieder etwas höher, als den deutschen Messungen entspricht. In Abb. 200 sind Stromstärken unter 5 kA unberücksichtigt geblieben, da Stromstärken unter diesem Wert durch die Messungen mit Stahlstäbchen nicht erfaßt wurden. Am häufigsten kommen Mastströme von 10 bis 20 kA vor. Höhere Werte als 40 kA sind sehr selten: In Zahlentafel 14 sind die gemessenen Höchstwerte der Mastströme von 4 verschiedenen amerikanischen Leitungen zusammengestellt[2].

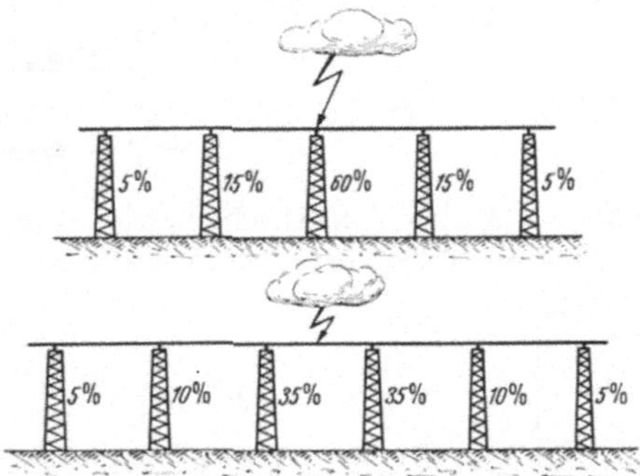

Abb. 201. Durchschnittliche Maststromstärken bei Mast- und bei Erdseileinschlägen.

Im allgemeinen wird der Blitzstrom bei einer Leitung mit Erdseil über 5 oder 6 Maste abgeleitet. Die durchschnittliche Verteilung der Stromstärke in den betroffenen Masten zeigt Abb. 201 für Mast- und für Erdseileinschlag.

4. Die Schutzwirkung der Erdseile.

Die Bedeutung der Erdseile als Gewitterschutz geht eindeutig aus der nachstehenden Zahlentafel[3] hervor:

[1] Auch das Zerschmelzen von Leitungsdrähten läßt Schlüsse auf Höhe und Dauer der Blitzströme zu; dabei ergibt sich ebenfalls, daß Blitzströme mit etwa 10 bis 50 kA die häufigsten sind, daß aber auch solche von 100 kA auftreten können [Peters, W.: ETZ Bd. 58 (1937) S. 337].

[2] Lewis, W. W. u. C. M. Foust: Gen. Electr. Rev. Bd. 39 (1936) S. 543.

[3] Nach H. Zaduk: Anm. 4, S. 208.

Zahlentafel 15. Bedeutung der Erdseile für den Gewitterschutz.

	Gesamtzahl der erfaßten Blitzeinschläge	Zahl der Einschläge in %		
		in Maste	in Erdseile	in Leitungsseile
Leitungen ohne Erdseil	48	43,7	—	56,3
Leitungen mit Erdseil	196	45,4	49,5	5,1

Die Zahlentafel zeigt, daß, gleichviel ob Erdseil vorhanden oder nicht, etwa 45% aller Einschläge Maste treffen, die übrigen 55% auf der Strecke erfolgen: von diesen 55% werden wiederum 90% durch Erdseile abgefangen. Ähnliche Ergebnisse wurden auch in amerikanischen Netzen festgestellt. In einem 220 kV-Leitungsabschnitt waren 40 km mit doppelten und weitere 60 km ohne Erdseil verlegt. In dem Abschnitt ohne Erdseil sind in den letzten 10 Jahren 325 Mastüberschläge mit 108 Leitungsauslösungen vorgekommen, im erdseilgeschützten Abschnitt dagegen nur 13 Mastüberschläge mit 8 Leitungsauslösungen[1]. Für die Schutzwirkung der Erdseile ist natürlich wesentlich ihre räumliche Anordnung: mehrere, möglichst weit ausladende Erdseile, stellen eine bessere Schutzwirkung dar als ein einzelnes Seil; doch liegen hierüber keine genaueren Beobachtungsergebnisse vor[2]. Jedenfalls aber erweist es sich als zweckmäßig, bei den besonders hohen Masten an Flußkreuzungen mehrere Erdseile anzuordnen, denn bei ihnen bilden sich trotz guter Erde leicht Wanderwellenreflektionen am Mastfuß aus, die zu rückwärtigen Überschlägen an den Isolatoren führen können[3].

5. Die Bedeutung der Masterdungen.

Bei einem stromstarken Blitzschlag in einen Leitungsmast kann an diesem infolge seines Erdwiderstandes ein beträchtlicher Spannungsabfall auftreten. Überschreitet dieser Spannungsabfall im Mastkopf die Stoßfestigkeit der Leitungsisolation, so kommt es zu einem Überschlag zwischen Mastkopf und Leitungsseil. Da dieser Überschlag von einer Überspannung im Mast seinen Ausgang nimmt, so bezeichnet man ihn als „rückwärtigen“ Überschlag[4].

[1] Bell, E.: Electr. Engng. Bd. 55 (1936) S. 1306. (Auf der gesamten 100 km langen Leitung wurden allerdings außer den angegebenen Störungen noch 37 Mastüberschläge und 56 Leiterauslösungen festgestellt, von denen weder Ort noch Ursache bekannt ist.) Siehe auch Lewis, W. W. u. C. M. Foust: Electr. Engng. Bd. 56 (1937) S. 101. — Solovnikov, G. S.: Elektr. Stanzii Bd. 9, H. 1 (1938) S. 12.

[2] Siehe Electr. Engng. Bd. 53 (1934) S. 1443. — Matthias, A.: ETZ Bd. 58 (1937) S. 881. — Goodlet, B. L.: J. Inst. electr. Engrs. Bd. 81 (1937) S. 1. — Schwaiger, A.: Der Schutzbereich von Blitzableitern, München und Berlin 1938. S. 39.

[3] Bewley, L. V.: Electr. Wld., N. Y. Bd. 109 (1938) S. 61.

[4] Matthias, A.: ETZ Bd. 50 (1929) S. 1472. — Weltkraftkonferenz, Bd. 14, S. 518. Berlin 1930. — Beck, E.: ETZ Bd. 51 (1930) S. 189. — Sporn, Ph.:

Für den rückwärtigen Überschlag ist es nur von untergeordneter Bedeutung, ob die Leitung durch Erdseil geschützt ist oder nicht; denn infolge des stoßartigen Verlaufes der Blitzströme wirkt das Erdseil wie eine Wanderwellenleitung und erst nach Rückkehr der an den Nachbarmasten zurückgeworfenen Abbauwellen macht sich eine fühlbare Absenkung im betroffenen Mast bemerkbar. Bis zu diesem Zeitpunkt können aber bei den heutzutage üblichen Spannweiten von 200 m und darüber 1,5 μs vergehen, bis eine Entlastung eintritt. Für den Erdseileinschlag selbst liegen die Verhältnisse günstiger, da infolge des Wellenwiderstandes des Seiles der Blitzstrom sofort auf 2 Maste abgeleitet wird.

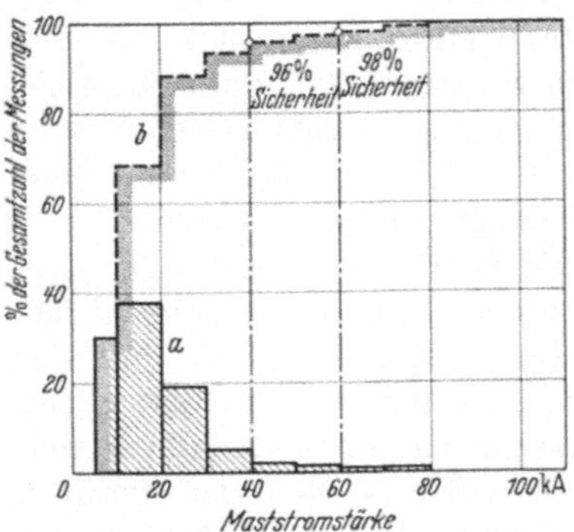

Abb. 202. Stromstärken in Eisenmasten, als Summenkurve dargestellt. *a* Verteilungskurve der Maststromstärken (Mittelwerte aus Abb. 200); *b* Summenkurve der Verteilung *a*.

Sollen rückwärtige Überschläge gänzlich vermieden werden, so muß der Masterdungswiderstand bei Stoßspannung so niedrig gehalten sein, daß der an ihm auftretende Spannungsabfall selbst bei den höchsten Blitzstromstärken nicht die Stoßüberschlagsspannung der Isolatoren überschreitet. Es ist nicht immer leicht, die geforderten, recht niedrigen Erdungswiderstände mit einfachen und wirtschaftlich tragbaren Mitteln zu erzielen, namentlich wenn die Bodenverhältnisse ungünstig sind. Man wird daher in manchen Fällen nicht restlose Überschlagssicherheit anstreben, sondern sich von vornherein auf einen gewissen, immer noch hohen Prozentsatz der Überschlagssicherheit beschränken[1]. Für derartige Überlegungen wirkt sich günstig aus, daß Blitzströme höchster Stromstärke sehr selten sind; so erhält man, wie aus der Summenkurve der Häufigkeitsverteilung von Maststromstärken in Abb. 202 hervorgeht, noch eine Überschlagssicherheit von 98%, wenn man die Erdungswiderstände der Leitung bis zu Maststromstärken von 60 kA bemißt. Geht

J. Amer. Inst. electr. Engng. Bd. 49 (1930) S. 432. — Conwell, R. N. u. C. L. Fortescue: J. Amer. Inst. electr. Engng. Bd. 49 (1930) S. 872. — Brune, O. u. J. R. Eaton: J. Amer. Inst. electr. Engng. Bd. 50 (1931) S. 1132. — Lehmann, G.: ETZ Bd. 53 (1932) S. 890, 1252. — Towne, H. M.: Gen. Electr. Rev. Bd. 35 (1932) S. 173. — Fortescue, C. L.: Electr. Engng. Bd. 52 (1933) S. 908. — Aigner, V.: ETZ Bd. 54 (1933) S. 1233. — Bewley, L. V.: Gen. Electr. Rev. Bd. 37 (1934) S. 73. — Electr. Engng. Bd. 53 (1934) S. 1163. — Fortescue, C. L. u. F. O. Fielder: Electr. Engng. Bd. 53 (1934) S. 1116. — Sporn, Ph. u. W. Gross: Electr. Engng. Bd. 53 (1934) S. 1195. — Lewis, W. W. u. C. M. Foust: Electr. Engng. Bd. 53 (1934) S. 1180. — Bewley, L. V. u. J. H. Hagenguth: Electr. Wld., N. Y. Bd. 105 (1935) S. 479. — Zwanziger, W.: ETZ Bd. 55 (1934) S. 474. — Neuhaus, H.: ETZ Bd. 56 (1935) S. 313.

[1] Grünewald, H. u. H. Zaduk: ETZ Bd. 57 (1936) S. 1079, 1108.

man in der Bemessung auf 40 kA herab, so sinkt der Sicherheitsgrad nur auf 96%. In Abb. 203 sind die höchstzulässigen Stoßspannungserdwiderstände der Masten für diese beiden Sicherheitsgrade von 98 und 96% aufgetragen, abhängig von der Anzahl der Isolatoren einer K 3-Hängekette. In die Rechnung ist dabei der Wert des Entladeverzuges dieser Ketten eingesetzt, der einer Stoßspannungsbeanspruchung von mehreren μs entspricht[1]. Abb. 203 zeigt, daß die Verringerung der Überschlagssicherheit um nur 2% Erdungswiderstände zuläßt, die um den halben Widerstandswert höher liegen.

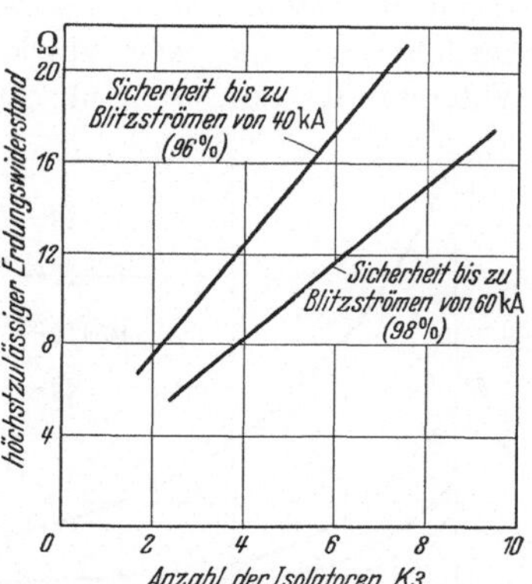

Abb. 203. Höchstzulässige Erdungswiderstände von Eisenmasten bei gegebener Sicherheit gegen rückwärtige Überschläge.

Bei Platten- und Rohrerdern kann der mit gewöhnlichen Erdungsmeßbrücken[2] festgestellte Erdwiderstand angenähert auch für Stoßvorgänge eingesetzt werden. Bei Plattenerdern ist bei der Verlegung darauf zu achten, daß die verzinkten Eisenplatten senkrecht angeordnet werden, um nachträgliche Bildung von Hohlräumen unter der Platte, wie sie bei waagerechter Anordnung möglich wären, zu vermeiden. Beim Rohrerder[3] hängt der Erdungswiderstand wesentlich von der Länge des Erders und nur wenig von seinem Durchmesser ab. Bringt man mehrere Rohrerder an, dann ist es zweckmäßig, um gegenseitige Beeinflussung der Erder zu verhindern, sie in einem Abstand von 4 bis 5 m anzuordnen. Zur Verbesserung der Erdungsverhältnisse kann man die Rohrerder mit Löchern versehen und sie in bestimmten Zeitabständen mit Salz- oder Sodalösungen füllen[4]. Auf diese Weise wird künstlich die Bodenleitfähigkeit erhöht. Dieselbe Wirkung erreicht man, wenn man Schlacken oder Eisenfeilspäne in den Boden um den Rohrerder einstampft.

Bei Oberflächenerdern, die oftmals in Anlehnung an Bezeichnungen der Hochfrequenztechnik „Gegengewichte“ genannt werden, werden Metallbänder oder -seile, um Widerstandsschwankungen infolge von Witterungseinflüssen auszuschalten, in einer Tiefe von 1 m entweder als ein Strahl oder aber auch in mehreren Strahlen vom Mast aus verlegt[5]. Auch das oft verwendete „Bodenseil“ ist vom Standpunkt der Blitzerdung nichts

[1] Siehe S. 215.

[2] Krönert, J.: Arch. techn. Messen V 35192—1 (1932). — Pflier, M.: Arch. techn. Messen V 35192—2 (1933).

[3] Lehmann, G.: Anm. 4, S. 211. — Dvorek, O.: ETZ Bd. 59 (1938) S. 185.

[4] Koch, W.: Siemens-Z. Bd. 13 (1933) S. 24.

[5] Henney, K. A.: Diss. T. H. Berlin 1935. — ETZ Bd. 59 (1938) S. 42.

anderes als ein Oberflächenerder mit 2 Strahlen, ein „Zweistrahlerder“. Für die Beurteilung der Strahlenerder als Blitzerder ist zu unterscheiden zwischen solchen, die räumlich ausgedehnt sind und solchen, bei denen die räumliche Ausdehnung nicht mehr ins Gewicht fällt. Die Grenze zwischen beiden Arten liegt etwa bei 10 bis 15 m Strahlenlänge. Bei Erdern, die kleinere räumliche Ausdehnung haben, kann man bei Stoßvorgängen unbedenklich die in der Brücke gemessenen Erdungswiderstände einsetzen. Dagegen weisen Oberflächenerder mit großer räumlicher Ausdehnung eine sehr starke zeitliche Abhängigkeit des wirksamen Widerstandes auf. In Abb. 204 ist diese Abhängigkeit für einen Erder von 300 m Gesamtstrahllänge aufgetragen, der einmal als Ein-, dann als Zwei- und Drei-, und schließlich als Vierstrahlerder geschaltet ist, und dessen Brückenwiderstand in allen vier Fällen 10 Ω beträgt[1]. Der Anfangswert bei Stoßspannung beträgt als Einstrahlerder das 16fache des Brückenwertes und auch in der Anordnung als Vierstrahlerder immer noch das 4fache.

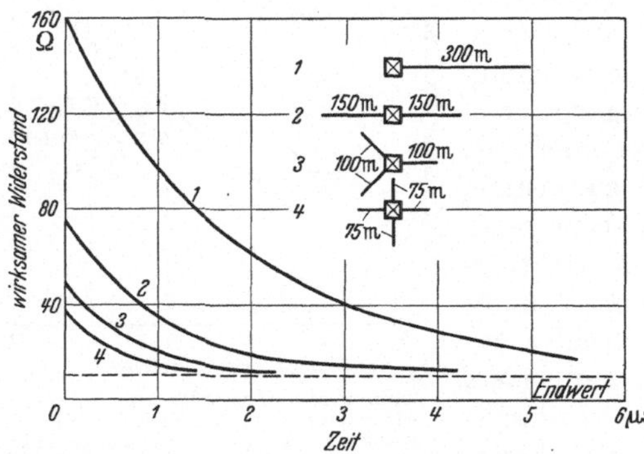

Abb. 204. Zeitlicher Verlauf des wirksamen Widerstandes eines Ein- (*1*), Zwei- (*2*), Drei- (*3*) und Vierstrahlerders (*4*) bei gleicher Gesamtstrahllänge.

Auf den Brückenwert fällt der Einstrahlerder erst nach 8 μs, der Vierstrahlerder schon nach 1 μs ab. Die Abb. 204 zeigt die deutliche Überlegenheit von Vierstrahlerdern gegenüber den Erdern geringerer Strahlenzahl.

Um beurteilen zu können, ob der Widerstand eines Oberflächenerders rückwärtige Überschläge mit der gewünschten Sicherheit ausschließt, muß man die Kennlinie des Stoßspannungsverlaufes im Mastkopf und die Kennlinie der Überschlagsverzögerung der am Mast vorgesehenen Isolatorenkette vergleichen: die erstere muß dabei in ihrem gesamten Verlauf unter der letzteren liegen. In Abb. 205 sind solche Kennlinien einander gegenübergestellt[2]. Dabei ist für die Masterdungen ein ähnlicher Verlauf mit der Zeit wie in Abb. 204 angenommen, außerdem eine Sicherheit gegen rückwärtige Überschläge bis zu 60 kA in die Rechnung eingesetzt. Als Anfangswiderstände für die Masterder wurden 10, 20, 50 und 100 Ω angenommen. In Abb. 205a sind die Kennlinien für ein

[1] Bewley, L. V.: Electr. Engng. Bd. 54 (1935) S. 230.

[2] Grünewald, H. u. H. Zaduk: Anm. 1, S. 212. Siehe auch H. Grünewald: Bd. 56 (1935) S. 589. — Bewley, L. V.: Electr. Engng. Bd. 55 (1936).

Bodenseil, in Abb. 205b für einen Vierstrahlerder wiedergegeben. Als Isolatorenkettenkennlinien sind solche für Ketten aus K 3-Isolatoren eingezeichnet[1]. Für die achtgliedrige Kette kann bei Bodenseil gerade noch ein Anfangserdungswiderstand des Mastes von 50 Ω als zulässig angesehen werden, für die dreigliedrige ein solcher von 10 Ω. Günstiger als beim Bodenseil liegen die Verhältnisse beim Vierstrahlerder; hier

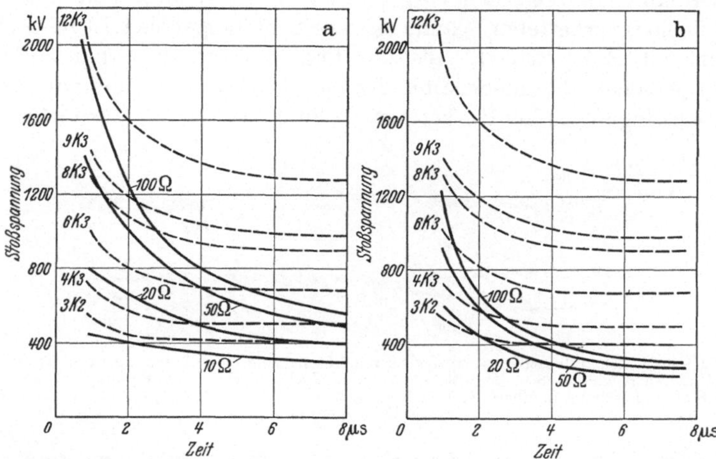

Abb. 205 a u. b. Stoßkennlinien für Hängeketten und Stoßspannungsverlauf im Mastkopf bei durchgehendem Bodenseil (a) und bei einem Vielstrahlerder (b) für Mastfußwiderstände von 10, 20, 50 und 100 Ω. – – – Stoßkennlinien der Hängeketten. ——— Stoßspannungsverlauf im Mastkopf. (12 K 3 bedeutet eine Hängekette aus 12 Iolsatoren des Typs K 3.)

kann bei der achtgliedrigen Kette der Anfangswert des Erdwiderstandes noch 100 Ω betragen.

Die Schwierigkeit der Abstimmung der Masterder auf die Isolatorenkennlinien liegt darin, daß die Stoßspannungskennlinien der einzelnen Masterden von Fall zu Fall verschieden sind. Es bedarf noch eingehender Untersuchungen, bis endgültige Zahlenwerte für die Beurteilung von Strahlerdern unter verschiedenen Bodenverhältnissen möglich ist. Daß aber auch nicht streng diesen Grundsätzen angepaßte Strahlerder schon eine erhebliche Verbesserung der Sicherheit gegen rückwärtige Überschläge zur Folge haben, zeigen zahlreiche günstige Erfahrungen in den verschiedensten Netzen.

B. Erdschluß- und Schaltüberspannungen[2].

Erdschlußüberspannungen treten auf, wenn eine Leitung an irgendeinem Punkte Schluß gegen Erde bekommt; Schaltüberspannungen sind

[1] Matthias, A.: Elektrizitätswirtsch. Bd. 35 (1936) S. 103.

[2] Rüdenberg, R.: Elektrische Schaltvorgänge, 3. Aufl. Berlin: Julius Springer 1933.

Überspannungen, die bei vorübergehenden Ausgleichsvorgängen auftreten, wie sie einerseits bei betriebsmäßigem Schalten unter Last oder im Leerlauf, andererseits aber auch bei Fehlschaltungen entstehen können. Diese Schaltüberspannungen haben im Gegensatz zu den Gewitterüberspannungen periodischen Verlauf, wie z. B. das in Abb. 206 wiedergegebene Kathodenoszillogramm[1] einer Leerlaufabschaltung eines Umspanners erkennen läßt. Es zeigt den Vorgang in allen drei Phasen und außerdem noch in einer verketteten Spannung. Der Schaltaugenblick ist im Oszillogramm mit P_0 bezeichnet. Bis zum Punkte P_1 ist die Schalthandlung soweit gediehen, daß im Schalter sich ein Lichtbogen gebildet hat, dessen Zündschwingung 23000 Hz beträgt, in Punkt P_2 erlischt der Lichtbogen

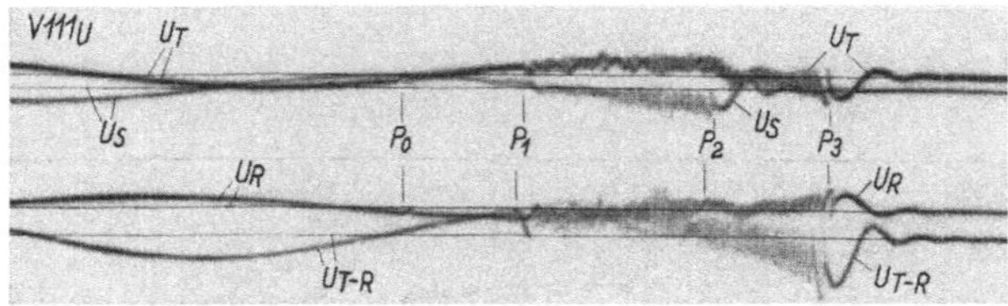

Abb. 206. Kathodenstrahloszillogramm der Leerlaufabschaltung eines Transformators für 10 mVA, 30/3 kV, Streuspannung 4,8%. P_1 erste Zündung des Lichtbogens; P_1 bis P_2 Zündschwingung mit 23000 Hz; P_2 Löschung in Phase S; P_3 Löschung in Phase R und T, Ausschwingen mit 1100 Hz, stark gedämpft.

in Phase S, im Punkt P_3 auch in den anderen Phasen R und T. Daraufhin schwingt der Umspanner stark gedämpft mit 1100 Hz aus. Der ganze Vorgang spielt sich in etwa 15 ms ab, also in einer Zeitdauer, die um drei Größenordnungen höher liegt als die der mittelbaren Gewitterüberspannungen. Bemerkenswert ist außerdem, daß der Höchstwert der Überspannung, der im vorliegenden Oszillogramm das 2,6fache der Betriebsspannung gegen Erde beträgt, beim Abreißen des Lichtbogens auftritt, also erst gegen Ende der ganzen Überspannungserscheinung.

Ausgedehnte Messungen mit Klydonographen in deutschen Netzen[2] während mehrerer Jahre haben ergeben, daß Erdschlußüberspannungen in Netzen mit Erdschlußlöschung das 3,5fache, in Netzen ohne Erdschlußlöschung dagegen das 4,8fache der Betriebsspannung gegen Erde betragen. Als Höchstwerte der auftretenden Überspannung, die durch Schalthandlungen hervorgerufen wurden, ergaben sich Werte des 4fachen der Betriebsspannung gegen Erde. Untersuchungen mit Kathodenstrahloszillographen[3] haben jedoch gezeigt, daß beim Leerschalten von

[1] Freiberger, H.: VDE-Fachber. 1935, S. 32.

[2] Neuhaus, H.: Arch. Elektrotechn. Bd. 25 (1931) S. 33. — Siemens-Z. Bd. 9 (1929) S. 368.

[3] Berger, K.: Bull. schweiz. elektrotechn. Ver. Bd. 20 (1929) S. 681; Bd. 21 (1930) S. 77, 726. — Boll, G.: Helios-Fachzeitschr. Bd. 38 (1932) S. 305. — Mayer, O.: Elektrizitätswirtsch. Bd. 33 (1934) S. 67. — Kaufmann, W.: VDE-Fachber. 1935, S. 39. — Hameister, G.: VDE-Fachber. 1935, S. 42.

Umspannern[1] und beim Abschalten leerlaufender Leitungen[2] auch Überspannungen bis zum 5fachen der Betriebsspannung möglich sind. Ähnliche Werte wurden auch für amerikanische Netze gefunden[3]. Diese Versuchsergebnisse lehren, daß die Erdschluß- und Schaltüberspannungen zwar von wesentlich längerer Dauer als Gewitterüberspannungen sind, daß aber ihre Gefährlichkeit infolge ihrer geringen Höhe wesentlich geringer ist.

C. Die Dämpfung von Wanderwellen auf Freileitungen.

Die Dämpfung von Wanderwellen auf Freileitungen ist durch zweierlei Ursachen bedingt: einmal wird der über der Koronaanfangsspannung liegende Wellenteil durch die Verluste, die mit der Bildung einer Koronahaut verbunden sind, in verhältnismäßig kurzer Zeit völlig weggedämpft. Weiter aber entstehen auch durch Stromverdrängung in den einzelnen Leitern erhöhte Stromwärmeverluste. Außerdem hat die Stromverdrängung eine weitgehende Umbildung der Wellenform zur Folge.

1. Koronadämpfung von Wanderwellen[4].

Der physikalische Vorgang der Koronadämpfung läßt sich am besten aus Versuchen herausarbeiten, die an dünnen Leitungen, an denen die Verzerrung durch Stromverdrängung noch keine Rolle spielt, mit Rechteckswellen vorgenommen sind[5]. Verfolgt man eine solche Rechteckswelle auf ihrem Verlauf über die Versuchsleitung mit Hilfe eines Kathodenstrahloszillographen und vergleicht bei verschiedenen Lauflängen die für die Welle gefundenen Umbildungen durch Aufeinanderlegen der einzelnen Oszillogramme, so erhält man ein sehr gutes Bild der allmählichen Verformung; solche aufeinandergelegte Oszillogramme zeigt Abb. 207. Die Oszillogramme sind an einer Versuchsleitung von 0,2 mm Durchmesser nach einer Lauflänge von 4,2, 10, 20, 40, 80 bzw. 140 m aufgenommen; die Koronaanfangsspannung der Leitung betrug 18,5 kV, die Höhe der über die Leitung geschickten Rechteckswelle 33 kV.

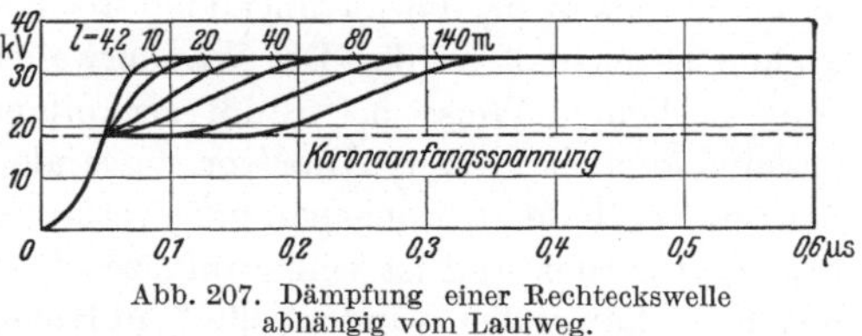

Abb. 207. Dämpfung einer Rechteckswelle abhängig vom Laufweg.

[1] Freiberger, H.: Anm. 1, S. 216.

[2] Baath, H.: VDE-Fachber. 1935, S. 35.

[3] Torok, J. J. u. R. W. Ellis: Electr. J. Bd. 30 (1933) S. 290. — Palueff, K. K.: Trans. Amer. Inst. electr. Engrs. Bd. 49 (1930) S. 1197. — Eaton, J. R., J. K. Peek u. J. M. Dunham: Trans. Amer. Inst. electr. Engrs. Bd. 50 (1931) S. 857. — Boehne, E. W.: Electr. Engng. Bd. 54 (1935) S. 530.

[4] Strigel, R.: Arch. Elektrotechn. Bd. 31 (1937) S. 338.

[5] Voerste, F.: ETZ Bd. 54 (1933) S. 452. — Diss. T. H. Dresden 1932.

Oberhalb der Koronaanfangsspannung verflacht zunächst die Stirn allmählich, bis ihre Steilheit eine gewisse untere Grenze erreicht hat. Dann wird die Welle bei gleichbleibender Stirnsteilheit vom Wanderwellenanfang aus bis auf die Koronaanfangsspannung mit fortschreitender Lauflänge abgebaut. Der unterhalb der Koronaanfangsspannung liegende Wellenteil bleibt dabei in seiner ursprünglichen Gestalt unverändert erhalten.

Die Bildung der Koronahaut in der Umgebung des Leiters erfolgt unter Energieentzug aus der Stirn der Wanderwelle: dieser Energieentzug zum Aufbau der Koronaentladung ist der einzig wesentliche Verlust, demgegenüber derjenige durch Abwanderung von Ladungsträgern nicht ins Gewicht fällt. Wäre nämlich die Abwanderung auf die Koronadämpfung von Einfluß, so müßte die Rechteckswelle in ihrer Höhe abgesenkt sein. Dies wird auch verständlich, wenn man bedenkt, daß außerhalb der engen Sprühzone um den Leiter keine freien Elektronen mehr vorhanden sind: sie haben sich dort bereits an neutrale Atome oder Molekel angelagert und besitzen eine Wanderungsgeschwindigkeit von etwa 300 m/s, entsprechend einer örtlichen Feldstärke von etwa 30000 V/cm bei einer Trägerbeweglichkeit von 1 cm/s · cm/V, sind also während eines Wanderwellenvorganges als annähernd stillstehend zu betrachten.

Man kann sich die Wanderwelle in zwei Einzelwellen zerlegt denken, von denen die eine unterhalb der Koronaanfangsspannung verläuft und sich mit Lichtgeschwindigkeit v_0 fortpflanzt. Die andere verläuft oberhalb der Koronaanfangsspannung mit einer geringeren Fortpflanzungsgeschwindigkeit v_c, die im folgenden als Koronafortpflanzungsgeschwindigkeit bezeichnet werde. Der Wanderwellenrücken wird durch die Korona in keiner Weise beeinflußt; er pflanzt sich ebenfalls mit Lichtgeschwindigkeit v_0 fort. Die Koronawanderwelle bleibt demnach hinter der unterhalb der Koronaspannung verlaufenden Welle um die Weglänge $(v_0 - v_c)t$ zurück und ist völlig aufgezehrt, wenn dieser Weglängenbetrag gleich der Länge der Wanderwelle l_w in Höhe der Koronaanfangsspannung st, also wenn

$$l_w = (v_0 - v_c)\, t, \tag{1}$$

oder nach der Zeit

$$t = \frac{l_w}{v_0 - v_c} \tag{2}$$

bzw. der Lauflänge l_c der Welle vom Ursprungsort

$$l_c = \frac{l_w}{1 - v_c/v_0}\,. \tag{3}$$

Diese Dämpfungsbeziehung[1] gibt an, nach welcher Lauflänge der gesamte

[1] Andere Dämpfungsbeziehungen: Skilling, H. H.: Electr. Engng. Bd. 50 (1931) S. 398. — Bewley, L. V.: Electr. Engng. Bd. 50 (1931) S. 909. — Müller-

über der Koronaspannung liegende Wellenteil völlig weggedämpft ist. Will man das Dämpfungsausmaß am Ende eines kleineren Leitungsstückes als dieser Lauflänge wissen, so muß man die ganze Länge der Wanderwelle in Höhe der Koronaanfangsspannung im Verhältnis der Länge des betrachteten Leitungsstückes zum Gesamtdämpfungslaufweg l_c teilen und für diesen Teilungspunkt die Spannungshöhe im Wanderwellenrücken ermitteln.

Aus kathodenstrahloszillographischen Messungen[1] kann man das Geschwindigkeitsverhältnis v_c/v_0 dieser beiden Teilwellen oberhalb und unterhalb der Koronaanfangsspannung bestimmen; die Ergebnisse sind in Abb. 208 aufgetragen. Die Werte für Doppelleitungen sind teils an kurzen Versuchsdoppelleitungen von 0,2 und 0,4 mm Durchmesser gewonnen, teils an einer Doppelleitung von 2 km für eine Betriebsspannung von 60 kV. Die Koronaanfangsspannungen dieser Doppelleitungen liegen bei 18,5, 31 und 150 kV. Trotz der sehr unterschiedlichen Leiterdurchmesser bzw. Koronaanfangsspannungen liegen die v_c/v_0-Werte sehr gut auf einer Kurve, die mit zunehmender Wellenhöhe über den Koronaanfangsspannungswert ebenfalls zu höheren Werten dieses Verhältnisses ansteigt. Messungen an Drehstromleitungen mit einer Koronaanfangsspannung von 97 kV mit Wellen verschiedener Polarität, die sowohl auf einem wie auch auf allen drei Leitern verlaufen, lassen einen gewissen Polaritätseinfluß erkennen derart, daß positive Wellen ein um 3 bis 10% niedrigeres Verhältnis v_c/v_0 ergeben.

Bei Wellen, die nur auf einem Leiter verlaufen, fügen sich alle Messungen bis auf 2 Einzelmessungen, die beim 2,5fachen Betrag der Koronaanfangsspannung vorgenommen wurden, sehr gut den in Abb. 208 wiedergegebenen Kurven ein. Die Meßkurven für positive Polarität der Überspannungswelle schließen sich den an Doppelleitungen erhaltenen Meßkurven an. Für Wellen mit negativer Polarität ergibt sich eine Kurve

---

Hillebrand, D.: ETZ Bd. 50 (1931) S. 722, 758. — Diss. T. H. Berlin 1930. — Rüdenberg, R.: Elektrische Schaltvorgänge, S. 430. Berlin: Julius Springer 1933. — Ogawa, H.: Elektrotechn. Z. Tokio Bd. 2 (1938) S. 10. Ref. ETZ Bd. 59 (1938) S. 564. — Kalinin, E. V.: Electr. Stanzii Bd. 9, Heft 2 (1938) S. 32.

[1] Matthias, A.: Gesamtbericht der Weltkraftkonferenz. Berlin 1930. Bd. 14, S. 518. — Brune, O. u. J. R. Eaton: Trans. Amer. Inst. electr. Engrs. Bd. 50 (1931) S. 1132. — Vörste, F.: s. Anm. 5, S. 217. — Förster, W.: ETZ Bd. 56 (1935) S. 530. — Kroemer, H.: Arch. Elektrotechn. Bd. 29 (1935) S. 782. — Fedschenko, I. K.: J. techn. Physics, Leningrad, Bd. 8 (1938) S. 633. — Fertik, S. M. u. A. C. Potonjny: Conf. internat. d. grands réseanse électr. à haute tension 1937, Ber. 331. — Skilling, H. H. u. P. de K. Dykes: Electr. Engng. Bd. 56 (1937) S. 850. — Weitere Literatur: Mc.Eachron, K. B., J. G. Hundstreet u. R. W. Rudge: Trans. Amer. Inst. electr. Engrs. Bd. 49 (1930) S. 885. — Lewis, W. W. u. C. M. Foust: Trans. Amer. Inst. electr. Engrs. Bd. 49 (1930) S. 917. — Sporn, Ph. u. W. L. Loyd: Trans. Amer. Inst. electr. Engrs. Bd. 49 (1930) S. 905. — Gross, J. W. u. J. H. Cox: Trans. Amer. Inst. electr. Engrs. Bd. 50 (1930) S. 1118.

für die v_c/v_0-Werte, die etwa 15% höher liegt. Der Polaritätsunterschied in der Dämpfung scheint also bei Wellen, die auf einem Leiter verlaufen, ausgeprägter zu sein als bei Wellen, die auf allen 3 Leitern gleichzeitig entlanglaufen. Es sei noch darauf hingewiesen, daß den Auswertungen zu Abb. 208 die verschiedenartigsten Wellenformen zugrunde liegen: Rechteckswellen mit unendlich langen Rücken, Wellen mit abfallendem Rücken von 5 bis 50 µs Halbwertsdauer und abgeschnittene Wellen mit

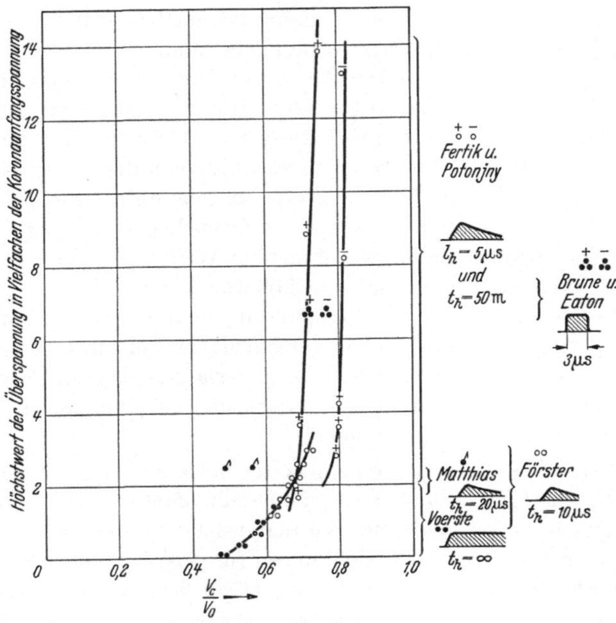

Abb. 208. Bestimmung von v_c/v_0.

3 µs Halbwertsdauer. Das Verhältnis v_c/v_0 ist also in diesen Grenzen weitgehend unabhängig von der Wellenform. Nur bei noch kürzeren Wellen oder bei Leitungen, bei denen die Stromverdrängungsdämpfung sehr stark vorhanden ist, wird eine weit stärkere Koronadämpfung und damit ein niedrigeres Verhältnis v_c/v_0 vorgetäuscht.

Zusammenfassend läßt sich demnach sagen: Wellen mit Halbwertszeiten von 100 µs und den höchsten Überspannungshöhen sind nach etwa 300 km auf die Höhe ihrer Koronaanfangsspannung abgedämpft. Gewitterüberspannungen, die von unmittelbaren Blitzeinschlägen herrühren und etwa einer Halbwertsdauer von 10 µs sind schon nach 20 bis 30 km Lauflänge auf die Höhe der Koronaanfangsspannung abgesackt.

2. Stromverdrängungsdämpfung von Wanderwellen.

Die Spannungsabsenkung durch Stromverdrängungsdämpfung läßt sich ausdrücken durch die Beziehung[1]

(4) $$u = U_0 \varepsilon^{-x/S},$$

wobei

(5) $$S = \frac{2Z}{r}.$$

S bedeutet die Wegkonstante in km der exponentiell angenommenen Stromverdrängungsdämpfung; durch ihre Angabe allein ist schon die

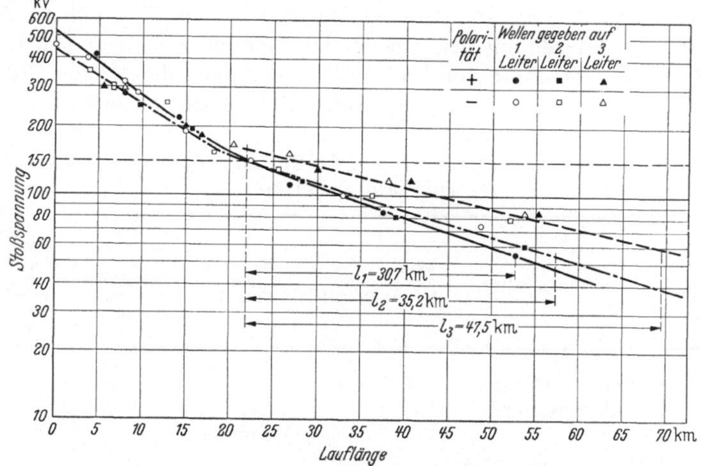

Abb. 209. Wanderwellendämpfung durch Stromverdrängung (Koronaanfangsspannung 150 kV).

ganze Spannungsabsenkung bestimmt. Z ist der Wellenwiderstand der Leitung in Ω, r ihr wirksamer Leitungs- bzw. Erdwiderstand in Ω/km U_0 die Höhe der aufgelaufenen und u die der abgesenkten Welle. Daß diese Beziehung tatsächlich die Spannungsabsenkung gut wiedergibt, zeigt Abb. 209[2]. Dort ist die Abnahme des Wanderwellenhöchstwertes längs einer Drehstromleitung mit der Koronaanfangsspannung von 150 kV aufgetragen. Die Messung der Spannungsabsenkung längs der Leitung erfolgte mit Kugelfunkenstrecken. Die verwendeten Wellen waren ziemlich flach, ihre Stirndauer betrug etwa 7 μs, ihre Halbwertsdauer 10 μs. Die Dämpfung oberhalb der Koronaspannung entspricht den im vorhergehenden Abschnitt über die Koronadämpfung gemachten Angaben: der gesamte Koronateil der Welle ist nach 20 km Laufweg weggedämpft und dessen Dämpfung am stärksten, wenn die Wanderwelle

[1] Rüdenberg, R.: Elektrische Schaltvorgänge. S. 431. Berlin: Julius Springer 1933. — Siehe auch D. Müller-Hillebrand: Anm. 1, S. 218.

[2] Eachron, K. B., J. G. Hemstreet u. W. J. Rudge: Anm. 1, S. 219.

nur über einen Leiter der Drehstromleitung geschickt wird. Die Stromverdrängung läßt sich, wenn man, wie in Abb. 209 durchgeführt, die Spannungswerte logarithmisch aufträgt, durch eine Gerade nähern: es muß ja der Fall sein, wenn die Spannungsabsenkung gemäß Gl. (4) erfolgen soll.

Gleichzeitig geht aus Abb. 209 hervor, daß die Stromverdrängungsdämpfung unabhängig von der Polarität der Wellen ist, daß sie aber durch die Leiteranordnung wesentlich beeinflußt wird. Läuft die Welle nur auf einem Leiter die Leitung entlang, so beträgt die Wegkonstante der Stromverdrängungsdämpfung in dem angeführten Beispiel 30,7 km; läuft sie dagegen über alle 3 Leiter, so liegt sie um 55% höher. Aber nicht nur die Anordnung der von der Überspannung betroffenen Leiter ist auf die Wegkonstante von Einfluß, sondern auch die Art der Erdseilauslegung, wie die nachstehende Zahlentafel[1] erkennen läßt.

Zahlentafel 16. Einfluß der Erdseile auf die Stromverdrängungsdämpfung von Wanderwellen.

Betriebsspannung kV_{eff}	Art der Wellen	Zahl der Leiter	Zahl der Erdseile	Material der Erdseile	Wegkonstante der Stromverdrängungsdämpfung in km	Vergrößerung der Wegkonstante durch die Erdseile in %
132	Positive Gewitterüberspannung	6	0	—	2,6	im Mittel etwa 38
		6	1	Stahl-Aluminium	24,0	
	Negative Gewitterüberspannung	6	0	—	15,5	
		6	1	Stahl-Aluminium	25,0	
110	Künstliche Wanderwellen	1	0	—	35	30; 72
	Desgl.	1	1	Cu	45	
	Desgl.	1	2	Cu	60	

Ebenso wirken sich auch Material und Durchmesser der Leiterseile auf die Größe der Wegkonstanten aus, wenn sich darüber auf Grund der vorliegenden Erfahrungen auch schwer zahlenmäßig etwas aussagen läßt. Allgemein kann man sagen, daß die Wegkonstante mit dem Leiterdurchmesser zunimmt, und daß Leitungen aus nicht magnetischem Material, wie z. B. Kupfer, eine geringere Stromverdrängungsdämpfung aufweisen, als solche aus mehr oder minder magnetischen Materialien, wie z. B. Stahl-Aluminium.

[1] Bewley, L. V.: Anm. 1, S. 218. — Sporn, Ph. u. W. L. Loyd: Anm. 1, S. 219.

Ferner beeinflußt auch die Wanderwellenform die Wegkonstante in weitgehendem Maße: die Zahlentafel 17 enthält Mittelwertsbildungen aus Versuchen, die in der Literatur[1] bekannt geworden sind.

Zahlentafel 17. Einfluß der Wellenform auf die Stromverdrängungsdämpfung von Wanderwellen.

Wellenform		Wegkonstante der Stromverdrängungsdämpfung in km
Stirndauer	Halbwertsdauer	
< 1 μs	< 3 μs	7
< 1 μs	> 6 μs	40
1 bis 2 μs	< 6 μs	30
1 bis 7 μs	> 6 μs	45

Ein weiterer wichtiger Einfluß der Stromverdrängungsdämpfung ist die mit ihr verbundene allmähliche Umbildung der Wellenstirn, die daraus folgert, daß der wirksame Widerstand einer Leitung proportional der Wurzel aus der Änderungsgeschwindigkeit der Spannung im Wellenkopf ist: eine Rechteckswelle verflacht sich daher mit wachsendem Laufweg immer mehr. Aus der ursprünglich scharf begrenzten Welle wird allmählich eine sanft anlaufende Welle mit langgezogenem Rücken, wie dies in Abb. 210 angedeutet ist[2].

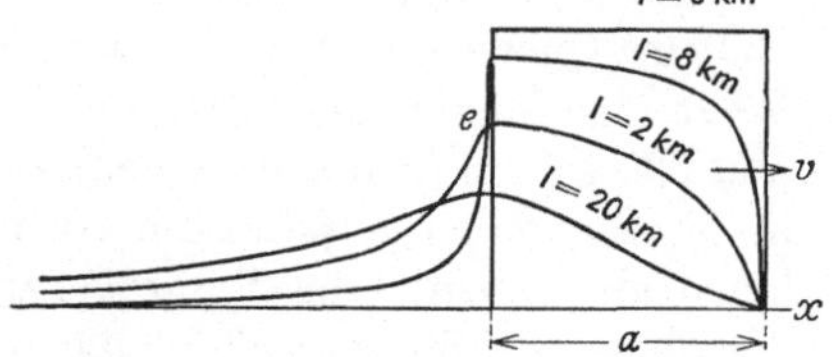

Abb. 210. Verformung einer Rechteckswelle durch Stromverdrängung.

Faßt man diese verschiedenen Einflüsse der Stromverdrängungsdämpfung von Wanderwellen zusammen, so kann man wenigstens die Wegkonstanten S für unmittelbare Gewitterüberspannungen, also für die Hauptgefahrenquelle der Hochspannungsanlagen, einigermaßen angeben. Die erhaltenen Mittelwerte sind in der folgenden Zahlentafel zusammengestellt.

Zahlentafel 18. Die Wegkonstante S der Stromverdrängungsdämpfung von Wanderwellen bei unmittelbaren Gewitterüberspannungen.

Leitermaterial und Durchmesser	Wegkonstante in km		
	ohne Erdseil	1 Erdseil	2 Erdseile
Cu von 8—12 mm ∅	~ 27	~ 37	~ 45
Stahl-Aluminium von 15 bis 23 mm ∅	~ 29	~ 40	~ 50

D. Das Auftreffen von Überspannungen auf Stationen.

Man hat nach den vorstehenden Ausführungen in Stationen, wenn man zunächst von unmittelbaren Blitzeinschlägen in allernächster Nähe

[1] Siehe Anm. 1, S. 218 und 1, S. 219.

[2] Moeller, F.: Arch. Elektrotechn. Bd. 15 (1926) S. 547; Bd. 18 (1927) S. 399. Frühauf, G.: ETZ Bd. 50 (1929) S. 892. — Jacottet, P.: Wiss. Veröff. Siemens-Konz. Bd. 8,3 (1929) S. 54; Bd. 10, 1 (1931) S. 42. — Flegler, E. u. J. Röhrig: Arch. Elektrotechn. Bd. 27 (1933) S. 637.

der Stationen absieht, mit Überspannungen zu rechnen, die der Höhe der Freileitungsisolatorenstoßfestigkeit entsprechen, außer bei Verwendung von auf Holzmasten verlegten Leitungen, die noch in manchen Mittelspannungsnetzen üblich sind. Auf ihnen können Überspannungen auf die Station auflaufen, die der Stoßfestigkeit der Isolatoren zuzüglich derjenigen des Holzmastes entsprechen. Die Stoßfestigkeit von Holz ist aber sehr groß[1]: so hat man an einem 915 mm langen Holzstab von 130 cm² Querschnitt bei positivem Stoß mit der amerikanischen 1,5/40 μs-Welle eine Mindestüberschlagsstoßspannung von 410 kV für Kiefernholz und 530 kV für Tannenholz gemessen[2]; oberhalb einer Länge von 30 cm kann man dabei geradlinigen Anstieg der Stoßfestigkeit mit der Holzlänge annehmen; eine Vergrößerung des Querschnittes führt zu einer Abnahme der Stoßfestigkeit, die bei Kiefernholz erheblicher ist als bei Tannenholz. Auch haben neue, frisch getränkte Kiefernmaste eine bis zu 30% niedrigere Stoßspannung als gealterte Maste. Diese wenigen Angaben lassen schon die größere Gefährdung von Stationen erkennen, die in Verbindung mit Holzmastfreileitungen stehen.

Um eine Station als solche gewitterfest zu machen, kann man grundsätzlich zwei Wege einschlagen. Der erste Weg[3] liegt darin, daß man die Stoßkennlinien der in ihr eingebauten Anlageteile so hoch schraubt, daß sie in ihrem ganzen Verlauf über den Kennlinien der Freileitung liegen; so wird erreicht, daß jede Überspannung, die über die Freileitung in die Station eindringt, dort keinesfalls zum Überschlag führen kann. Dieser Weg erscheint jedoch vorläufig schwer gangbar, da bei der derzeitigen konstruktiven Durchbildung des Isolationsmaterials für Innenräume, namentlich bei Kopfstationen, die Kosten untragbar würden: es müßte neues Isolationsmaterial nach gänzlich anderen Gesichtspunkten erst geschaffen werden. Eher zu erwägen wäre diese Art der Stationssicherung bei Freiluftstationen, aber auch dort würden sich erhebliche wirtschaftliche Nachteile ergeben und auch teilweise Neukonstruktionen von Hochspannungsapparaten erforderlich sein.

Der zweite Weg sieht die Verwendung von Überspannungsableitern[4] vor, die entweder vor oder aber auch in den Stationen selbst angebracht sein können. Sie wirken gewissermaßen als schwache Stelle, so daß

[1] Melvin, H. L.: Trans. Amer. Inst. electr. Engrs. Bd. 52 (1933) S. 503 und Electr. Engng. Bd. 52 (1933) S. 36. — Torok, J. J. u. W. R. Ellis: Electr. J. Bd. 30 (1933) S. 347.

[2] Sporn, Ph. u. J. T. Lusignan: Electr. Engng., Trans. Sect. Bd. 57 (1938) S. 91.

[3] Matthias, A.: Anm. 1, S. 205. — Conf. internat. d. grands réseaux électr. à haute tension 1937, Ber. 324. Siehe auch Estorff, W.: ETZ Bd. 58 (1937) S. 575.

[4] Zusammenfassender Bericht: Müller-Hillebrand, D.: ETZ Bd. 55 (1934) S. 733, 765, 782. — ETZ Bd. 58 (1937) S. 615. — Mengele, B.: Elektrotechn. u. Masch.-Bau Bd. 56 (1938) S. 329. — Maggi, L.: Energia elettr. Bd. 15 (1938) S. 41. — Norris, E. T.: Min. electr. Engr. Bd. 18 (1938) S. 353.

die die Station gefährdenden Überspannungen über den Ableiter ihren Ausgleich finden können, ohne daß der Betrieb der übrigen Anlage davon betroffen wird. Die Aufgabe der Überspannungsableiter ist somit zweierlei: zunächst muß beim Auflaufen einer Überspannung auf den Ableiter ein Überschlag eingeleitet werden, dann aber muß der durch den nachfolgenden Betriebsstrom aufrechterhaltene Lichtbogen nach so kurzer Zeit wieder zum Erlöschen gebracht werden, daß die Station nicht gestört wird. Man kann nun 2 Arten von Ableitern unterscheiden: einmal solche, die einen Überschlagslichtbogen nach kurzer Zeit auslöschen, dann aber solche, die ihn so weit unterdrücken, daß er nach dem Abklingen der Überspannung nicht mehr fähig ist, sich länger als während einer Wechselspannungshalbwelle aufrechtzuerhalten.

1. Wirkungsweise der Ableiter.

a) Ableiter mit Lichtbogenlöschung[1].

Derartige Ableiter bestehen aus einem Fiberrohr, das auf der einen Seite offen ist und in dessen Bohrung auf der anderen Seite eine stabförmige Metallelektrode

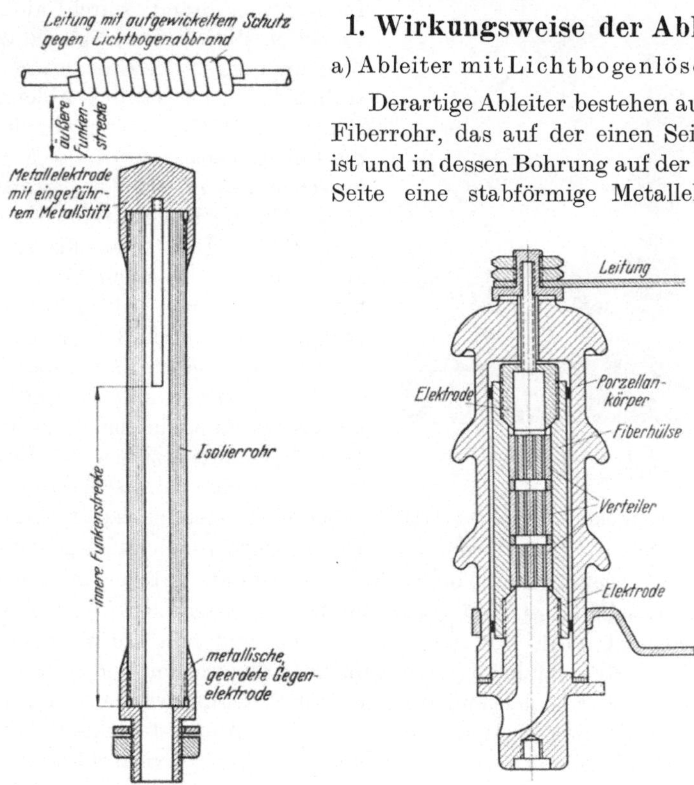

Abb. 211 a u. b. Ableiter mit Lichtbogenlöschung. a ältere, b neuere Bauart.

[1] Stewart, Ph.: Trans. Amer. Inst. electr. Engrs. Bd. 48 (1929) S. 891. — Torok, J. J.: Amer. Inst. electr. Engrs, Winter-Convention 1931. — Opsahl, A. M. u. J. J. Torok: Electr. J. Bd. 29 (1932) S. 130. — Beck, E.: Electr. J. Bd. 30 (1933) S. 165. — Putman, H. V.: Electr. Wld., N. Y. Bd. 103 (1934)

eingeführt ist. Als Gegenelektrode ist am offenen Ende ein metallisches Rohrstück angebracht. Abb. 211a läßt ein solches Überschlagrohr älterer Bauart im Schnitt erkennen. Der Elektrodenabstand ist dabei so gewählt, daß der Überschlag stets im Innern des Rohres und nicht längs der Außenwand erfolgt. In Reihe mit dem Ableiter ist eine Luftfunkenstrecke zwischen Leiterseil und Erde geschaltet. Die dazwischenliegende Luftfunkenstrecke bewirkt, daß die Fiberrohre im normalen Betrieb unbeansprucht sind und daher auch nicht langsam ankohlen können. Zweckmäßig wird über dem Ableiter die Leitung gegen Lichtbogenabbrand durch aufgewickelten starken Draht geschützt. Eine andere Art des Einbaues zeigt Abb. 212. Hier ist das Ableiterrohr in 2 Hälften aufgeteilt und die Luftfunkenstrecke in der Mitte zwischen diesen beiden angeordnet. Einen Ableiter neuerer Bauart zeigt Abb. 211b. Das Überschlagsrohr aus Fiber ist in einen Porzellankörper eingebaut. Außerdem befinden sich innerhalb des Überschlagsrohres geschlitzte Fibereinsätze, wodurch eine wesentlich bessere Löschung des nachfolgenden Betriebsstromes erzielt wird. Es ist weiter auf eine dazwischenliegende Luftfunkenstrecke verzichtet, dafür aber die Fibereinsätze mehrfach unterteilt und durch hochisolierende Distanzringe voneinander getrennt.

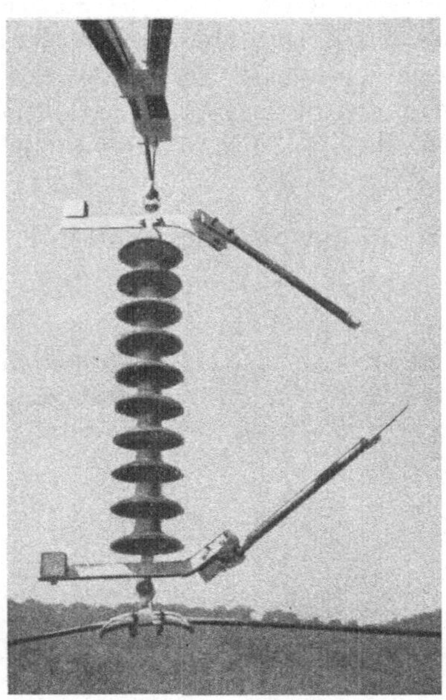

Abb. 212. Einbau von Ableitern mit Lichtbogenlöschung.

Die Lichtbogenlöschung kommt dadurch zustande, daß der Lichtbogen durch thermische Gasströmung und durch magnetische Kräfte gegen die Wand gedrückt wird. An den Rohrwänden sind nun die Wiedervereinigungsverluste erheblich höher als im Entladungsraum, und so werden bei entsprechender Dimensionierung des Rohrdurchmessers bei geringeren Stromaugenblickswerten und namentlich aber in der stromlosen Pause zwischen 2 Halbwellen an der Wand mehr Ladungsträger vernichtet, als im Entladungsraum erzeugt werden: die zum Wiederzünden des Lichtbogens

S. 74. — Electr. J. Bd. 34 (1937) S. 60. — Sporn, Ph. u. J. W. Gross: Electr. Engng. Bd. 54 (1935) S. 66. — Bewley, L. V.: Gen. Electr. Rev. Bd. 40 (1937) S. 236. — Hodnette, J. K. u. A. D. Forbes: Electr. J. Bd. 34 (1937) S. 335. — Akodis, M. M.: Elektritschestwo Bd. 12 (1937) S. 25. — Rudge, W. J. u. E. J. Wade: Electr. Engng. Bd. 56 (1937) S. 551.

notwendige Spannung wächst infolgedessen mit einer Anstiegsgeschwindigkeit von 10^5 bis 10^8 V/s an. Dazu kommt, daß auch in der stromlosen Pause das Fiberrohr wegen seiner thermischen Trägheit gast: es mischen sich die hochionisierten Gase der Entladungsstrecke mit ionenfreien Gasen und Dämpfen aus der Rohrwandung; dies führt ebenfalls zu einer Verdünnung an Ladungsträgern. So wurde an einem Vulkanfiberrohr von 2 cm Innendurchmesser für kurzdauernde Bogen von wenigen Wechselstromperioden, die je cm Rohrlänge in der Sekunde befreite Gas- bzw. Dampfmenge, auf 0° und 760 Torr bezogen, zu $7 \cdot 10^{-3} \cdot i^2$ bestimmt. Dabei ist die Gasmenge in cm³ und der Strom in A_{eff} gemessen[1].

b) Ableiter mit Unterdrückung des Überschlaglichtbogens.

Ableiter, die eine auftretende Überspannung absenken und außerdem den sich ausbildenden Überschlagslichtbogen unterdrücken sollen, müssen außer der Grundanforderung, die auftretende Überspannung auf einen solchen Betrag abzusenken, der für die Anlage ungefährlich ist, noch eine weitere Forderung erfüllen: Nach dem Abklingen der Überspannung muß das Verhältnis zwischen dem Spannungswert, auf den der Ableiter Überspannungen herabdrückt, und zwischen der höchstzulässigen Betriebsspannung in solchen Grenzen gehalten werden, daß der nachfolgende Betriebsstrom noch durch einfache Mittel unterbrochen werden kann. Diesen beiden Forderungen wird man dadurch gerecht, daß man den Ableitern eine gekrümmte Kennlinie gibt, derart, daß nach Erreichen eines bestimmten Ableiterstromes eine weitere Stromsteigerung nur noch eine mäßige Spannungserhöhung nach sich zieht. Im folgenden sollen die Ableiter dieser Gattung näher besprochen werden.

α) Auto-valve-Ableiter[2]. Leitet man Wanderwellenströme als stromstarke Glimmentladungen[3] über Elektroden aus Widerstandsmaterial und wählt dabei die Elektrodenabstände sehr klein, so kann man erreichen, daß Zünd- und Brennspannung der Glimmentladung nicht zu

[1] Slepian, J.: J. Franklin Inst. Bd. 214 (1932) S. 413. — Engel, A. v. u. M. Steenbeck: Elektrische Gasentladungen, Bd. 2, S. 318. Berlin: Julius Springer 1934.

[2] Slepian, J.: J. Amer. Inst. electr. Engng. Bd. 44 (1926) S. 3, 574. — Slepian, J., R. Tannberg u. C. E. Krause: J. Amer. Inst. electr. Engng. Bd. 29 (1930) S. 361. — Siehe auch A. v. Engel u. M. Steenbeck: Elektrische Gasentladungen, Bd. 2, S. 231. Berlin: Julius Springer 1934. — Tesznec, S.: Conf. internat. d. grands réseaux électr. à haute tension 1937, Ber. 335. — Szilas, O. u. E. Szepesi: Conf. internat. d. grands réseaux électr. à haute tension 1937, Ber. 306. — Roman, W. G.: Electr. Engng. Bd. 56 (1937) S. 819.

[3] Güntherschulze, A. u. H. Fricke: Z. Phys. Bd. 86 (1933) S. 451. — Thoma, H. u. L. Heer: Z. techn. Phys. Bd. 13 (1932) S. 404; Bd. 14 (1933) S. 385. Engel, A. v. u. R. Seeliger u. M. Steenbeck: Z. Phys. Bd. 85 (1933) S. 144.

weit auseinanderfallen. So wird z. B. eine solche Überschlagsstrecke von 0,1 mm Abstand bei etwa 500 V ansprechen und bei etwa 350 V erlöschen. Schaltet man eine größere Anzahl solcher Überschlagsstrecken hintereinander, so daß die Summe aller Brennspannungen etwas höher als die Betriebsspannung ist, dann wird nach dem Abklingen des Wanderwellenstromes diesem kein Betriebsstrom mehr nachfolgen. Die Überschlagsstrecken sind dabei so ausgebildet, daß immer zwei Platten aus geeignetem, silitähnlichem, also spannungsabhängigem Widerstandsmaterial durch Glimmerringe auf eine Entfernung von 0,1 mm distanziert sind. Den Widerstandsplatten fällt dabei die Aufgabe von Stabilisatoren zu: würde man nämlich Metallelektroden verwenden, so würde die Glimmentladung sofort in die Bogenentladung umschlagen; durch die Verwendung von Widerstandsplatten bewirkt man, daß die für die Bogenentladung notwendige kathodische Stromdichte nicht zustande kommt; denn bei der für eine Bogenentladung notwendigen Stromdichte würden sich infolge des Zusammendrängens der Stromlinien derart hohe Spannungsabfälle im Widerstandsmaterial ausbilden, daß trotz niedriger Bogenspannungen die zur Aufrechterhaltung nötige Gesamtspannung größer wird als bei der Glimmentladung[1].

Sind die Oberflächen der Widerstandsplatten sehr rauh, so kann man sie ohne Zwischenschalten von Glimmerringen unmittelbar aufeinanderlegen. Sie berühren sich dann nur an einigen wenigen Punkten; an ihnen nimmt der Ohmsche Ausbreitungswiderstand infolge der Stromlinienzusammendrängung, die aus ihrer geringen Berührungsfläche folgt, so hohe Werte an, daß der Spannungsabfall über die Berührungspunkte höher liegt als die Brennspannung der daneben liegenden Entladungsstrecke. Geht man diese Erkenntnis folgerichtig zu Ende, so kommt man schließlich zur Verwendung eines Blockes aus porösem Widerstandsmaterial statt einzelner Platten: auch hierbei erfolgt infolge des Ansteigens des Spannungsabfalles auf dem Ohmschen Verbindungswege die Zündung der Entladung über die Poren. Solche Ableiter führen dann natürlich einen gewissen Ohmschen Reststrom bei Betriebsspannung; sie können daher nur unter Zwischenschaltung von Löschfunkenstrecken ans Netz gelegt werden.

β) Kathodenfallableiter[2]. Ein Ableiter besitzt eine um so bessere Absenkwirkung, je größere Werte man für den nachfolgenden Betriebsstrom zuläßt. Diese Erkenntnis ist beim Bau der Kathodenfallableiter berücksichtigt worden, der letztlich nichts anderes als ein Auto-valve-Ableiter mit verminderter Anzahl von Widerstandsplatten ist, der daher auch den Betriebsstrom nicht mehr völlig selbst unterdrückt. Es ist

[1] Müller-Hillebrand, D.: Arch. Elektrotechn. Bd. 29 (1935) S. 513.

[2] Müller-Hillebrand, D.: Anm. 4, S. 224. — Siemens-Z. Bd. 14 (1934) S. 28. — Ledoux, Ch.: Conf. internat. des grands réseaux électr. à haute tension 1937, Ber. 314. — Mosebach, J.: Rev. gén. Electr. Bd. 42 (1937) S. 75.

deshalb auch der Widerstandssäule eine Löschfunkenstrecke, und dieser wieder eine Vorfunkenstrecke aus Kugelkalotten bzw. aus „geteilten“ Elektroden[1] vorgeschaltet. Die Funkenstrecken sind in ihrer Gesamtheit so eingestellt, daß der Ableiter statisch beim 2,2 bis 2,5fachen Wert der Betriebsspannung anspricht. Durch die Anordnung der Vorfunkenstrecke wird ein sicheres Abtrennen des Ableiters vom Netz während des ungestörten Betriebes erreicht.

In Abb. 213 sind die Kennlinien eines Kathodenfallableiters wiedergegeben. Zunächst zeigt Abb. 213a den oszillographierten Verlauf des abgeleiteten Stromes, der etwa den Verlauf einer Halbwelle einer Sinuskurve hat. Abb. 213b gibt dann die dazugehörige Ableiterspannung u wieder, und zwar ist diese dabei in Vielfachen der Betriebsspannung u_b aufgetragen. Ungefähr beim 2,2fachen Wert der Betriebsspannung spricht der Ableiter an, die Spannung sinkt dann innerhalb 23 µs etwa auf den 1,2fachen Wert der Betriebsspannung ab. Zu diesem Zeitpunkt ist auch der über den Ableiter fließende Strom auf einen ganz geringen Reststrom abgeklungen. Der restliche Spannungsabfall auf den Wert Null erfolgt dann in weniger als 1 µs. Abb. 213c läßt schließlich noch die kathodenstrahloszillographisch bestimmten Stromspannungskennlinien erkennen.

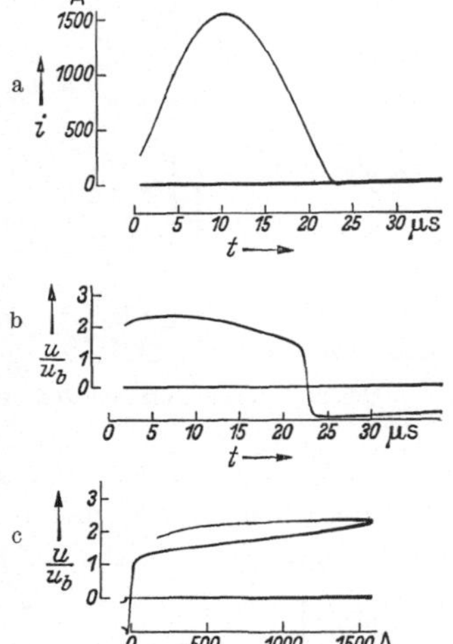

Abb. 213a bis c. Kennlinien eines Kathodenfallableiters. a Stromverlauf im Ableiter; b Spannungsabfall über dem Ableiter in Vielfachen der Betriebsspannung u_b; c Strom-Spannungskennlinie (Spannung in Vielfachen der Betriebsspannung u_b).
$u_b = 1{,}15 \cdot \sqrt{2} \cdot$ Nennspannung,
u = Spannung über dem Ableiter.

Sie durchlaufen in aufsteigendem und absteigendem Ast nicht den gleichen Linienzug. Denn bei zunehmendem Strom brennt nach der Zündung die Glimmentladung zunächst anomal, d. h. sie hat infolge zu hoher kathodischer Stromdichte noch zu hohen Spannungsabfall, sucht sich mit einer Geschwindigkeit von 250 m/s seitlich auszubreiten[2] und sich so weniger anomale Entladungsbedingungen zu schaffen: ihre kathodische Stromdichte nimmt während eines normalen Ableitervorganges etwa von 80 bis 90 A/cm² auf weniger als 50 A/cm² ab[3], während die stationäre Stromdichte noch weit unter diesem Wert bei 10 A/cm² liegt[4]. Bei

[1] Müller-Hillebrand, D.: Anm. 4, S. 224. — Siehe auch A. O. Austin: Electr. Wld., N. Y. Bd. 99 (1932) S. 584. — Strigel, R.: Arch. Elektrotechn. Bd. 28 (1934) S. 586.

[2] Steenbeck, M.: Arch. Elektrotechn. Bd. 26 (1932) S. 306.

[3] Rogowski, W.: Arch. Elektrotechn. Bd. 25 (1931) S. 551.

[4] Engel, A. v., R. Seeliger u. M. Steenbeck: Anm. 2, S. 227.

abnehmendem Strom dagegen wird die Entladung sich immer noch weiter ausbreiten, dann aber wird eine Einzelentladung nach der anderen abreißen, bis schließlich sämtliche Entladungen unterbrochen sind.

Zweckmäßig wählt man nun, um eine sichere Löschung zu erzielen, die Betriebsspannung u_b zum $1{,}15 \cdot \sqrt{2}$-fachen Wert der Nennspannung der zu schützenden Leitung.

Den konstruktiven Aufbau läßt Abb. 214 erkennen. Die Wirkungsweise

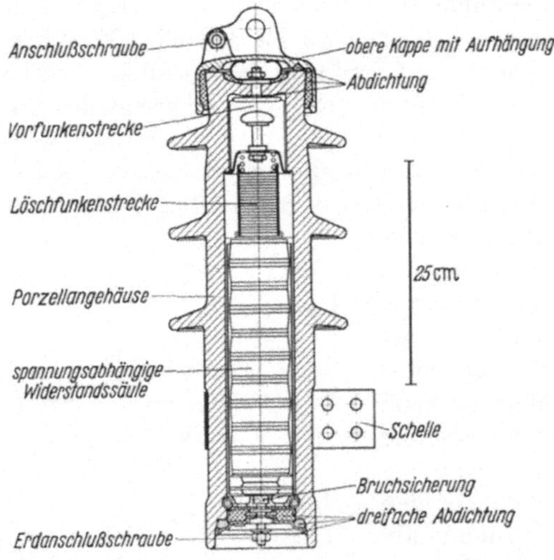

Abb. 214. Kathodenfallableiter. Innerer Aufbau.

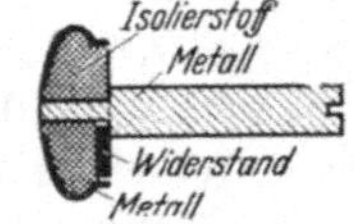

Abb. 215. Aufbau der geteilten Elektroden.

der „geteilten" Elektroden geht aus Abb. 215 hervor. Sie bestehen im wesentlichen aus einem Stift, der durch eine äußere Kugelhülle

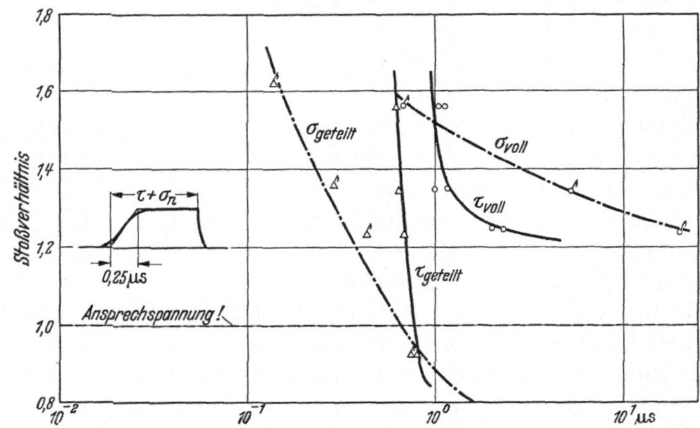

Abb. 216. Aufbauzeit τ und Streuzeit σ des Entladeverzugs bei einer Vorfunkenstrecke des Kathodenfallableiters mit Voll- und mit geteilten Elektroden.

gesteckt ist. Zwischen Stift und Kugelhülle befindet sich ein Spalt von etwa 0,1 mm; beide sind außerdem über einen hochohmigen Widerstand miteinander verbunden. Bei niederfrequenten Wechselspannungen ist der Spannungsabfall zwischen den beiden Elektrodenteilen, der durch den Ausgleichsstrom über den hochohmigen Widerstand bedingt ist, so niedrig, daß das äußere Feld praktisch als Kugelfeld angesehen werden kann; bei Stoßentladungen jedoch wird der Spannungsabfall über diesem Widerstand so groß, daß das Kugelfeld in die Feldanordnung Stift — Kugel übergeht und ferner noch der Spalt zwischen den beiden Elektrodenteilen überschlagen wird. Es wird also nicht allein durch die dann herrschende ungleichmäßige Feldanordnung die Überschlagsspannung herabgesetzt, sondern der einsetzenden Entladung genügend Ladungsträger und starke Strahlungsquellen zur Verfügung gestellt, so daß sowohl Aufbau- wie statistische Streuzeit stark herabgesetzt wird und außerdem die Funkenstrecke bei steilen Wellen bei Stoßverhältnissen anzusprechen vermag, die unter dem Wert 1,0 liegen. Abb. 216 zeigt einen Vergleich von Aufbauzeit und statistischer Streuzeit des Entladeverzuges zwischen zwei Kathodenfallableitern, von denen der eine mit einer Vorfunkenstrecke aus Vollelektroden, der andere mit einer solchen aus „geteilten" Elektroden ausgerüstet war. Zu den Versuchen wurde eine Rechteckswelle mit 0,25 µs Stirndauer verwendet, der Entladeverzug wurde vom Beginn der Stirndauer gerechnet. Der Ableiter war dabei so eingestellt, daß seine statische Ansprechspannung, die in Abb. 216 mit dem Stoßverhältnis 1,0 bezeichnet ist, bei der 2fachen Betriebsspannung lag. Die großen Unterschiede in der Aufbauzeit sind augenfällig; bei der verwendeten Welle mit der Stirnsteilheit von 0,25 µs spricht der Ableiter auch noch bei einem Stoßverhältnis von 0,9 an, dabei beträgt die Aufbauzeit nur etwa 0,9 µs. Auch die statistische Streuzeit wird durch die Verwendung der geteilten Elektroden herabgesetzt, auch sie liegt bei einem Stoßverhältnis von 0,9 noch unter 1 µs.

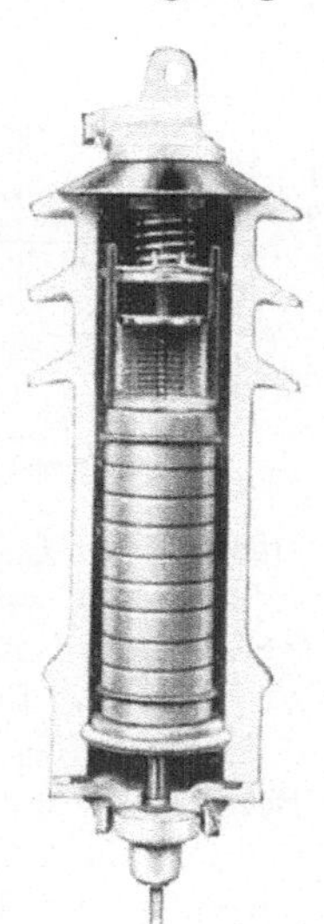

Abb. 217. Ableiter mit spannungsabhängigem Widerstand. Oben: Löschfunkenstrecke; unten: spannungsabhängige Widerstände.

γ) **Ableiter mit spannungsabhängigem Widerstand**[1]. Bei diesem Ableiter sind mehrere Teilwiderstände aus ebenfalls spannungsabhängigem Widerstandsmaterial[2] übereinandergeschichtet und ihnen eine Löschfunkenstrecke vorgeschaltet. In diesem Falle ergibt erst die Verbindung von Löschfunkenstrecke und Ableiterelementen aus zweckmäßigem Widerstandsmaterial einen wirksamen Ableiter: während das Widerstandsmaterial die Spannungsabsenkung bewirkt, fällt der Löschfunkenstrecke die Aufgabe der Unterbrechung des nachfolgenden Betriebsstromes zu. Den konstruktiven Aufbau zeigt Abb. 217:

[1] Mayer, O.: AEG. Mitt. 1929 S. 110; 1938 S. 97.

[2] Gewecke, H.: ETZ Bd. 35 (1914) S. 336; Bd. 40 (1919) S. 370. — Alberti, E. u. D. Güntherschulze: Z. techn. Phys. Bd. 6 (1925) S. 11. — Claus, B.: Ann. Phys., Lpz. V. F. Bd. 11 (1931) S. 331; Bd. 14 (1932) S. 644.

Im oberen Teil des Ableiters sind die Löschfunkenstrecke, im unteren die Ableiterelemente angeordnet. Das Gehäuse für die Ableiterelemente ist vollkommen abgedichtet, mit einem neutralen Gas gefüllt, um im Betrieb die Bildung der schädlichen Stickstoffdioxyde zu vermeiden. Die Löschfunkenstrecke ist so eingestellt, daß der Ableiter oberhalb der doppelten Betriebsspannung anspricht. Die Spannungskennlinie der Ableiterelemente gibt Abb. 218 wieder. Als Ordinate ist das Verhältnis aus der durch den Ableiter abgesenkten Spannung u zur höchstzulässigen Betriebsspannung u_b aufgetragen, als Abszisse der Ableiterstrom i_a. Die beiden Ordinatenmaßstäbe für u/u_b lassen den Einfluß der Größe des nachfolgenden Betriebsstromes J_n auf die Höhe der abgesenkten Spannung u erkennen. Läßt man einen Wert $J_n = 12$ A zu, so senkt der Ableiter bei einem Wanderwellenstrom von $i_a = 1500$ A die ankommende Überspannung auf das 2,8fache der Betriebsspannung u_b ab; läßt man aber einen Wert $J = 50$ A zu, dann wird für denselben Ableiterstromwert das Verhältnis $u/u_b = 2{,}0$, d. h. die Überspannung wird in diesem Falle auf das 2,0fache der Betriebsspannung gesenkt. Bei der derzeitigen konstruktiven Durchbildung der Löschfunkenstrecken macht es keine Schwierigkeiten, nachfolgende Betriebsströme dieser Größe innerhalb weniger Millisekunden zu unterbrechen.

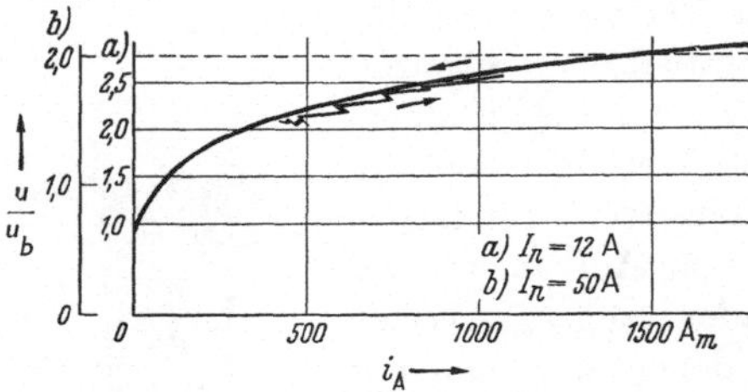

Abb. 218. Kennlinien eines Ableiters mit spannungsabhängigem Widerstand.

2. Schutzwirkung der Ableiter.

Je nach der Art ihrer Wirkung und der ihnen zugeteilten Aufgabe kann man die Ableiter in solche für Grob- und Feinschutz einteilen. Ableiter, denen der Grobschutz von Leitung und Station zugewiesen ist, haben einmal die Aufgabe, bei unmittelbaren Blitzeinschlägen in die Leitung die Abschaltung von Leitungsteilen zu verhindern und außerdem Überspannungen sehr großer Höhe und Steilheit von den Ableitern, denen der Feinschutz eines Anlageteiles zugewiesen ist, fernzuhalten, da solche Überspannungen unter ungünstigen Umständen zur Zerstörung dieser Ableiter führen können[1].

Für den Grobschutzableiter eignen sich in erster Linie Ausblasefunkenstrecken und Stabfunkenstrecken als Feinschutzableiter mit spannungsabhängigem Widerstande, Auto-valve- und Kathodenfallableiter.

[1] Müller-Hillebrand, D.: VDE-Fachber. 1929, S. 51. — Halperin, H. u. K. B. Mc Eachron: Electr. Engng. Bd. 53 (1934) S. 33. — Mc Eachron, K. B. u. W. A. Morris: Electr. Engng. Bd. 54 (1935) S. 1395.

a) Grobschutz.

Grobschutz ist unerläßlich in Netzen mit geerdetem Sternpunkt, also in Netzen, wie sie hauptsächlich in Amerika üblich sind. Denn in solchen Netzen führt jeder unmittelbare Leitungseinschlag, der einen Lichtbogen nach Erde nach sich zieht, und jeder Masteinschlag, der einen rückwärtigen Leitungsüberschlag zur Folge hat, zum Phasenkurzschluß

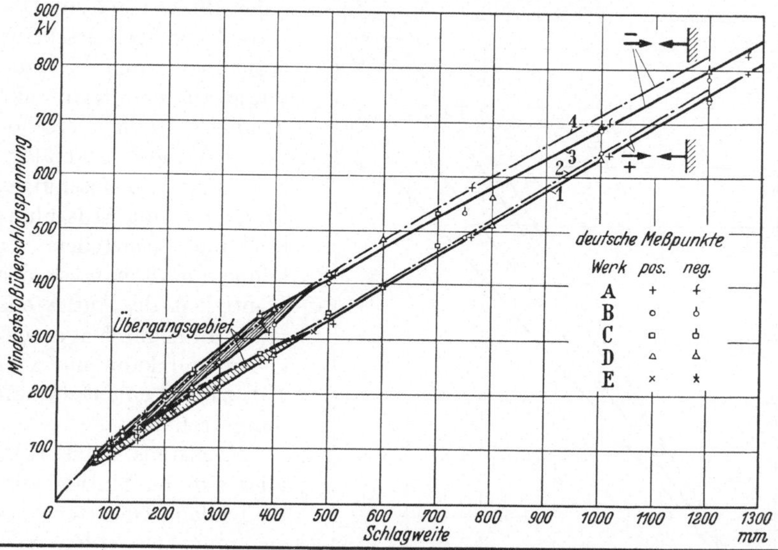

Kurve	Anordnung	Überschlagswerte von
1	Positive Spitze gegen geerdete, negative Spitze	5 deutschen Versuchsfeldern
2		8 europäischen Versuchsfeldern
3	Negative Spitze gegen geerdete, positive Spitze	5 deutschen Versuchsfeldern
4		8 europäischen Versuchsfeldern

Abb. 219. Mindestüberschlagsstoßspannung von Stabfunkenstrecken, abhängig von der Schlagweite, bezogen auf einen Luftdruck von 760 Torr, eine Temperatur von 25° C, eine Luftfeuchtigkeit 11 g/m³. IEC-Stoßwelle 1/50 μs, anteilige Trefferzahl 90%.

und damit auch zu einer wenigstens vorübergehenden Abschaltung der Leitung. Die Anbringung von Erdseilen, Verbesserung der Masterden durch Strahlenerden und Bodenseile, Erhöhung der Leitungsisolation können solche Einwirkungen nicht völlig ausschalten; man ist daher in Amerika auf einigen Leitungen dazu übergegangen, jeden Isolator der Freileitung mit einer solchen Ausblasefunkenstrecke zu versehen und hat damit auch beachtliche Erfolge erzielt: die Zahl der Auslösungen je 100 km Leitungslänge und Jahr ging etwa auf $^1/_{10}$ zurück[1].

[1] Siehe Anm. 1, S. 225. Siehe auch M. H. Loveday: Electr. Wld., N. Y. Bd. 13 (1938) S. 37. — Zalesskij, V. N.: Elektr. Stanzii Bd. 9, H. 3 (1938) S. 3. — Smith, L. G.: Electr. Engng. Bd. 57 (1938) Trans-Sect. S. 196.

Anders jedoch liegt der Fall in Netzen, die, wie z. B. in Deutschland, mit Erdschlußlöschung ausgerüstet sind. Dort führt ein Überschlag zwischen Leitung und Erde, wenn er nicht gerade mit Zerstörung der Isolation verbunden ist, nicht zur Abschaltung der Leitung, da der Erdschlußlichtbogen sofort gelöscht wird. Es fällt also einem Grobschutz nur noch der Schutz der Ableiter des Feinschutzes gegen die Einwirkung naher Blitzschläge zu. Das Aufgabengebiet erscheint gegenüber den Netzen mit geerdetem Sternpunkt demnach völlig verschoben. Um die Zweckmäßigkeit eines Grobschutzes für Netze mit Erdschlußlöschung beurteilen zu können, muß man von der Häufigkeit des Auftretens naher Blitzeinschläge ausgehen und kann nur von Fall zu Fall eine Entscheidung treffen.

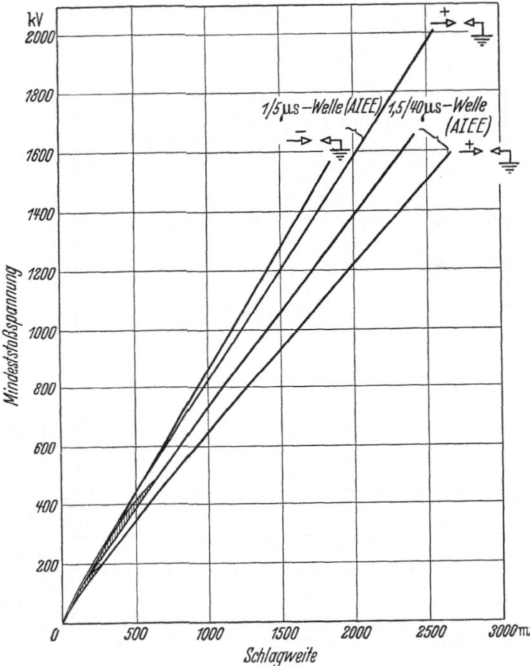

Abb. 220. Genormte AIEE-Werte für die Mindestüberschlagsstoßspannung von Stabfunkenstrecken, abhängig von der Schlagweite, bezogen auf Luftdruck 760 Torr, Temperatur 20° C, absolute Luftfeuchtigkeit 11 g/m³ (AIEE-Stoßspannung 1,5 40 µs anteilige Trefferzahl 90%).

Höchstens 5 bis 10% aller auf die Station auftreffenden Gewitterüberspannungen werden von „nahen" Blitzschlägen herrühren, wobei unter „nah" nur zu verstehen ist, daß die Stromverdrängungsdämpfung die Form der Gewitterüberspannung noch nicht wesentlich geändert hat, wenn auch die Höhe durch Koronadämpfung schon herabgesetzt sein kann: für den Ableiter wirklich gefährliche Blitzschläge sind daher in viel geringerer Zahl vorhanden; man kann ihre Anzahl auf etwa 0,5 bis 1% schätzen: denn nur der Blitzschlag kann dem Ableiter gefährlich werden, dessen vollen Strom er ungeschwächt abführen muß, der also nicht schon vorher zu einem Isolatorenüberschlag geführt hat oder durch Korona stark abgedämpft worden ist. Aber auch solche wirklich „nahen" Blitzeinschläge führen wiederum nur zum kleinsten Teil zur Zerstörung des Ableiters. So wird z. B. ein Ableiter, der Ströme bis 40 kA bewältigen kann, nur mehr von 0,1 bis 0,2% aller Blitzeinschläge gefährdet, da etwa 80% aller Blitzentladungen eine geringere

Stromstärke als 40 kA besitzen. Zudem setzt ein verstärkter Erdseilschutz der Leitung über den letzten Kilometer vor der Station und gute Masterdungen auf dieser Strecke diese Gefährdungsziffer noch weiter herab. Auch ist eine Zerstörung des Ableiters nicht gleichbedeutend mit einer Betriebsunterbrechung, da die Ableiter so gebaut sind, daß sie nach ihrer Zerstörung die Erdleitung abwerfen bzw. vom Netz abgetrennt werden[1] und ein etwa sich infolge der Zerstörung des Ableiters bildender Erdschluß-lichtbogen ja sofort gelöscht wird. Auf Grund dieser Überlegungen kommt man zum Schluß, daß die Zerstörung von Feinschutzableitern in Netzen mit Erdschlußlöschung in zu seltenen Fällen eintritt, um die Anbringung eines Grobschutzes wirtschaftlich zu rechtfertigen.

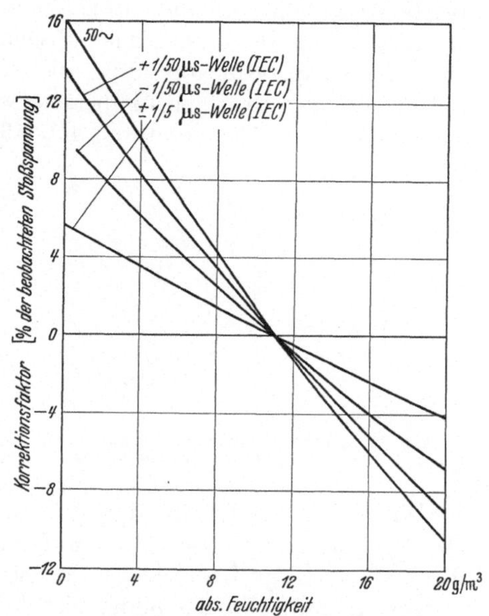

Abb. 221. Feuchtigkeitskorrektur der Mindeststoßüberschlagsspannung von Stabfunkenstrecken.

Unter den Grobschutz sind aber auch die Parallelfunkenstrecken zu Transformatoren- oder Schalterdurchführungen zu rechnen. Unterlagen für die Einstellung solcher Funkenstrecken bilden die umfangreichen Untersuchungen über Stabfunkenstrecken (Spitzenfunkenstrecken) in europäischen und amerikanischen Laboratorien. Als Elektroden solcher Stabfunkenstrecken werden nicht bearbeitete Stahlstäbe mit quadratischem Querschnitt von 14 bis 16 mm Kantenlänge verwendet. In Abb. 219 sind Mindestüberschlagsstoßspannungen solcher Stabfunkenstrecken abhängig von der Schlagweite für die IEC-Stoßspannung 1/50 µs aufgetragen. Eingetragen in die Abbildung sind die Meßwerte 5 deutscher Versuchsfelder und diese den Mittelwerten aus 8 anderen europäischen Versuchsfeldern gegenübergestellt[2]. Die Mittelkurve aus den deutschen Meßwerten entspricht bei positiver isolierter Spitze recht gut der Mittelkurve der übrigen europäischen Meßwerte; bei negativer isolierter Spitze dagegen liegen namentlich bei größeren Schlagweiten die deutschen Meßwerte etwas niedriger als die europäischen. Abb. 220 gibt die neuen

[1] Müller-Hillebrand, D.: Siemens-Z. a. a. O., Anm. 2, S. 228.

[2] Jacottet, P.: ETZ Bd. 58 (1937) S. 628. — Allibone, T. E.: J. electr. Engrs., Lond. Bd. 81 (1937) S. 41.

AIEE-Eichwerte[1] der Mindeststoßspannung von Stabfunkenstrecken abhängig von der Schlagweite wieder; als Abweichung von diesen Werten werden nach den amerikanischen Vorschriften $\pm$ 8% als zulässig erachtet. Die amerikanischen Eichwerte für die Mindestüberschlagsstoßspannung bei der 1,5/40 μs AIEE-Stoßwelle ergeben bei positiver Polarität Übereinstimmung mit den entsprechenden europäischen Meßwerten; bei negativer Polarität liegen jedoch bei Schlagweiten über 600 mm die amerikanischen Werte etwas höher als die europäischen. Es sei noch bemerkt, daß die amerikanischen Werte auf eine absolute Luftfeuchtigkeit von 11 g/m^3 und eine Temperatur von 20° C, die europäischen dagegen auf dieselbe Luftfeuchtigkeit aber eine Temperatur von 25° C bezogen sind. Der Luftfeuchtigkeits- und Temperatureinfluß läßt sich aus Abb. 221 entnehmen[2].

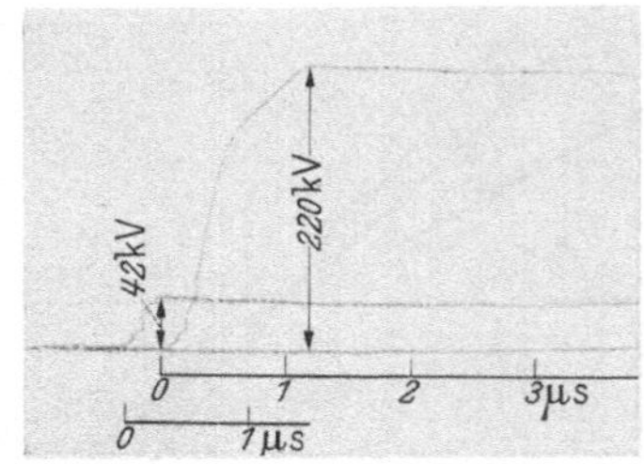

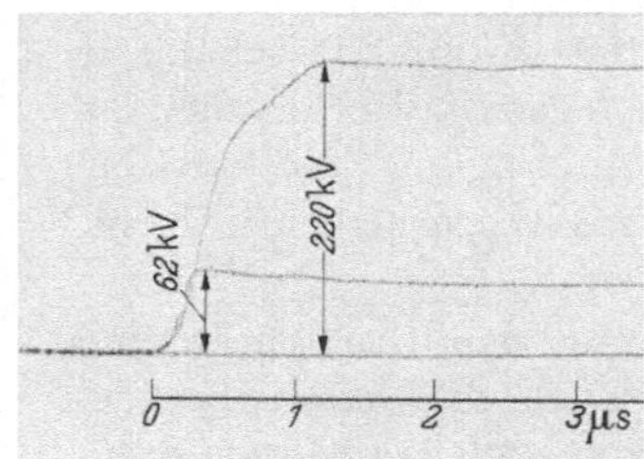

Abb. 222. Ansprechvorgang und Spannungsabsenkung eines Kathodenfallableiters in einer Durchgangsstation (größte Steilheit des Spannungsanstieges ~ 500 kV/μs).

Wichtig ist für die Anordnung derartiger Schutzfunkenstrecken, daß sie in genügendem Abstand vom Porzellankörper angeordnet werden, da sonst durch den Überschlagslichtbogen der Porzellankörper beschädigt werden könnte; überdies bilden sich bei überschießender Stoßspannung trotz vorhandener Funkenstrecken leicht Gleitentladungen aus, die dann einen Überschlag längs des Isolators einleiten[3].

Ferner ist bei der Verwendung solcher Parallelfunkenstrecken zu bedenken, daß bei sehr kurzen Entladeverzugszeiten trotz sehr nieder eingestellter Schlagweite die Entladeverzugskennlinie des ungleichförmigen Luftfeldes zwischen den Funkenstreckenelektroden die Kennlinie der inneren Isolation des Transformators überschneidet und diese damit dann ihren Schutzwert verlieren[4].

b) Die Absenkewirkung der Feinschutzableiter.

Die Spannungsabsenkung sei zunächst an Hand zweier Oszillogramme näher besprochen, die in Abb. 222 wiedergegeben sind: eine

[1] Siehe Electr. Engng. Bd. 56 (1937) S. 712. [2] Allibone, T. E.: Anm. 2, S. 235. [3] Jacottet, P.: ETZ Bd. 59 (1938) S. 197.

[4] Siehe Electr. Engng. Bd. 56 (1937) S. 1405. — Obenaus, F.: Hescho-Mitt. 1936, H. 74/75, S. 71. — Montsinger, V. M.: Electr. Engng. Bd. 57 (1938) Trans-Sect. S. 183. — McCarthy, D. D. u. W. H. Conney: Gen. Elektr. Rev. Bd. 40 (1937) S. 558. — Monteith, A. C. u. W. G. Roman: Electr. J. Bd. 35 (1938) S. 93.

Wanderwelle von 220 kV wird mit Hilfe eines Kathodenfallableiters für 15 kV und eines solchen für 20 kV Betriebsspannung abgesenkt; die größte Steilheit des Spannungsanstieges in der Stirn der Wanderwelle

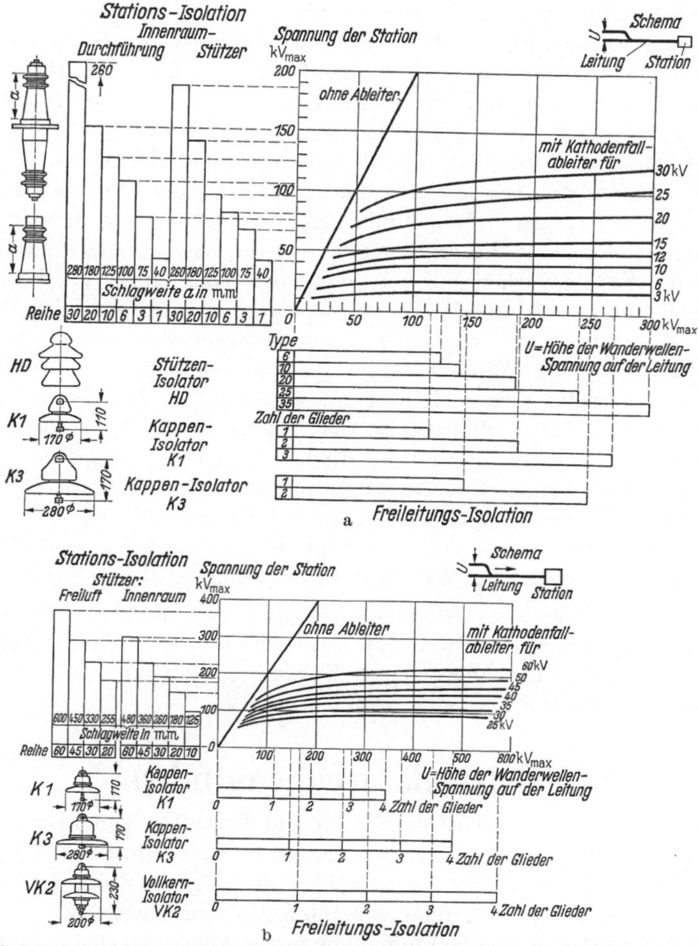

Abb. 223 a u. b. Ausgleich der Isolation von Freileitungen und Kopfstationen durch Kathodenfallableiter. a Kopfstation: Innenraumisolation Reihe 1—30; Freileitung: Stützisolationen *HD*-Reihe 6—35, Kappenisolatioen *K1* 1—3 Glieder, *K2* 1—2 Glieder. b Kopfstation: Freiluft und Innenraumisolation Reihe 20 bzw. 10—60; Freileitung: Kappenisolatoren *K1* 1—4 Glieder; *K2* 1—4 Glieder. Vollkernisolatoren; *K2* 1—4 Glieder.

beträgt dabei 500 kV/µs. Der 10 kV-Ableiter senkt die Wanderwelle in der Stirn auf 42 kV; nach 1 µs ist die Spannung noch etwas weiter auf 39,5 kV abgefallen und nach 2 µs auf 36 kV. Ähnlich liegen die Verhältnisse beim 15 kV-Ableiter: nach einer anfänglichen Absenkung auf 62 kV sinkt die Spannung noch weiter auf schließlich 52 kV. Die Ableiter lassen die Spannung in beiden Fällen also nur auf das 4,2fache der Betriebsspannung ansteigen.

Auf Grund derartiger Oszillogramme ist in den Abb. 223a und b die Absenkewirkung von Kathodenfallableitern für 1 bis 60 kV Betriebsspannung aufgezeichnet. Als Abszisse ist die Höhe der Wanderwellenspannung auf der Leitung aufgetragen, als Ordinate die durch Ableiter abgesenkte, in die Station eindringende Spannung. Unterhalb der Abszisse sind ferner noch die Mindestüberschlagsstoßspannungen[1] bei einer 1/50 μs-Welle von Stützen- und Kappenisolatoren der Freileitungsisolation eingetragen, neben der Ordinate diejenigen der Stationsisolatoren und -durchführungen. Die Mindestüberschlagsstoßspannung der Freileitungsisolation gibt die größte Höhe an, die eine auf die Station zulaufende Welle erreichen kann, diejenige der Stationsisolation die Höhe, unter die der Ableiter die Wanderwellenspannung auch im ungünstigsten Falle absenken muß. So hat z. B. ein Stützenisolator des Types *HD* der Reihe 20 eine Mindestüberschlagsstoßspannung von 190 kV_{max}; eine Wanderwelle dieser Höhe kann also auf die Station auflaufen. Diese wird bei Verwendung eines Ableiters für 20 kV Betriebsspannung auf 78 kV abgesenkt, während die Mindestüberschlagsstoßspannung von Stationsdurchführungen der Reihe 20 immer noch 150 kV beträgt und diejenige von Innenraumstützen derselben Reihe 140 kV. Die Absenkung ist demnach sehr weitgehend, sie erfolgt etwa auf die Hälfte der Mindestüberschlagsstoßspannung der Stationsisolatoren.

Die Absenkewirkung wurde am Beispiel des Kathodenfallableiters gezeigt; diejenige der anderen Feinschutzableiter unterscheidet sich nur unwesentlich von den angegebenen Kurven, so daß ihnen allgemeinere Gültigkeit zukommt.

VIII. Isolatorenkennlinien.

Ausgangs- und Vergleichspunkt für das Verhalten von Isolieranordnungen und Isolatoren bei Stoßspannungen ist das Verhalten der Grundanordnungen des ungleichförmigen Feldes: Spitze gegen Spitze und Spitze gegen Platte bei gleichartiger Spannungsbeanspruchung. Dabei wird neben der Entladeverzugskennlinie, die ja die Abhängigkeit des Entladeverzuges von der Höhe der Stoßspannung wiedergibt, in vielen Fällen die Bestimmung der Mindestüberschlagsstoßspannung bei der 50 μs-Welle von Wichtigkeit sein, also die Bestimmung derjenigen Spannungshöhe, bei der beim Stoß mit der 50 μs-Welle die untersuchte Isolieranordnung die Hälfte aller Stöße zum Überschlag führt.

Da von den Isolieranordnungen und Isolatoren unserer Wechselspannungsanlagen der Überschlagswert bei Wechselspannung bekannt ist,

[1] Matthias, A.: Anm. 1, S. 215.

die Bestimmung des Gleichspannungsüberschlagswertes aber, namentlich bei Anordnungen für Höchstspannungen infolge des Fehlens entsprechend hoher Gleichspannungsprüfanlagen nur schwer bestimmbar ist, so erscheint es zweckmäßig, beim Vergleich verschiedener Entladeverzugskennlinien als Bezugspunkt nicht die Gleichüberschlagsspannung, sondern die Mindestüberschlagsstoßspannung bei der 50 µs-Welle zu wählen.

1. Die Kennlinien der Grundanordnungen des ungleichförmigen Feldes.

An Abb. 224 ist die Mindestüberschlagsstoßspannung von Spitzenfunkenstrecken und Spitze-Platte-Funkenstrecken nach amerikanischen[1] und deutschen Messungen wiedergegeben[2]. Die amerikanischen Messungen sind mit AIEE-Welle 1,5/40 µs, die deutschen mit VDE- (0450-) Welle 0,5/50 µs aufgenommen; sie gelten für eine Temperatur von 20° C, einen Luftdruck von 760 Torr und eine Luftfeuchtigkeit von 11 g/m³. Oberhalb einer Schlagweite von 30 bis 40 cm ergibt sich für die Abhängigkeit zwischen Spannung und Schlagweite eine geradlinige Beziehung. Außerdem zeigen sich bei den beiden untersuchten Elektrodenanordnungen erhebliche Polaritätsunterschiede, die jedoch bei der Anordnung Platte gegen Spitze wesentlich stärker ausgeprägt sind, als bei der Anordnung Spitze gegen Spitze: sie sind in der Verschiedenheit der Feldausbildung an Kathode und Anode der Entladungsstrecke zu suchen und der damit bedingten Unterschiede in der Aufbauzeit der Entladung[3]. In diesem Zusammenhang sei noch darauf hingewiesen, daß auch Kugelelektrodenanordnungen, bei denen die Schlagweite ein Vielfaches des Kugeldurchmessers beträgt, sich ähnlich wie Spitzenelektroden

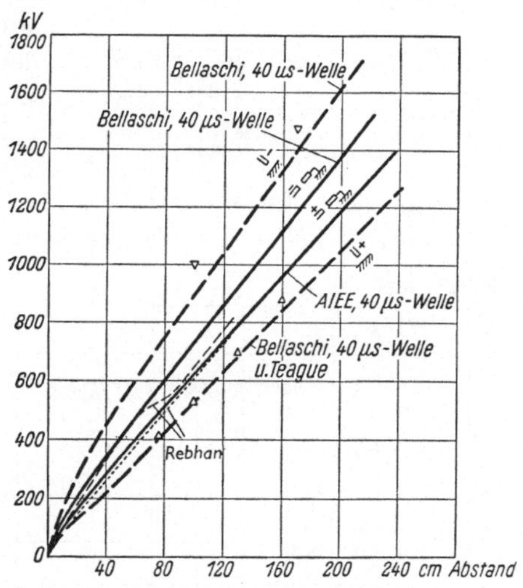

Abb. 224. Mindestüberschlagsstoßspannung von Spitzenanordnungen bei 20°, 760 Torr, 11 g/m³ absoluter Feuchtigkeit.
– – – negative Spitze gegen geerdete Platte;
——— negative Spitze gegen geerdete Spitze;
——— positive Spitze gegen geerdete Spitze;
— — — positive Spitze gegen geerdete Platte;
△, ▽ Rebhan mit der 50 µs-Welle.

[1] Bellaschi, P. A. u. W. L. Teage: Electr. J. Bd. 31 (1935) S. 56. — Electr. Engng. Bd. 53 (1934) S. 1638. — AIEE-Werte: Electr. Engng. Bd. 53 (1934) S. 882.

[2] Rebhan, J.: ETZ Bd. 58 (1937) S. 1178. — Matthias, A.: Elektrizitätswirtsch. Bd. 35 (1936) S. 103. — Weicker, W.: Hescho-Mitt. 1927, H. 31. — Heye: Gen. electr. Rev. 1934, S. 584.

[3] Siehe S. 36.

verhalten; denn bei großer Schlagweite werden auch an Kugelfunkenstrecken so hohe Feldstärken auftreten, daß Glimmen einsetzt, also der Durchbruch nicht mehr nach den Gesetzen des gleichförmigen Feldes, sondern nach denen des ungleichförmigen Feldes erfolgen muß. Weiter ist ja bekannt[1], daß sich die Aufbauzeit einer Entladung nicht mehr wesentlich ändert, wenn einmal ein gewisser Grad von Ungleichförmigkeit an den Elektroden erreicht ist. Dieses Verhalten von Kugelfunkenstrecken sei noch an Hand von Abb. 225 gezeigt[2]: Für eine Elektrodenanordnung, die aus einer Kugel von 250 mm Durchmesser gegenüber einer geerdeten Platte besteht, ist die positive Mindestüberschlagsstoßspannung derjenigen der Elektrodenanordnung Spitze—Spitze gegenübergestellt: bei kleinen Schlagweiten liegt die Mindestüberschlagsstoßspannung der Kugelanordnung wesentlich höher als die der Spitzenanordnung; bei einer Schlagweite von 80 cm dagegen läuft die Kugelanordnung über ein gewisses unsicheres Gebiet hinweg an die Kurve der Spitzenelektroden heran, der Unterschied der beiden Kurven beträgt weiterhin nur etwa 10%. Die Anordnung Kugel—Platte erreicht die Mindestüberschlagsstoßspannung der Anordnung Spitze—Platte bei etwa dem vierfachen, die Anordnung Kugel—Kugel diejenige der Anordnung Spitze—Spitze etwa beim achtfachen des Kugeldurchmessers. Ähnlicher Verlauf ergibt sich auch für die negative Mindestüberschlagsstoßspannung und die Überschlagsspannung bei Wechselspannung.

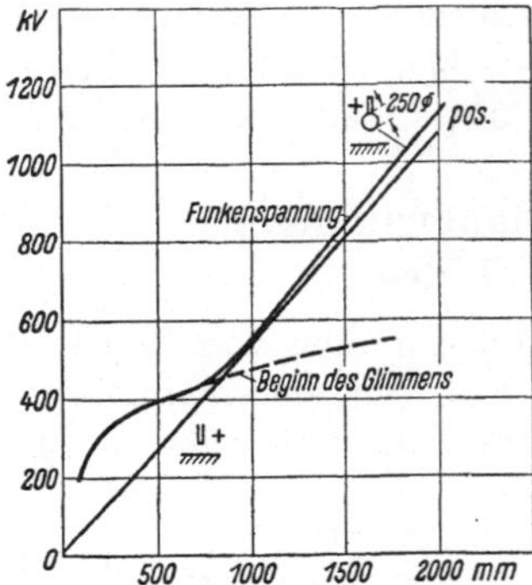

Abb. 225. Positive Mindestüberschlagsstoßspannung von Kugel mit 250 mm Durchmesser und Spitze gegen Platte abhängig von der Schlagweite.

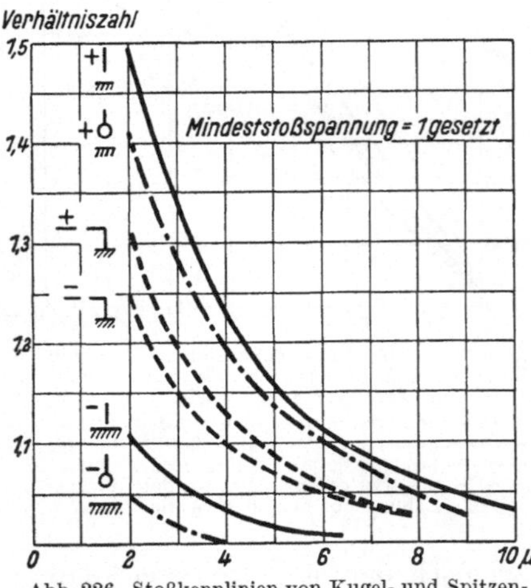

Abb. 226. Stoßkennlinien von Kugel- und Spitzenanordnungen. ——— Spitze gegen Platte; – – – Spitze gegen Spitze; —·— Kugel 250 mm Durchmesser gegen Platte.

In Abb. 226 sind noch die Stoßkennlinien der Grundanordnungen des ungleichförmigen Feldes, bezogen auf die Mindestüberschlagsstoßspannung der 50 µs-Welle bis herab zu einer Verzögerungszeit von 2 µs bei einer Schlagweite von 1000 mm aufgezeichnet[3]: die größte Verzögerungszeit

[1] Siehe S. 36. [2] Bellaschi, P. L. u. W. L. Teage: Anm. 1, S. 229.
[3] Bellaschi, P. L. u. W. L. Teage: Anm. 1, S. 239.

hat die Anordnung positive Spitze gegen geerdete Platte, die kleinste negative Kugel gegen geerdete Platte; die Anordnung Spitze—Spitze liegt etwa in der Mitte. Auch dieses Bild läßt wieder erkennen, daß bei den hohen Schlagweiten, die das vielfache des Kugeldurchmessers überschreiten, nur noch geringe Unterschiede in den Kennlinien der Kugel- und Spitzenanordnungen bestehen. Hinsichtlich der Polarität gruppieren sich die Kennlinien ähnlich wie die der Mindestüberschlagsstoßspannungen in Abb. 224.

Aus den Kennlinien der Abb. 224 bis 226 ist zu entnehmen, daß man, wenn es sich darum handelt, Isolatoren mit geringem Polaritätsunterschied zu erhalten, das Feldbild möglichst demjenigen der Anordnung Spitze—Spitze angleichen muß, und daß andererseits der Polaritätsunterschied der Isolatoren um so größer werden wird, je mehr sich das Feldbild demjenigen von Spitze—Platte nähern wird. Anzustreben sind immer Isolieranordnungen möglichst geringen Polaritätsunterschiedes, da deren Stoßfestigkeit dann gegen auftretende Überspannungen beider Polaritäten gleich groß ist[1]

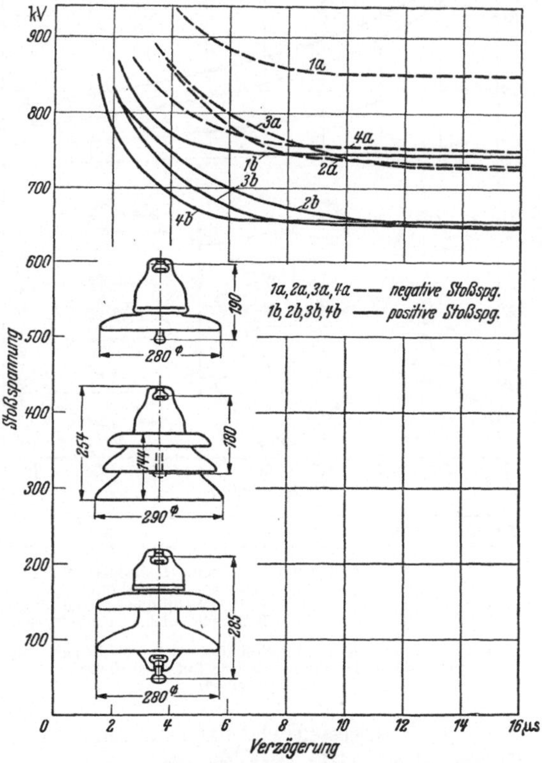

Kurve	Isolatorenart	Gliedzahl	Baulänge cm
1a, 1b	Kappen K 5	7	133
2a, 2b	Nebel	6	108
3a, 3b	Vollkern	4	114
4a, 4b	Kappen K 5	6	114

Sämtliche Ketten mit Schutzhorn auf der Leitungsseite

Abb. 227. Stoßkennlinien von Hängeketten aus Kappen-, Nebel- und Vollkernisolatoren.

2. Die Kennlinien der Hängeketten[2].

In Abb. 227 sind die Zeitverzugskennlinien von Kappenisolatoren der Type K5, denen von Vollkern- und Nebelisolatoren gegenübergestellt: bei allen drei Bauarten zeigen sich Polaritätsunterschiede. Wie aus der

[1] Müller, H.: ETZ Bd. 54 (1933) S. 225. — Hescho-Mitt. 1930, H. 53/54; H. 57/58; 1933, H. 66/67. [2] Matthias, A.: Elektrizitätswirtsch. Bd. 35 (1936) S. 103.

Zahlentafel zu Abb 227 hervorgeht, besitzt eine Kette aus 4 Vollkernisolatoren dieselbe Baulänge wie eine Kette aus 6 Kappenisolatoren des Typs K 5. Die Kennlinien dieser beiden Ketten schneiden sich, jedoch ist der Gesamtverlauf nicht sehr verschieden; bemerkenswert ist, daß auch die Kennlinien einer Kette von 6 Nebelisolatoren trotz geringerer Baulänge nicht wesentlich verschieden von den beiden anderen ist. Die 7gliedrige K 5-Hängekette hat entsprechend ihrer größeren Baulänge auch eine Zeitverzugskennlinie, die höher liegt als die der drei anderen angeführten Beispiele. Man kann aus Abb. 227 folgern, daß die Stoßfestigkeit von Hängeketten nicht so sehr von der Anzahl der Kettenglieder, als vielmehr von der Kettenlänge abhängt.

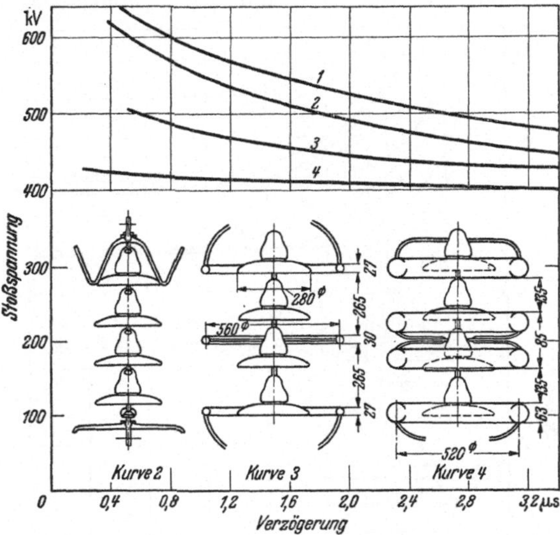

Kurve	Gliedzahl	Isolatorenart	Anordnung
1	4	Kappen K 3	ohne Lichtbogenschutz
2	4	,, K 3	mit Schutzhornkreuzen
3	4	,, K 3	mit dünnen Schutzringen
4	4	,, K 3	mit dicken Schutzringen

Abb. 228. Beeinflussung der Stoßkennlinien von Hängeketten durch Schutzhornkreuze und Schutzringe (negative Stoßkennlinien).

Sämtliche untersuchten Ketten der Abb. 227 waren mit einem Schutzhorn auf der Leitungsseite versehen. Vergleichsversuche haben gezeigt, daß die Kennlinien von Ketten, die mit solchen Schutzhörnern ausgerüstet sind, nur unwesentlich nach unten verschoben werden gegenüber Ketten ohne solche Schutzhörner.

Die Kennlinien zeigen einen langsamen Anstieg bei Verzögerungszeiten unter 6 µs. Durch geeignete Schutzarmaturen kann man jedoch diesen Anstieg herabdrücken, wie aus den Kurven der Abb. 228 hervorgeht; man muß aber dabei Ringe an den Endgliedern der Kette verwenden, die über das übliche Maß hinausgehen. Durch sie wird das Feldbild der Isolatorenkette stark vergleichmäßigt, so daß aber auch die statische Wechselüberschlagsspannung erheblich erhöht wird.

In Abb. 229[1] sind dann noch die Entladeverzugskennlinien von Hängeketten aus K 5-Isolatoren, bezogen auf die Mindestüberschlagsstoßspan-

[1] Rebhan, J.: Anm. 2, S. 239.

nung mit den Grundanordnungen des ungleichförmigen Feldes verglichen: die Kennlinien verlaufen in einem Gebiet, das der Anordnung Spitze—Spitze entspricht: die gemessenen Polaritätsunterschiede sind also nicht mehr stark verbesserungsfähig.

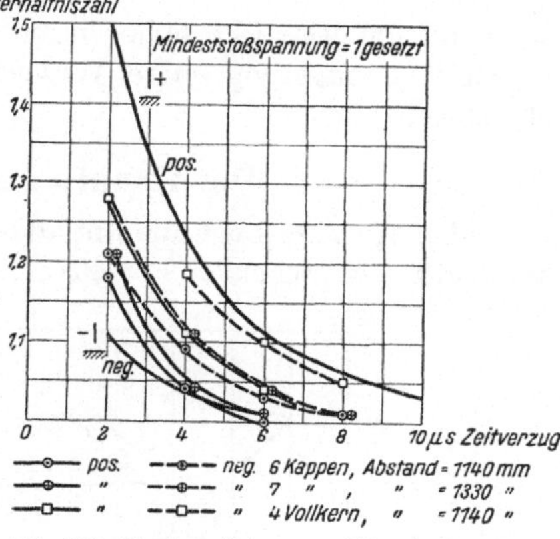

Abb. 229. Stoßkennlinien von Hängeketten K 5.

Abb. 230[1] gibt schließlich die genormten amerikanischen Werte für die Mindestüberschlagsstoßspannung von Kappenisolatoren mit einem Tellerdurchmesser von 254 mm und einer Baulänge von 146 mm, abhängig von der Gliedzahl bzw. der Schlagweite wieder für die AIEE-Stoßwellen 1/5 µs und 1,5/40 µs. Außerdem ist in die Abbildung der 60-Periodenüberschlag eingetragen. Die Werte sind Mittelwerte aus 5 amerikanischen Versuchsfeldern; als zulässig werden Abweichungen bis zu ±8% betrachtet. Die Kurven zeigen wieder den geringen Polaritätsunterschied der Hängekettenanordnungen; bei der 1,5/40-AIEE-Welle findet sogar ein Überschneiden der positiven und negativen Kennlinie bei einer Mindestüberschlagsstoßspannung von etwa 1100 kV statt. Zum Vergleich sind in die Abbildung die Meßpunkte für Hängeketten aus vier, sechs und sieben K 3-Isolatoren eingetragen, die mit der VDE-(0450-) Welle 0,5/50 µs erhalten

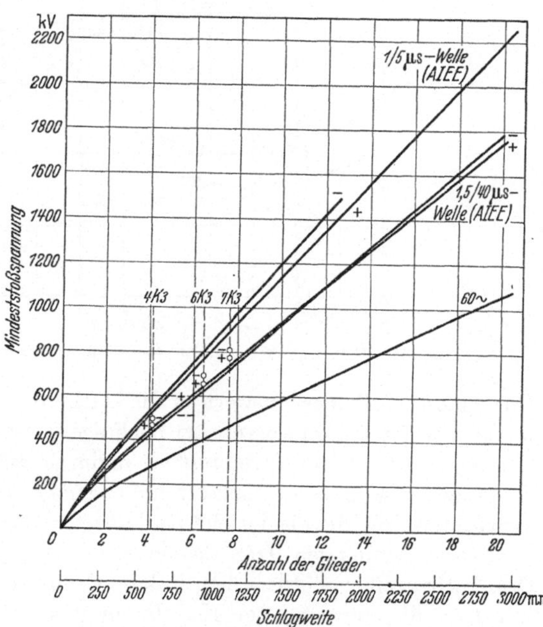

Abb. 230. Mindestüberschlagsstoßspannungen von Hängeisolatoren (amerikanische Normen nach Messungen von 5 amerikanischen Versuchsfeldern: zum Vergleich sind Meßpunkte von J. Rebhan für deutsche Isolatoren 4 K 3, 6 K 3 und 7 K 3 eingetragen; die Messungen sind bezogen auf 760 Torr. 15 g/m³ Luftfeuchtigkeit und 20° C).

[1] Siehe Electr. Engng. Bd. 56 (1937) S. 712. — Jacottet, P.: ETZ Bd. 59 (1928) S. 197. — Rebhan, J.: Anm. 2, S. 239.

worden sind. Die Meßpunkte für die positive Mindestüberschlagsstoßspannung stimmen sehr gut mit der genormten amerikanischen Kurve überein, während die Werte für die negative Mindestüberschlagsstoßspannung um etwa 12 % höher liegen; noch dazu hat der Polaritätsunterschied das entgegengesetzte Vorzeichen wie bei den amerikanischen Messungen.

3. Die Kennlinien von Stützern.

Abb. 231 [1] zeigt oben die Entladeverzugskennlinien für einen glatten, auf dem Boden stehenden Porzellanstützer von 200 mm Länge und 55 mm

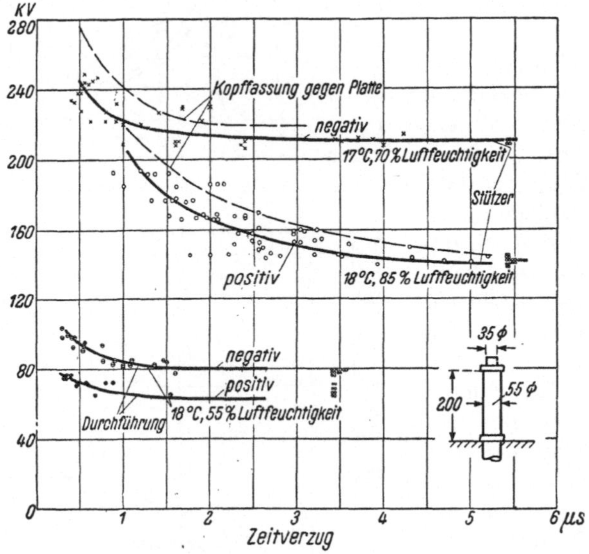

Abb. 231. Stoßspannungskennlinien von glatten Stützern und Durchführungen.

Durchmesser. Bemerkenswert ist die starke Streuung der einzelnen Meßpunkte: sie ist stärker ausgeprägt bei längeren, weniger stark bei kürzeren Verzugszeiten. Diese Streuung ist dadurch zu erklären, daß sich der Entladeverzug τ_g beim Isolatorenüberschlag unterteilen läßt in einen konstanten Teil, die eigentliche Aufbauzeit τ der Entladung und in einen statistisch streuenden Teil, dessen Mittelwert mit σ bezeichnet wird [2]. Die Aufbauzeit τ würde einer linken Grenzkurve der Meßpunkte entsprechen; die eingetragenen Kennlinien geben etwa den Wert $\tau_g = \tau + \sigma$ wieder, also einen mittleren Wert des Entladeverzuges. Im übrigen ergibt sich entsprechend der Grundanordnung positive Spitze gegen negative Platte bei positivem Stützerkopf, also niedrigerer Überschlagstoßspannung, ein verhältnismäßig großer Zeitverzug und ein starkes Ansteigen

[1] Rebhan, J.: Anm. 2, S. 239. [2] Siehe S. 51.

der Kennlinie bei geringer werdendem Zeitverzug. Bei negativem Stützerkopf ist dagegen der Entladeverzug schon beim Erreichen der Mindestüberschlagsstoßspannung sehr klein. Bei kleinen Entladeverzugszeiten nähern sich die Kennlinien beiden Polaritäten, so daß bei hohen, steilen Überspannungen der Stützer für beide Polaritäten etwa gleich stoßfest wird.

Es ist noch eine gewisse Abhängigkeit der Überschlagstoßspannung vom Feuchtigkeitsgehalt der Luft vorhanden, die bei positiver Stoßwelle auf 0,5 bis 1% je 1 g/m³ Feuchtigkeit gegenüber dem Normalzustand 11 g/m³ und 20° C geschätzt werden kann[1].

Der Einfluß der Fußfassungen von Stützern geht aus Abb. 232[2] hervor: es werden 2 Stützer etwa gleicher Baulänge verglichen, der eine mit

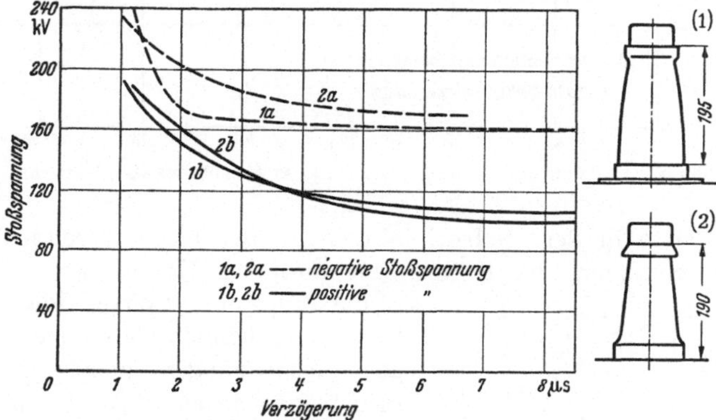

Abb. 232. Stoßkennlinien von glatten Porzellanstützern für 15 kV. (Die Nummern der Kennlinien entsprechen denjenigen der Stützer.)

Außenfassung, der andere mit Innenfassung am Isolatorfuß. Bei positivem Stoß zeigen die Entladeverzugskennlinien nur wenig Unterschiede; bei negativem Stoß jedoch sind die Unterschiede erheblich: die Kennlinie des Isolators mit Innenfassung steigt verhältnismäßig früh stark an, während diejenige des Isolators mit Außenfassung dagegen sehr flach verläuft und erst bei Entladeverzugszeiten unter 2 μs nach oben abbiegt, dann allerdings so stark, daß sie bei einem Zeitverzug von etwas mehr als 1 μs bereits die Kennlinie des Isolators mit Innenfassung schneidet. Eine Erklärung für dieses Verhalten ist in der größeren Annäherung des Isolators mit Innenfassung an das Feldbild der Elektrodenanordnung Spitze—Spitze zu suchen.

Der Einfluß der Kopfarmaturen auf die Stoßfestigkeit von Stützern ist gering. Ein Stützer mit unvollkommen abgerundeter Kopfarmatur und ein solcher mit ausgesprochenen Metallwülsten unterscheiden sich in den Kennlinien nur um wenige Prozente. Dabei ändert sich die positive

[1] Weicker, W.: Hescho-Mitt. 1936, H. 74/75, S. 2407. — Fielder, F. D.: Electr. J. Bd. 29 (1932) S. 348, 459; Bd. 32 (1935) S. 543.

[2] Matthias, A.: Anm. 2, S. 241.

Polarität nur wenig, während die negative sich leichter senken läßt. Der Stützer mit Metallwulsten verhält sich ähnlich wie die Grundanordnung

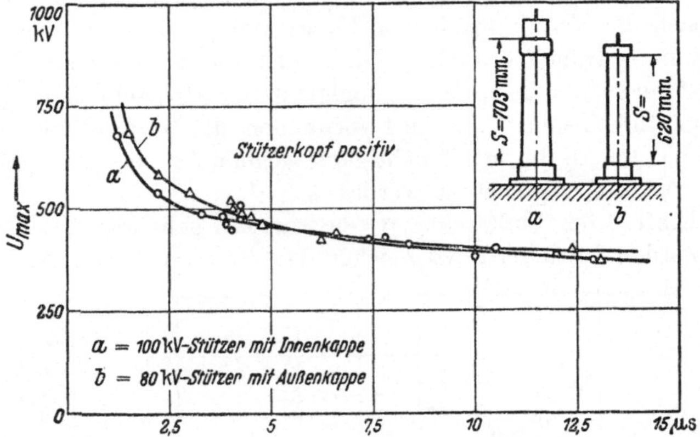

Abb. 233. Einfluß der Kopfarmatur auf die Stoßkennlinien von Stützern.

Kugel—Platte in dem Gebiet, in dem an der Kugel bereits Vorentladungen einsetzen, der Stützer mit normaler Kopfarmatur, ähnlich wie die Anordnung Spitze—Platte; wie Abb. 226 erkennen läßt, sind diese beiden Anordnungen nicht sehr verschieden hinsichtlich ihrer Kennlinien[1].

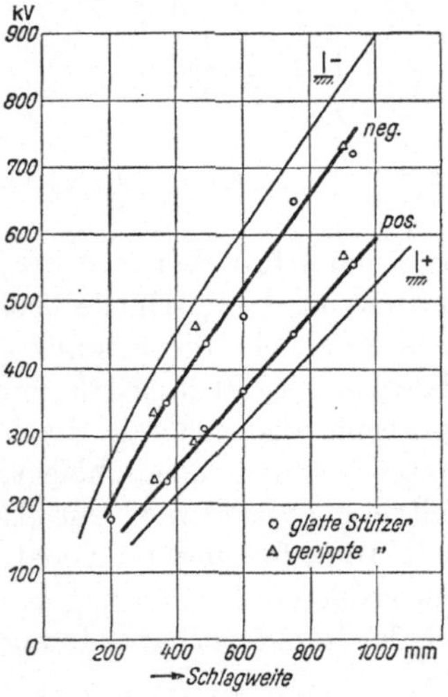

Abb. 234. Mindestüberschlagsstoßspannung glatter Hartpapier- und gerippter Porzellanstützer, erhöht stehend.

Hingegen ist von Einfluß, ob der Stützer am Kopfe mit Innenarmatur oder Außenarmatur ausgerüstet ist. So zeigt Abb. 233 die Verzögerungskennlinien zweier Stützer bei positiver Polarität des Kopfes; der eine der Stützer ist mit Außenkappe versehen und hat eine Überschlagsentfernung von 620 mm, der andere Innenkappe und eine Schlagweite von 703 mm. Die Kennlinie des Stützers mit Innenkappe ist flacher als diejenige des Stützers mit Außenkappe, so daß es bei einer Verzögerungsdauer von etwa 5 µs zum Überschneiden der beiden Kennlinien kommt[2].

Auch die Wirkung von Rippen ist für die Stoßfestigkeit vernachlässigbar, wie Abb. 234[1] erkennen läßt; es sind dort 2 Isolatoren

[1] Rebhan, J.: Anm. 2, S. 239.
[2] Weber, W.: VDE-Fachber. Bd. 9 (1937) S. 26.

verglichen mit der Anordnung Spitze gegen Platte. Der eine der beiden Isolatoren ist ein glatter Hartpapierstützer, der andere ein gerippter Porzellanstützer gleicher Baulänge. Die Mindestüberschlagsstoßspannung des Stützers mit Rippen liegt nur wenig über der des glatten Stützers. Die geringe Wirkung der Rippen ist darauf zurückzuführen, daß der Überschlag von Stützern ein reiner Luftdurchschlag ist und Rippen den Überschlagsweg nur unerheblich vergrößern können.

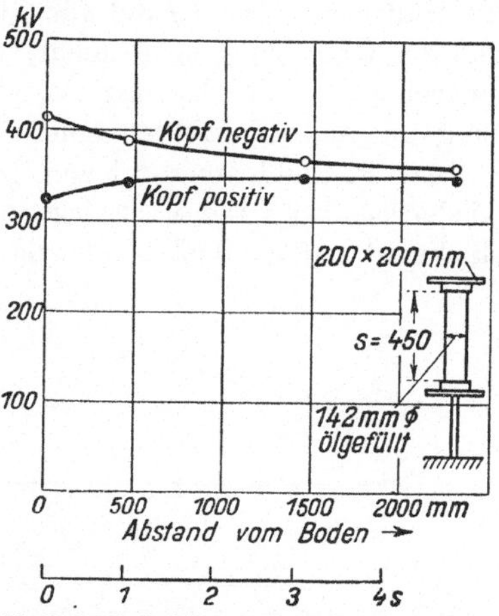

Abb. 235. Mindestüberschlagsstoßspannung eines glatten Stützers bei unterschiedlichem Abstand vom Boden.

Will man die Überschlagsstoßspannung von Stützern gleich hoch für beide Polaritäten einstellen, so stehen hierfür zwei Mittel zur Verfügung[1]:

1. Man kann den Stützer auf einer Säule in einem gewissen Abstand vom Boden aufstellen. Wie aber Abb. 235 zeigt, muß man eine solche Säule etwa dreimal so lang wie die Schlagweite des Stützers machen, um den gewünschten Erfolg zu erzielen. Daher kommt dieser Maßnahme keine technische Bedeutung zu.

2. Man schiebt eine Elektrode im Innern des Stützers von der Kopfarmatur aus vor: wie aus Abb. 236 hervorgeht, muß man, um in beiden Polaritäten gleiche Stoßfestigkeit zu erhalten, die Kopfelektrode um einen Betrag vorschieben, der etwa $^1/_3$ der Stützerschlagweite entspricht. Dies bedingt natürlich, daß der Stützer im Innern mit Vergußmasse ausgefüllt werden muß.

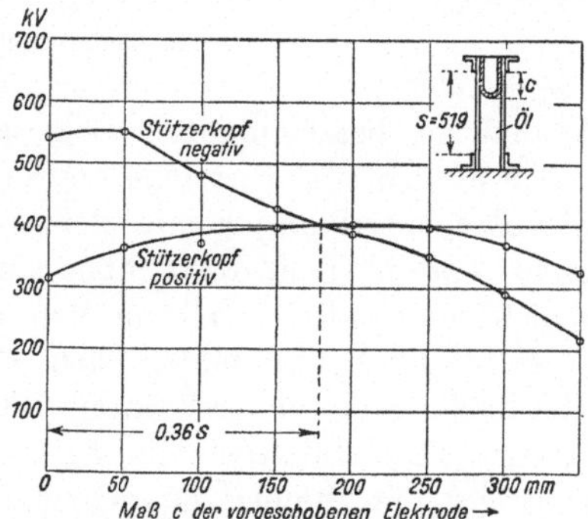

Abb. 236. Mindestüberschlagsstoßspannung eines glatten Stützers mit vorgeschobener Kopfelektrode.

4. Die Kennlinien der Durchführungen[2].

a) Glatte Durchführungen.

In Abb. 231 sind die Entladeverzugskennlinien eines Stützers aufgetragen, der aus einem Hartporzellanrohr besteht. Verwendet man

[1] Weber, W.: VDE-Fachber. Anm. 2, S. 246.

[2] Elsner, R. u. J. Rebhan: Arch. Elektrotechn. Bd. 31 (1937) S. 398. — Siehe auch J. Rebhan: Anm. 2, S. 239. — Matthias, A.: Anm. 2, S. 241.

denselben Stützer als Durchführung, so sinkt dessen Überschlagsstoßspannung, wie ein Vergleich der Kennlinien zeigt, auf etwas weniger als die Hälfte ab. Der Grund für dieses Verhalten der Durchführung ist, daß der Überschlag nicht mehr, wie bei den Stützern und Hängeketten ein reiner Luftdurchschlag ist, sondern daß es sich bei der Durchführung um den Überschlag einer Gleitanordnung handelt.

Das Feldbild einer solchen glatten Durchführung ist in Abb. 237 [1] wiedergegeben. Die überwiegende Komponente der elektrischen Feldstärke ist auf die Isolatoroberfläche zu gerichtet. Die in Richtung der

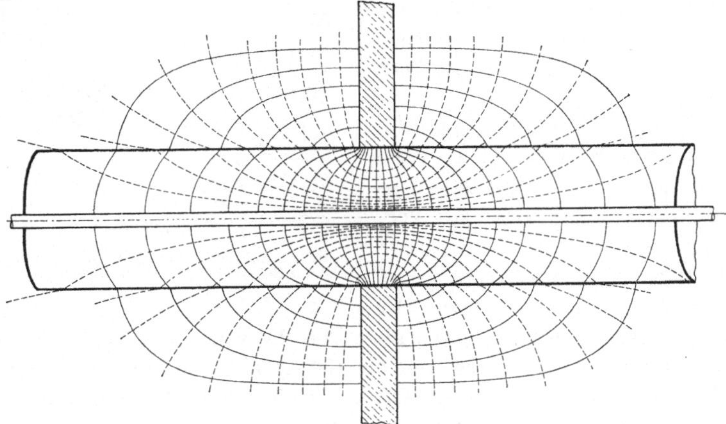

Abb. 237. Feldbild einer glatten Durchführung.

Feldstärke beschleunigten elektrischen Ladungsträger stoßen ständig gegen die Isolatoroberfläche und ionisieren längs dieser infolge der durch die Tangentialkomponente der Feldstärke hervorgerufenen Bewegung nicht nur in den dicht über der Isolatoroberfläche liegenden Luftschichten, sondern auch in den an der Isolatoroberfläche haftenden Gasschichten [2]. Es bilden sich Entladungskanäle längs der Isolatoroberfläche aus, die mit ihrem Fußpunkt am geerdeten Flansch ansetzen. Die Einsatzspannung solcher Gleitentladungen wird um so niedriger, je dünner das Gleitrohr gewählt wird, dagegen wird sie unabhängig von der Länge des Gleitrohres [3].

Macht man ein Gleitrohr immer kürzer bei gleichbleibendem Durchmesser, oder aber vergrößert man die Dicke eines Gleitrohres bei gleichbleibender Länge, so wird man bei einem gewissen Verhältnis von Länge

[1] Kuhlmann, K.: Arch.Elektrotechn. Bd. 3 (1915) S. 203.

[2] Siehe auch A. v. Hippel: Z. Phys. Bd. 80 (1933) S. 19.

[3] Siehe die Arbeiten von Toepler, Max: Ann. Phys., Lpz. Bd. 63 (1897) S. 109; Bd. 2 (1900) S. 574; Bd. 21 (1906) S. 193; Bd. 53 (1917) S. 232. — ETZ Bd. 19 (1906) S. 191. — Phys. Z. Bd. 21 (1920) S. 706; Bd. 22 (1921) S. 59. — Arch. Elektrotechn. Bd. 10 (1921) S. 161.

zu Durchmesser finden, daß die Einsatzspannung der Gleitfunken höher wird als die Luftüberschlagsspannung der Anordnung; die Durchführung schlägt nicht mehr als Gleitanordnung über, sondern verhält sich wie ein Stützer mit einem Luftdurchschlag.

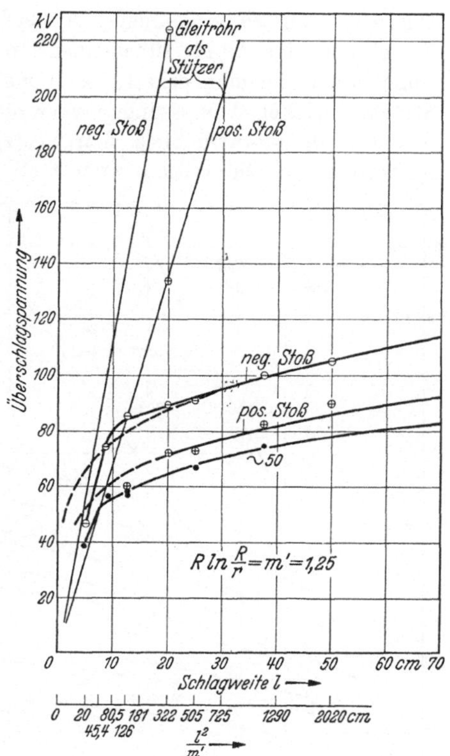

Abb. 238. Überschlagsspannung glatter Gleitrohre aus Porzellan, gefüllt mit Kabelmasse, 35 auf 55 mm Durchmesser.

Dies sei an Abb. 238 näher erläutert: aufgetragen ist die Überschlagsspannung glatter Gleitrohre mit 35 mm Innen- und 55 mm Außendurchmesser bei 50periodiger Wechselspannung und beim Stoß mit der 50 µs-Welle negativer und positiver Polarität, abhängig von der Länge der Durchführung. Man erkennt, wie bei allen drei Spannungsarten oberhalb einer Gleitrohrlänge von 10 cm die Kennlinie der Überschlagsspannung abknickt und weiterhin nur mehr flach verläuft; gleichzeitig mit dem Auftreten dieses Knickes ist auch das Einsetzen von Gleitentladungen auf der

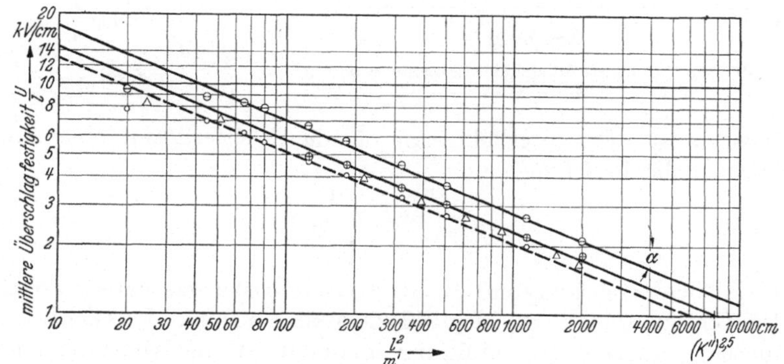

Abb. 239. Mittlere Überschlagsfestigkeit für glatte Gleitrohre. Messungen von J. Rebhan: Gleitrohr 35/55 mm Durchmesser. $m' = 1{,}25$ cm, ○ Wechselspannung 50 Hz, ⊕ Mindeststoßüberschlagsspannung bei positiver VDE 0,5/50 µs Stoßwelle, ⊖ Mindeststoßüberschlagsspannung bei negativer VDE 0,5/50 µs Stoßwelle. Messungen von A. Weber: Gleitrohr 78/140 mm Durchmesser. Δ Wechselspannung 50 Hz.

Durchführung zu erkennen. Außerdem sind in die Abbildung die Kennlinien der Mindestüberschlagsstoßspannung bei der 50 µs-Welle eingetragen, die man erhält, wenn man statt der Durchführung einen Stützer gleicher Abmessungen verwendet. Der erste steile Anstieg der Kennlinie folgt tatsächlich den Stützerkennlinien, und erst mit dem Auftreten von Gleitentladungen treten Abweichungen von ihnen auf.

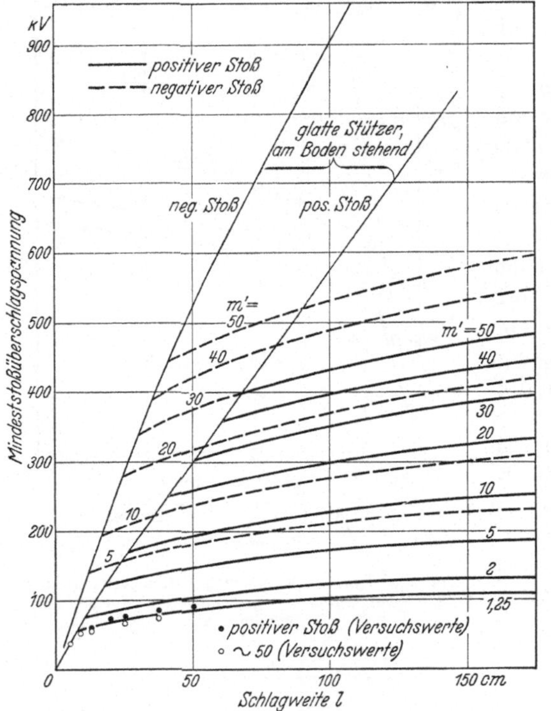

Abb. 240. Berechnete Mindestüberschlagsstoßspannung glatter Rohre.

Erfolgt der Überschlag einer Durchführung nach dem Mechanismus des Gleitüberschlages, so läßt sich die Überschlagsspannung in einfacher Weise als Funktion von l^2/m' darstellen, wobei l die Länge der Durchführung und $m' = R \ln R/r$ (R = Außendurchmesser, r = Innendurchmesser) die fiktive Dicke[1] der Durchführung bedeutet. Wie aus Abb. 239 hervorgeht, ergibt sich, wenn man die Überschlagsfestigkeit U/l abhängig von l^2/m' in logarithmischem Maßstab aufträgt, für die Kennlinien eine Gerade, deren Neigung α durch die Gleichung

$$(1)\quad \operatorname{tg}\alpha = \frac{d \log \frac{U}{l}}{d \log \left(\frac{l^2}{m'}\right)} = -0{,}4$$

gegeben ist. Damit erhält man für die Gleitfestigkeit einer Durchführung die Beziehung[2]

$$(2)\qquad \frac{U}{l} = k \cdot \frac{1}{\sqrt[25]{\frac{l^2}{m'}}}.$$

Die in dieser Gleichung auftretende Konstante ist etwas materialabhängig. Die Gleichung bietet die Möglichkeit, wenn ein Punkt der Gleitfestigkeit für eine gegebene Durchführung bestimmt ist, für sämtliche anderen möglichen Abmessungen die Gleitfestigkeit zu errechnen, nur ist dabei

[1] Siehe Schwaiger, A.: Elektrische Festigkeitslehre, S. 398. Berlin 1925.
[2] Siehe auch Toepler, Max: Arch. Elektrotechn. Bd. 10 (1921) S. 161.

zu beachten, daß die Gleitüberschlagsspannung der Durchführung, die Stützerüberschlagsspannung nicht überschreiten kann. So ist in Abb. 240, ausgehend von den Messungen der Abb. 238, also $m' = 1{,}25$, die Mindeststoßspannung glatter Gleitrohre berechnet, abhängig von ihrer Länge für verschiedene Werte von m'.

Eine glatte Durchführung kann demnach als richtig bemessen gelten, wenn l^2/m' so gewählt ist, daß die Gleitüberschlagsspannung der Luftüberschlagsspannung eines Stützers gleicher Abmessungen bei positiver Stoßspannung entspricht; bei negativer Stoßspannung wird dann die Durchführung noch als Gleitanordnung bei etwas höheren Spannungswerten überschlagen. Bei Durchführungen für hohe Spannungen führt die strenge Einhaltung dieser Erkenntnisse bei Verwendung glatter Durchführungen zu sehr erheblichen Flanschdurchmessern, die mit Rücksicht auf den beschränkten Raum oft unerwünscht ist: man muß dann von der Verwendung glatter Durchführungen abgehen.

b) Mit Rippen und Schirmen versehene Durchführungen.

Die Wirkung von Rippen und Schirmen auf die Überschlagsspannung von Durchführungen beruht im wesentlichen darauf, daß die auf der

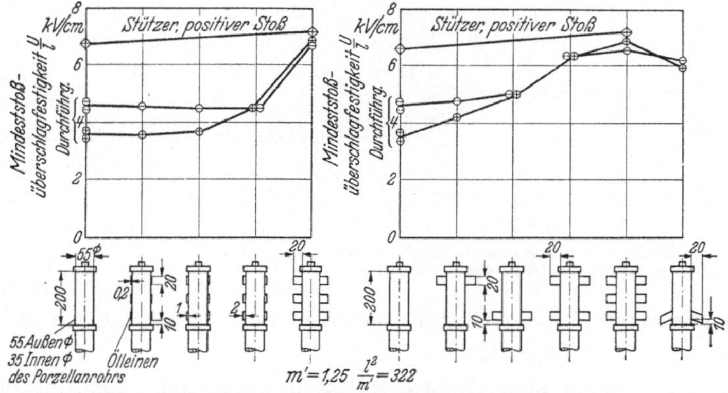

Abb. 241. Mindestüberschlagsstoßfestigkeit von Stützern und Durchführungen mit Rippen bei der VDE 0,5/50 μs-Welle.

Oberfläche sich bildenden Gleitbahnen zum Stehen kommen; es wird sich jenseits der Rippe bzw. des Schirmes eine neue Gleitbahn ausbilden und Rippe bzw. Schirm müssen teils in Form von Gleitentladungen, teils in der Form eines Luftdurchschlages zwischen den beiden Gleitbahnen überwunden werden: dadurch wird die Bildung zusammenhängender Gleitentladungen in den Bereich wesentlich höherer Spannungen hinausgerückt.

Den Einfluß einzelner Rippen und Schirme hinsichtlich ihrer Größe und räumlichen Anordnung zwischen den Elektroden läßt Abb. 241 ersehen.

Auf ein Gleitrohr von 35/55 mm Durchmesser und 200 mm Schlagweite wurde eine Reihe von Schirmen aufgebracht und dann die Mindeststoßüberschlagsfestigkeit gemessen und mit der Mindeststoßfestigkeit gleichgestalteter Stützer verglichen. Wie schon früher ausgeführt, wird die Überschlagsfestigkeit der Stützer durch solche aufgebrachten Wülste nicht wesentlich beeinflußt. Für die Anbringung von Rippen an Durchführungen lassen sich die nachstehenden Gesichtspunkte ableiten:

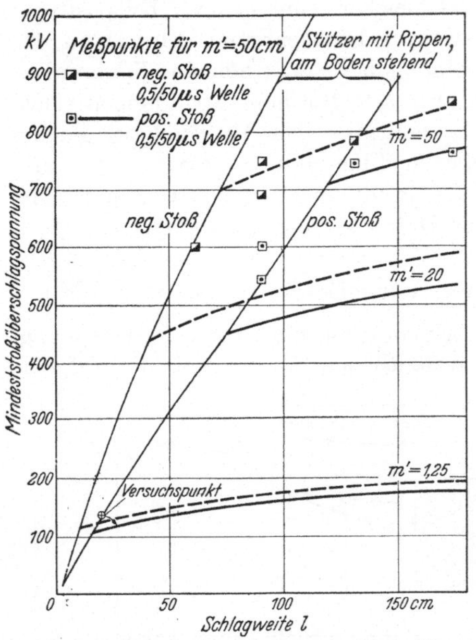

Abb. 242. Berechnete und gemessene Mindestüberschlagsstoßspannung von Gleitrohren mit Rippen.

1. drei gleich große Wulste senkrecht zur Durchführungsoberfläche,

a) haben bis zu einer Höhe von 1 mm keinen Einfluß auf die Überschlagsfestigkeit,

b) heben bei einer Höhe von 2 mm den positiven Überschlagswert auf die Höhe des negativen,

c) steigern bei einer Höhe von 20 mm die Festigkeit auf fast das 1,6fache; damit ist die Überschlagsfestigkeit des gleichgearteten Stützers fast erreicht[1].

2. Die Verwendung von Schirmen mit einer Höhe von 20 mm in verschiedener Lage und Zahl wirkt sich wie folgt aus:

a) Ein Schirm, in der Nähe der Kappe angebracht, beeinflußt die negative Stoßüberschlagsspannung gar nicht, die positive nur gering. Seine Wirkung allein ist also unbedeutend.

b) Ein Schirm, in der Nähe der Fassung angebracht, hebt die negative Stoßüberschlagsspannung nur wenig, die positive aber so stark, daß positive und negative Stoßüberschlagsspannung gleich hoch zu liegen kommen.

c) Hingegen bewirken 2 Schirme, der eine in der Nähe des Flansches, der andere an der Kappe angebracht, eine bedeutende Erhöhung der Mindestüberschlagsstoßspannung beider Polaritäten, so daß mit zwei Schirmen schon fast die Überschlagsspannung des gleichgeformten Stützers erreicht wird und ein dritter in der Mitte zwischen den beiden anderen angebrachten Schirmen kaum mehr eine Verbesserung hervorruft.

[1] Matthias, A.: Anm. 2, S. 241.

Zusammenfassend läßt sich sagen, daß dem Flanschwulst[1] in Verbindung mit einem Kappenwulst die Hauptbedeutung bei der Verbesserung der Stoßfestigkeit zukommt, daß Wülste an anderen Stellen dagegen von untergeordneter Bedeutung sind, d. h. mit anderen Worten, daß die Wülste da angebracht werden müssen, wo die Stoßionisation ihren Ausgang nimmt, also in der Nähe der Fassungen.

Die letzte Versuchsreihe der Abb. 241 zeigt auch, daß man auch durch Formgebung die Wirkung der Wülste heben kann: mit einem einzigen etwas zurückgebogenen Flanschwulst wurde schon fast die Stoßüberschlagsspannung des Stützers erreicht.

Soweit die bisher vorliegenden Versuchsergebnisse beurteilen lassen, ist auch für Durchführungen mit Rippen die Gleitüberschlagsfestigkeit

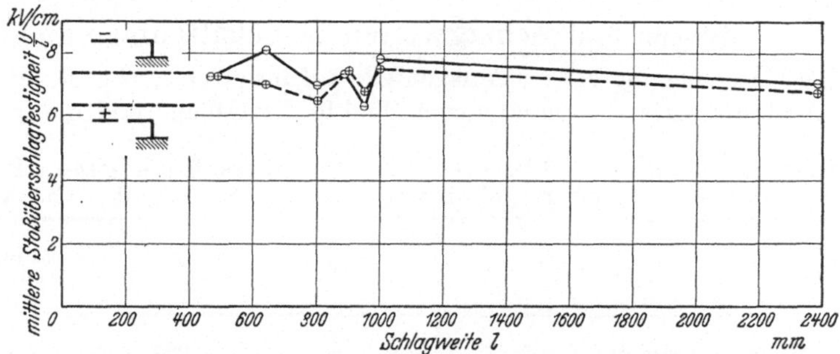

Abb. 243. Mittlere Stoßüberschlagsfestigkeit U/l für gesteuerte Durchführungen mit Rippen bei der VDE 0,5/50 µs-Stoßwelle. (⊖ negative, ⊕ positive Stoßspannung.)

nach Gl. (2) gegeben. Abb. 242 zeigt Messungen der Mindestüberschlagsstoßspannung, abhängig von der Schlagweite an einer ölgefüllten Porzellandurchführung von 30/390 mm Flanschdurchmesser; die Schlagweite wurde dabei durch Aufsetzen einer mit dem Bolzen verbundenen ringförmigen Elektrode verändert. Die Kennlinien weisen ebenfalls die charakteristischen Knickstellen auf, die den Übergang der Gleitanordnungskennlinie in die Stützerkennlinie auszeichnet. Die eingezeichneten Kennlinien mit $m' = 20$ und $m' = 1{,}25$ sind nach Gl. (2) auf Grund der Messungen bei $m' = 50$ berechnet.

c) Gesteuerte Durchführungen[2].

Gegenüber den bisher besprochenen Durchführungen mit „natürlicher" Spannungsverteilung verhalten sich Durchführungen mit „gesteuerter" Spannungsverteilung gänzlich verschieden. Als „gesteuerte" Durchführungen sind sowohl die Nagelsche Kondensatordurchführung als auch die Durchführungen anzusehen, bei denen Elektroden verwendet

---

[1] Siehe auch A. Weber: Hescho-Mitt. 1932, H. 63, S. 1996.

[2] Rebhan, J.: Anm. 2, S. 239.

werden, die von der Fassung aus in das Innere der Durchführung vorgeschoben sind.

Bei derart gestalteten Durchführungen kann von einer Gleitanordnung kaum mehr die Rede sein. Der Vergleich der mittleren Überschlagsfestigkeit U/l, die in Abb. 243 über der Schlagweite aufgetragen ist, mit den Werten gleich langer Freiluftstützer ergibt, daß gut „gesteuerte" Durchführungen Überschlagswerte der Mindeststoßspannung erreichen, die der Festigkeit einer Anordnung Spitze—Spitze sich nähern, also beim positiven Stoßüberschlag und beim Wechselspannungsüberschlag größere Festigkeit aufweisen als Stützer gleicher Länge. Das bedeutet aber, daß solche Durchführungen in der Spannungsfestigkeit günstiger liegen als die günstigst bemessenen „ungesteuerten" Durchführungen.

5. Stützer und Schlagweiten in Schaltanlagen[1].

Die Untersuchung ganzer Anlagenteile auf ihre elektrische Sicherheit gibt Auskunft über die schwächsten Punkte der Anlage und die in ihr

Zahlentafel 19. Stoßüberschlagspannung. Sammelschiene gegen Erde bei 20°, 760 Torr, 11 g/m³ Feuchtigkeit, 720 mm Elektrodenabstand.

	Anordnung	Stoßüberschlagspannung kV	Verhältniszahl
Spitze → geerdete Platte	720	+ 377	1
Waagerechte Sammelschiene → Erde	20 mm Dmr. 3 " "	+ 390	1,035
Spitze → senkrechte Wand bei naher Erde		+ 395	1,05
Sammelschiene aus der Waagerechten in die Senkrechte umgebogen → Boden und Wand	r=150 20 ϕ	+ 402	1,065
Spitze → geerdete Spitze		+ 463	1,23

möglichen Überspannungen. So sind z. B. in Zahlentafel 19 für eine 100 kV-Innenraumanlage, die mit freien Luftschlagweiten von 720 mm ausgeführt ist, die Mindestüberschlagsstoßspannung der 50 µs-Welle die Grundanordnungen Spitze—Spitze und Spitze—Platte mit derjenigen der waagerecht verlaufenden Sammelschiene gegen Erde, des Sammelschienenendes gegen die Wand und des Sammelschienenverlaufs in einer Raum-

[1] Rebhan, J.: Anm. 2, S. 239.

ecke zusammengestellt. In der letzten Spalte ist die relative Festigkeit der einzelnen Anordnungen, bezogen auf die Grundanordnung Spitze—Platte angegeben. Die gegenüber einer Wand angebrachte Sammelschiene unterscheidet sich bei positivem Stoß nur um wenige Prozent in ihrer Festigkeit gegenüber der Anordnung Spitze—Platte, sie stellt den schwächsten Punkt der Sammelschienenführung dar und schlägt etwa bei Stoßbeanspruchungen von 400 kV über. Die Stützisolatoren für 100 kV-Innenraumanlagen haben infolge ihrer etwas größeren Schlagweite eine um 10% höhere Mindestüberschlagsstoßspannung.

Zahlentafel 20. Stoßüberschlagspannung vom Freiluftstützer und Sammelschiene bei 20°, 760 Torr, 8,4 g/m³ Feuchtigkeit.

Stoßart	Anordnung	Stoßüberschlagspannung kV (Scheitelwert)	
Stützer, allein	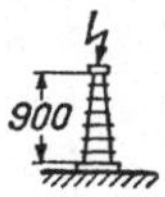 900	+ 502	— 826
Stützer mit Sammelschiene	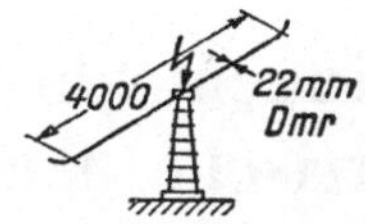 4000; 22mm Dmr	+ 501	— 811
Dreiphasiger Stoß auf Sammelschiene	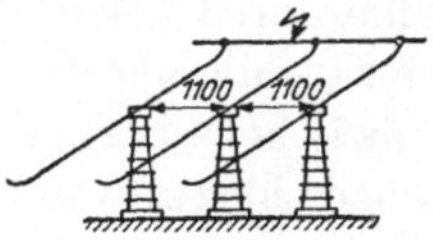 1100; 1100	+ 500	— 864

Von Wichtigkeit ist auch die Frage, inwieweit ein Stützer durch Einbau in eine Schaltanlage seine Überschlagsstoßspannung ändert: Zahlentafel 20 zeigt einige grundsätzliche Versuchsergebnisse für einen Freiluftstützer, der zunächst alleinstehend mit und ohne Sammelschiene, dann in dreiphasiger Anordnung Stoßspannungen ausgesetzt war: die Versuche zeigen, daß sich durch diesen Einbau die positive Mindestüberschlagsstoßspannung nicht, die wesentlich höher liegende negative um weniger als 10% ändert. Bringt man bei aufgelegter Sammelschiene einen wulstförmigen Isolatorkopf an, so kann man dadurch die positive Mindestüberschlagsstoßspannung um mehr als 15% steigern. Dies Ergebnis ist insofern auffällig, als ein Stützer mit wulstförmiger Kopfelektrode ohne aufgelegte Sammelschiene sich nicht nennenswert günstiger verhält als ein Stützer mit scharfkantiger Kopfelektrode.

Von wesentlich stärkerem Einfluß als die Art des Einbaues ist die Änderung der Luftfeuchtigkeit auf die Stoßfestigkeit von Stützern und Sammelschienen[1]. Wie schon erwähnt, ändert sie sich bei Stützern

[1] Fielder, F. D.: Anm. 1, S. 245.

geradlinig mit diesen beiden Größen; dasselbe gilt auch für Sammelschienenanordnungen. In Abb. 244 ist die Abhängigkeit der positiven Stoßüberschlagsspannung von Sammelschienen gegen Erde bei einer Schlagweite von 720 mm aufgetragen, wenn die relative Luftfeuchtigkeit zwischen 40% bei 5° C und 100% bei 25° C schwankt. Da kalte Luft nur wenig, warme dagegen viel Feuchtigkeit aufnehmen kann, so macht sich eine gleich große Schwankung der relativen Feuchtigkeit im Sommer erheblich mehr bemerkbar als im Winter; der Unterschied zwischen einem trockenen Wintertag und einem feuchtwarmen Sommertag kann 25% betragen, bezogen auf den Stoßfestigkeitswert des Wintertages.

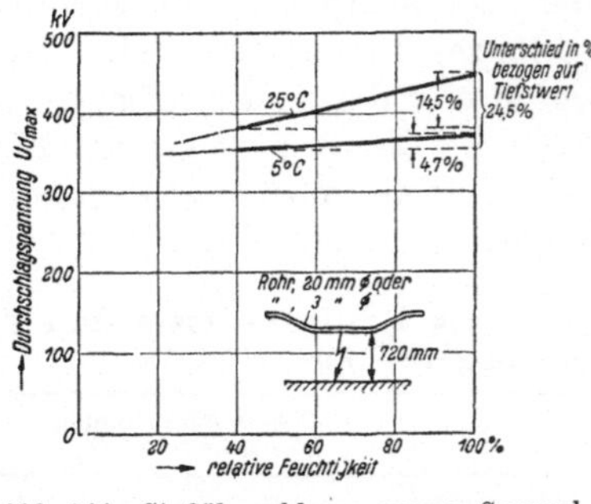

Abb. 244. Stoßüberschlagspannung. Sammelschiene gegen Erde bei verschiedener Luftfeuchtigkeit und 720 Torr. Durchschlagspannung $U_{d\,\max}$ bei IEC-Bedingung, 20° C, 760 Torr, 11 g/m³ Feuchtigkeit: 390 kV.

IX. Das Eindringen von Wanderwellen in elektrische Maschinen.

Elektrische Maschinen sind durch Überspannungen großer Höhe und steiler Stirn stärker gefährdet als die übrigen Teile elektrischer Anlagen, namentlich wenn sie ohne Zwischenschaltung von Transformatoren unmittelbar an Freileitungen angeschlossen werden. Sowohl das Eindringen der Wanderwellen als auch die Schutzmaßnahmen dagegen sind daher von großer technischer Bedeutung.

A. Höhe und zeitlicher Verlauf der Überspannungen.

Abb. 245 erläutert den zeitlichen Verlauf von Wanderwellen innerhalb einer Maschinenwicklung zunächst an einem Beispiel[1]. Die Nennspannung der Maschine beträgt 500 V, bei 68 A Nennstrom und 34 kVA Nennleistung. Sie ist eine Einphasensynchronmaschine für 50 Hz. Die Nutenzahl beträgt insgesamt 30, davon 20 bewickelt, der Ständerdurchmesser 450 mm, die Ständerlänge 230 mm. Die Wicklung besteht aus 2 Zweifachspulen von je 18 Windungen und aus 2 Dreifachspulen zu je 27 Windungen. Die gesamte Drahtlänge ist 135 m bei einem Kupferquerschnitt 6,5×4 mm². Die Anordnung der Wicklung ist in Abb. 246 wiedergegeben.

Abb. 245 zeigt nun das Eindringen von Wanderwellen in folgenden 4 Schaltungen:

[1] Neuhaus, H. u. R. Strigel: Arch. Elektrotechn. Bd. 29 (1935) S. 702.

1. Wicklungsende offen.

2. Wicklungsende über einen Widerstand in der Größe des Wellenwiderstandes der Maschine mit dem Gehäuse verbunden.

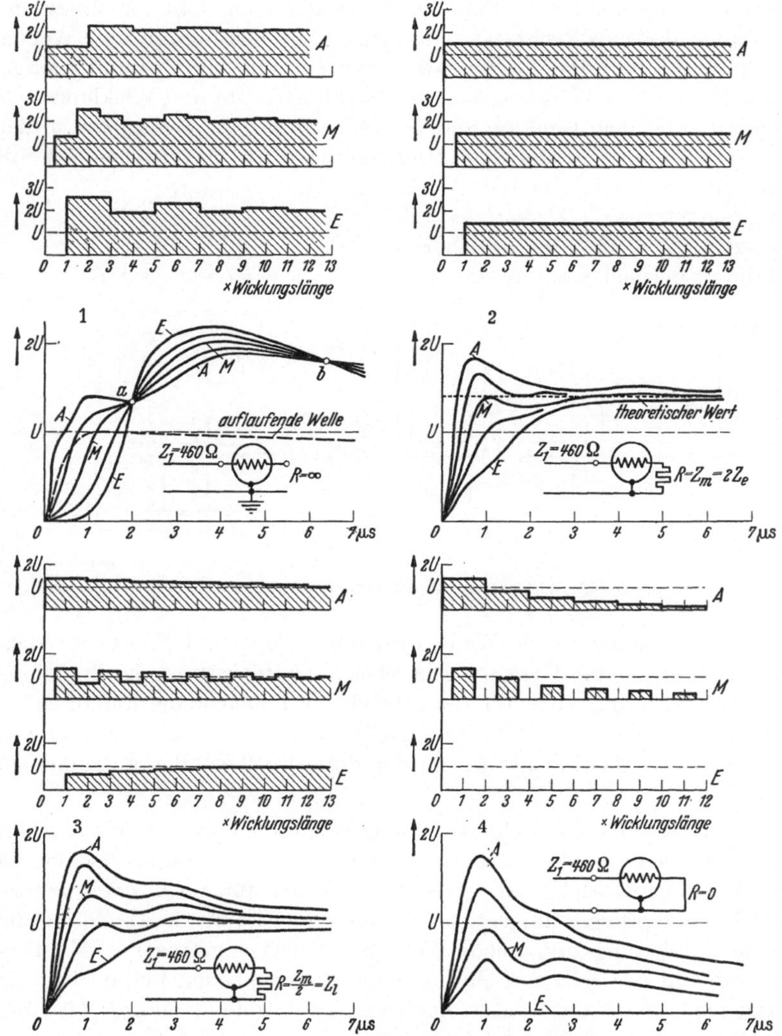

Abb. 245. Das Eindringen von Wanderwellen in die Wicklung einer Einphasensynchronmaschine 500 V, 34 kVA. 1 Wicklungsende offen; 2 Wicklungsende über den Wellenwiderstand einer Freileitung geerdet; 3 Wicklungsende über den halben Wellenwiderstand einer Freileitung geerdet; 4 Wicklungsende mit dem Gehäuse verbunden.

3. Wicklungsende über einen Widerstand in der Größe des halben Wellenwiderstandes der Maschine mit dem Gehäuse verbunden.

4. Wicklungsende mit dem Gehäuse kurz verbunden.

1. Fall. Wicklungsende offen. Zum besseren Verständnis des Verlaufes der Wanderwellen in der Maschinenwicklung ist die Wicklung zunächst als Leitung endlicher Länge mit gegebenem Wellenwiderstand Z_m angenommen. Für diesen idealisierten Fall ist unter der Annahme, daß eine Rechteckswelle aus einer Freileitung mit dem Wellenwiderstand Z_1 auf die Maschinenwicklung auftrifft, die Spannung aufgezeichnet zwischen Wicklungsanfang, Wicklungsmitte und Wicklungsende einerseits und dem Gehäuse andererseits. Hierbei ist ebenso wie in den später folgenden gleichartigen Darstellungen als Abszisseneinheit die Laufzeit der Welle über der Wicklung aufgetragen. Z_m ist zu $2\,Z_1$ gesetzt, ein Wert, der annähernd für die als Beispiel gewählte Maschine

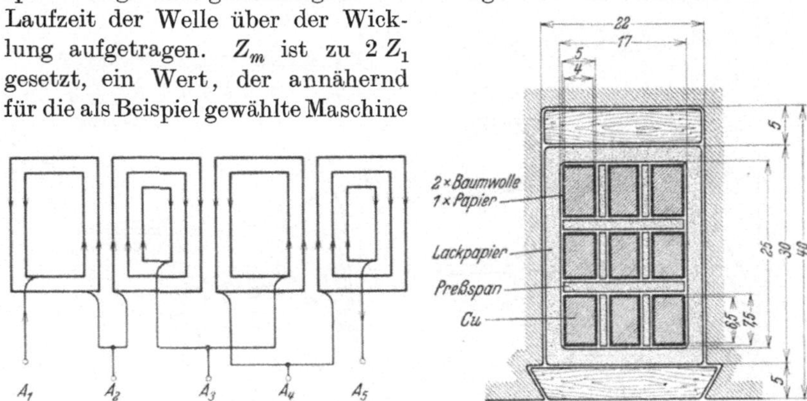

Abb. 246. Wicklungsaufbau der Versuchsmaschine (Abb. 245).

zutrifft. Die auftreffende Welle wird am Anfang und Ende der Wicklung nach bekannten Gesetzen gebrochen; der Höchstwert der Spannung tritt am Wicklungsende auf: er beträgt das 2,66fache der auflaufenden Welle; als Endwert stellt sich nach mehreren Brechungsvorgängen innerhalb der Maschinenwicklung der doppelte Wert der auflaufenden Welle ein.

Unter diese schematische Abbildung ist nun der tatsächliche Verlauf einer Wanderwelle von 0,2 μs Stirndauer und 150 μs Halbwertsdauer in der Maschinenwicklung für dieselben drei und für noch zwei weitere Zwischenanzapfungen aufgezeichnet. Außerdem ist in die Abbildung die aus der Freileitung auflaufende Welle gestrichelt eingetragen. Die Übereinstimmung des schematischen mit dem tatsächlichen Verlauf ist sehr weitgehend; man kann also von einem Wellenwiderstand der Maschine sprechen.

Dieser Wellenwiderstand Z_m läßt sich aus dem Verhältnis der Höhe der auflaufenden Welle U_1 zu der am Wicklungsende erstmalig gebrochenen Welle U_2 berechnen:

$$U_2 = \frac{2\,Z_m}{Z_1 + Z_m}\,U_1 \tag{1}$$

und ergibt sich zu 942 Ω, da als Wellenwiderstand Z_1 der Freileitung 460 Ω gemessen wurden.

2. Fall. Wicklungsende über einen Widerstand in der Größe des Wellenwiderstandes der Maschinenwicklung mit dem Gehäuse verbunden. Das Wicklungsende sei zunächst wieder als einfache Leitung betrachtet mit einem Wellenwiderstand, der doppelt so groß ist, wie der der vorgeschalteten Freileitung: wenn dann von der Freileitung eine Wanderwelle auf diese idealisierte Maschinenwicklung aufläuft, so zieht eine Welle von $\frac{4}{3}U_1$ in diese ein; am Ende der Wicklung findet jedoch keine Reflexion statt, sondern diese Spannungshöhe bleibt auf der ganzen Länge der Wicklung bestehen. Unter das Idealbild ist wieder der oszillographierte Spannungsverlauf bei der erwähnten Versuchswelle eingetragen zwischen den verschiedenen Wicklungspunkten und dem Gehäuse. Die Übereinstimmung zwischen idealem und tatsächlichem Verlauf ist während der ersten beiden μs erheblich gestört. Der Grund hierfür ist darin zu suchen, daß im Falle 1 die Windungskapazität am Ende der Wicklung offen war, während sie im vorliegenden Falle über den Wellenwiderstand geerdet und dadurch der Erdkapazität parallelgeschaltet ist. Die Maschinenwicklung wirkt deshalb innerhalb der beiden ersten μs nur als verhältnismäßig große Erdkapazität, so daß die Spannung am Anfang der Maschinenwicklung zunächst exponentiell dem doppelten Wert der auflaufenden Welle zustreben muß; während dieses Anstieges beginnt jedoch bereits eine Entladung der Windungskapazität über die einzelnen Wicklungselemente und die Spannung der Wicklung nähert sich allmählich dem theoretisch erwarteten Endwert von etwa $^4/_3$ der auflaufenden Spannungswelle. Die übrigen Anzapfungen bis zum Wicklungsende zeigen ebenfalls zunächst den starken Spannungsanstieg und dann den allmählichen Übergang zum errechneten Endwert.

3. Fall. Wicklungsende über einen Widerstand in der halben Größe des Wellenwiderstandes der Maschinenwicklung mit dem Gehäuse verbunden. Dieser Versuch entspricht dem Auflaufen der Wanderwelle auf nur eine Phase einer Drehstrommaschine, da ja dann der Sternpunkt nicht als offenes Leitungsende betrachtet werden darf. Wieder ist der idealisierte Spannungsverlauf dem tatsächlichen gegenübergestellt. Es zeigt sich wieder die Wirkung der Windungskapazität wie in Fall 2: es ist eine merkliche Spannungserhöhung gegenüber dem idealisierten Verlauf innerhalb der ersten beiden μs vorhanden. Im weiteren Verlauf ist dann die Übereinstimmung zwischen gemessenem und theoretischem Verlauf sehr gut.

4. Fall. Wicklungsende mit dem Gehäuse verbunden. Auch hier ist die Wirkung der Windungskapazität während der ersten μs erkennbar; im weiteren zeitlichen Ablauf ist dann die Übereinstimmung zwischen den idealisierten und gemessenen Kurven gut.

Das Beispiel ist typisch für den Verlauf von Wanderwellen in Maschinenwicklungen; so zeigt Abb. 247 den Wanderwellenverlauf in der Wicklung eines Drehstromwalzwerkmotors für 6,6 kV bei 1400 kVA, einmal für offenen, das andere Mal für geerdeten Sternpunkt. Die Kurven haben denselben Charakter wie bei dem vorhergehenden Beispiel, außerdem zeigen sie auch, daß sich die 3 Phasen einer Drehstrommaschine gegenseitig nicht nennenswert beeinflussen. Ebenso spielt das Vorhandensein des Läufers für den Verlauf der Wanderwellen keine wesentliche Rolle[1]. Man kann also verallgemeinern: die auftreffende Überspannung

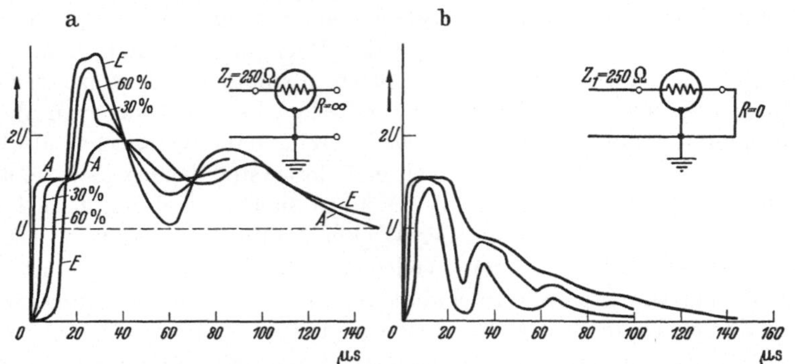

Abb. 247 a u. b. Das Eindringen von Wanderwellen in einen Drehstromwalzwerksmotor 6,6 kV, 1400 kV. a offen; b Sternpunkt geerdet.

verliert innerhalb der Maschinenwicklung keineswegs ihren Wanderwellencharakter und man kann daher durchaus von einem äquivalenten Wellenwiderstand, der Wanderwellenfortpflanzungsgeschwindigkeit und von ihrer Dämpfung innerhalb der Wicklung sprechen.

Der Wellenwiderstand ist annähernd geradlinig abhängig von der Zahl der Windungen einer Spule, nicht aber von der Klemmenspannung und der Maschinenleistung, wie die Zahlentafel 21 zeigt.

Eine derart eindeutige Gesetzmäßigkeit läßt sich für die Fortpflanzungsgeschwindigkeit der Wanderwellen in der Wicklung nicht finden: die gemessenen Werte sind ebenfalls in der Zahlentafel eingetragen; sie liegen zwischen dem halben Wert und einem Zehntel der Lichtgeschwindigkeit. Wesentlich scheint für die Fortpflanzungsgeschwindigkeit zu sein, inwieweit die Spulen innerhalb der Nuten verlaufen und welche Länge die Wickelköpfe in Luft haben: so ergab eine überschlägige Rechnung, die für die in der Zahlentafel angeführte Maschine von 6600 V für 1400 kVA durchgeführt wurde[1], die nachstehenden Fortpflanzungsgeschwindigkeiten

bei Spulen in freier Luft . . . . 200000 km/s (gemessener Wert)
bei Spulen in der Maschine eingebaut . 39000 km/s (gemessener Wert)
in den Wickelköpfen . . . . 160000 km/s (geschätzter Wert)
innerhalb der Nuten . . . . 17000 km/s (gerechneter Wert).

[1] Boehne, E. W.: Trans. Amer. Inst. electr. Engrs. Bd. 49 (1930) S. 1587.

Zahlentafel 21. Der Wellenwiderstand elektrischer Maschinen.

Spannung der Maschine V	Leistung der Maschine kVA	Windungen je Spule	Wellenwiderstand der Wicklung Ω	Fortpflanzungsgeschwindigkeit km/s
6600	12500[1]	1	200	—
13800	25000[2]	3	365	—
Niederspannung	5[3]	4	760	115000
2200	29,4[4]	5	685	39000
24000	15000[4]	5	1000	39000
6600	1400[4]	6	800	39000
500	34[5]	9	942	94000
2200	4420[1]	14	1600	—
2300	35[3]	18	4150	130000

Die Dämpfung der Welle beim Durchlaufen der Maschinenwicklung läßt sich am einfachsten angeben durch die Dämpfungsraumkonstante X: diese Konstante gibt diejenige Wicklungslänge an, in der der Scheitelwert die Welle vom Anfangswert auf $1/\varepsilon$ abgesunken ist. Die Abnahme des Scheitelwertes vom Ausgangswert u_0 auf den Wert u_x nach Durchlaufen einer beliebigen Wicklungslänge x ist dann durch die folgende Beziehung gegeben[6]:

$$u_x = u_0 \varepsilon^{-x}. \tag{2}$$

Die Dämpfungsraumkonstante läßt sich also bestimmen, wenn zusammengehörige Werte u_0, u_x und x bekannt sind. Solche Zahlenwerte kann man z. B. aus Abb. 245, Fall 1 entnehmen: die Welle tritt in die Maschine mit einer Höhe von 1320 V ein, müßte am Wicklungsende, also nach 135 m Laufweg durch Reflexion am Wicklungsende auf den doppelten Wert, also auf 2640 V, angestiegen sein: sie erreicht aber nur 2240 V. Daraus errechnet sich für den Laufweg $x = 135$ m ein Verhältnis $u_x/u_0 = 0{,}85$; die Dämpfungsraumkonstante ergibt sich dann zu 825 m, die auch mit Hilfe der gemessenen Fortpflanzungsgeschwindigkeit von $v = 94000$ km/s umgerechnet werden kann auf eine Dämpfungszeitkonstante von 8,8 μs. Ein Vergleich mit anderen Messungen läßt erkennen, daß die Dämpfungsraumkonstante in anderen Fällen etwa bis 5mal so groß werden kann[7].

[1] Hunter, E. M.: Electr. Engng. Bd. 55 (1936) S. 137.

[2] Calvert, J. J.: Electr. Engng. Bd. 53 (1934) S. 139.

[3] Okshochi, J.: J. Inst. Electr. Engrs. Jap., Suppl. Bd. 54 (1934) S. 1237.

[4] Boehne, E. W.: Siehe Anm. 1, S. 260.

[5] Neuhaus, H. u. R. Strigel: Anm. 1, S. 256.

[6] Rüdenberg, R.: Elektrische Schaltvorgänge, 3. Aufl., S. 433. 1933. — Flegler, E. u. J. Röhrig: Arch. Elektrotechn. Bd. 27 (1933) S. 412.

[7] Weitere Literatur: Fielder, F. D. u. E. Beck: Trans. Amer. Inst. electr. Engrs. Bd. 49 (1930) S. 1577. — Rudge jr., W. J., R. W. Wiesemann u. W. W. Lewis: Trans. Amer. Inst. electr. Engrs. Bd. 52 (1933) S. 434. — Calvert, J. F., A. C. Montieth u. E. Beck: Electr. J. Bd. 30 (1933) S. 91. — Hunter, E. M.: Electr. Engng. Bd. 54 (1935) S. 599. — Kopeliowitsch, J. u. P. Fourmarier: Rev. gén. Électr. Bd. 40 (1936) S. 163, 193.

B. Beanspruchung der Wicklungen durch die Wanderwellen.

Ein gutes Bild für die Beanspruchungen innerhalb der Wicklungen erhält man, wenn man die Spannungsverteilung innerhalb derselben zu verschiedenen Zeitmomenten aufträgt. Dies ist ausgeführt in Abb. 248 am Beispiel der 500 V-Synchronmaschine für den Fall des offenen und denjenigen des kurz mit dem Gehäuse verbundenen Wicklungsendes und in Abb. 249 für den 6,6 kV-Walzwerksmotor bei geerdetem Sternpunkt. Man erkennt in diesen Abbildungen, daß die einzelnen Spulenenden schneller Spannung annehmen als der Laufzeit einer mit konstanter Geschwindigkeit eindringenden Welle entspricht: diese geringe Abweichung vom Leitungscharakter ist auf die gegenseitige Kapazität der einzelnen Windungen innerhalb der Spule zurückzuführen.

Für die Beanspruchung der Isolation zwischen den Windungen ist

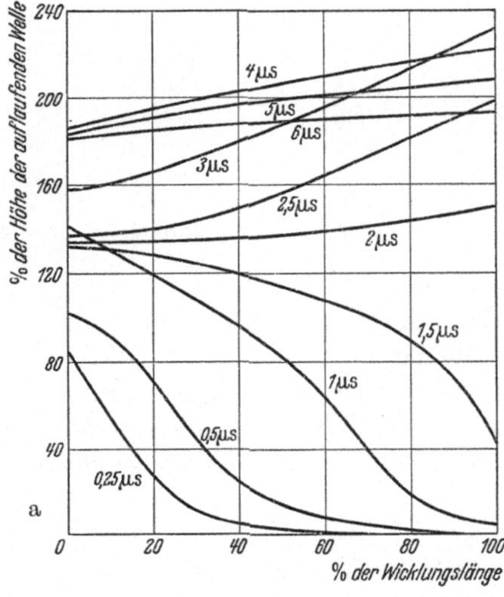

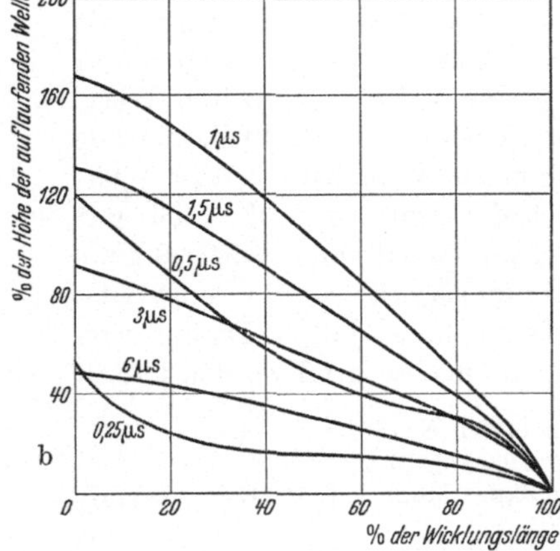

Abb. 248 a u. b. Spannungsverteilung in der Maschinenwicklung zu verschiedenen Zeitpunkten nach dem Auftreffen einer Wanderwelle. (Einphasensynchronmaschine 500 V, 34 kVA, s. Abb. 246.) a bei offenem Sternpunkt; b bei geerdetem Sternpunkt.

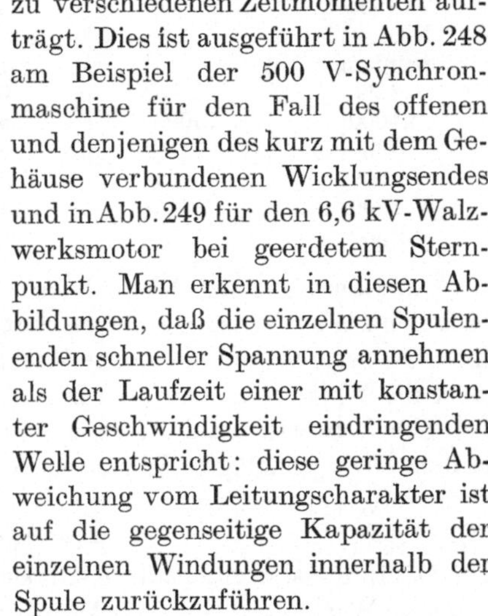

Abb. 249. Spannungsverteilung in der Wicklung eines Walzwerksmotors s. Abb. 247 bei geerdetem Sternpunkt zu verschiedenen Zeitpunkten nach dem Auftreffen einer Wanderwelle.

die höchste Steilheit der Wanderwelle maßgebend. In Abb. 250 ist der örtliche Höchstwert der Steilheit innerhalb der Wicklung für die als Beispiel gewählten 4 Fälle der 500 V-Synchronmaschine unter den erwähnten Versuchsbedingungen aufgetragen. Bei offenem Wicklungsende nimmt die Steilheit der eindringenden Welle zunächst sehr rasch auf weniger als die Hälfte ab, um dann bis zum Wicklungsende annähernd konstant zu bleiben; die zurücklaufende Welle zeigt eine noch weitergehende Abnahme der Steilheit: diese sinkt auf etwa $^1/_5$ des ursprünglichen Wertes. In den 3 anderen Fällen nimmt sie annähernd linear längs der Wicklung ab. Ist die Wicklung über einen Wellenwiderstand geerdet, so ergeben sich die größten Werte für die Steilheit; ist sie dagegen am Ende umittelbar geerdet, so beträgt die Anfangssteilheit nur $^3/_5$ derjenigen bei Erdung über einen Wellenwiderstand. Die Steilheitswerte für Erdung über den halben Wellenwiderstand liegen etwa in der Mitte zwischen den beiden vorgenannten Fällen: die wichtige Tatsache, daß die Steilheit am Wicklungsanfang von den Erdungsverhältnissen am Wicklungsende wesentlich abhängig ist, kann nur durch die verhältnismäßig große Windungskapazität erklärt werden, die bewirkt, daß in den ersten Zeitmomenten des Auftreffens der Wanderwelle ein Ausgleichsvorgang über Windungskapazität läuft.

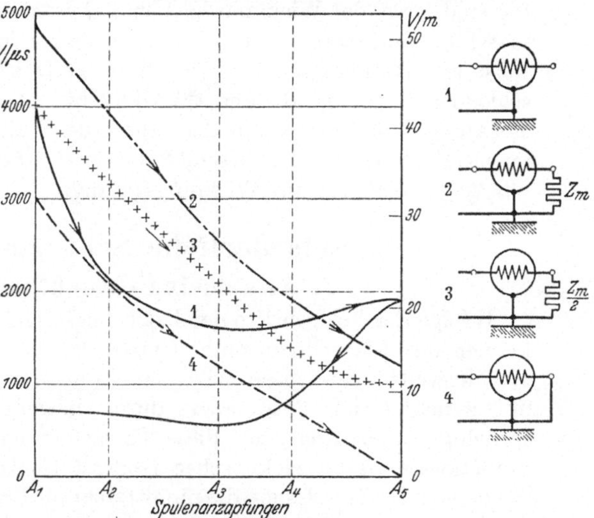

Abb. 250. Verlauf des örtlichen Steilheitshöchstwertes innerhalb der Wicklung der Versuchsmaschine nach Abb. 246.

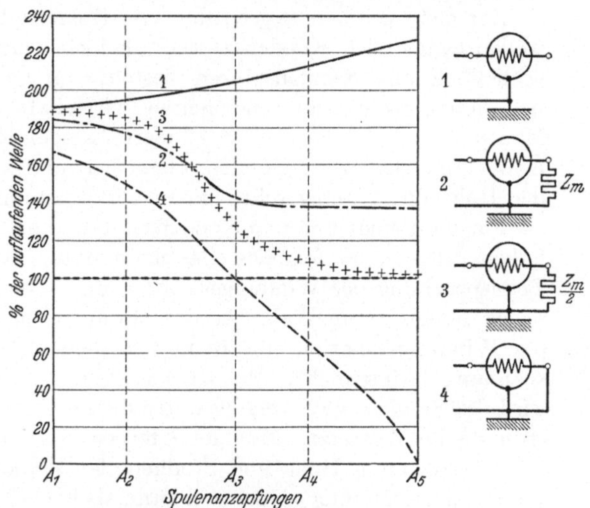

Abb. 251. Verlauf der örtlichen Spannungshöchstwerte innerhalb der Wicklung der Versuchsmaschine nach Abb. 246.

Für den Durchschlag der Wicklungsisolation zum Gehäuse sind daneben aber auch die Höchstwerte der Spannung gegen Erde maßgebend. Sie sind längs der Wicklung in Abb. 251 wieder für die 500 V-Synchronmaschine aufgetragen: die Beanspruchung der Isolation gegen Erde weist am Wicklungsanfang für alle 4 Fälle keine wesentlichen Unterschiede auf. Innerhalb der Wicklung nimmt die Beanspruchung zum Wicklungsende hin ab, mit Ausnahme des Falles 1, bei dem das Wicklungsende offen ist. In diesem Falle ist die Beanspruchung sogar noch um 20% höher als am Wicklungsanfang.

C. Erforderliche Schutzmaßnahmen.

1. Allgemeine Gesichtspunkte.

Infolge der Fortschritte der Isolierungstechnik in den letzten Jahren[1] können neue Maschinen unter Umständen den Beanspruchungen durch Wanderwellen gewachsen sein. Die Güte der Isolation nimmt jedoch mit zunehmender Betriebszeit durch mechanische und Wärmebeanspruchung ab[2]. Nicht nur diese Tatsache, sondern auch die niedrigen Stoßfaktoren fester elektrischer Isolierstoffe lassen es als zweckmäßig erscheinen, bei Maschinen, die unmittelbar an Freileitungen angeschlossen werden, einen ausreichenden Schutz gegen zu hohe und zu steile Überspannungen vorzusehen.

Zur gleichzeitigen Begrenzung von Höhe und Steilheit von Wanderwellen eignen sich Kondensatoren. Jedoch würde ein Schutz, der ausschließlich aus Kondensatoren besteht, infolge der Größe der dann benötigten Kondensatoreneinheiten wirtschaftlich nicht tragbar sein. Man verwendet daher besser kleinere Kondensatoren, die lediglich zur Abflachung der Wanderwellen ausreichen und schaltet zur Begrenzung der Höhe der Wanderwellen ihnen Überspannungsableiter parallel[3].

Für die Bemessung von Kondensatoren, die nur abflachende Wirkung haben sollen, sind folgende Gesichtspunkte maßgebend: Die zulässige Beanspruchung der Windungsisolation durch die Steilheit muß geringer angenommen werden als bei der Sprungwellenprobe: durch sie wird die Windungsisolation mit dem 2,2fachen Scheitelwert der Betriebsspannung beansprucht. Mit Rücksicht auf die Alterung der Isolation wird die Steilheit zweckmäßig unter diesen Wert etwa um eine Größenordnung herabgesetzt. Man muß ferner beachten, daß bei niedrigerer Betriebsspannung Höhe und Steilheit der Wanderwellen im Verhältnis zur Betriebsspannung größer sein kann als bei höherer Betriebsspannung: diese ist begründet in der verhältnismäßig stärkeren Freileitungsisolation bei niedrigerer Betriebsspannung.

[1] Siehe z. B. Eberspächer, W. u. H. Stach: Siemens-Z. Bd. 14 (1934) S. 88.
[2] Schneider, E.: ETZ Bd. 54 (1933) S. 837.
[3] Strigel, R. u. H. Neuhaus: Anm. 1, S. 256. — Hunter, E. M.: Anm. 1, S. 261. — Tode, Z. v.: Elektr. Stanzii Bd. 5 (1937) S. 27.

Unter Berücksichtigung aller dieser Gesichtspunkte erscheint die nachstehende Stufung von Kondensatoren zur Abflachung der Wanderwellensteilheit zweckmäßig:

bis 1 kV Netzbetriebsspannung	1,0	μF je Leiter
von 3 bis 6 kV Netzbetriebsspannung . .	0,15	μF je Leiter
von 10 bis 30 kV Netzbetriebsspannung .	0,075	μF je Leiter.

2. Die Wirkungsweise des Kondensatorschutzes[1].

Eine über die Leitung mit dem Wellenwiderstand Z_1 auf einen Kondensator C am Anschlußpunkt einer zweiten Leitung mit dem Wellenwiderstand Z_2 auflaufende Welle (s. Abb. 252)

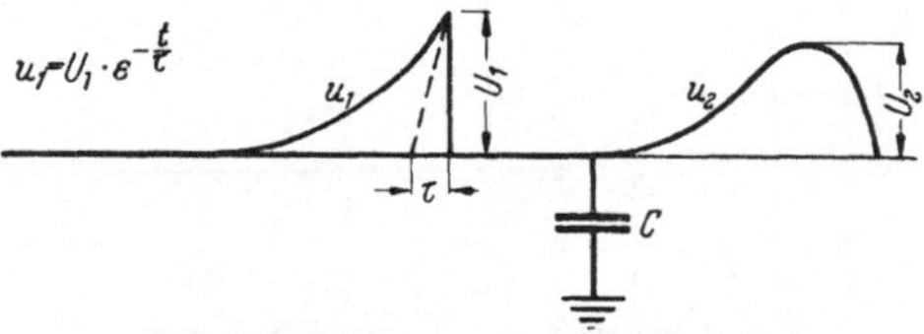

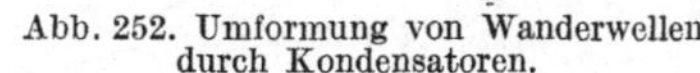
Abb. 252. Umformung von Wanderwellen durch Kondensatoren.

$$u_1 = U_1 \varepsilon^{-\frac{t}{\tau}} \tag{3}$$

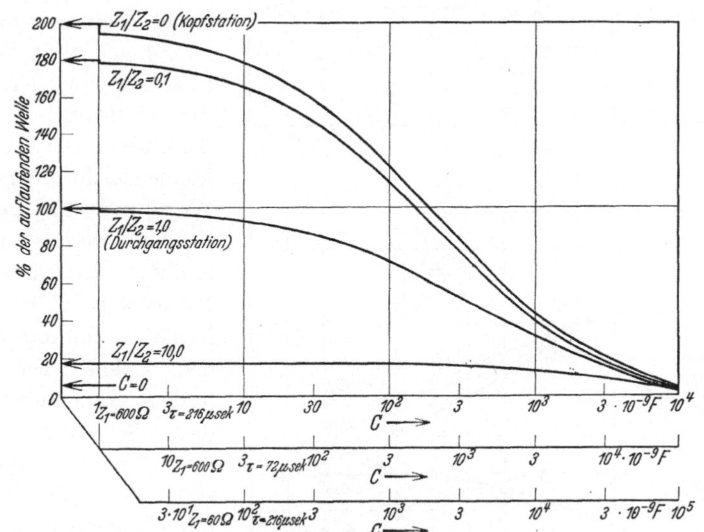

Abb. 253. Verminderung der Höhe auflaufender Wanderwellen durch Kondensatoren.

[1] Boll, G.: BBC-Nachr. Mannheim Bd. 18 (1931) S. 117; Bd. 21 (1934) S. 55.— Schilling, W.: Arch. Elektrotechn. Bd. 25 (1931) S. 97. — Rauch, R.: Elektrotechn. u. Masch.-Bau Bd. 50 (1932) S. 181. — Miller, J.: Elektrotechn. u. Masch.-Bau Bd. 50 (1932) S. 281. — Lundholm, R.: Ericsson-Rev. 1933 Nr. 1, S. 17; Auszug: ETZ Bd. 55 (1934) S. 28. — Rogowski, W. u. H. Boekels: Elektrizitätswirtsch. Bd. 32 (1933) S. 273. — Mayer, R. u. A. Segall: Elektrotechn. u. Masch.-Bau Bd. 49 (1931) S. 397. — Rev. gén. Électr. Bd. 33 (1933) S. 190. — Miller, J. L.: J. Inst. electr. Engng. Bd. 74 (1934) S. 473.

erzeugt am Kondensator C die Spannung

$$(4) \qquad u_2 = \frac{2\,Z_2}{Z_1 + Z_2} \cdot \frac{U_1}{1 - \frac{T}{\tau}} \left(\varepsilon^{-\frac{t}{\tau}} - \varepsilon^{-\frac{t}{T}} \right),$$

wenn

$$(5) \qquad T = C \cdot \frac{Z_1 Z_2}{Z_1 + Z_2}.$$

Wichtig für die Anwendung des Schutzes sind vor allem Höchstwert und Anfangssteilheit der Spannung u_2. Ihr Höchstwert U_2 ergibt sich nach einfacher Umrechnung zu

$$(6) \qquad U_2 = \frac{2\,Z_2}{Z_1 + Z_2} \cdot U \left(\frac{T}{\tau} \right)^{\frac{T/\tau}{1 - T/\tau}}.$$

In Abb. 253 ist dieser Wert U_2 für verschiedene Werte Z_1/Z_2 und eine auflaufende Welle von 150 µs Halbwertsdauer (Zeitkonstante $\tau = 214$ µs) aufgetragen abhängig von der Kapazität des Schutzkondensators. Die Kurven können leicht für andere Werte τ und Z_1 umgerechnet werden, z. B. ergibt sich derselbe Höchstwert U_2 für die halbe Zeitkonstante des Rückens bei dem halben Kapazitätswert des Schutzkondensators; für $Z_1 = 60\ \Omega$, statt wie in der Abbildung angenommen für $Z_1 = 600\ \Omega$, erhält man den gleichen Wert für U_2 bei einem Kapazitätswert, der 10mal so groß ist wie derjenige in Abb. 253.

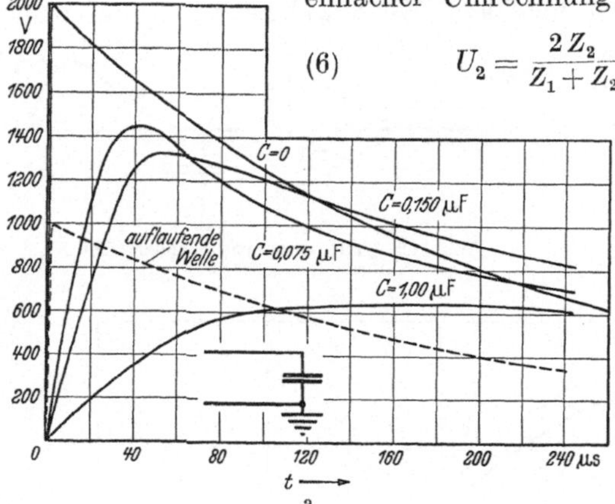

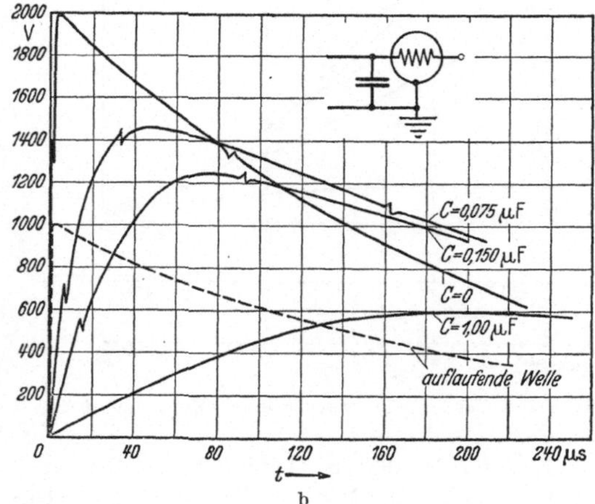

Abb. 254 a u. b. Umformung einer Wanderwelle von 150 µs Halbwertsdauer durch Kondensatoren. a offenes Leitungsende; b mit einer Maschine belastetes Leitungsende.

Die Anfangssteilheit von u_2 ergibt sich zu

$$(7) \qquad \left(\frac{d u_2}{d t} \right)_{\max} = \frac{2\,U_1}{Z_1\,C}.$$

Sie wird also unabhängig von Z_2.

3. Die Umbildung der Wellenform durch Kondensatoren.

Die Umbildung der Wellenform sei an einem Beispiel gezeigt: gewählt wurde als Überspannung wieder eine Wanderwelle der Form 0,2/150 μs, die etwa der ungünstigsten Beanspruchung durch Gewitterüberspannungen entsprechen dürfte. Eine solche Wanderwelle laufe über eine Freileitung, an deren Ende eine Maschine angeschlossen sei; vor der Maschine sei ein Kondensatorschutz angeordnet, der wahlweise aus Kondensatoren von 0,075, 0,15 und 1 μF bestehe. In Abbildung 254 ist der oszillographierte Verlauf der umgebildeten Welle u_2 angegeben

a) für das offene Leitungsende mit Kondensatorschutz ohne angeschlossene Maschine,

b) wenn an die Leitung eine Maschine mit offenem Wicklungsende angeschaltet ist.

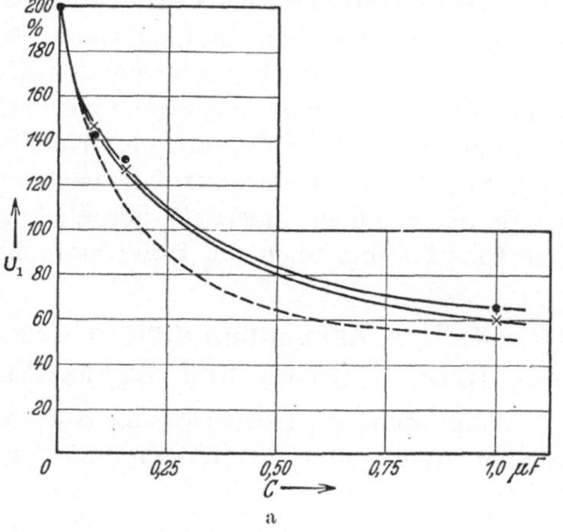

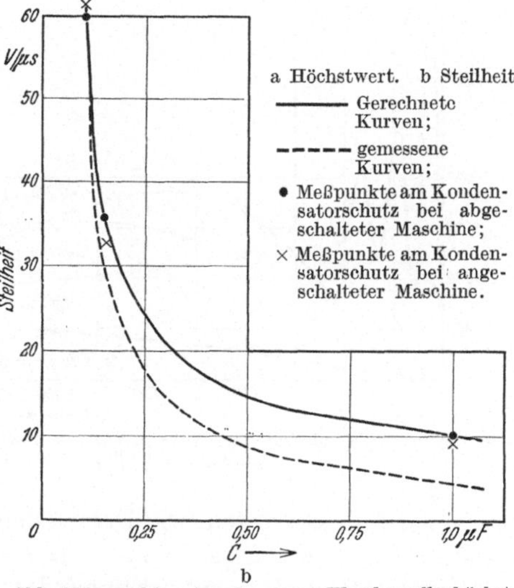

Abb. 255 a und b. Abnahme von Wanderwellenhöchstwert und -steilheit bei angeschaltetem Kondensatorschutz abhängig von dessen Größe.

Die Kurven zeigen die Abnahme der Wanderwellenhöhe und Steilheit mit zunehmender Schutzkapazität. Die Höchstwerte der am Kondensatorschutz auftretenden Spannungen fallen beim Zuschalten der Maschine an den Schutz auf einen später liegenden Zeitpunkt. In Abb. 255 sind die durch den Versuch gewonnenen Werte für Höchstwert und Anfangssteilheit abhängig von der Größe des Schutzkondensators aufgetragen und mit den errechneten Werten verglichen. Die Anfangssteilheit ist, wie schon die Rechnung ergeben hat, unabhängig davon, ob das Leitungsende offen oder mit der Maschine belastet ist. Auch die Höchstwerte von u_2 ergeben nur geringe Unterschiede, ob nun das Leitungsende durch die Maschine belastet ist oder nicht, weil die wirksame Kapazität der Maschine klein ist gegen die Kapazität der Schutzkondensatoren.

Größer sind die Unterschiede zwischen den durch Versuch gefundenen und den theoretischen Kurven. Sie dürften darauf zurückzuführen sein, daß bei Aufnahme der Oszillogramme Wickelkondensatoren verwendet wurden, die bekanntlich erhebliche Induktivität besitzen können[1]. Der zeitliche Verlauf der Überspannungen innerhalb der Maschinenwicklung unterscheidet sich bei Anwendung des Kondensatorschutzes praktisch nicht mehr von den am Wicklungsanfang gemessenen Kurven: dies ist erklärlich, da ja die Steilheit innerhalb der Wicklung um etwa 2 Zehnerpotenzen herabgesetzt und auch die Höhe beträchtlich abgesenkt wird.

4. Das Zusammenwirken des Kondensatorschutzes mit Induktivitäten und Kapazitäten in den Schaltanlagen.

Wenn man in Hochspannungsanlagen Kondensatoren einbaut, so können diese unter Umständen mit den im Zuge der Leitungen vor-

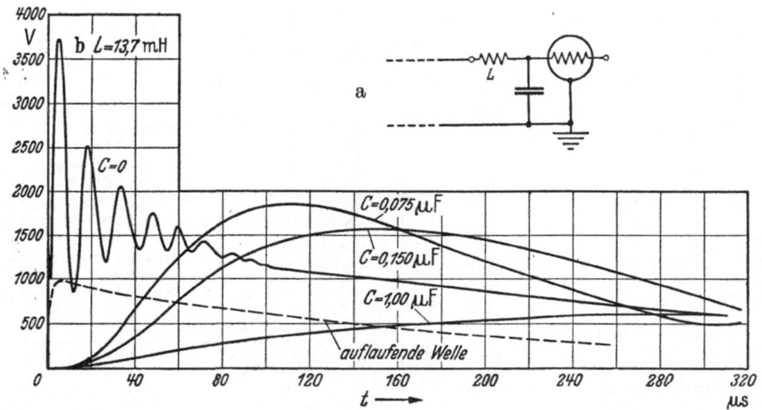

Abb. 256 a u. b. Kondensatorschutz beim Vorhandensein eisenfreier Induktivität in der Leitung. a Schaltung; b oszillographierter Spannungsverlauf.

handenen Induktivitäten, wie Drosselspulen, Auslöserspulen und Stromwandlern zu Schwingungen mit unzulässig hohen Spannungen führen und, so, statt eine Schutzwirkung darzustellen, eine Gefährdung der Anlage hervorrufen.

a) Das Zusammenwirken mit eisenfreier Induktivität.

In Abb. 256 ist der Verlauf der Spannung an den Maschinenklemmen wiedergegeben, wenn vor den Kondensatorschutz Flachdrosseln (ohne

[1] Kotowski, P. u. E. Kühn: Elektr. Nachr.-Techn. Bd. 10 (1933) S. 105. — Flegler, E.: Arch. Elektrotechn. Bd. 19 (1927/28) S. 527.

Eisen) von 13,7 mH geschaltet sind. Das Wicklungsende der geschützten Maschine war offen gewählt, da diese Schaltung ja die ungünstigste

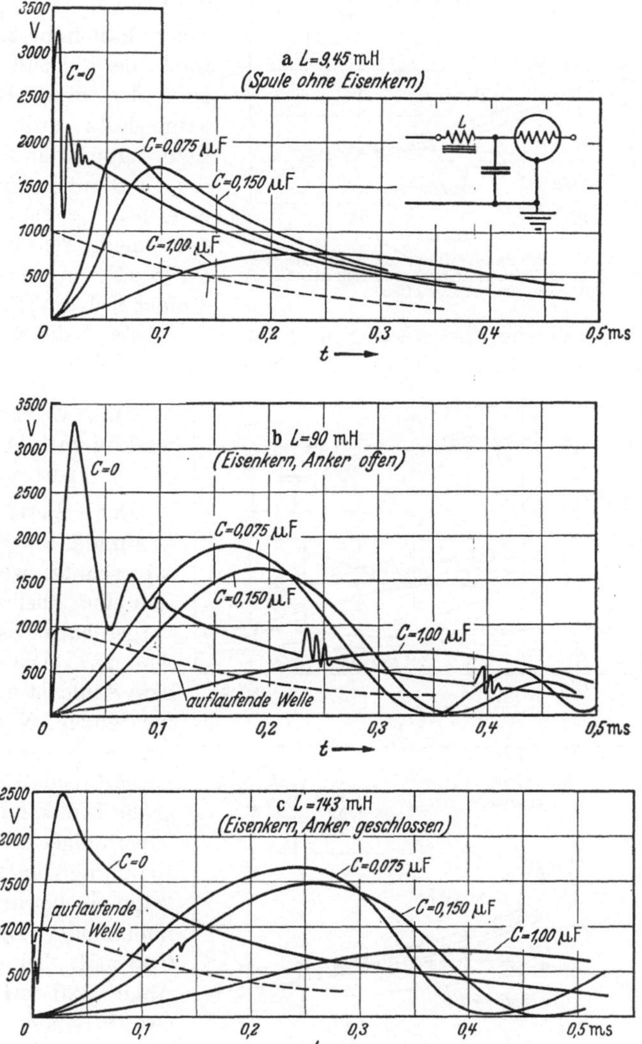

Abb. 257a bis c. Kondensatorschutz beim Vorhandensein eisenhaltiger Induktivität in der Leitung (Auslöserspulen).

Beanspruchung darstellt. Ohne Kondensatorschutz tritt an den Maschinenklemmen eine hochfrequente Schwingung mit der Erdkapazität der Maschine auf, deren Spitze fast das 4fache der auflaufenden Welle erreicht. Jedoch wird bereits durch einen Schutzkondensator von

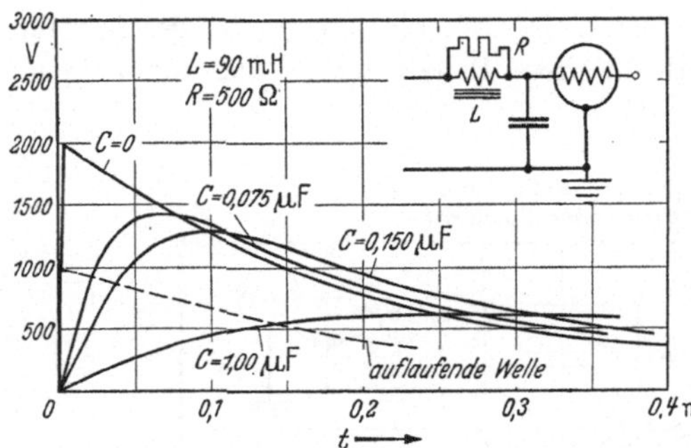

Abb. 258. Einfluß eines Parallelwiderstandes zur Auslöserspule auf die Wirkungsweise des Kondensatorschutzes (Spule mit Eisenkern, Anker offen).

0,075 μF diese Schwingung so verlangsamt, daß sich ihr Verlauf dem aperiodischen Fall nähert. Während die höchste Amplitude der ohne Kondensatorschutz auftretenden Schwingung das 3,7fache der auflaufenden Welle erreicht, beträgt diese bei einem Schutz durch 0,075 μF nur noch das 1,8fache, bei 0,15 μF sogar nur das 1,6fache. Bei einem Schutz durch 1 μF steigt die Spannung überhaupt nur auf das 0,7fache der auflaufenden Welle an.

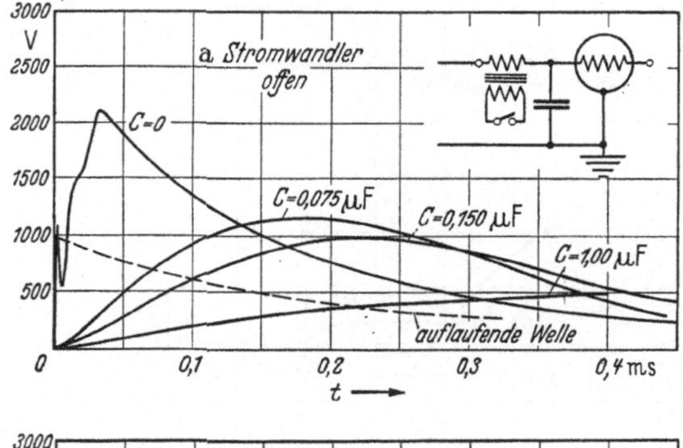

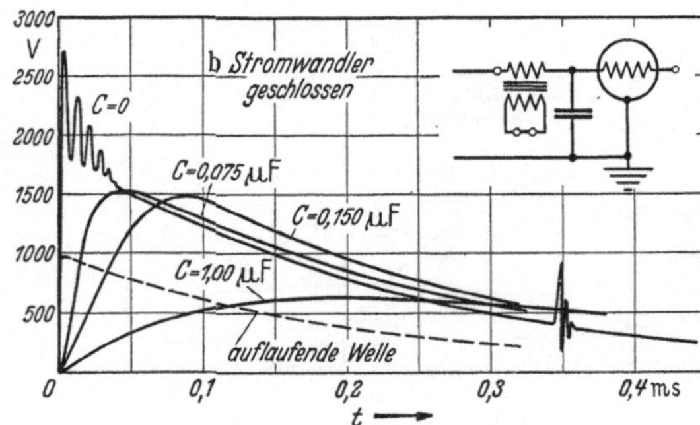

Abb. 259 a u. b. Kondensatorschutz beim Vorhandensein von Stromwandlern in der Leitung.

b) Das Zusammenwirken mit Auslöserspulen.

Der Verlauf der Spannung am Kondensatorschutz, wenn diesem eine Auslöserspule vorgeschaltet ist, zeigt Abb. 257. Die verwendete Spule ist ausgelegt für einen Nennstrom von 5 A, besitzt also verhältnismäßig sehr große Induktivität: bei 50periodiger Wechselspannung von 120 V beträgt sie bei herausgenommenem Eisenkern 9,45 mH, bei offenem Anker 90 mH, bei geschlossenem Anker 143 mH. Der Spannungsverlauf in Abbildung 256 ist dem des vorhergehenden Falles einer eisenfreien Induktivität sehr ähnlich. Bemerkenswert ist, daß der Eisenkern auch bei diesen kurzzeitigen Vorgängen schon fast voll wirksam erscheint, wie man sich leicht durch eine Nachrechnung aus der gemessenen Schwingungszahl überzeugen kann: Es ist also bei Vorgängen, die sich in etwa 0,1 ms abspielen, bei eisenhaltigen Spulen mit einer Induktivität zu rechnen, die der bei 50 Perioden gemessenen nahekommt. Bei Vorgängen, die sich in Zeiten bis zu 1 μs herab abspielen, kommt dagegen nur ein Bruchteil dieses Induktivitätswertes in Frage, bei Vorgängen dagegen, die innerhalb 0,01 bis 0,1 μs ablaufen, ist das Eisen ohne Wirkung: hier kommt nur die Luftinduktivität zur Wirkung[1].

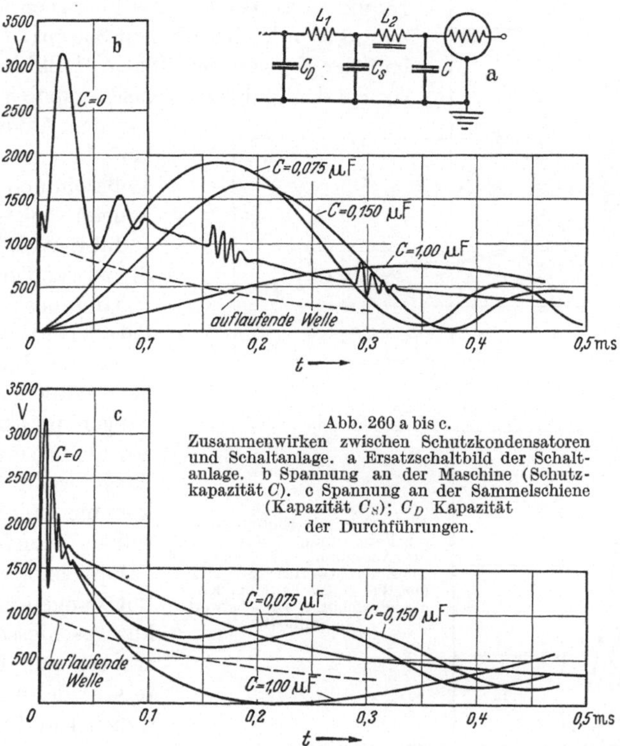

Abb. 260 a bis c. Zusammenwirken zwischen Schutzkondensatoren und Schaltanlage. a Ersatzschaltbild der Schaltanlage. b Spannung an der Maschine (Schutzkapazität C). c Spannung an der Sammelschiene (Kapazität C_S); C_D Kapazität der Durchführungen.

Auslöserspulen sollen in der Regel mit Rücksicht auf Wanderwellen mit Widerständen überbrückt sein; besonders günstig sind Widerstände, deren Ohmwert mit dem Wellenwiderstand stark abnimmt. In Abb. 258 ist der Einfluß derartiger Widerstände wiedergegeben; der parallelgeschaltete Silitwiderstand hat bei 4 V einen Widerstand von 500 Ω und bei 220 V einen solchen von 390 Ω; der bewegliche Anker der Auslöserspule steht im wiedergegebenen Versuchsfall offen. Durch den Parallelwiderstand werden die Schwingungen unterdrückt: der Kurvenverlauf entspricht fast genau demjenigen, den man ohne vorgeschaltete Induktivität erhält.

[1] Flegler, E.: Siehe Anm. 1, S. 268.

c) Das Zusammenwirken mit Stromwandlern.

In Abb. 259 ist der Spannungsverlauf an den Maschinenklemmen bei meßseitig offenem und geschlossenem Stromwandler angegeben: der Wandler hat ein Stromübersetzungsverhältnis 5 auf 5 A, die Nennbürde beträgt 1,2 Ω bei 50 Perioden, die Betriebsspannung 6 kV, die Induktivität bei kurzgeschlossenen Meßklemmen 3,95 mH, bei offenen 830 mH. Der Verlauf der Kurven bei offenen Meßklemmen entspricht demjenigen bei Auslöserspulen mit angezogenem Anker, der Verlauf bei geschlossenen Meßklemmen fast demjenigen bei eisenfreier Induktivität. Auch bei Stromwandlern lassen spannungsabhängige Parallelwiderstände von 50 Ω die Induktivität bei Wanderwellenvorgängen praktisch kurzgeschlossen erscheinen[1]. Auch wenn die Meßklemmen nicht unmittelbar, sondern über Doppelmeßleitungen mit Längen bis zu 50 m kurzgeschlossen sind, so ergeben sich keine Unterschiede in der wirksamen Induktivität.

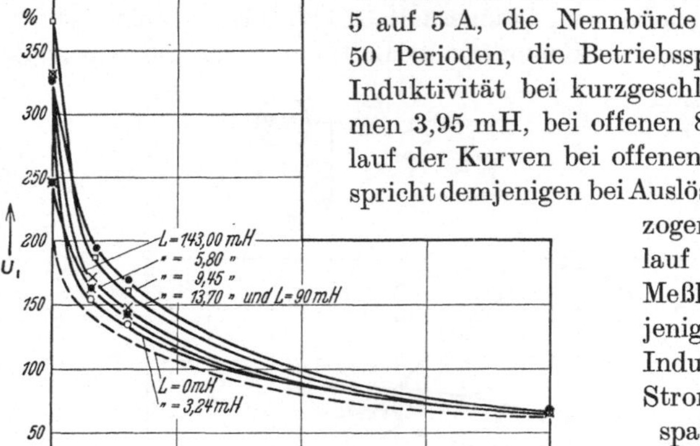

Abb. 261 a.

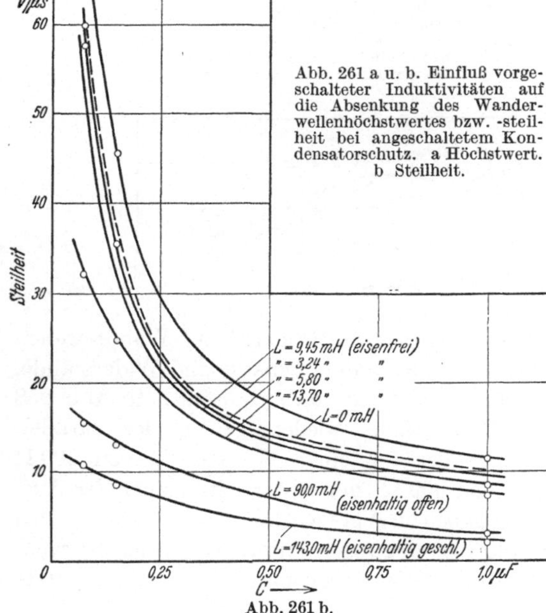

Abb. 261 b.

Abb. 261 a u. b. Einfluß vorgeschalteter Induktivitäten auf die Absenkung des Wanderwellenhöchstwertes bzw. -steilheit bei angeschaltetem Kondensatorschutz. a Höchstwert. b Steilheit.

d) Das Zusammenwirken mit mehreren gekoppelten Schwingungskreisen.

Das Zusammenwirken des Kondensatorschutzes mit mehreren

[1] Siehe auch H. Gewecke: ETZ Bd. 35 (1914) S. 387. — Berger, K.: Bull. S.E.V. Bd. 18 (1927) S. 657. — Reimann, R.: Wiss. Veröff. Siemens-Konz. Bd. 18,3 (1930) S. 1.

gekoppelten Schwingungskreisen ist in Abb. 260 gezeigt: die Kapazität C_D wurde als Nachbildung einer Durchführung zu 22 μF bestimmt, C_S als Sammelschienennachbildung zu 0,0011 μF, die Flachdrossel L_1 zu 5,8 mH und die Auslöserspule L_2 mit Eisenkern und offenem Anker zu 90 mH. Die Kurven geben sowohl die Spannung an C_S (Sammelschiene) als auch an den Maschinenklemmen wieder. Der Spannungsverlauf an den letzteren ist praktisch nur durch die Induktivität der Auslöserspule und den Kondensatorschutz bestimmt, wie ein Vergleich mit Abb. 257 zeigt; die Spannungen an C_S ergeben das bekannte Überschwingen kleiner Kapazitäten hinter Drosselspulen. Die Gefährdung ist also auch in diesem Falle von der Maschine weggenommen und nur an der Sammelschiene erhalten geblieben.

e) Die Beanspruchung der Maschinenwicklungen durch Wanderwellen bei vorhandenem Kondensatorschutz.

In Abb. 261 sind größte Steilheit und Höchstwert der Spannung an den Maschinenklemmen abhängig von der Größe des Schutzkondensators für die angeführten Beispiele aufgetragen. Bei kleinen Induktivitäten bis zu etwa 5 mH wird die Steilheit zunächst etwas vergrößert, bei größeren Induktivitäten nimmt sie mit zunehmender Induktivität stark ab. Der Höchstwert der Spannung an den Maschinenklemmen liegt durchwegs höher, wenn dem Schutzkondensator Induktivität vorgeschaltet ist; bei kleinen Kapazitätswerten steigt diese Erhöhung bis zum doppelten Wert der auflaufenden Welle an, bei größeren Kapazitätswerten ist sie vernachlässigbar.

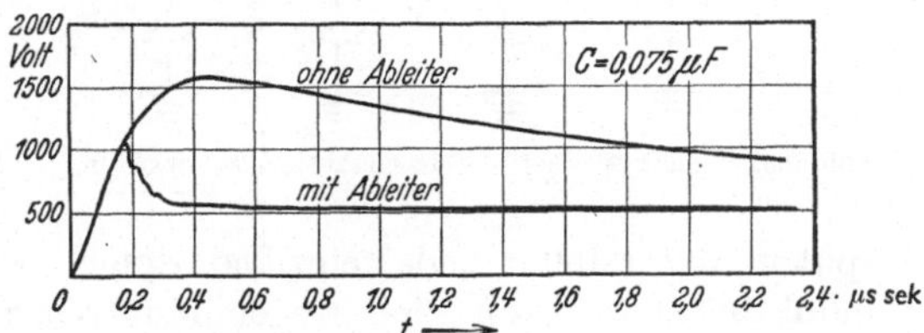

Abb. 262. Zusammenwirken zwischen Schutzkondensator und Ableiter.

Kondensatorschutz bewirkt bei genügend großer Kapazität neben einer Verflachung der auflaufenden Wanderwelle gleichzeitig auch eine genügende Absenkung der Wellenhöhe. Man wird jedoch zweckmäßig dem Kondensator nur die Aufgabe einer Abflachung der Wanderwellenstirn zuordnen, insbesondere bei höheren Betriebsspannungen, die Begrenzung der Spannungshöhe dagegen dem Überspannungsableiter.

f) Das Zusammenwirken von Kondensatorschutz mit Überspannungsableiter.

Das Zusammenwirken von Überspannungsableiter und Kondensatorschutz zeigt das Oszillogramm in Abb. 262. Der verwendete Ableiter hat eine Ansprechspannung von 1000 V: zunächst steigt die Spannung an den Maschinenklemmen langsamer unter dem Einfluß der abflachenden Wicklung des Kondensators, bei etwa 1050 V spricht der Ableiter an und senkt die Spannung auf 500 V; Schutzkondensator und Überspannungsableiter arbeiten ohne merkliche gegenseitige Beeinflussung.

X. Das Eindringen von Wanderwellen in Transformatoren.

Während man die Wicklung einer Maschine beim Eindringen von Wanderwellen noch einigermaßen als Leitung mit gegebenen Wellenwiderstand betrachten kann, ist beim Transformator die Verkettung zwischen den einzelnen Wicklungselementen selbst und zwischen diesen und dem Kern so stark, daß durch das Auftreffen einer Wanderwelle die Eigenschwingungen der Wicklung angestoßen werden und dann gedämpft ausschwingen. In Abb. 263 ist z. B. die wechselseitige Verkettung von nur 4 Einzelspulen dargestellt: jede einzelne Spule besitzt außer ihrer Eigeninduktivität L_n noch eine Gegeninduktivität M_{nm} nicht nur mit der ihr benachbarten, sondern auch mit sämtlichen anderen Spulen; außerdem ist Kapazität (K_C) zwischen den einzelnen Spulen und auch zwischen den Spulen und den geerdeten Teilen des Transformators (C) vorhanden. Ein derartiges Gebilde kann als Kettenleiter aufgefaßt werden und ist als solcher der Rechnung[1] zugänglich; jedoch kann diese nur einen qualitativen Überblick über die verschiedenen Vorgänge geben, nicht aber eine ins einzelne gehende quantitative Beschreibung des zeitlichen Verlaufes von Strom und Spannung in der Transformatorwicklung beim Auftreffen einer Wanderwelle: dies kann nur der jeweils angestellte Versuch. Es soll daher auch auf eine eingehende Darstellung der

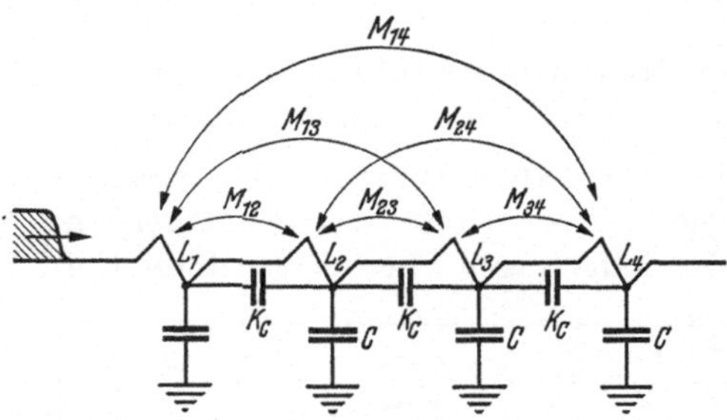

Abb. 263. Windungsverkettung einer Transformatorwicklung.

[1] Wagner, K. W.: Elektrotechn. u. Masch.-Bau Bd. 33 (1915) S. 89, 105. — ETZ Bd. 37 (1916) S. 425. — Arch. Elektrotechn. Bd. 6 (1918) S. 301. — Böhm, O.: Arch. Elektrotechn. Bd. 5 (1917) S. 383. — Blume, L. F. u. A. Boyajin: Trans. Amer. Inst. electr. Engrs. Bd. 38 (1919) S. 577. — Rogowski, W.: Arch. Elektrotechn. Bd. 6 (1918) S. 265; Bd. 20 (1928) S. 299. — Biermanns, J.: Hochspannungsforschung und Hochspannungspraxis, S. 173. Berlin: Julius Springer 1931. — Frühauf, G.: Congr. internat. d'Electricite, 3. Sekt., Ber. 28. Paris 1932. — Palueff, K. u. J. Hagenguth: Trans. Amer. Inst. electr. Engrs. Bd. 51 (1932) S. 601. — Bewley, L. V.: Trans. Amer. Inst. electr. Engrs. Bd. 50 (1931) S. 1215;

Rechnung verzichtet, vornehmlich die qualitativen Zusammenhänge aufgezeigt und an Hand von Versuchen und graphischen Darstellungen näher erläutert werden[1].

A. Die Ausgleichsvorgänge in der Oberspannungswicklung des Transformators beim Auftreffen von Stoßwellen.

Die beim Auftreffen von Stoßwellen auf Transformatoren in deren Wicklungen auftretenden Beanspruchungen sind verschieden, je nachdem es sich um Netze mit geerdetem Sternpunkt, oder um solche mit isoliertem Sternpunkt handelt.

Bei Blitzschlägen, die in der Nähe von Hochspannungsleitungen niedergehen, werden auf allen drei Leitungen Überspannungen induziert. Durch sie werden alle drei Phasen der Transformatorwicklung gleichmäßig betroffen. Ist der Sternpunkt geerdet, so muß die Spannung an ihm auf den Wert Null absinken, ist er dagegen nicht geerdet, so kann sich an ihm eine Spannungserhöhung ergeben.

Schlägt hingegen ein Blitz unmittelbar in eine Leitung ein, so läuft eine Wanderwelle nur auf eine Phase des Transformators auf. Bei geerdetem Sternpunkt ergibt sich in der betroffenen Phase dieselbe Beanspruchung, wie im Falle des dreiphasigen Stoßes; bei nicht geerdetem Sternpunkt sind die beiden nicht betroffenen Phasen einander parallel und zu der getroffenen Phase in Reihe geschaltet. Die beiden nicht betroffenen Phasen können dann als über den Wellenwiderstand der Leitung geerdet betrachtet werden.

1. Die Anfangsverteilung der Spannung beim Stoßvorgang.

Beim Auftreffen einer Wanderwelle auf eine Transformatorwicklung wirkt diese im ersten Augenblick entsprechend Abb. 264 wie eine reine Kondensatorkette, die man sich gewissermaßen durch Aufschneiden aller Windungen entstanden denken könnte. Infolgedessen wird sich über der Wicklung, ähnlich wie bei einer Hängekette, eine hyperbolische Spannungsverteilung einstellen. Beim einphasigen Stoß und geerdetem Sternpunkt fällt die Spannung in diesem völlig auf Null ab, wie in Kurve *a* der Abb. 264 angegeben. Ist beim einphasigen Stoß aber der Sternpunkt

---

Bd. 51 (1932) S. 299. — Gen. electr. Rev. Bd. 34 (1931) S. 512. — McMorris, W. A. u. J. H. Hagenguth: Gen. electr. Rev. Bd. 33 (1930) S. 558. — Palueff, K. K.: Trans. Amer. Inst. electr. Engrs. Bd. 48 (1929) S. 681. — Norinder, H.: Techn. Comm. of Swea. Roy. Boards of Waterfalls, Sekt. E, Bd. 19 (1931). — Krug, W.: Bull. S.E.V. Bd. 12 (1931) S. 277. — Bellaschi, P. L.: Elektrotechn. Bd. 21 (1934) S. 1. — Allibone, T. E., D. B. McKenzie u. F. R. Perry: J. Inst. electr. Engng. Bd. 80 (1937) S. 118. — Vogel, F. J.: Electr. J. Bd. 32 (1935) S. 29. — Elsner, R.: Conf. internat. des grands res. électr. à haute tension 1937, Ber. 115.

[1] Siehe auch Willheim, R.: Elektrotechn. u. Masch.-Bau Bd. 50 (1932) S. 16.

isoliert, so bleibt im Sternpunkt ein kleiner Spannungsbetrag stehen; die Spannung Null wird erst an den Klemmen der nicht gestoßenen Phasen erreicht; dieser Fall ist in Kurve b der Abb. 264 wiedergegeben. Die Kurve ist berechnet für ein Verhältnis zwischen wirksamer Erdkapazität und wirksamer Windungskapazität von 65 und außerdem sind Meßpunkte eingetragen, die an einem ausgeführten Transformator bei demselben Kapazitätsverhältnis mit dem Kathodenstrahloszillographen ermittelt worden sind. Beim dreiphasigen Stoß und isoliertem Nullpunkt erscheint diese kleine Restspannung auf den dreifachen Betrag erhöht, da sich ja in diesem Falle dort auch drei Verteilungen überlagern; man erhält eine Anfangsverteilung nach Kurve c der Abb. 264.

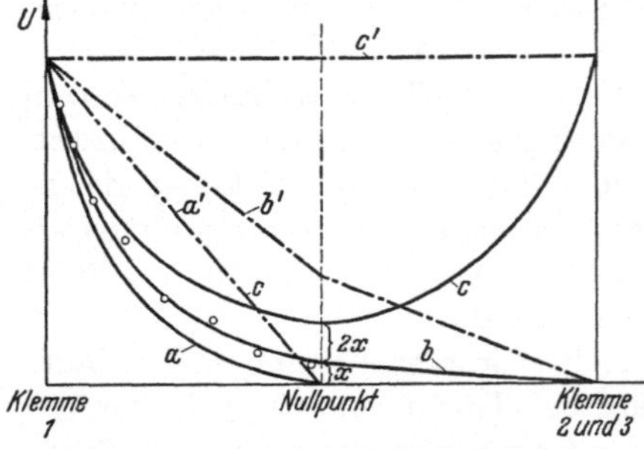

Abb. 264. Anfangs- und Endverteilung der Stoßspannung bei deren Auftreffen auf eine Transformatorwicklung. (Bezeichnungen s. Text.)

2. Die Endverteilung der Spannung beim Stoßvorgang.

Im Falle des einphasigen Stoßes bei geerdetem Sternpunkt wird die Endverteilung ein geradliniges Abnehmen der Spannung bis auf den Wert Null im Sternpunkt sein, wie es in Kurve a' der Abb. 264 angegeben ist. Die geradlinige Spannungsverteilung erklärt sich daraus, daß die Wicklung im Endzustand von einem räumlich und zeitlich gleichbleibendem Strom durchflossen wird, demgegenüber sie sich wie eine reine Induktivität verhält. Bei einphasigem Stoß und isoliertem Sternpunkt sind die beiden anderen Phasen unter sich parallel und zur gestoßenen Phase in Reihe geschaltet zu betrachten: die Induktivität der gestoßenen Phase wird also das Doppelte derjenigen der beiden anderen parallelen Phasen betragen und daher wird die Spannung über der Wicklung wieder geradlinig abfallen, aber im Sternpunkt nicht mehr auf den Wert Null, sondern auf den Wert 1/3 der Klemmenspannung; das restliche Spannungsdrittel fällt, wie in Kurve b' der Abb. 264 dargestellt, über den beiden nichtgestoßenen Phasen geradlinig ab, so daß an deren Klemmen die Spannung Null herrscht. Bei dreiphasigem Stoß und isoliertem Nullpunkt endlich nimmt die Wicklung, wie leicht einzusehen ist, die volle Spannung der auflaufenden Welle längs ihrer ganzen Länge gegen die geerdeten Teile an, entsprechend Kurve c' in Abb. 264.

3. Die Eigenschwingungen der Wicklung beim Stoßvorgang.

a) Die Ordnungszahlen der Eigenschwingungen.

Der Ausgleich zwischen Anfangs- und Endzustand erfolgt unter Schwingungen, die durch die Eigenschwingungszahlen der Wicklung gegeben sind; sie sind stehende Wellen und lassen sich in der allgemeinen Form schreiben:

$$u_k = A_k \sin(\mu_k \cdot x) \cos(\nu_k \cdot l). \tag{1}$$

A ist die Schwingungsamplitude, $\nu_k/2\pi$ die sekundliche Schwingungszahl und $2\pi/\mu_k$ die räumliche Wellenlänge. Der Index k bezieht sich auf die Ordnungszahl der betrachteten Wellenlänge.

Diese Eigenschwingungen haben nun die folgenden 2 Bedingungen zu erfüllen:

1. Die Summe aller Phasenströme im Nullpunkt muß verschwinden.
2. Die Spannungsverteilung in den 3 Wicklungen muß auf gleiche Werte im Nullpunkt führen.

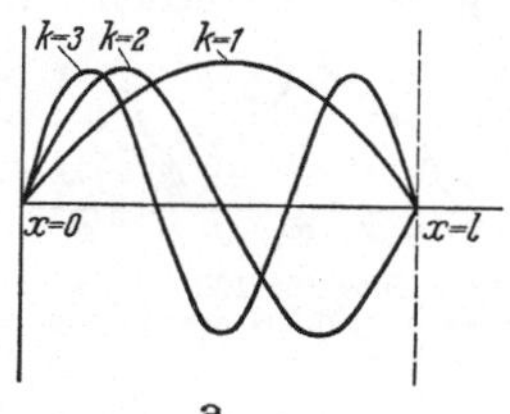

a

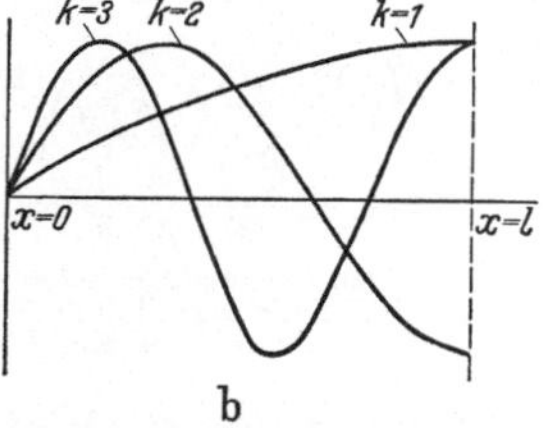

b

Abb. 265 a u. b. Räumlicher Verlauf der Eigenschwingungen eines Transformators. a bei geerdetem Nullpunkt; b bei offenem Nullpunkt.

Berücksichtigt man die beiden Bedingungen, so sieht man sofort, daß sie nur durch ganz bestimmte Wellenlängen erfüllt werden können, so für den Transformator mit geerdetem Nullpunkt, wenn

$$\mu_k \cdot l = \pi,\ 2\pi,\ 3\pi \ldots k\pi, \tag{2}$$

wobei $k = 1, 2, 3 \ldots$,

für den Transformator mit offenem Nullpunkt (dreiphasiger Stoß bei isoliertem Nullpunkt), wenn

$$\mu_k \cdot l = \frac{\pi}{2}, \frac{3\pi}{2}, \frac{5\pi}{2} \ldots \frac{(2k-1)\pi}{2}, \tag{3}$$

wenn wieder $k = 1, 2, 3 \ldots$

Diese beiden Beziehungen besagen, daß der Transformator mit geerdetem Nullpunkt in seiner Grundschwingung mit halber Wellenlänge schwingt, daß aber dieser überlagert alle geradzahligen und ungeradzahligen Oberwellen auftreten können. Beim Transformator mit offenem Nullpunkt dagegen schwingt die Grundschwingung in einer Viertelwellenlänge. Schematisch stellt Abb. 265 diese beiden Schwingungszustände für die Grundschwingung, die zweite und dritte Oberwelle dar, also für die Werte $k = 1$, 2 und 3.

Zweckmäßig bringt man jedoch diese beiden Fälle auf eine gemeinsame Grundlage, wodurch die weiteren Verhältnisse dann viel einfacher zu übersehen sind: als Grundschwingung wird die Viertelwelle angesehen, und damit ergibt sich im einzelnen folgendes Bild:

1. Nur ungeradzahlige Oberwellen treten auf dem dreiphasigen Stoß auf die ⅄-geschaltete Hochspannungswicklung mit freiem Nullpunkt.

2. Nur geradzahlige Oberwellen treten auf bei einphasigem und dreiphasigem Stoß auf die ⅄-geschaltete Hochspannungswicklung mit geerdetem Nullpunkt.

3. Sowohl geradzahlige wie ungeradzahlige Oberwellen treten auf bei einphasigem Stoß auf ⅄-geschalteter Hochspannungswicklung mit nicht geerdetem Nullpunkt.

Man wird sich nun sofort sagen, daß höhere Oberschwingungen keine wesentliche Rolle spielen können, daß sie infolge der mit der Schwingungszahl wachsenden Verluste stark weggedämpft werden. Man kann

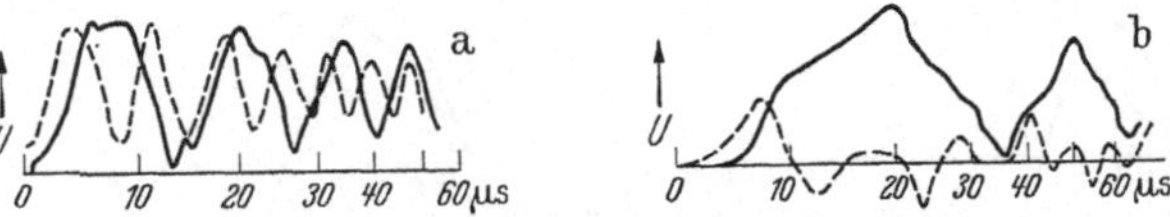

Abb. 266 a u. b. Eigenschwingungen einer Transformatorwicklung für 100 kV. a bei geerdetem Nullpunkt; b bei nichtgeerdetem Nullpunkt. ——— Abgriff bei $x = l/2$ und $x = l$; – – – – Abgriff bei $x = l/4$ und $x = 3\,l/4$.

aber das Eigenschwingungsspektrum einer Wicklung leicht durch Versuch feststellen[1]. Gibt man beispielsweise auf die Wicklung einen Spannungsstoß, so werden sämtliche Eigenschwingungen angestoßen; mißt man nun mit einem Kathodenstrahloszillographen den Spannungsverlauf zwischen Anfang und Ende der Wicklung, so sind im Oszillogramm keinerlei Schwingungen zu erkennen. Mißt man dagegen zwischen dem Punkt $l/2$, also zwischen der Wicklungsmitte, und dem Nullpunkt, so werden, wie aus Abb. 265 hervorgeht, sämtliche ungeraden Eigenschwingungen im Oszillogramm erkennbar sein. Mißt man dann noch zwischen den Punkten $l/4$ und $3\,l/4$, so werden die Schwingungen der Ordnungszahlen 2×1, 2×3, 2×5, also die 2., 6. und 10. Oberwelle erkennbar sein.

Abb. 266a zeigt 2 solche Oszillogramme, die an der geerdeten Oberspannungswicklung eines 100 kV-Transformators von 20000 kVA gewonnen worden sind, Abb. 266b 2 weitere Oszillogramme, die an derselben Wicklung bei offenem Sternpunkt gemessen wurden. Die Oszillogramme lassen deutlich erkennen, wie stark die höheren Oberwellen weggedämpft sind.

b) Die Amplituden der Eigenschwingungen.

Die Amplituden der Eigenschwingungen sind aus der Differenzkurve der räumlichen Anfangs- und Endverteilung durch harmonische Analyse bestimmbar[2]. Bei geerdetem Nullpunkt des Transformators und bei dreiphasigem Stoß auf einen Transformator mit isoliertem Null-

[1] Blume, L. F. u. A. Boyajin: Anm. 1, S. 274. — Biermanns, J.: Anm. 1, S. 274.

[2] Wagner, K. W.: Anm. 1, S. 274.

punkt ist die harmonische Analyse, wie ja aus Abb. 264 hervorgeht, ohne weiteres möglich. Bei einphasigem Stoß auf einen Transformator mit Nullpunktisolierung dagegen kommt als Zusatzbedingung hinzu, daß bei allen geradzahligen Oberwellen, bezogen auf die Viertelwelle als Grundwelle, die Amplitude zu beiden Seiten des Nullpunktes verschieden hoch ist, und zwar nach Abb. 264 einen Unterschied im Verhältnis 2 : 1 aufweisen und außerdem auf beiden Seiten entgegengesetztes Vorzeichen haben. Man geht in diesem Falle wie folgt vor: Zunächst bildet man wieder die Differenzkurve zwischen Anfangs- und Endverteilung; sie ist in Abb. 267 stark ausgezogen gezeichnet. Man kann nun die geradzahligen Oberwellen von den anderen dadurch trennen, daß man den rechts des Nullpunktes liegenden Teil der Differenzkurve nach links spiegelt; man erhält dann in Abb. 267 die gestrichelte Linie. Die Differenz zwischen dieser gestrichelten Linie und der ursprünglichen Differenzkurve wird weiter im Verhältnis 2 : 1 geteilt. Die erhaltene strichpunktierte Mittelkurve, die noch symmetrisch auf die andere Seite des Nullpunktes zu übertragen ist, umfaßt alle ungeradzahligen Oberwellen, während die geradzahligen aus der schraffierten Fläche zu bestimmen sind.

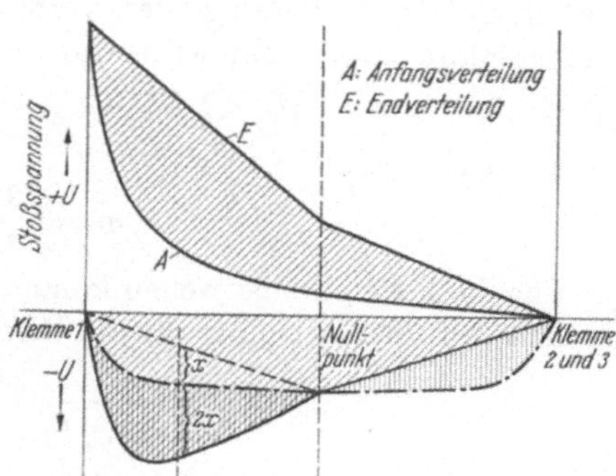

Abb. 267. Trennung des Anteils der geradzahligen und ungeradzahligen Oberwellen bei einphasigem Stoß auf einen Drehstromtransformator mit isoliertem Nullpunkt.

c) Die Frequenz der Grundwelle.

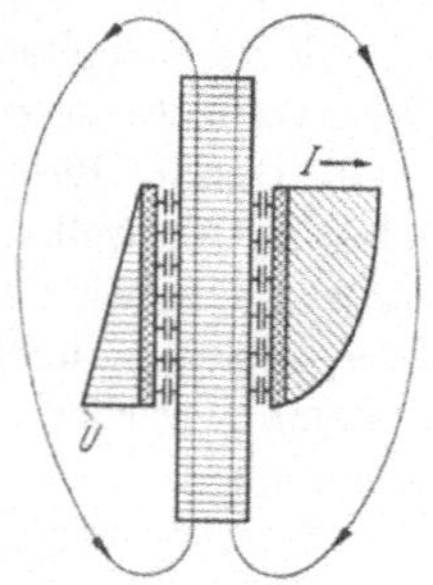

Abb. 268. Berechnung der Grundschwingung einer Transformatorwirklung.

Zur Bestimmung der Frequenz der Grundwelle führt die nachstehende Überlegung: Unter der Annahme, daß das gesamte Feld, das von der Stromviertelwelle in einem Schenkel des Transformators erzeugt wird, im Innern der Wicklung im Eisen verläuft und sich nur zwischen den Jochen auf dem Luftwege zurückschließt, ergibt der dann konstante, die Wicklung durchsetzende Fluß eine geradlinige Spannungsverteilung über dieser. Andererseits muß diese wiederum einen ihr proportionalen Ladestrom zur Aufladung der verteilten Erdkapazität der Wicklung aufbringen. Die Summe dieser beiden Ströme wird von der Klemmenseite in die Wicklung geliefert, man erhält somit vom Nullpunkt zur Klemme ansteigend für die Summenverteilung der Ladeströme eine Parabel, wie dies in Abb. 268 angedeutet ist. Es wird dann der magnetische Kreis vom Mittelwert der Ladeströme, also von 2/3 J erregt, wenn J der an der Klemme zugeführte Strom ist. Die an den Schenkeln erzeugte Spannung U wird somit $2/3\, J\, \omega\, L$, wenn L die Induktivität im betreffenden Stoßfall ist; von diesem Betrag ist jedoch nur der Mittelwert der linearen Spannungsverteilung für Aufladung der verteilten Erdkapazität C_e verfügbar. Der gesamte Ladestrom wird also

$$J_l = 1/2\, U\, \omega\, C_e = 1/3\, J\, \omega^2\, L C_e, \tag{4}$$

woraus sich ergibt

$$\omega = \frac{3}{L\, C_e}. \tag{5}$$

Für die höheren Oberwellen kommt noch ein Korrektionsglied hinzu, dann lautet die Beziehung für die Eigenfrequenzen[1]

$$\omega_n = \frac{3\, n}{L_n C_e \left(1 + \frac{\pi^2}{4} n^2 \frac{C_s}{C_e}\right)}. \tag{6}$$

Wenn n die Ordnungszahl der Oberwelle und L_n die für die n-te Oberwelle wirksame Induktivität bezeichnet. C_s/C_e ist das Verhältnis wirksame Windungskapazität zu wirksamer Erdkapazität; es liegt in der Größenordnung von 0,01 bis 0,02, ist also für die Grundwelle vernachlässigbar, nicht aber für die Oberwellen.

d) Der Einfluß der niedervoltseitigen Schaltung[2].

Die niedervoltseitige Schaltung kann den Ausgleichsvorgang auf der Hochvoltseite in zweifacher Weise beeinflussen:

1. Durch Resonanz mit Eigenschwingungen der Niedervoltseite können Oberwellen der Hochvoltseite besonders stark ausgeprägt sein.

2. Bei gewissen Schaltgruppen kann die zeitliche Dauer, d. h. die Frequenz der hochspannungsseitigen Grund- und Oberschwingungen abhängig werden von der äußeren Schaltung der Niederspannungsklemmen.

Für geradzahlige Oberwellen ist eine Beeinflussung nur dann zu erwarten, wenn die Wicklung einer Phase der Niederspannungsseite auf mehrere Schenkel verteilt ist, also bei der ⅄-Schaltung der Niederspannungswicklung. In allen den Fällen, in denen die Niederspannungsseite in Δ oder ⅄ geschaltet wird, ist eine Rückwirkung auf den hochspannungsseitigen Ausgleichsvorgang nicht vorhanden, da für diese Schaltungsgruppen die Summe der Amperewindungen für die geradzahligen Oberwellen je Schenkel Null wird: es können somit auch keine Spannungen in ihnen durch einen primären Nutzfluß induziert werden.

---

[1] Blume, L. F. u. A. Boyajin: Anm. 1, S. 274.

[2] Elsner, R.: Arch. Elektrotechn. Bd. 30 (1936) S. 368. — Willheim, R.: Anm. 1, S. 275.

Eine Beeinflussung der Grundschwingung, also der Schwingung, bei der die Hochvoltseite in der Viertelwelle schwingt, ist nur bei ⅄ geschalteter Hochspannungswicklung möglich, da ja bei der Δ-Schaltung in dieser nur geradzahlige Oberwellen auftreten können. In der Schaltung ⅄/Ƶ[1] ist keine Rückwirkung sowohl bei dreiphasigem Stoß, wie auch bei einphasigem vorhanden, weil in dieser Schaltanordnung die in der Niederspannungswicklung erzeugte Spannung wegen ihrer Zickzackschaltung stets annähernd Null wird. In den Schaltungen ⅄/Y[2] und

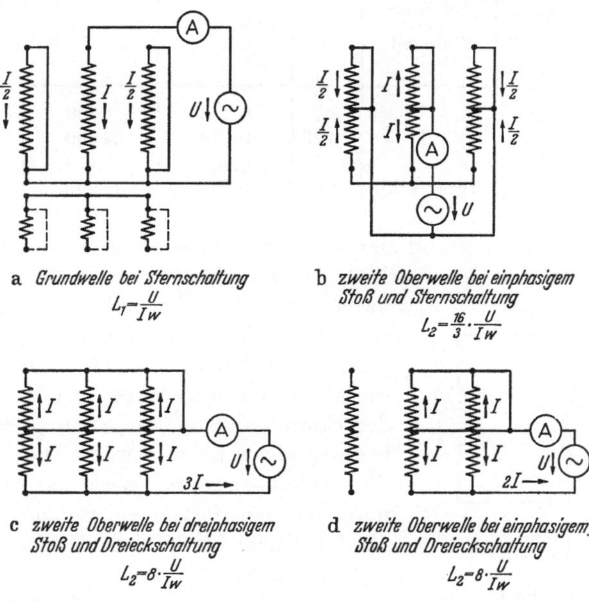

a Grundwelle bei Sternschaltung $L_1 = \frac{U}{Iw}$

b zweite Oberwelle bei einphasigem Stoß und Sternschaltung $L_2 = \frac{16}{3} \cdot \frac{U}{Iw}$

c zweite Oberwelle bei dreiphasigem Stoß und Dreieckschaltung $L_2 = 8 \cdot \frac{U}{Iw}$

d zweite Oberwelle bei einphasigem Stoß und Dreieckschaltung $L_2 = 8 \cdot \frac{U}{Iw}$

Abb. 269 a bis d. Messung der bei Ausgleichsvorgängen wirksamen Induktivität mit Niederfrequenz.

⅄/Δ[3] ist eine Beeinflussung möglich: zunächst aber sei bemerkt, daß die Schaltung ⅄/Δ bezüglich der Ausbildung der Grundwelle der Schaltung ⅄/Y entspricht, wenn in letzterer die Niederspannungsklemmen kurzgeschlossen sind: sie kann also als Sonderfall der Schaltungsgruppe ⅄/Y aufgefaßt werden. Es wird dann durch die niederspannungsseitige Schaltung die Größe der wirksamen Induktivität als auch die Dämpfung der Amplituden beeinflußt.

Die wirksame Induktivität läßt sich leicht durch Messung mit Niederfrequenz bestimmen. Der Wert, der für die Grundschwingung sich ergibt, läßt sich aus der Schaltung der Abb. 269a ermitteln: bei kurzgeschlossenen Niederspannungsklemmen ergibt sich für L ein Wert, der annähernd

[1] Schaltungsgruppe C_3 der Vorschrift VDE 0532 R.E.T.

[2] Schaltungsgruppe B_2 der Vorschrift VDE 0532 R.E.T.

[3] Schaltungsgruppe C_2 der Vorschrift VDE 0532 R.E.T.

der Streuinduktivität einer Phase entspricht: $L_s = (L_{1s} + ü^2 \cdot L_{2s})$, bei offenen Klemmen auf der Niederspannungsseite wird ein Vielfaches dieses Wertes L_s gemessen, der annähernd der Nullpunktsinduktivität entspricht. Meßergebnisse, verglichen mit der Rechnung, zeigt die nachstehende Zahlentafel.

Zahlentafel 22. Vergleich zwischen gerechneter und gemessener Grundfrequenz von Transformatorenwicklungen.

Leistung kVA	Hochvolt-spannung kV	Schaltung der Niedervolt-seite	$\frac{L}{H}$	Erdkapazität µF	Grundfrequenz gerechnet Hz	Grundfrequenz mit KO gemessen Hz
75[1]	20	—	7,7	0,233	6500	5500
75[1]	20	Δ	0,79	0,233	24500	18000
15[2]	?	—	34,7	0,300	3470	4100
15[2]	?	kurzgeschl.	1,3	0,33	18000	—

Die Übereinstimmung der aus Niederspannungsmessungen errechneten und der mit dem Kathodenstrahloszillographen gemessenen Werte kann, wie diese Beispiele zeigen, als ausreichend betrachtet werden.

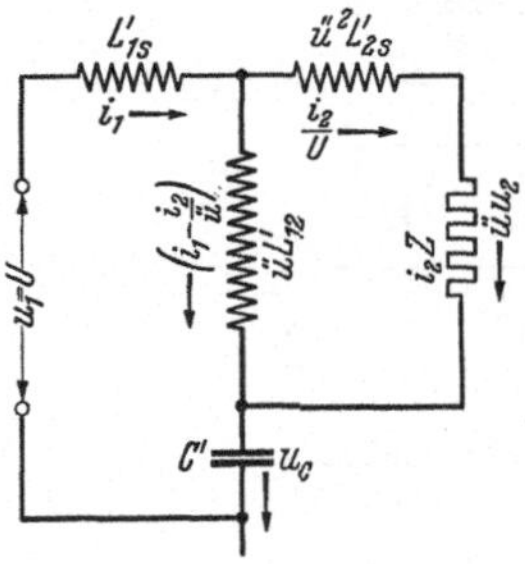

In Abb. 270 ist schließlich noch ein Ersatzschaltbild angegeben, an Hand dessen der Einfluß der niederspannungsseitigen Belastung abgeschätzt werden kann; dabei ist die Erdkapazität der Wicklung als im Nullpunkt konzentriert angenommen. Für $Z = 0$, also im Kurzschlußfall der Niederspannungswicklung wird $ü L_{12} \gg ü^2 L_{2s}$, damit die wirksame Induktivität $L'_s \approx \frac{4}{\pi_2}(L_{1s} + ü^2 L_{2s})$, für $Z \to \infty$, also bei offener Niederspannungswicklung dagegen $L'_s \approx \frac{4}{\pi^2}(L_{1s} + ü L_{12})$.

$L_1 = (L_{1s} + ü L_{12})$

$L'_{1s} \approx \frac{4}{\pi^2} L_{1s}$

$L'_{2s} \approx \frac{4}{\pi^2} L_{2s}$

$ü L'_{12} \approx \frac{4}{\pi^2} ü L_{12}$

$C' \approx \frac{4}{\pi^2} C_e$

Zur besseren numerischen Auswertung wird Gl. (6) umgeschrieben

$$\nu = \frac{1}{2\pi\sqrt{\frac{4L}{\pi^2} \cdot \frac{(4C_e + \pi^2 C_s)}{\pi^2}}}.$$

Abb. 270. Ersatzschaltbild zur Berechnung der Grundschwingung bei niederspannungsseitiger Belastung.

4. Die Beanspruchung der Oberspannungswicklung durch den Ausgleichsvorgang.

a) Einphasiger Stoß auf den nullpunktgeerdeten Transformator.

In Abb. 271—273 ist das Verhalten eines Transformators mit geerdetem Nullpunkt beschrieben, auf den eine Wanderwelle sehr langer Halbwertsdauer über eine Leitung von 500 Ω Wellenwiderstand aufläuft; der Trans-

[1] Willheim, R.: Anm. 1, S. 275. [2] Elsner, R.: Anm. 2, S. 280.

formator besitzt 16 Spulen zu je 22 bzw. 28 Windungen[1]. Abb. 271 zeigt den Spannungsverlauf an der Transformatorklemme am Ende der 2., der 5., der 8., und der 14. Spule. Man erkennt deutlich, wie der

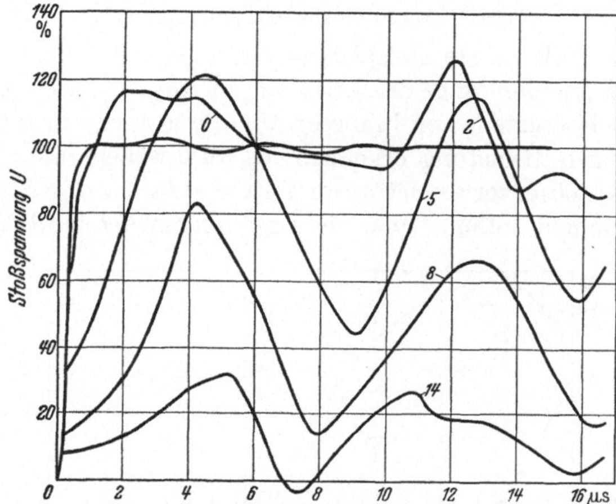

Abb. 271. Ausgleichsvorgang im Transformator bei einphasigem Stoß und geerdetem Nullpunkt. *0* Spannung an der Klemme; *2* Spannung am Ende der zweiten Spule; *5* Spannung am Ende der fünften Spule; *8* Spannung am Ende der achten Spule; *14* Spannung am Ende der vierzehnten Spule.

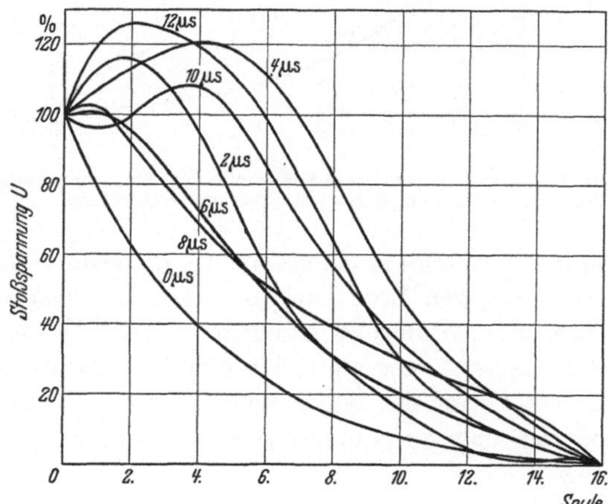

Abb. 272. Spannungsverlauf in Transformatorwicklungen, einphasig gestoßen mit geerdetem Nullpunkt zu verschiedenen Zeitpunkten.

Transformator im Innern schwingt. Abb. 272 gibt den Verlauf der Spannung innerhalb der Transformatorwicklung zu verschiedenen Zeiten wieder: in dieser Darstellung wird das allmähliche Einschwingen des Transformators auf die Endverteilung erkennbar. In Abb. 273 endlich sind

[1] Kopeliowitsch, J. u. P. Foumarier: Rev. gén. Électr. Bd. 40 (1936) S. 197.

neben der Anfangsverteilung die Spannungshöchstwerte eingetragen, die den einzelnen Wicklungspunkten zukommen.

b) Dreiphasiger Stoß auf die Transformatorwicklung mit offenem Nullpunkt.

Für diesen Fall ist ein Beispiel für Anfangsverteilung und Höchstwerte der Spannungen längs der Wicklung in Abb. 274 angegeben[1]. Die Spannungshöchstwerte lassen in dieser Abbildung auch einen Einfluß der niedervoltseitigen Belastung erkennen, da Stoßwellen mit einer Halbwertszeit $T_h = 100\,\mu$s verwendet wurden; sie sind für die drei Fälle: Niederspannungsklemmen offen, über einen Wellenwiderstand von 500 Ω

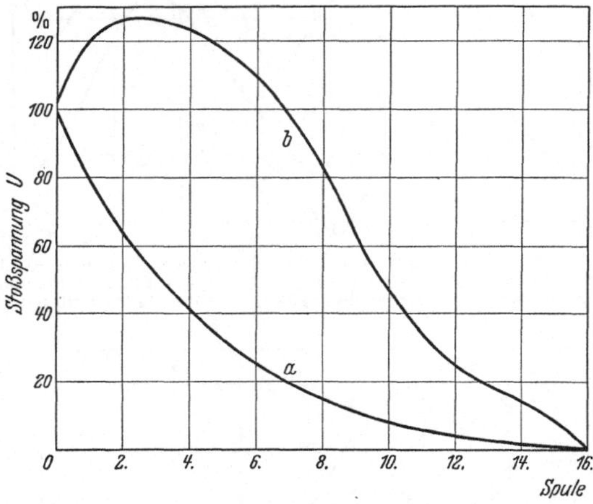

Abb. 273. Anfangsverteilung a und höchste gegen Erde auftretende Spannung b beim einphasigen Stoß auf eine sternpunktgeerdete Transformatorwicklung.

oder kurz geerdet in die Abbildung eingetragen. Die größten Spannungswerte ergeben sich bei gegen Erde kurzgeschlossenen Niederspannungsklemmen, weil dann die Grundschwingung der Wicklung am kürzesten wird. Außerdem macht sich eine stark dämpfende Wirkung des Wellenwiderstandes von 500 Ω auf der Niederspannungsseite bemerkbar. Die Anfangsverteilung ist dagegen unabhängig von der niederspannungsseitigen Schaltung.

c) Einphasiger Stoß auf die Transformatorwicklung mit offenem Nullpunkt.

Bei einphasigem Stoß auf die Transformatorwicklung mit offenem Nullpunkt ist der Einfluß der niederspannungsseitigen Schaltung erheblich geringer, weil die Höchstwerte der Nullpunktschwingung nur ein Drittel derjenigen bei dreiphasigem Stoß betragen, wie Abb. 275 zeigt[2].

[1] Elsner, R.: Anm. 2, S. 280. [2] Elsner, R.: Anm. 2, S. 280.

In diesem Fall ist aber auch eine gewisse, wenn auch geringe Einwirkung der niederspannungsseitigen Schaltung auf die hochspannungsseitige Anfangsverteilung vorhanden, denn bei geerdeten Niederspannungsklemmen nimmt die Größe der hochspannungsseitig wirksamen Erdkapazität zu und demnach auch die für die Anfangsverteilung wirksame Kapazität $\sqrt{C_s/C_e}$; bei dreiphasigem Stoß ist dieser Einfluß grundsätzlich auch vorhanden, jedoch in kleinerem Maße, so daß er der Messung nicht mehr recht zugänglich ist.

Man hat also zwischen Beanspruchungen der Isolierung gegen Erde und zwischen solchen der gegenseitigen Isolierung benachbarter Windungsteile zu unterscheiden. Während des Ausgleichsvorganges treten namentlich bei dreiphasigem Stoß und isoliertem Nullpunkt in diesem Schwingungen auf, deren Höchstwerte etwa den 1,5- bis 2fachen Wert der an den Klemmen auftretenden Wanderwellenspannung annehmen können.

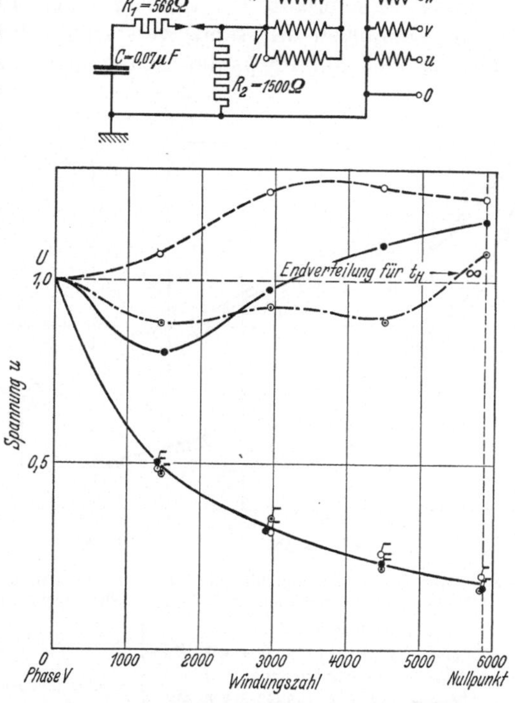

Abb. 274. Einfluß der niederspannungsseitigen Schaltung auf den Verlauf des hochspannungsseitigen Ausgleichsvorganges bei dreiphasigem Stoß mit einer Welle von 100 μs Halbwertsdauer.

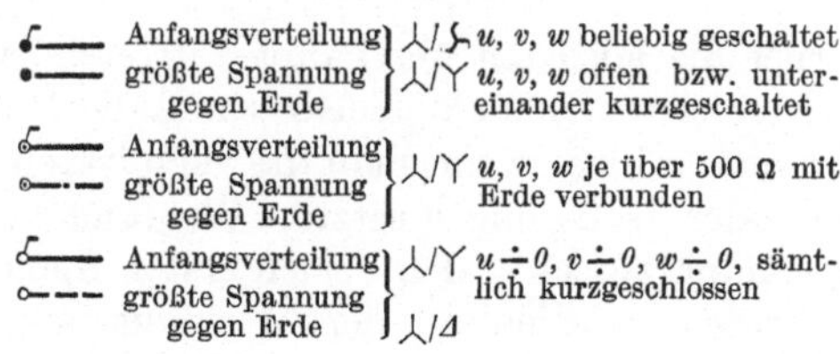

Die größte Beanspruchung zwischen benachbarten Windungsteilen ergibt die Anfangsverteilung, und zwar innerhalb der ersten Spulen. Es liegt daher auch der Gedanke nahe, die Eingangswindungen und ersten Lagen stärker zu isolieren als die übrigen Wicklungsteile. Jedoch folgt aus Funkenstreckenmessungen[1] an ausgeführten Transformatoren, die in Abb. 276 aufgetragen sind, daß die Spannungsunterschiede zwischen

[1] Elsner, R.: Anm. 2, S. 280.

den einzelnen Lagen sehr beträchtliche Werte annehmen, also eine Verstärkung ihrer gegenseitigen Isolierung angebracht ist. Dagegen ist eine zusätzliche Windungsisolation in vielen Fällen zu entbehren, denn die Spannung zwischen ihnen hält sich in durchaus mäßigen Grenzen. Die Wirkung verstärkter Isolierung der Eingangswindungen sei noch an Abb. 277 näher erläutert[1]. An einem Transformator, dessen 1. bis 16. Spule (515 Windungen insgesamt) verstärkt isoliert war, wurden beim Stoß mit der Welle 0,2/100 μs die Anfangsspannungen im ersten Stoßmoment,

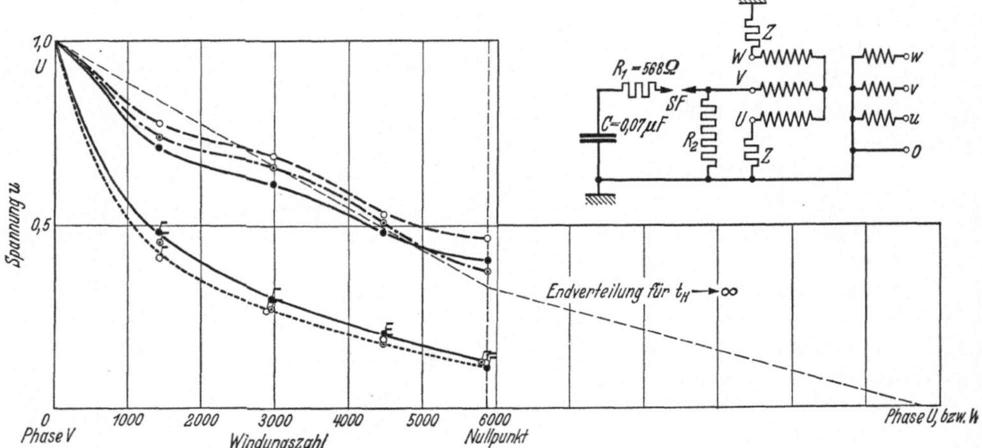

Abb. 275. Einphasiger Stoß mit einer Welle von 100 μs Halbwertsdauer auf einen ⅄/Y geschalteten Transformator bei verschiedener Schaltung der Niederspannungsklemmen (R_2 = 1500 Ω, Z = 500 Ω).

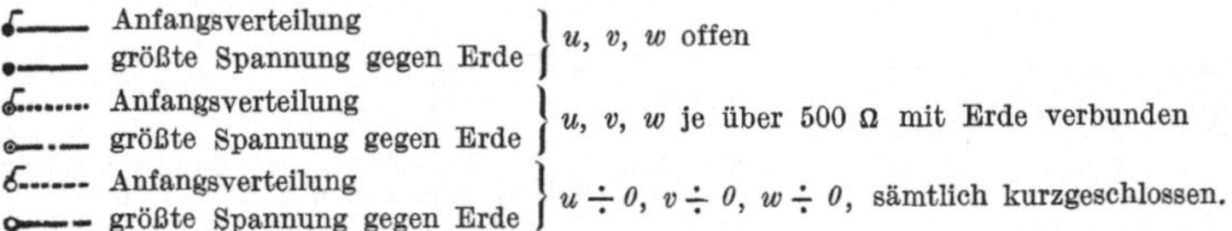

ferner die höchsten überhaupt auftretenden Spannungen zwischen zwei benachbarten Spulen gemessen und die Meßwerte verglichen mit denen, die man erhielt, wenn man die verstärkten Eingangsspulen durch solche normaler Isolierung ersetzte. Während bei gleichmäßig durchisolierter Wicklung zwischen den beiden ersten Spulen nur 6% der Stoßspannung auftraten, wurden an der Wicklung mit verstärkten Eingangsspulen 13,7% gemessen. Nach 528 Windungen wurden bei gleichmäßiger Isolierung nur noch 3,4% der Stoßspannung zwischen zwei Spulen gemessen, nach 515 Windungen bei verstärkt isolierten Eingangsspulen immer noch 6,3%. Die durch hohe Beanspruchung bei gleichzeitig

[1] Elsner, R.: Anm. 2, S. 280.

schwacher Isolierung gefährdete Stelle war also vom Spulenanfang lediglich weiter ins Innere der Wicklung hineinverlegt worden. Dieses Beispiel zeigt, wie vorsichtig man bei Auslegung der Isolierung von Eingangsspulen vorgehen muß: wählt man verstärkte Isolierung, so ist darauf zu achten, daß

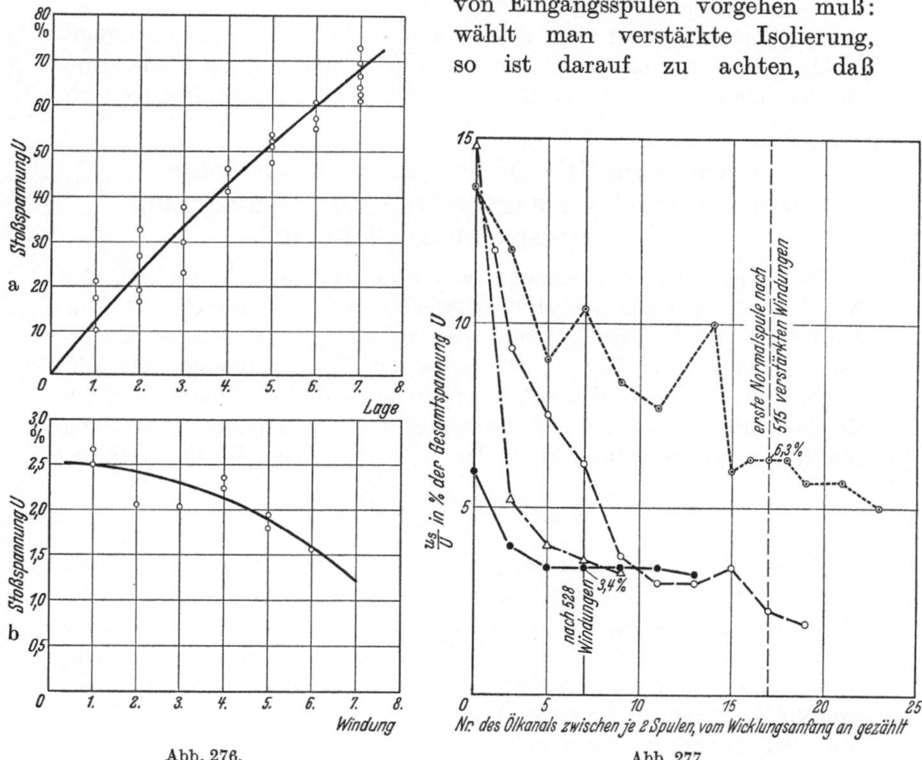

Abb. 276. Abb. 277.

Abb. 276. Verteilung der Beanspruchungen beim Stoß in der Eingangsspule einer Transformatorwicklung (Funkenstreckenmessungen). a Lagenbeanspruchung innerhalb der ersten Spule eines 300 kVA-Transformators (Messung jeweils vom Spulenanfang bis zur betreffenden Lage). b Windungsbeanspruchung in den ersten Windungen eines 20000 kVA-Transformators.

Abb. 277. Spannungen im Ölkanal benachbarter Spulen für verstärkte und normal isolierte Eingangsspulen (gemessen in Luft mit Stoßwelle 0,2/100 μs).

○ Anfangsspannungen im ersten Augenblick } 16 Eingangsspulen, verstärkt
⊙ größte gemessene Spannungen, zu verschiedenen Zeiten auftretend } isoliert (515 Windungen);

● größte gemessene Spannungen für gleichmäßig isolierte Wicklung mit Kapazitätsring am Anfang (sind etwa mit den Anfangsspannungen in diesem Fall gleichzusetzen);

△ dasselbe wie bei ●, jedoch ohne Kapazitätsring.

Windungszahlen und Isolationsstärken aufeinanderfolgender Spulen sich nicht sprunghaft ändern, so daß nicht an den ersten Spulen mit normaler Isolierung ein Aufstau der Spannung infolge der starken Zunahme der Selbstinduktion stattfindet und so deren Windungsspannung wieder erhöht.

B. Die Übertragung des oberspannungsseitigen Ausgleichsvorganges auf die Unterspannungsseite der Transformatoren.

Der durch das Auftreffen einer Wanderwelle in der Oberspannungswicklung angestoßene Ausgleichsvorgang wird auch auf die Niederspannungswicklung einmal kapazitiv, dann aber auch induktiv übertragen[1].

1. Die kapazitiv übertragene Teilspannung und die durch sie angestoßene Eigenschwingung der Unterspannungswicklung[2].

Die kapazitive Teilspannung wird während des Auftreffens der Wanderwellenstirn auf die gestoßene Wicklung auch auf die nichtgestoßene übertragen. Die höchstmögliche Spannung $(u_{20\,\max})_I$, die zwischen Unterspannungsspule und Erde, sowie längs der Unterspannungsspule auftreten kann, ist gegeben durch die Aufteilung, die die Stoßwelle durch die Kapazität C_1 zwischen Oberspannungs- und Unterspannungswicklung und durch die Erdkapazität C_2 der Unterspannungswicklung erfährt:

$$(u_{20\,\max})_I = \frac{C_1}{C_1 + C_2} \cdot 2\,U_0. \tag{7}$$

Dabei ist unter C_1 und C_2 streng genommen nur derjenige Teil der Wicklungs- und Erdkapazität zu verstehen, der von der Stirn der auflaufenden Welle aufgeladen wird; für die Berechnung der möglichen Höchstwerte kann man jedoch angenähert die Kapazitätswerte der ganzen Wicklungen einsetzen. $2\,U_0$ ist der durch Reflexion am Wicklungsanfang verdoppelte Wert der auflaufenden Welle. Wenn man die geringe Rückwirkung der Transformatorkapazität auf die Wellenstirn vernachlässigt, wird dieser Höchstwert nach Ablauf einer gewissen Zeitspanne erreicht unter der zusätzlichen Annahme, daß die auf die Unterspannungswicklung aufgebrachten Ladungen örtlich gebunden bleiben, daß also keine Ladung abfließen kann: der zeitliche Spannungsverlauf $(u_{20})_I$ längs der Unter-

---

[1] Gabor, D.: Elektrizitätswirtsch. Bd. 25 (1926) S. 307. — Reimann, R.: Wiss. Veröff. Siemens-Konz. Bd. VII, 2 (1928) S. 31. — Flegler, E.: Arch. Elektrotechn. Bd. 25 (1931) S. 25. — Röhrig, J.: Arch. Elektrotechn. Bd. 25 (1931) S. 420. — Krug, W.: Bull. S.E.V. Bd. 12 (1931) S. 277. — Harding, C. F. u. C. S. Sprague: Trans. Amer. Inst. electr. Engrs. Bd. 51 (1932) S. 234. — Electr. Engng. Bd. 51 (1932) S. 639. — Opsahl, A. M., A. S. Brookes u. R. N. Southgate: Electr. Engng. Bd. 51 (1932) S. 245 bzw. Bd. 51 (1932) S. 634. — McEachron, K. B. u. L. Saxon: Electr. Engng. Bd. 51 (1932) S. 239 bzw. 642. — McMorris: Electr. Wld., N. Y. Bd. 100 (1932) S. 399. — Palueff, K. K. u. J. H. Hagenguth: Trans. Amer. Inst. electr. Engr. Bd. 51 (1932) S. 601.

[2] Neuhaus, H. u. R. Strigel: Wiss. Veröff. Siemens-Werk Bd. XV, 1 (1936) S. 51.

spannungsspule gegen Erde wäre dann

$$(8)\qquad (u_{20})_I = \frac{C_1}{C_1 + C_2}\, 2\, U_0\, (1 - \varepsilon^{t/\tau_1}),$$

wenn τ_1 die Zeitkonstante des Stirnanstieges der auf die Oberspannungsseite auflaufenden Welle ist. In Wirklichkeit jedoch fließt die auf den Anfang der Unterspannungswicklung aufgebrachte Ladung auf das nicht beeinflußte Ende ab. Da die Unterspannungswicklung ein Gebilde aus Widerstand R_2, Induktivität L_2 und Kapazität C_2' darstellt, so gilt für die Entladung[1]

$$(9)\qquad (u_{20})_I + \frac{1}{C_2'}\int i_2 dt + R_2 i_2 + L_2 \frac{d i_2}{dt} = 0.$$

i_2 ist der Entladestrom der Teilkapazität C_2', der wirksamen Kapazität der Eigenschwingung der Unterspannungsspule, die etwas von dem Kapazitätswert C_2 abweicht; ferner ist

$$(10)\qquad i_2 = C_2' \cdot \frac{d\,(u_{20})_I}{dt},$$

und berücksichtigt man, daß $\sqrt{L_2 C_2'} = \tau_2$ das $1/2\pi$-fache der Eigenschwingungsdauer und $L_2/R_2 = T$ die Dämpfungskonstante der Unterspannungswicklung wird, so erhält man als Gleichung für die kapazitive Teilspannung und die durch sie angestoßene Eigenschwingung der Unterspannungswicklung die Gleichung

$$(11)\qquad \frac{d^2 (u_2)_I}{dt^2} + \frac{1}{T}\frac{d (u_2)_I}{dt} + \frac{1}{\tau_2^2}(u_2)_I = -\frac{1}{\tau_2^2}\cdot\frac{C_1}{C_1 + C_2}\cdot 2\, U_0\, (1 - \varepsilon^{-t/\tau_1}),$$

deren Lösung lautet

$$(12)\qquad \left\{\begin{aligned} (u_2)_I = \frac{\sigma - 1}{\sigma}\cdot\frac{C_1}{C_1 + C_2}\cdot 2\, U_0 \Big\{\Big[&\cos\left(\frac{\nu}{\tau_2} t\right) \\ &+ \frac{\tau_2}{\nu}\left(\frac{1}{2T} - \frac{1}{\tau_1(\sigma - 1)}\right)\sin\left(\frac{\nu}{\tau_2} t\right)\Big]\varepsilon^{-t/2T} - \varepsilon^{-t/\tau_1}\Big\}, \end{aligned}\right.$$

darin bedeuten

$$\nu = \sqrt{1 - \left(\frac{\tau_2}{2T}\right)} \qquad \text{und} \qquad \sigma = 1 - \frac{\tau_2^2}{T\tau_1} + \left(\frac{\tau_2}{\tau_1}\right)^2.$$

Diese Beziehung läßt sich wesentlich vereinfachen, wenn man beachtet, daß $T > \tau_1$ und $> \tau_2$ ist; dann wird in erster Annäherung

$$(13)\qquad (u_2)_I = \cdot\frac{\left(\frac{\tau_2}{\tau_1}\right)^2}{1 + \left(\frac{\tau_2}{\tau_1}\right)^2}\,\frac{C_1}{C_1 + C_2}\cdot 2\, U_0 \left\{\left[\cos\frac{t}{\tau_2} - \frac{\tau_1}{\tau_2}\sin\frac{t}{\tau_2}\right]\varepsilon^{-t/2T} - \varepsilon^{-t/\tau_1}\right\}.$$

Der Spannungsverlauf dieser Teilspannung setzt sich demnach aus drei Einzelgliedern zusammen:

[1] Siehe R. Rüdenberg: Schaltvorgänge, 3. Aufl., S. 214. Berlin 1933.

1. aus einer abnehmenden ε-Funktion mit der Zeitkonstanten τ_1; τ_1 ist aber ebenfalls die Stirnanstiegszeitkonstante der auf die Oberspannungsspule auflaufenden Welle;
2. einer Sinus- und
3. einer Kosinusschwingung, die beide, in der Eigenfrequenz der Niederspannungswicklung schwingend, schwach gedämpft sind mit der Zeitkonstante $2\,T$, also der doppelten Dämpfungskonstante der Unterspannungswicklung.

In Abb. 278 ist der Verlauf der Gesamtspannung $(u_2)_I$ und der drei Einzelglieder für die Werte $\tau_1 = 0{,}05\,\mu\text{s}$, $\tau_2 = 0{,}1\,\mu\text{s}$ und $2\,T = 2{,}5\,\mu\text{s}$ errechnet und aufgetragen; dabei ist $2 \cdot \frac{C_1}{C_1 + C_2} = 1$ gesetzt.

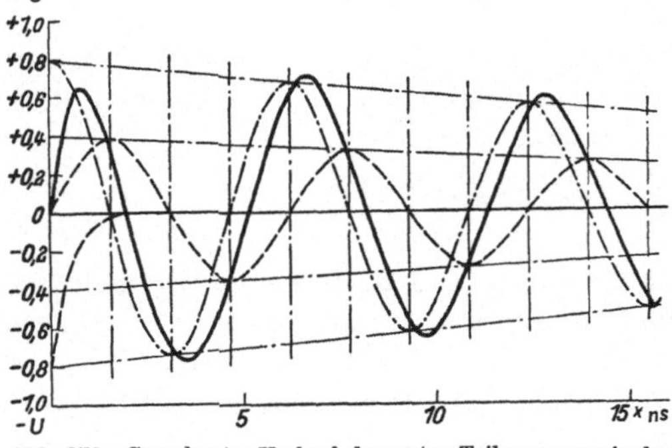

Abb. 278. Gerechneter Verlauf der ersten Teilspannung in der Unterspannungswicklung. $\tau_1 = 0{,}05\,\mu\text{s}$; $\tau_2 = 0{,}1\,\mu\text{s}$; $2\,T = 2{,}5\,\mu\text{s}$ (gerechnet für ein reduziertes Kapazitätsverhältnis $2 \cdot \frac{C_1}{C_1 + C_2} = 1$).

Außerdem läßt sich der höchstmögliche Spannungswert $(u_{2\,\max})_I$ in einfacher Weise bestimmen, wenn man berücksichtigt, daß das erste nach einer ε-Funktion abfallende Teilglied von $(u_2)_I$ zu einer Zeit abgeklungen ist, zu der die Dämpfung der beiden Schwingungsglieder noch vernachlässigbar ist. Setzt man also

$$\varepsilon^{-\frac{t}{\tau_1}} = 0 \qquad \text{und} \qquad \varepsilon^{-\frac{t}{2T}} = 1\,,$$

bezeichnet mit A die Amplitude der Kosinus- und mit B die Amplitude der Sinusschwingung, so ergibt sich

$$\frac{d(u_2)_I}{dt} = A \cdot \cos\frac{t}{\tau^2} - B \cdot \sin\frac{t}{\tau^2} = 0\,, \tag{14}$$

und damit wird

$$(u_{2\,\max})_I = \frac{\left(\frac{\tau_2}{\tau_1}\right)^2}{1 + \left(\frac{\tau_2}{\tau_1}\right)^2} \cdot \frac{1 - \sqrt{\left(\frac{\tau_1}{\tau_2}\right)^3}}{\sqrt{1 + \frac{\tau_1}{\tau_2}}} \cdot \frac{C_1}{C_1 + C_2} \cdot 2\,U. \tag{15}$$

Rechnet man für ein reduziertes Kapazitätsverhältnis $2\,\frac{C_1}{C_1 + C_2} = 1$ die Werte für $(u_{2\,\max})_I$ aus, abhängig von τ_2/τ_1, so erhält man den in Abb. 279 dargestellten Verlauf. In die Abbildung sind außerdem kathodenstrahloszillographisch an einem Versuchsmodell gewonnene Meßwerte eingetragen. Messung und Rechnung stimmen gut überein: je kürzer die Stirndauer der auflaufenden Stoßwelle im Vergleich zur Eigenschwingung der Unterspannungswicklung ist, desto größer ist die in ihr kapazitiv erzeugte Spannung und um so gefährdeter ist der Transformator.

In der abgeleiteten Form gelten die Beziehungen für dreiphasigen Stoß auf die sterngeschaltete, nullpunktisolierte Hochspannungswicklung bei gleichzeitiger Sternschaltung und isoliertem Nullpunkt der Niederspannungswicklung. Die strenge Form der G. (12) ist jedoch auf die anderen Schaltungsfälle anwendbar, bei denen ja die Voraussetzung für die Gl. (13), nämlich $T \left\} \begin{matrix} > \tau_1 \\ > \tau_2 \end{matrix} \right.$ nicht mehr erfüllt ist. Zu beachten ist dabei, daß die der betrachteten Schaltung entsprechenden Induktivitätswerte eingesetzt werden, die in ähnlichen Meßschaltungen, wie sie die Abb. 269 und 270 angeben, bestimmt werden können. Im allgemeinen wird jedoch der Höchstwert der kapazitiv übertragenen Spannung durch die gewählte Schaltung nur wenig beeinflußt, dagegen ist die Dämpfung der Schwingungen meist erheblich größer, der Vorgang klingt also viel rascher ab[1].

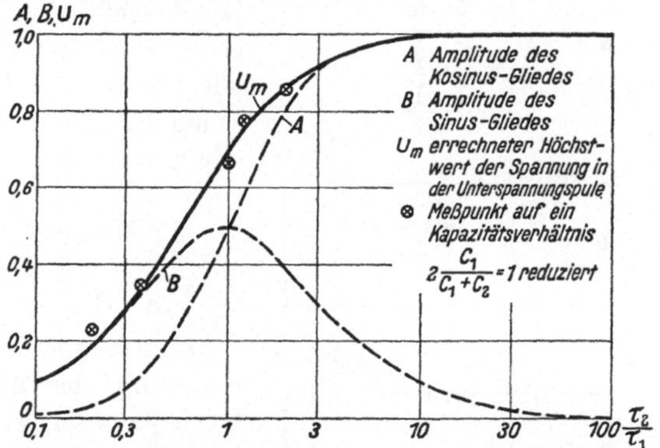

Abb. 279. Vergleich zwischen Messung und Rechnung für die erste auf die Niederspannungswicklung übertragene Teilspannung. $\tau_2 = \frac{1}{2\pi}$-fache Eigenschwingungsdauer der nicht gestoßenen Wicklung; τ_1 = Stirnzeitkonstante der Stoßwelle.

2. Die magnetisch übertragenen Teilspannungen[2].

a) Magnetische Übertragung des Ausgleichsvorganges der Oberspannungswicklung.

Magnetisch wird zunächst der oberspannungsseitige Ausgleichsvorgang und von diesem wieder in erster Linie die ungeradzahligen Oberwellen übertragen, abgesehen von den Fällen, in denen die Unterspannungswicklung im Zickzack geschaltet ist: denn für die geradzahligen Oberwellen ist die Summe der Amperewindungen im jeweiligen Schenkel stets Null. In den Schaltungsgruppen, in denen entweder die Oberspannungswicklung oder aber die Unterspannungswicklung im Dreieck geschaltet ist, werden auch ungeradzahlige Oberwellen nicht übertragen, und zwar aus denselben Gründen, wie sie bei der Besprechung der rückwärtigen Einwirkung der Unterspannungswicklung auf den

[1] Siehe auch Elsner, R.: Wiss. Veröff. Siemens-Werk Bd. XVI, 1 (1937) S. 1.

[2] Elsner, R.: Anm. 1, S. 291. — Siehe ferner: Palueff, K. K. u. J. H. Hagengut: Anm. 1, S. 288. — Neuhaus, H. u. R. Strigel: Anm. 2, S. 288. — Norden, H. L.: Trans. Amer. Inst. electr. Engrs. Bd. 51 (1932) S. 324.

oberspannungsseitigen Ausgleichsvorgang[1] angeführt wurden. Auch von den ungeradzahligen Oberwellen wird praktisch nur die Grundwelle übertragen, da für die Oberwellen höherer Ordnung die Dämpfung zu stark ausgeprägt ist. Bezeichnet man mit $(u_{1\max})$ den Höchstwert der oberspannungsseitigen Grundschwingung und mit $(u_{2\max})_{II}$ den von ihr auf die Unterspannungsseite übertragenen Höchstwert, so wird

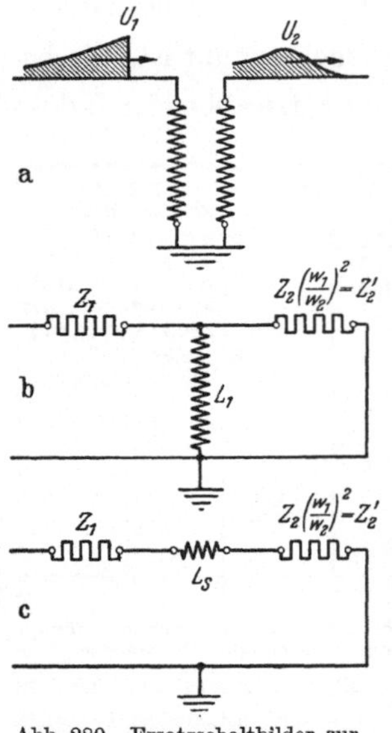

Abb. 280. Ersatzschaltbilder zur Berechnung der magnetisch übertragenen Teilspannung.

$$(u_{2\max})_{II} = u_{1\max} \cdot k \cdot ü\,, \tag{16}$$

also proportional dem Übersetzungsverhältnis und dem Kopplungsfaktor k, wobei bei ausgeführten Transformatoren im allgemeinen gelten dürfte $(1 - k) < 1$. Infolge der induktiven Übertragung besteht zwischen $u_{1\max}$ und $(u_{2\max})_{II}$ eine Phasennacheilung von 90°.

b) Magnetische Übertragung der Endverteilung in Oberspannungswicklung.

Eine magnetische Übertragung der Endverteilung des Ausgleichsvorganges in der Hochspannungswicklung auf die Niederspannungsseite hat zur Voraussetzung, daß in der Endverteilung ein Spannungsabfall über der Oberspannungswicklung auftritt: sie kann also nur stattfinden bei einphasigem (oder zweiphasigem) Stoß der nullpunktisolierten bzw. bei der nullpunktgeerdeten Hochspannungswicklung, nicht aber beim dreiphasigen Stoß einer Hochspannungswicklung mit isoliertem Nullpunkt[2]. Die Höhe der übertragenen Teilspannung ist abhängig von der Länge des Wanderwellenrückens, d. h. davon, wie lange die Endverteilung in der Oberspannungswicklung aufrechterhalten wird, und erreicht im Grenzfalle einer auflaufenden Welle mit sehr langem Rücken den Wert, der sich aus dem Übersetzungsverhältnis errechnen läßt.

Die Berechnung kann mit Hilfe zweier Ersatzschaltbilder durchgeführt werden[3]. Der Gang der Rechnung sei am Beispiel eines Einphasentransformators mit beiderseits geerdetem Nullpunkt gezeigt. Die Wellenwiderstände der an dem Transformator angeschlossenen Leitungen seien Z_1 und Z_2 (s. Abb. 280a). Das erste Ersatzschaltbild

---

[1] Siehe S. 280. [2] Elsner, R.: Anm. 1, S. 280 und 1, S. 291.

[3] Palueff, K. K. u. J. H. Hagenguth: Anm. 1, S. 288. — Neuhaus, H. u. R. Strigel: Anm. 2, S. 288.

(Abb. 280b) berücksichtigt den Einfluß der am Ende der Leitung vorhandenen Induktivität L_1 der Oberspannungswicklung, die auf Grund von Abb. 269 bestimmbar ist. Der Anfangswert $(U_2)_{III}$ der Spannung an L_1 bei auflaufender Rechteckswelle wird

$$(17)\quad (U_2)_{III} = U_1 \cdot \frac{2 Z_2'}{Z_1 + Z_2'},$$

wobei unter Z_2' der auf die gestoßene Oberspannungswicklung umgerechnete Wellenwiderstand Z_2 zu verstehen ist. Von diesem Anfangswert fällt die Spannung an der Niederspannungswicklung ab mit der Zeitkonstanten

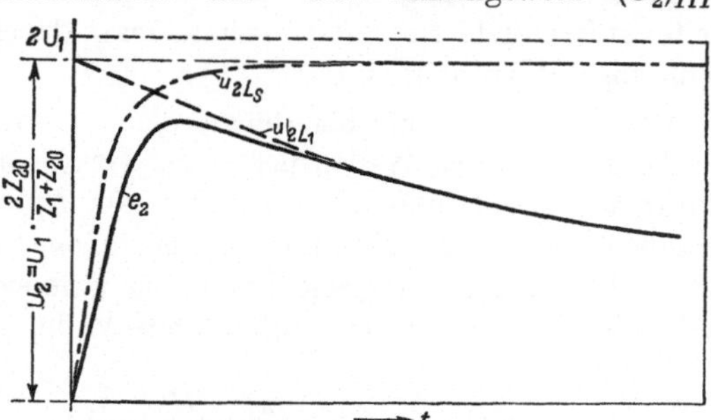

Abb. 281. Aufteilung der magnetisch übertragenen Teilspannung in Einzelspannungen.

$$(18)\qquad T_{L_1} = \frac{L_1(Z_1 + Z_2)}{Z_1 Z_2'} \approx \frac{L_1}{Z_1},$$

da bei dem praktisch allein wichtigen Fall der Übertragung der Stoßwelle von einer Hoch- auf eine Niederspannungswicklung $Z' \gg Z_1$ wird. Man erhält also, wie in Abb. 281 als u_{2L_1} gestrichelt aufgetragen, einen Abfall von $(U_2)_{III}$.

Das zweite Ersatzschaltbild (Abb. 280c) berücksichtigt, daß die Kopplung zwischen Oberspannungs- und Unterspannungswicklung nicht beliebig eng ist: das Streufeld L_s, das aus der Kurzschlußmessung zu bestimmen ist, erzwingt einen allmählichen Anstieg von $(u_2)_{III}$ in ähnlicher Weise, als wenn eine Drosselspule L_s im Zug einer Leitung mit den Wellenwiderständen Z_1 und Z_2' geschaltet wäre: die Zeitkonstante dieses Anstieges wird

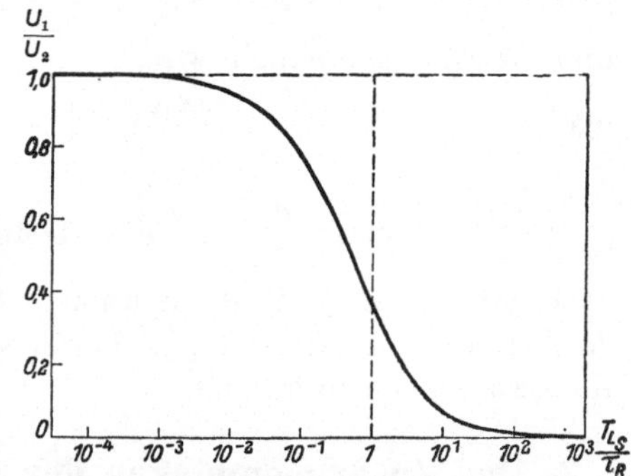

Abb. 282. Das Verhältnis des Höchstwertes der magnetisch übertragenen Teilspannung zur Höhe der auflaufenden Welle U_2/U_1 abhängig von T_{L_s}/τ_R; $T_{L_s} = \frac{L_s}{Z_1 + Z_2'}$, τ_R = Rückenzeitkonstante der Stoßwelle.

$$(19)\qquad T_{L_1} = \frac{L_s}{Z_1 + Z_2'}.$$

Der Höchstwert, auf den die Spannung mit dieser Zeitkonstanten ansteigt, ist derselbe, wie in der Ersatzschaltung Abb. 280b, also durch Gl. (17) gegeben: Spannungsverlauf und Höchstwert der Ersatzschaltung Abb. 280c, sind in Abb. 281 strichpunktiert eingetragen.

Aus diesen beiden Teilspannungen setzt sich dann die resultierende Spannung $(u_2)_{III}$ zusammen, die einstweilen noch auf die Hochspannungswicklung bezogen ist. Die tatsächlich auf der nichtgestoßenen Seite auftretende Spannung erhält man durch Umrechnung mit dem Windungszahlverhältnis.

Bei Wanderwellen, bei denen die Halbwertsdauer, also auch die Zeitkonstante ihres Wellenrücken τ_R, vergleichbar ist mit der Zeitkonstante T_{L_1}, kann man die Wicklung von L_1 vernachlässigen, da dann lediglich die Luftinduktivität der gestoßenen Wicklung für L_1 einzusetzen ist. Die übertragene Spannung läßt sich allein auf Grund von Abb. 280c berechnen: Die auflaufende Welle sei gegeben durch

$$u_1 = U_1 \varepsilon^{-\frac{t}{\tau_R}}. \tag{20}$$

Dann wird auf der Leitung Z_2', also auf der nichtgestoßenen Wicklung des Transformators

$$(u_2)_{III} = \frac{2 Z_2'}{Z_1 + Z_2} \cdot \frac{U_1}{1 - \frac{T_{L_s}}{\tau_R}} (\varepsilon^{-t/\tau_R} - \varepsilon^{-t/T_{L_s}}). \tag{21}$$

Der Höchstwert $(E_2)_{III}$ ergibt sich zu

$$(U_2)_{III} = \frac{2 Z_2'}{Z_1 + Z_2'} \cdot U_1 \left(\frac{T_{L_s}}{\tau_R}\right)^{\frac{T_{L_s}/\tau_R}{1 - T_{L_s}/\tau_R}}, \tag{22}$$

und die Anfangssteilheit wird

$$\left[\frac{d(u_2)_{III}}{dt}\right] = \frac{2 U_1}{L_s/Z_2'}. \tag{23}$$

In Abb. 282 ist $\frac{T_{L_s}}{\tau_R}^{\frac{T_{L_s}/\tau_R}{1 - T_{L_s}/\tau_R}}$ abhängig von $\frac{T_{L_s}}{\tau_R}$ aufgetragen. Dieser Wert gibt für $Z_2' \gg Z_1$ die Spannung U_2 in Hundertteilen von $2\,U_1$ an. Auch in diesem Fall ist $(u_2)_{III}$ bzw. $(U_2)_{III}$ noch im Verhältnis der Windungszahlen umzurechnen.

3. Das Zusammenwirken der kapazitiv und magnetisch übertragenen Teilspannungen.

Man hat also folgenden Übertragungsvorgang:

1. Während des Auftreffens der Wanderwellenstirn auf die gestoßene Wicklung wird kapazitiv eine Spannung auf die nichtgestoßene Wicklung übertragen, die von der räumlichen Anordnung der Spulen gegeneinander und gegen Ende, nicht aber vom Verhältnis der Windungszahlen abhängt. Durch sie wird gleichzeitig die nichtgestoßene Wicklung in ihren Eigenschwingungen angestoßen.

2. Die in der gestoßenen Wicklung sich ausbildenden Eigenschwingungen werden ebenfalls im Verhältnis der Windungszahlen auf die nichtgestoßene Wicklung übertragen.

3. Ist die Schaltung der gestoßenen Wicklung so getroffen, daß in der Endverteilung ein Spannungsabfall über der Wicklung auftritt, so wird durch diesen eine weitere Teilspannung magnetisch übertragen. Ihr zeitlicher Verlauf wird dabei so umgebildet, als sei eine Induktivität in den Zug einer Leitung geschaltet. Die Höhe dieser übertragenen Teilspannung ist deshalb abhängig von der Länge des Rückens der Stoßwelle und erreicht im Grenzfalle einer Welle mit sehr langem Rücken den Wert, der sich aus dem Übersetzungsverhältnis errechnen läßt.

Der grundsätzliche Verlauf dieser 3 Teilspannungen ist in Abb. 283 wiedergegeben: sie überlagern sich zu einem Gesamtausgleichsvorgang.

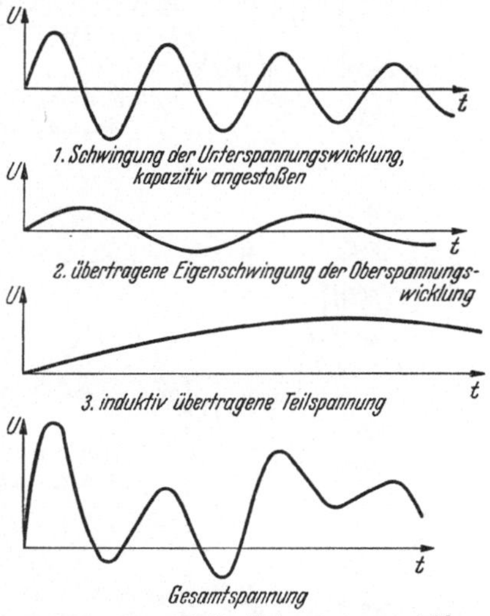

Abb. 283. Die auf die Unterspannungswicklung übertragene Stoßspannung und ihre Zerlegung in Teilspannungen.

Es seien noch einige kathodenstrahloszillographische Aufnahmen des Verlaufes der auf die Niederspannungsseite übertragenen Spannung an einem 15 MVA-Leistungstransformator wiedergegeben[1]. Die Nennspannung der Oberspannungsseite war 104 kV; der Transformator hatte eine Zusatzwicklung, so daß das Übersetzungsverhältnis, je nachdem diese zu- bzw. abgeschaltet war, 5,33 : 1 bzw. 4,45 : 1 bei Reihenschaltung und 21,3 : 1 bzw. 17,8 : 1 bei Parallelschaltung betrug.

In Abb. 284a ist zunächst der Spannungsverlauf in der Unterspannungswicklung bei dreiphasigem, oberspannungsseitigen Stoß mit einer 50 μs-Welle auf den unbelasteten Transformator wiedergegeben. Die Eigenschwingungsdauer der Niederspannungswicklung beträgt 23,2 μs, sie ist also sehr lange gegenüber der Zeitkonstante des Stoßwellenanstieges, es müßte somit, wenn keine kapazitive Spannungsunterteilung stattfinden würde, nach Abb. 279 die volle Höhe der an der oberspannungsseitigen Klemme auftretenden Spannung U übertragen werden; jedoch wird gemäß einem Kapazitätsverhältnis $\frac{C_1}{C_1 + C_2}$ nur etwa 0,25 U übertragen. Die Eigenschwingung der Oberspannungswicklung von 320 μs ist sehr deutlich ausgeprägt; ihre größte Amplitude beträgt 0,15 U, während sich nach dem Übersetzungsverhältnis unter Berücksichtigung des Kopplungsfaktors von 0,93 zwischen beiden Wicklungen ein Höchstwert von 0,174 ergeben dürfte.

[1] Elsner, R.: Anm. 1, S. 291.

Kapazitive Belastung setzt diese auftretenden Höchstwerte stark herab, wie die Abb. 284b zeigt; es kann aber in diesen Fällen bei freiem Nullpunkt der Niederspannungswicklung zu Nullpunktschwingungen kommen, deren Höchstwerte aber ebenfalls ungefährlich bleiben. In

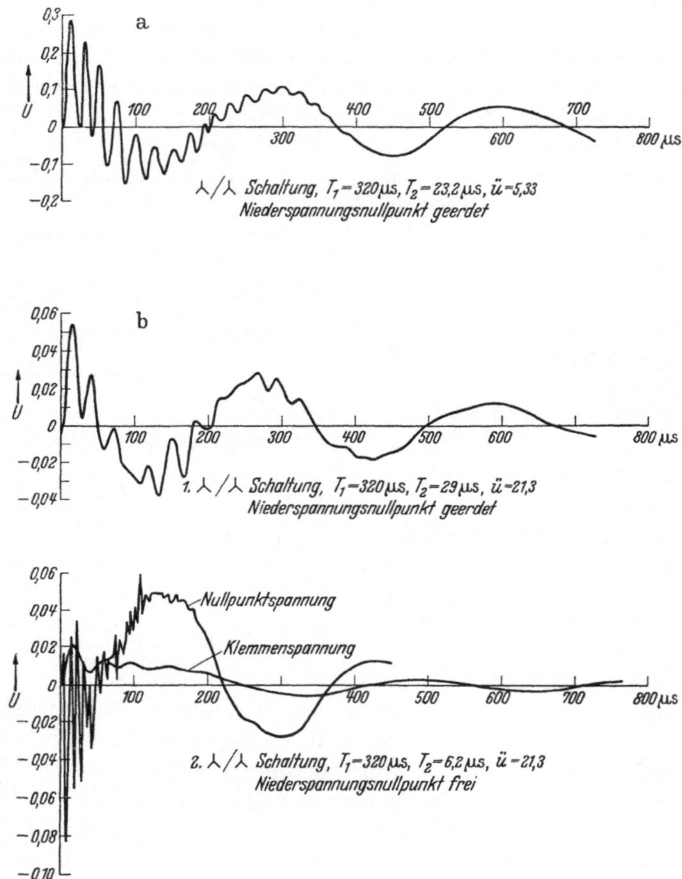

Abb. 284a u. b. Übertragung eines dreiphasigen, oberspannungsseitigen Stoßes auf die Niederspannungswicklung (50 µs-Stoßwelle). a Dreiphasiger Stoß auf einen unbelasteten Transformator; b dreiphasiger Stoß auf einen kapazitiv belasteten Transformator (kapazitive Last je Phase 70000 pF).

Abb. 285 ist noch der Spannungsverlauf bei einphasigem, oberspannungsseitigem Stoß wiedergegeben, und zwar sowohl für die auf dem gestoßenen Schenkel sitzende Niederspannungswicklung, als auch für eine auf einem nichtgestoßenen Schenkel befindliche. Auch in diesem Falle werden die Höchstwerte infolge der kapazitiven Belastung auf ein ungefährliches Maß herabgedrückt.

In beiden Abbildungen (284 und 285) ist eine von der Endverteilung herrührende magnetisch übertragene Spannung nicht zu erkennen: wie bereits früher ausgeführt, darf eine solche beim dreiphasigen Stoß auch gar nicht auftreten, wohl aber beim einphasigen Stoß; jedoch wird in dem in Abb. 285 dargestellten Fall $T_{L_s} \gg \tau_R$ (Abb. 282), so daß diese Teilspannung noch nicht zur Ausbildung kommt.

Auch niederspannungsseitige Leitungsbelastung drückt die übertragene Spannung erheblich herab: so wurde an einem 26000 kVA-Transformator für $Z_2 = \infty$ eine übertragene Spannung von 0,3 U

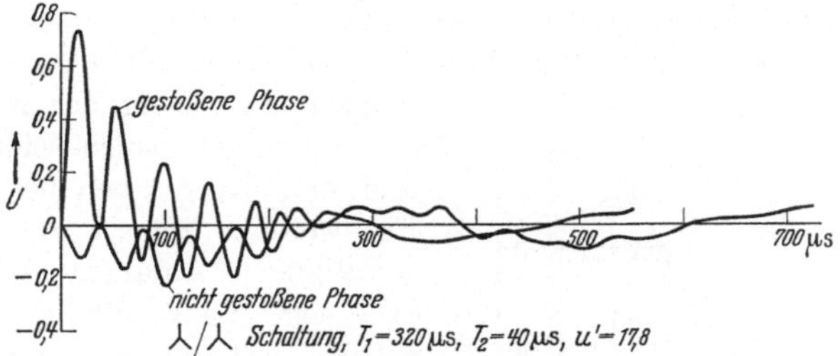

Abb. 285. Übertragung eines einphasigen, oberspannungsseitigen Stoßes (50 μs) auf die mit 70000 pF belastete Niederspannungswicklung.

gemessen, für $Z_2 = 1600\ \Omega$ eine solche von 0,23 U, für $Z_2 = 800\ \Omega$ nur noch 0,15 U und schließlich für $Z_2 = 200\ \Omega$ lediglich 0,12 U [1].

Eine erhebliche Gefährdung der Unterspannungswicklung eines Transformators kann also nur dann auftreten, wenn Wanderwellen kurzer Stirndauer auf den unbelasteten Transformator auftreffen. Jedoch genügt schon eine angeschlossene Freileitung oder aber ein Kabel, um die Spannungen auf ein ungefährliches Ausmaß herabzudrücken: denn dann treten praktisch nur magnetisch übertragene Spannungen auf, die durch das Übersetzungsverhältnis bestimmt werden; dabei muß man auch bedenken, daß die Stoßdurchschlagsfestigkeit der Niederspannungswicklung meist höher liegt, als dem Übersetzungsverhältnis entspricht.

C. Der Transformator mit geradliniger Anfangsspannungsverteilung.

Die im Transformator beim Auftreffen eines Spannungsstoßes ausgelösten Ausgleichsschwingungen haben ihre Ursache letztlich darin, daß die Wicklung nicht nur mit Kapazität zwischen den einzelnen Spulen, sondern auch mit einer verteilten Kapazität gegen Erde behaftet ist; diese zweierlei Kapazitätselemente haben eine hyperbolische Anfangsverteilung zur Folge, während als Endzustand sich ein geradliniger Spannungsverlauf ergibt. Es sei nochmals auf Abb. 267 verwiesen: die

[1] Palueff, K. K. u. J. H. Hagenguth: Anm. 1, S. 288.

Abbildung zeigt die Fläche zwischen Anfangs- und Endverteilung schraffiert. Es wurde ausgeführt, daß diese schraffierte Fläche ein Maß ist für den Verlauf des Ausgleichsvorganges; er wird also um so weniger ausgeprägt, je mehr man die Anfangsverteilung der Endverteilung annähert, d. h. aber mit anderen Worten, je mehr man die Erdkapazität der Wicklung unterdrückt bzw. klein macht gegenüber der Reihenkapazität der Spulenlagen.

a) Der geschildete Transformator.

Schon die Verwendung sehr niedriger, aber dafür sehr breiter Spulen bei der Lagenwicklung bringt Vorteile, aber immerhin bleibt dabei die Kapazität zwischen der zwar niedrigen Innenfläche solcher Flachspulen und dem Kern noch beträchtlich[1]. Ein weiterer Schritt zur Erzielung geradliniger Anfangsverteilung ist der sog. „geschildete" Transformator[2]; er beruht auf einer Kompensation der Erdkapazität durch an der Hochspannungsklemme angebrachte Schilde, die über die Wicklung gestülpt sind. Seine Wicklungsweise wird aus der Gegenüberstellung der Abb. 286 deutlich: links zeigt diese Abbildung das Kapazitätsschema des nichtgeschildeten Transformators; dabei sind die entsprechenden Ladeströme, die die einzelnen Kapazitätselemente führen, eingetragen. Rechts dagegen ist das Kapizitätsschema des geschildeten Transformators aufgezeichnet; durch geeignete Anordnung der Schilde kann man erreichen, daß die Aufladung der Erdkapazitäten gewissermaßen von den Schilden übernommen wird, die Spulenkapazitäten demgegenüber dann alle dieselben Ladeströme erhalten, wie dies auch in Abb. 286 angedeutet ist. Da ein Schild, je weiter es über die Wicklung greift, um so stärker von der Wicklung isoliert werden muß, ergibt sich für einen „geschildeten" Transformator eine sehr unbequeme, raumerfordernde Bauart. Man ist daher dazu übergegangen, nur einige wenige Spulen durch stark isolierte Außenringe abzuschirmen und auf eine vollkommene Kompensation der Ladeströme der Erdkapazitäten zu verzichten.

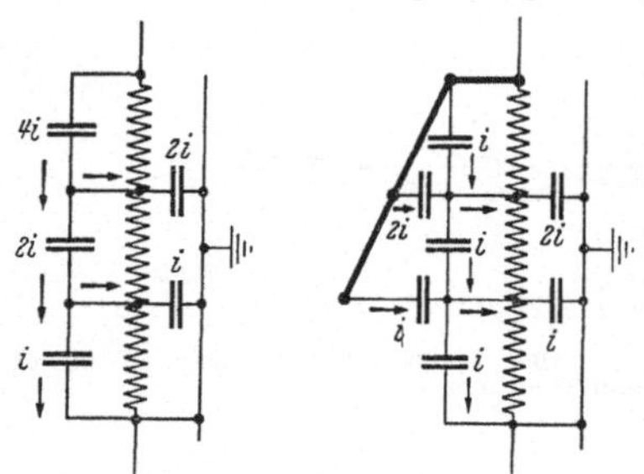

Abb. 286. Schematische Darstellung der Wirkungsweise eines geschildeten Transformators.

[1] Palueff, K. K.: Anm. 1, S. 274.

[2] Weed, J. W.: Trans. Amer. Inst. electr. Engrs. Bd. 41 (1922) S. 149. — Palueff, K. K.: Electr. Engng. Bd. 55 (1936) S. 649. — Biermanns, J.: ETZ Bd. 24 (1937) S. 659. — Nolem, H. G. v.: Elektrotechn. u. Masch.-Bau Bd. 54 (1936) S. 61. — Noris, E. T.: Elektrotechn. u. Masch.-Bau Bd. 55 (1937) S. 13.

b) Der schwingungsarme Transformator.

Eine andere Lösung[1] besteht darin, statt senkrecht geschichteter Lagenspulen Zylinderspulen als Wicklungselemente zu verwenden: man kann dann die Hochspannungswicklung mit einer Art Kondensatordurchführung vergleichen, bei der die einzelnen Zylinderspulen die

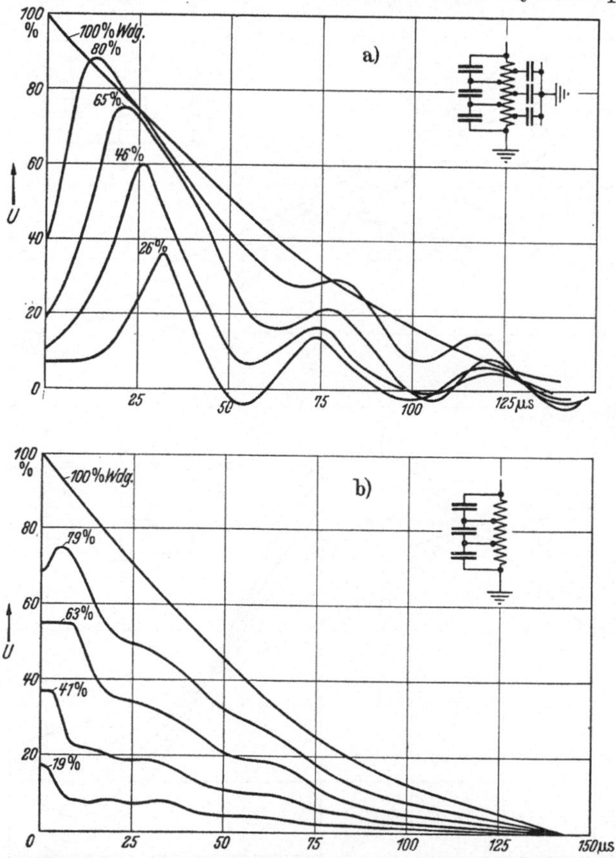

Abb. 287a u. b. Vergleich des Ausgleichsvorganges in einem normalen und in einem schwingungsarmen Transformator bei geerdetem Sternpunkt (50 µs-Stoßwelle). a normaler Transformator; b schwingungsarmer Transformator.

Kondensatorbeläge bilden. Durch eine solche Wicklungsanordnung wird erreicht, daß nur noch die äußeren Lagen mit Erdkapazität behaftet sind, während die dazwischenliegenden Lagen von Erde abgeschirmt werden. Die gegenseitigen Kapazitäten der einzelnen Lagen sind sehr groß und ziehen eine geradlinige Anfangsverteilung nach sich. Zweckmäßig schließt man dabei die Hochspannungsklemme an der äußersten

[1] Biermanns, J.: Anm. 2, S. 298.

Zylinderspule an und ordnet den Nullpunkt der innersten Spule zu; dann kann auch Niederspannungswicklung und Eisenkern in dieses System der Kondensatorbeläge einbezogen werden. Auch hat diese Art

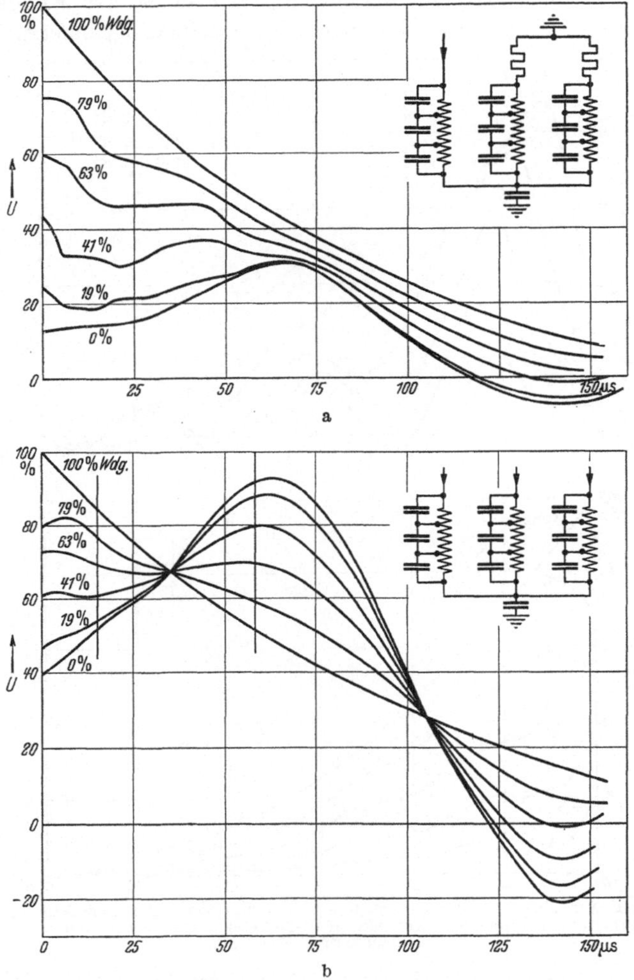

Abb. 288 a u. b. Der Ausgleichsvorgang eines schwingungsarmen Transformators bei freiem Sternpunkt. a einphasiger Stoß; b dreiphasiger Stoß.

des Wicklungsaufbaues den Vorteil, daß die Hauptisolation von jeder Beanspruchung entlastet ist und sie daher nur auf Stoßfestigkeit zu bemessen ist. Wie gut bei einem derartigen Wicklungsaufbau der Ausgleichsvorgang unterdrückt wird, geht aus den kathodenstrahloszillographischen Aufnahmen der Abb. 287 hervor: es ist der Ausgleichsvorgang in der Wicklung eines Leistungstransformators mit senkrecht geschichteten Lagenspulen demjenigen in der Wicklung eines Leistungstransformators mit Zylinderspulen gegenübergestellt; der Nullpunkt des Transformators ist in beiden Fällen geerdet. Die Schwingungsvorgänge sind völlig unterdrückt, der Abbau der Stoßspannung in der Wicklung erfolgt gleichmäßig und formgetreu.

Wie schon erwähnt, sind bei dieser Anordnung der Wicklung die äußersten Spulen noch mit Erdkapazität behaftet: ist der Nullpunkt, wie bei den Aufnahmen der Abb. 287, geerdet, so machen sich diese Erdkapazitäten nicht bemerkbar; die klemmenseitige Erdkapazität wird von der Stoßwelle her aufgeladen, die nullpunktseitige Erdkapazität ist durch die Erdung überbrückt. Anders dagegen liegt der Fall, wenn der Nullpunkt eines solchen Transformators isoliert ist: Auch dann werden zwar zwischen den einzelnen Lagen eines Schenkels keine Schwingungen auftreten, wohl aber kann die Wicklung als Ganzes mit der konzentrierten Erdkapazität der äußeren Lagen Schwingungen ausführen, wie dies die Aufnahmen der Abb. 288 für einphasigen und dreiphasigen Stoß bei isoliertem Nullpunkt zeigen. Alle Wicklungslagen schwingen im gleichen Takt, wie man besonders gut bei dreiphasigem Stoß erkennen kann, bei dem die Spannungskurven aller Meßstellen bei 35 und 105 μs einen Schwingungsknoten bilden. Legt man, wie dies in Abb. 288 an zwei Stellen durch dünngezogene Linien geschehen ist, einen Schnitt durch die Kurvenscharen, so erkennt man, daß zwar der über die einzelnen Lagen abfallende Spannungsbetrag eine gedämpfte Schwingung ausführt, daß aber dieser Spannungsbetrag längs der Lagen der Wicklung sich stets geradlinig aufteilt, gleichgültig, wie hoch der Spannungsunterschied an den Wicklungsenden sei[1]. Die gleichmäßige Beanspruchung der Isolation längs der einzelnen Lagen der Wicklung bleibt also auch bei freiem Nullpunkt erhalten.

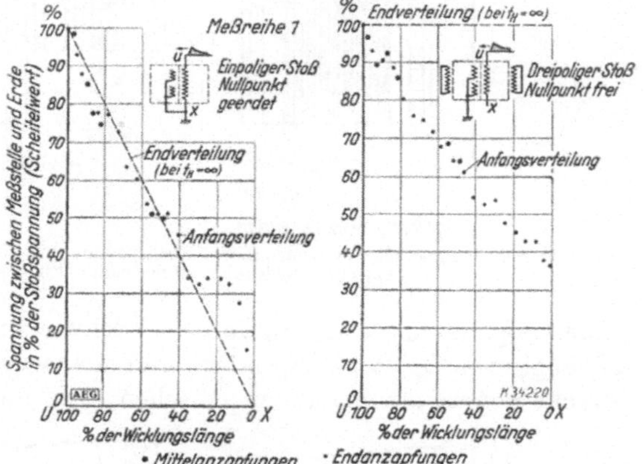

Abb. 289. Anfangsverteilung eines schwingungsarmen Transformators mit Lagenwicklung.

Es erhebt sich die Frage, ob dieser gemessene geradlinige Spannungsabfall über der Hochspannungswicklung nicht innerhalb einer

[1] Bei eintretendem Erdschluß kann die Beanspruchung oder Hauptisolation auf die Phasenspannung ansteigen.

zylindrischen Lage der Wicklung gestört erscheint, ob also nicht innerhalb der einzelnen Lage noch Ausgleichsschwingungen vorhanden sind. Daß dies nicht der Fall ist, zeigt Abb. 289. Es gibt Messungen wieder über die

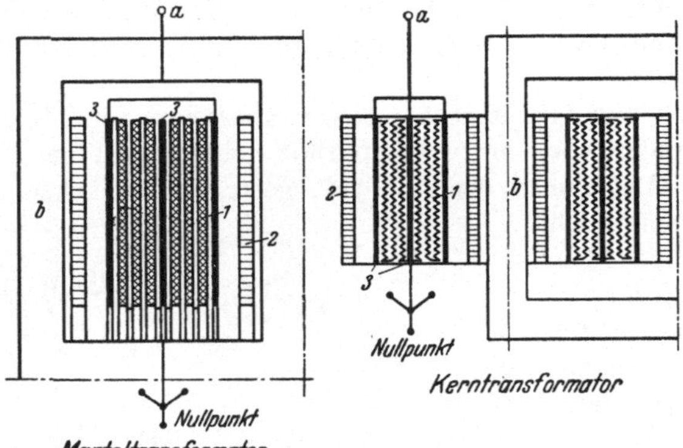

Abb. 290. Schwingungsfreier Transformator. *1* Hochspannungswicklung, *2* Niederspannungswicklung, *3* Kapazitätsschiene; *a* Hochspannungsklemme, *b* Kern.

Anfangsspannungsverteilung in einem schwingungsarmen Transformator abhängig von der Wicklungslänge; und zwar wurde mit der Kugelfunkenstrecke einmal die Spannung zwischen Erde und den Endanzapfungen,

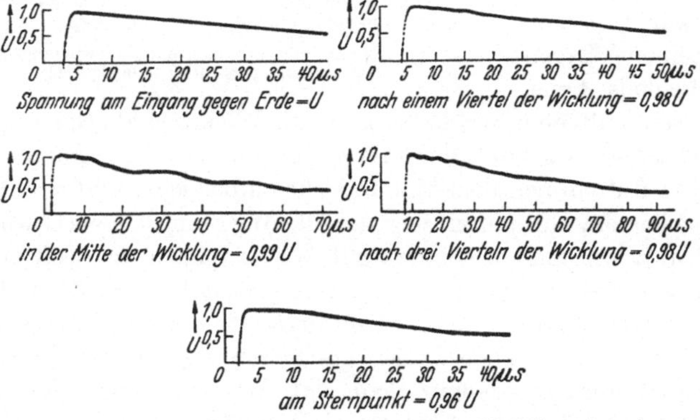

Abb. 291. Kathodenstrahloszillogramme eines schwingungsfreien Modelltransformators nach Abb. 290.

das andere Mal zwischen Erde und den Mittelanzapfungen derselben Lage ermittelt. Die Anfangsverteilung ist für die beiden Meßstellen dieselbe sowohl beim einpoligen Stoß und geerdetem Nullpunkt als auch beim dreipoligen Stoß mit freiem Nullpunkt.

c) Der völlig schwingungsfreie Transformator.

Man kann in der Unterdrückung der Transformatorschwingungen noch weiter gehen und auch noch Schwingungen der Transformatorwicklung mit der konzentrierten Erdkapazität der äußeren Wicklungslagen unterdrücken. Man muß lediglich den Sternpunkt so innerhalb der Wicklung anordnen, daß seine Erdkapazität weitgehend abgeschirmt wird. Denn dann wird beim Auftreffen einer Stoßwelle das Potential des Sternpunktes nur noch vom Potential der 3 Eingangsklemmen gesteuert[1]. Abb. 290 zeigt derartige Schaltungen am Beispiel eines Mantel- und eines Kerntransformators. Die Hochspannungswicklung ist mit einem Kapazitätsschirm umgeben, der mit der Hochspannungsklemme a verbunden ist; ein weiterer Kapazitätsschirm ist in der Mitte der Wicklung angeordnet; er ist an Erde angeschlossen. Die Hochspannungswicklung ist von den beiden Außenseiten zur Mitte der Spule zu gewickelt. Die Niederspannungswicklung ist aufgeteilt und umschließt die Hochspannungswicklung. Der Nachteil dieser Schaltungsart liegt in einem verhältnismäßig hohen Aufwand an Isolierraum, der durch den an Hochspannung liegenden Kapazitätsschirm und die Aufteilung der Niederspannungswicklung bedingt ist. Abb. 291 gibt Oszillogramme, die an einem solchen völlig schwingungsfreien Transformatormodellaufbau gewonnen wurden: die innerhalb der Wicklung auftretenden Spannungsunterschiede betragen nur noch wenige Hundertteile der angelegten Stoßspannung.

[1] Nach Versuchen von R. Elsner, siehe J. Biermanns: Anm. 2, S. 298. Zuerst als Lichtbild gebracht in einem Vortrag von R. Elsner auf der Tagung der Studiengesellschaft für Höchstspannungsanlagen am 28. 10. 36.

Sachverzeichnis.

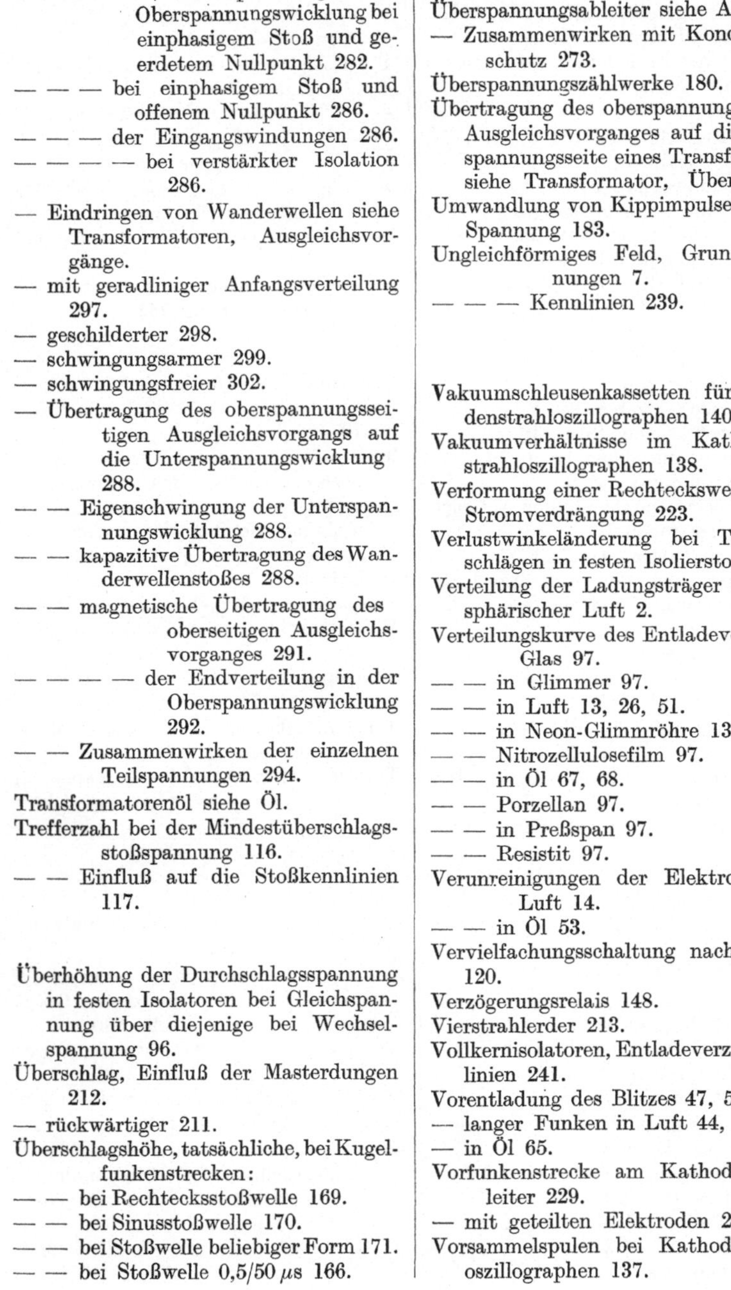